道路与桥梁专业"十一五"高职高专应用型规划教材

土力学与基础工程

主　编　胡　森　田国芝
副主编　邢焕兰　蔡韩英
主　审　陈德芳

黄河水利出版社

内容提要

本书为道路与桥梁专业“十一五”高职高专应用型规划教材，系统地介绍了土力学的基本理论和公路桥梁各种常用基础的设计计算方法和施工技术以及地基处理方法。内容包括土的物理性质及工程分类、土中水的运动规律、土中应力计算、土的压缩性和沉降计算、土的抗剪强度和地基承载力、土压力与土坡稳定、基础工程概述、天然地基土刚性浅基础、桩基础、其他深基础简介、软弱地基处理以及区域性地基等，每章均附有较全面、详细的例题和复习思考题。本书还专门配置了《土力学与基础工程试验指导书》。

本书主要作为高职高专院校道路与桥梁工程技术专业教学用书，也可供其他相关专业师生及工程技术人员参考。

图书在版编目(CIP)数据

土力学与基础工程/胡森，田国芝主编．—郑州：黄河水利出版社，2008.2

道路与桥梁专业“十一五”高职高专应用型规划教材

ISBN 978-7-80734-349-3

Ⅰ．土…　Ⅱ．①胡…②田…　Ⅲ．①土力学-高等学校：技术学校-教材②地基-基础(工程)-高等学校：技术学校-教材　Ⅳ．TU4

中国版本图书馆 CIP 数据核字(2008)第 011565 号

出 版 社：黄河水利出版社

地址：河南省郑州市金水路 11 号　　邮政编码：450003

发行单位：黄河水利出版社

发行部电话：0371-66026940　　传真：0371-66022620

E-mail：hhslcbs@126.com

承印单位：黄河水利委员会印刷厂

开本：787 mm×1 092 mm　1/16

印张：23.5

字数：543 千字　　印数：1—4 100

版次：2008 年 2 月第 1 版　　印次：2008 年 2 月第 1 次印刷

定价：39.00 元

前　言

本教材是根据《土力学与基础工程》教材编写大纲并参考《土力学与基础工程》课程基本要求编写的。

土力学与基础工程是道路与桥梁工程专业的一门主要专业课程，要求阐明土力学的基本原理和主要概念，以及地基基础设计和施工的基本方法。本教材结合高职高专层次的培养目标和编者多年从事本学科高职高专教学经验，理论部分尽可能以够用为度，删繁就简；实用内容尽量充实加强，力求更新。全书以现行有关规范为主要依据，注重理论和概念的准确性及完整性。在着重阐述适用于一般情况的成熟技术的同时，也根据内容需要反映特殊情况下一般规律的深化，并有选择地介绍了一些日趋常用的新技术。本书具有内容精练、体系完整、紧密联系实际的特点。根据课程要求，书中附有针对性较强的例题、思考题和习题。

本书各章编写人员如下：胡森编写绪论、第一章、第九章；山东交通职业学院刘进朝编写第二章、第十章，田国芝编写第五章、第六章、试验指导书；石家庄铁路职业技术学院邢焕兰编写第三章、第四章；山东水利职业学院王延恩编写第七章、第十一章；新乡市规划设计研究院蔡韩英编写第八章、第十二章。全书由胡森统稿。

本书由江西交通职业技术学院胡森、山东交通职业学院田国芝担任主编，由江西科技师范学院陈德芳教授担任主审。

由于编写时间和编写水平所限，本书缺点及不当之处在所难免，敬请读者批评指正。

编　者

2007 年 10 月

目 录

绪 论

第一节 土力学、地基与基础的概念

土是地壳岩石经受强烈风化的产物，是各种矿物颗粒的集合体，土由固体颗粒、水和空气三相组成。颗粒包括互不联结、完全松散的无黏性土和颗粒间虽有联结，但联结强度远小于颗粒本身强度的黏性土。土与其他连续固体介质相区别的最主要特征就是它的多孔性和散体性，以及由于自然地理环境的不同所形成的具有明显区域性的一些特殊性质。

土力学是用力学的基本原理和土工测试技术，研究土的物理性质以及受外力后发生变化时土的应力、变形、强度和渗透等特性的一门学科，即是研究土的工程性质和在力系作用下土体性状的学科。一般认为，土力学是力学的一个分支，但由于土具有复杂的地质成因和工程特性，因此目前在解决土工问题时，尚不能像其他力学学科一样具备系统的理论和严密的数学公式，而必须借助经验、现场试验以及室内试验以进行理论计算。所以，土力学是一门强烈依赖于实践的学科。

任何结构物都建造在地球表层上。支承结构物并受结构物荷载影响相对较大的地层称为地基，建筑物下部与地层相连的部分称为基础。桥梁上部结构为桥跨结构，而下部结构包括桥墩、桥台及其基础，如图 0-1 所示。

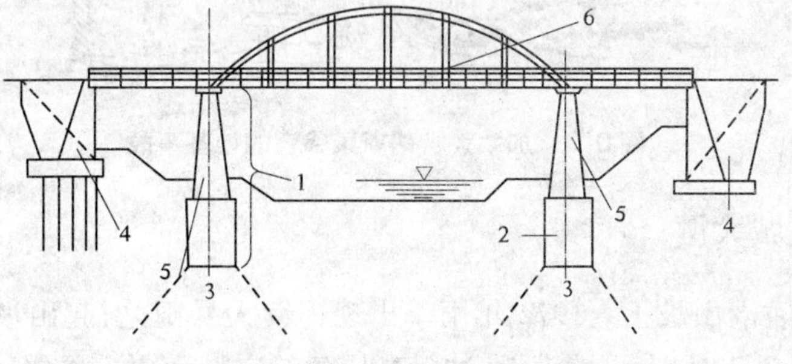

图 0-1 桥梁结构各部立面示意图

1—下部结构；2—基础；3—地基；4—桥台；5—桥墩；6—上部结构

地基与基础受到各种荷载作用后，将产生相应的应力和变形，为保证结构物的正常使用和安全，地基与基础必须具有足够的强度和稳定性，变形也应该在容许的范围内。根据地基土的具体情况、上部结构的要求和荷载特点，选用合适的基础类型，并合理地进行基础设计与施工，是本教材要解决的问题。

第二节　国内外基础工程成败实例

一、意大利比萨斜塔

该塔1173年动工修建，当塔筑至24 m高时发生倾斜。限于当时的技术水平，因不知其原因而停工。100年后续建该塔至塔顶，高约55 m。目前塔北侧沉降1 m余，南侧下沉近3 m，沉降差达1.8 m(倾斜5.8°)。近期每年下沉约1 mm。

二、加拿大特朗斯康谷仓

该谷仓长59.4 m、宽23.5 m、高31.0 m，容积36 500 m^3。基础为钢筋混凝土筏基，厚0.6 m，埋深3.6 m。

谷仓于1913年秋完工，当年10月装谷子约32 000 m^3时，发现谷仓下沉，24 h内，谷仓西端下沉7.3 m，东端上抬1.5 m，整个谷仓倾斜26°53′，如图0-2所示。

图0-2　加拿大特朗斯康谷仓的地基事故

三、香港宝城大厦

该大厦建在香港山坡上。1972年雨季出现连续大暴雨，引起山坡残积土软化而滑动。7月18日早晨7时，大滑坡下滑，冲毁高层建筑宝城大厦。居住在该大厦的银行界人士120人当场死亡。这一事故，引起西方震惊，从此对岩石工程备加重视。

四、上海锦江饭店北楼(原名华懋公寓)

该楼建于1929年，总层数为14层，高度57 m，是当时上海最高的一幢建筑物。基础坐落在软土地基上，采用桩基础，由于工程承包商偷工减料，未按设计桩数施工，造成大幅度沉降，建筑物的绝对沉降达2.6 m，致使原底层陷入地下，成了半地下室，严重影响使用。

五、广州白云宾馆

该宾馆为高层建筑,地面以上33层,高140.05 m,总重近10万t。地基覆盖层厚薄相差悬殊,最浅10.0 m,最深27.75 m。为适应抗震、抗台风的要求,采用桩基与墩基287根。所用钢筋混凝土灌注桩直径1 m,单桩承载力4 500 kN。混凝土墩直径2 m多。宾馆建成后使用良好,沉降小于4 mm。

六、苏州虎丘塔——著名的中国斜塔

该塔建于公元959年,共7层,高47.5 m,塔平面呈八角形,由外壁、回廊与塔心三部分组成,主体结构为砖木结构,采用黄泥砌砖,浅埋式独立砖墩基础,坐落在人工夯实的土夹石覆盖层上,覆盖层南薄北厚,变化范围0.9~3.6 m,基岩弱风化。由于土夹石覆盖层压实后引起不均匀沉降,过大的沉降差造成塔身倾斜,据实测,塔顶偏中2.34 m。引起塔楼从底层到第二层产生了宽达17 cm的竖向劈裂;北侧壶门拱顶两侧裂缝发展到了第3层。砖墩压疏、碎裂、崩落,堪称危如累卵。近年来经过精心治理,将危塔加固,使古塔得以保存。

从以上所列实例,我们可以得到几点启示:一是安全可靠的地基基础是建筑物经久耐用的前提;二是地基与基础如果出现问题,整个结构物都将受到很大影响,甚至会导致灾难性后果;三是地基与基础方面如果出现问题,进行工程补救很困难。因此,我们要对地基与基础给予足够的重视。

第三节　本课程的任务和作用

《土力学与基础工程》包括土力学及基础工程两部分。土力学部分的内容,概括地说就是研究各种常见的分散土体由荷载作用所引起的力学方面的变化规律;而基础工程部分的内容,则主要是研究常见的桥梁涵洞基础和地基的类型、设计计算及施工方法。由于一般建筑物材料强度高于地基土,所以基础的设计既要考虑上部结构的情况,更要考虑地基土的特性。对本专业来说,土力学属技术基础课,基础工程属专业课,但由于前者是后者的理论基础,两部分关系十分密切,所以合并为一门课程。

本课程的内容和性质决定了它的特点是:既有理论,又有试验;既有设计,又有施工。例如土力学部分,除了必须具有数学、理论力学、材料力学、结构力学及地质和土质学等课程的基础知识外,还涉及弹性理论方面的知识。而弹性理论是我们没有学过的,因此在有关内容中,一般只直接应用其结论,指出其物理意义,而不做理论上的推导和证明。所以在学习这部分内容时,应着重于理解物理概念,学会计算方法,不宜把注意力放到数学演算上去。在学习过程中,还要特别注意土的特征,重视土力学试验。在地基基础部分,则要注意掌握设计原理,学会一般的设计方法,熟悉地基基础的主要施工内容。此外,本课程还与施工机电、桥梁工程等课程有一定关系,在学习时要注意相互间的联系。

由于土力学要直接运用土质学的知识,所以在学习本课程前,要很好地复习和熟悉一下有关土的各种物理性质指标的含义及计算方法,以利于本课程的学习。

第四节　本学科发展简介

早在几千年以前，人类就懂得利用土进行工程建设。我国西安市半坡村新石器时代遗址发现的土台和石础，就是古代的地基基础。公元前2世纪修建的长城，后来修建的南北大运河、黄河大堤以及宏伟的宫殿、寺院、宝塔等都有坚固的地基基础，经历地震、强风的考验保留至今。隋朝修建的赵州安济石拱桥，有一孔石拱独跨洨河，净跨37.02 m。主拱肩部设置四个小拱，节省材料，减轻桥身自重，造型美观。拱桥采用纵向并列砌筑法，28道拱圈自成一体，桥宽达8.4 m，桥上可以行车。桥台坐落在密实的天然砂砾地基上，基础承载力达500～600 kPa，1 300多年来，沉降与位移甚微，至今安然无恙。公元985年建造开封开宝寺木塔时，预见塔基地质不均会引起不均匀沉降，施工时特意做成倾斜，待沉降稳定后，塔身正好垂直。四川采用泥浆护壁钻探法打盐井，西北地区在黄土中建窑洞，以及在建筑中用料石基垫、灰土地基等，证明我国人民在长期实践中，积累了有关土力学地基基础方面极其宝贵的知识与经验。

18世纪欧洲产业革命后，城市建设、水利、道路的兴建推动了土力学的发展。1773年法国库仑根据试验，创立了著名的土的抗剪强度公式和土压力理论；1857年英国朗金通过不同假定，提出另一种土压力理论；1885年法国布辛尼斯克求得半无限弹性体在垂直集中力作用下，应力和变形的理论解答；1922年瑞典费伦纽斯为解决铁路坍方，研究出土坡稳定分析法。这些理论和方法，至今仍在广泛使用。1925年美国科学家太沙基发表土力学专著，使土力学成为一门独立的学科。1936年以来，已召开了11届国际土力学和基础工程会议，涌现了大量论文、研究报告和技术资料。很多国家定期出版土工杂志。世界各地也都召开了类似的专业会议，总结和交流本学科的研究成果。

新中国诞生50多年来，为适应我国社会主义建设的需要，土力学地基基础学科经历了迅速的发展。全国各地有关生产、科研单位和高等院校总结实践经验，开展现场测试、室内试验和理论研究，在解决工程实践问题的同时也为土力学的理论研究做出了突出贡献。如全国土力学及基础工程学会原理事长、清华大学黄文熙教授，早在1957年就提出了非均质地基考虑土侧向变形影响的沉降计算方法，并于20世纪60年代初研制成功第一台振动三轴仪，发表了砂土液化理论等。

近年来，世界各地高土坝（坝高大于200 m）、高层建筑与核电站等巨型工程的兴建和多次强烈地震的发生，促使土力学进一步发展。有关单位积极研究土的本构关系、土的弹塑性与黏弹性理论和土的动力特性。同时，各单位研制成功各种各样的勘察、试验与地基处理的设备，如自动记录的静力触探仪、现场孔隙水压力仪、径向膨胀仪、测斜仪、自进式旁压仪，应用放射性同位素测土的物理性指标仪、薄壁原状取土器、高压固结仪、自动固结仪、大型三轴仪、振动三轴仪、真三轴仪、流变仪、振冲器、三重管旋喷器、深层搅拌器、塑料排水板插板机、扩底桩机械扩底机等，为土力学研究和地基加固提供了良好的条件。电子计算机的应用和试验测试技术自动化程度的提高，标志着本学科进入了一个新时代。为实现我国现代化建设大业，土力学地基基础学科必将得到新的更大发展。

第一章　土的物理性质及工程分类

本章重点

(1)土的三相组成、颗粒级配和粒组划分。

(2)三相比例指标换算及测定。

(3)液、塑限概念及测定。

(4)土的击实性。

(5)土的工程分类。

第一节　土的组成与结构

一、土的组成

天然状态的土一般为三相土,即由固体、液体和气体三部分组成,其中固相为土颗粒,它构成土的骨架,土骨架之间的孔隙被水和气体所填充。若土中孔隙全部由气体所填充,称为干土;若孔隙全部被水所填充,称为饱和土;若孔隙中同时存在水和气体,称为湿土。饱和土和干土都是二相体。

(一)土的固相

土的固相是土中最重要的组成部分,它由各种矿物成分及有机质组成。土粒的矿物成分不同、粗细不同、形状不同,土的性质也不同。

1. 土的矿物成分和土中的有机质

土的矿物成分取决于成土母岩的成分以及所经受的风化作用,通常可分为原生矿物和次生矿物两大类。

岩石经物理风化作用后破碎形成的矿物颗粒,称原生矿物。原生矿物在风化过程中,其化学成分并没有发生变化,它与母岩的矿物成分是相同的。常见的原生矿物有石英、长石和云母等。岩石经化学风化作用所形成的矿物颗粒,称次生矿物。次生矿物的矿物成分与母岩不同。常见的次生矿物有高岭石、伊利石(水云母)和蒙脱石(微晶高岭石)等三大黏土矿物。

自然界的土是岩石风化的产物,其颗粒大小的变化很大,相差极为悬殊,其矿物成分不同,性质也有很大的差别。通常把自然界的土颗粒按照颗粒大小划分为不同的粒组,包括漂石和块石、卵石和碎石、砾石、砂粒、粉粒和黏粒等六大粒组(划分标准详见表1-1)。

土中的有机质是在土的形成过程中动、植物的残骸及其分解物质与土混掺沉积在一起,经生物化学作用生成的物质,其成分比较复杂,主要是植物残骸、未完全分解的泥炭和完全分解的腐殖质。当有机质含量超过5%时,称为有机土。有机质亲水性很强,因此有机土压缩性大、强度低。有机土不能作为堤坝工程的填筑土料,否则会影响建筑工程的质量。

2. 土的粒组划分

颗粒的大小及其含量直接影响着土的工程性质。例如颗粒较粗的卵石、砾石和砂粒等,其透水性较大,无黏性和可塑性;而颗粒很小的黏粒则透水性较小,黏性和可塑性较大。土颗粒的大小常以粒径来表示。土的粒径与土的性质之间有一定的对应关系,土的粒径相近时,土的矿物成分接近,所呈现的物理力学性质基本相同。因此,通常将土的性质相近的土颗粒划分为一组,称为粒组,把土在性质上表现出有明显差异的粒径作为划分粒组的分界粒径。

《土的工程分类标准》(GB 145—90)和《公路土工试验规程》(JTG E40—2007)中粒组划分标准见表1-1。

表1-1　粒组划分标准

粒组统称	《土的工程分类标准》(GB 145—90)			《公路土工试验规程》(JTG E40—2007)	
	粒组名称		粒组范围(mm)	粒组名称	粒组范围(mm)
巨粒组	漂石(块石) 卵石(碎石)		>200 200~60	漂石(块石) 卵石(小块石)	>200 200~60
粗粒组	砾粒	粗砾 细砾 砂粒	60~20 20~2 2~0.075	粗砾 中砾 细砾 粗砂 中砂 细砂	60~20 20~5 5~2 2~0.5 0.5~0.25 0.25~0.075
细粒组	粉粒 黏粒		0.075~0.005 <0.005	粉粒 黏粒	0.075~0.002 <0.002

3. 土的颗粒级配

1)颗粒级配与颗粒分析

土中各粒组的相对含量用各粒组占土粒总质量的百分数表示,称为土的颗粒级配。颗粒级配是通过颗粒大小分析试验来测定的。土的颗粒大小分析试验简称"颗分"试验。常用的"颗分"试验方法有筛分法和比重计法两种。

筛分法适用于粒径大于0.075 mm的粗粒土,比重计法适用于粒径小于0.075 mm的细粒土。比重计法是将一定质量的风干土样倒入盛水的玻璃量筒中,将其搅拌成均匀的悬液状。根据土颗粒的大小不同在水中沉降的速度也不同的特性,将比重计放入悬液中,测记1 min、5 min、30 min、120 min和1 440 min的比重计读数,然后通过公式算出不同土粒的粒径及其小于该粒径的质量百分数。

若土中粗细粒组兼有,可将土样过0.075 mm的筛子,使其分为两个部分。大于0.075 mm的土样用筛分法进行分析,小于0.075 mm的土样用比重计法进行分析。

2）颗粒级配的评价

土颗粒大小分析试验的成果，通常在半对数坐标系中点绘成一条曲线，称为土的颗粒级配曲线，如图 1-1 所示，图中曲线的纵坐标为小于某粒径的质量百分数，横坐标为用对数尺度表示的土粒粒径。因为土中的粒径通常相差悬殊，横坐标用对数尺度可以把粒径相差悬殊的粗、细粒的含量都表示出来。

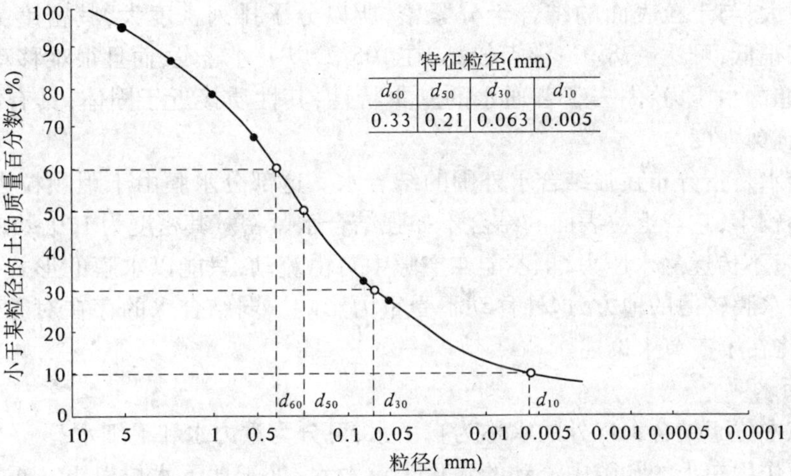

图 1-1　土的颗粒级配累计曲线

土中各粒组的相对含量为小于两个分界粒径质量百分数之差。图 1-1 中的曲线，对应各粒组的百分比含量分别为：砾石（60 ~ 2 mm）占 100% − 85% = 15%；砂粒（2 ~ 0.075 mm）占 55%。

3）良好级配的判别

级配良好的土，粗细颗粒搭配较好，粗颗粒间的孔隙有细颗粒填充，易被压实到较高的密度。因为渗透性和压缩性较小，强度较大，所以颗粒级配常作为选择筑填土料的依据。为了能定量地衡量土的颗粒级配是否良好，常用不均匀系数 C_u 和曲率系数 C_c 两个指标判别。

$$C_u = \frac{d_{60}}{d_{10}} \tag{1-1}$$

$$C_c = \frac{d_{30}^2}{d_{60}d_{10}} \tag{1-2}$$

式中　d_{60}、d_{30}、d_{10}——颗粒级配曲线上纵坐标为 60%、30%、10% 时所对应的粒径，d_{10} 称为有效粒径，d_{60} 称为限定粒径。

工程上常将 $C_u < 5$ 的土称为均匀土，把 $C_u \geqslant 5$ 的土称为不均匀土。曲率系数 C_c 是反映 d_{60} 与 d_{10} 之间曲线主段弯曲形状的指标，同时满足 $C_u \geqslant 5$ 和 $C_c = 1 \sim 3$ 的土称为级配良好。

（二）土中水

1. 结合水

研究表明，大多数黏土颗粒表面带有负电荷，因而围绕土粒周围形成了一定强度电场，使空隙中的水分子极化，这些极化后的极性水分子和水溶液中所含的阳离子（如钾、钠、钙、镁等阳离子），在电场力的作用下定向地吸附在土颗粒周围，形成一层不可自由移动的水膜，该水膜称为结合水，结合水又可根据受电场力作用的强弱分成强结合水和弱结合水。

强结合水是指被强电场力紧紧地吸附在土粒表面附近的结合水膜。这部分水膜因受电场力作用大，与土粒表面的结合十分紧密，所以分子排列密度大，其密度为1.2～2.4 g/cm^3，冰点很低，可达－78 ℃；沸点较高，在105 ℃以上才蒸发，而且很难移动，没有溶解能力，不传递静水压力，失去了普通水的基本特性，其性质接近于固体，具有很大的黏滞性、弹性和抗剪强度。

弱结合水是指分布在强结合水外围的结合水。这部分水膜由于距颗粒表面较远，受电场力作用较小，它与土粒表面的结合不如强结合水紧密。其密度为1.0～1.7 g/cm^3，冰点低于0 ℃，不传递静水压力，也不能在空隙中自由流动，只能以水膜的形式由水膜较厚处缓慢移向水膜较薄的地方，这种移动不受重力影响。弱结合水的存在对黏性土的性质影响很大，将在第三节中论述。

2. 自由水

土空隙中位于结合水以外的水称为自由水，可分为重力水和毛细水。

受重力作用在土的孔隙中流动的水称为重力水，处于地下水位以下。重力水与一般水一样，可以传递静水和动水压力，具有溶解能力，可溶解土中的水溶盐，使土的强度降低，压缩性增大；可以对土颗粒产生浮托力，使土的重力密度减小；它还可以在水头差的作用下形成渗透水流，并对土粒产生渗透力，使土体发生渗透变形。

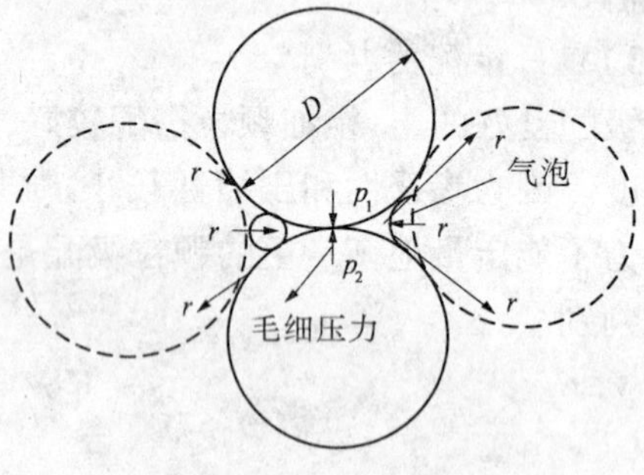

图1-2　毛细压力

在地下水位以上的自由水称为毛细水。在工程实践中应注意毛细水的上升可能使地基浸湿，使地下室受潮或使地基、路基产生冻胀，造成土地盐渍化等问题。此外，在一般潮湿的砂土（尤其是粉砂、细砂）中，孔隙中的水仅在土粒接触点周围并形成互不连通的弯液面。由于水的表面张力的作用，弯液面下孔隙水中的压力小于大气压力，因而产生使土粒相互挤紧的力，这个力称为毛细压力，如图1-2所示。由于毛细压力的作用，砂土也会像黏性土一样，具有一定的黏聚力，如在湿砂中能开挖一定深度的坑壁，一旦砂土处在干燥或饱和状态时，毛细现象便不存在，毛细水连接即刻消失，直立坑壁就会坍塌，故把无黏性土粒间的这种连接力称为"假黏聚力"。

（三）土中的气体

土中气体可分为与大气连通的气体和以气泡形式存在的封闭气体。封闭气体可以使土弹性增大，延长土的压缩过程，使土层不易压实。此外，封闭气体还能阻塞土内的渗流通道，使土的渗透性减小。

二、土的结构

土的结构是指土粒或粒团的排列方式及其粒间或粒团间连接的特征。它与土的矿物成分、颗粒形状和沉积条件有关。通常土的结构可分为三种基本类型，即单粒结构、蜂窝结构和絮状结构，如图 1-3 所示。

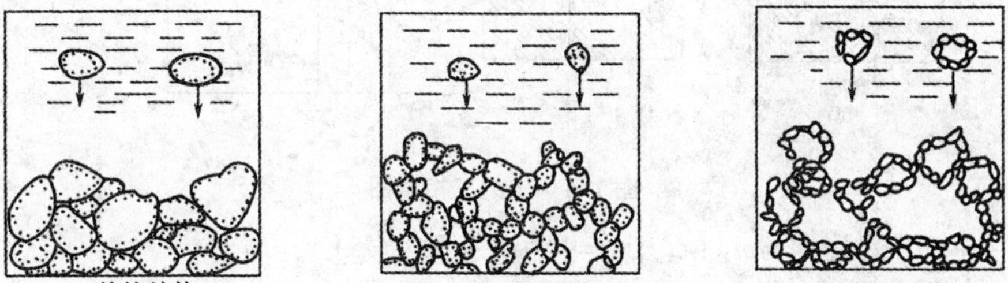

(a)单粒结构　(b)蜂窝结构　(c)絮状结构

图 1-3　土的结构

粗粒土（如砂土和砂砾石土等）由于其比表面积小，在沉积过程中，主要依靠自重下沉。下沉过程中的土颗粒一旦与已经沉积稳定的颗粒相接触，找到自己的平衡位置而稳定下来，就形成点与点接触的单粒结构。疏松排列的单粒结构由于孔隙大，在荷载作用下，土粒易发生移动，引起土体变形，承载力也较低，特别是饱和状态的细砂、粉砂及匀粒粉土，受振动荷载作用后，易产生液化现象。

较细的土粒（主要指粉粒和部分黏粒），由于土粒比表面积大，粒间引力大于下沉土粒的重量，在自重作用下沉积时，碰到别的正在下沉或已经沉稳的土粒，在粒间接触点上产生连接，逐渐形成链环状团粒，很多这样的链环状的团粒连接起来，形成孔隙较大的蜂窝结构。

极细小的黏土颗粒（$d<0.002$ mm）能在水中长期悬浮，一般不以单粒下沉，而是聚合成絮状团粒下沉。下沉后接触到已经沉稳的絮状团粒时，由于引力作用又产生连接，最终形成孔隙很大的絮状结构。

蜂窝结构和絮状结构的特点都是土中孔隙较多，结构不稳定，相对于单粒结构而言，具有较大的压缩性，强度也较低。

第二节　土的物理性质指标

土中三相物质本身的特性以及它们之间的相互作用，对土的性质有着本质的影响，但土体三相之间量的比例关系也是一个非常重要的影响因素。如对于无黏性土，密实时强度高，松散时强度低；而对于细粒土，含水少时硬，含水多时则软。所以把土体三相间量的比例关系称为土的物理性质指标，工程中常用土的物理性质指标作为评价土体工程性质优劣的基本指标。为了便于研究土中三相数量之间的比例关系，常常理想地把土中实际交错混杂在一起的三相以图 1-4 的形式表示出来，称为土的三相草图。

图 1-4 中各符号的意义如下：m 表示质量，V 表示体积。下标 a 表示气体，下标 s 表示土粒，下标 w 表示水，下标 v 表示孔隙。如 m_s、V_s 分别表示土粒重力、土粒质量和土粒体

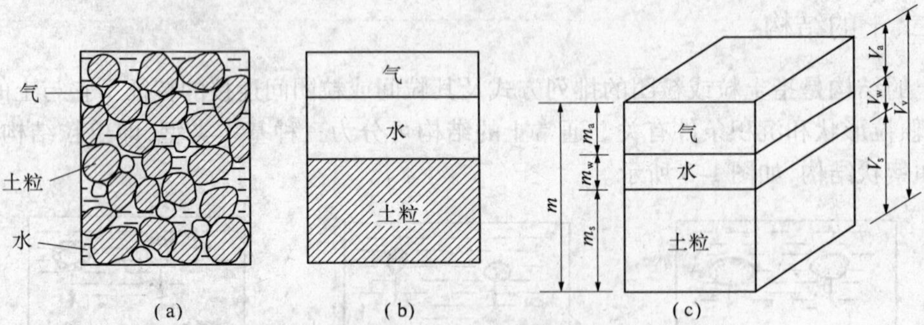

图 1-4　土的三相草图

积。图中有如下关系：$m = m_s + m_w$，$V = V_s + V_v = V_s + V_w + V_a$。

一、物理性质指标

(一) 实测指标

1. 土的密度 ρ 和土的容重 γ

单位体积天然土的总质量称为天然土的密度(也称天然密度)，简称为土的密度，常用 ρ(单位为 g/cm^3)表示，其表达式为

$$\rho = \frac{m}{V} = \frac{m_s + m_w}{V} \tag{1-3}$$

土的天然密度一般为 1.6 ~ 2.2 g/cm^3。三相土的天然密度称为湿密度；饱和状态的土其天然密度为饱和密度。

单位土体所受的重力称土的重力密度，简称土的容重，常用 γ(单位为 kN/m^3)表示，其表达式为

$$\gamma = \rho g \tag{1-4}$$

式中　g——重力加速度，在国际单位制中常用 $g = 9.81\ m/s^2$，为换算方便，也可近似用 $g = 10\ m/s^2$ 进行计算。

土的密度常用环刀法测定，具体方法见《土工试验指导书》。工程中现场测定土的密度也常用灌砂法，近期也常用核子密度仪快速测定土的密度。

2. 土粒相对密度 G_s(比重)

土粒相对密度指土颗粒在 105 ~ 110 ℃温度下烘至恒重时的质量与同体积 4 ℃时纯水的质量之比。土粒相对密度常用比重瓶法来测定，用 G_s 表示。

$$G_s = \frac{m_s}{V_s \rho_w} \tag{1-5}$$

式中　ρ_w——4 ℃时纯水的密度，常取 $\rho_w = 1\ g/cm^3$。

土粒相对密度一般在 2.60 ~ 2.80 之间，但当土中含有较多的有机质时，土粒相对密度会明显减小，甚至达到 2.40 以下。工程实践中，由于各类土的相对密度变化幅度不大，除重大建筑物及特殊情况外，可按经验数值选用。一般土粒的相对密度见表 1-2。

表 1-2　土粒相对密度的一般数值

土名	砂土	砂质粉土	黏质粉土	粉质黏土	黏土
相对密度	2.65～2.69	2.70	2.71	2.72～2.73	2.74～2.76

3. 土的含水量(率)ω

土的含水量指土中水的质量与土粒质量的比,以百分数表示,其表达式为

$$\omega = \frac{m_w}{m_s} \times 100\% \tag{1-6}$$

土的含水量常用烘干法测定,现场也可以用核子密度仪测定,有时对于无机土也可以用酒精燃烧法。天然土的含水量变化幅度很大,一般砂土的含水量 ω 为 0～40%;黏性土的含水率 ω 为 15%～60%;淤泥或泥炭的含水量可高达 100%～300%。同一种土,随土的含水量增高,土在变湿、变软,强度会降低,压缩性也会增大。所以,黏性土的含水量常是控制填土压实质量、确定地基承载力特征值和换算其他物理性质指标的重要指标。

(二)换算指标

1. 干密度 ρ_d 和干容重 γ_d

单位土体中土粒的质量称为土的干密度 ρ_d(单位为 g/cm^3):

$$\rho_d = \frac{m_s}{V} \tag{1-7a}$$

单位体积的干土所受的重力称为干重度 γ_d(单位为 kN/m^3),可按下式计算:

$$\gamma_d = \rho_d g \tag{1-7b}$$

干密度是评价土的密实程度的指标,干密度大表明土密实,干密度小表明土疏松。在填筑堤坝、路基等填方工程中,常把干密度作为填土设计和施工质量控制的指标。

2. 饱和密度 ρ_{sat} 和饱和容重 γ_{sat}

单位饱和土体的密度称为饱和密度 ρ_{sat}(单位为 g/cm^3)。此时,土中的孔隙完全被水所充满,土体处于固相和液相的二相状态,其表达式为

$$\rho_{sat} = \frac{m_s + m'_w}{V} = \frac{m_s + V_v \rho_w}{V} \tag{1-8a}$$

式中　m_w'——土中孔隙全部充满水时的水重。

饱和容重 $\gamma_{sat} = \rho_{sat} g$　(1-8b)

3. 浮密度 ρ' 与浮容重 γ'

土在水下时,单位体积的有效质量称为土的浮密度 ρ'(单位为 g/cm^3)(或称有效密度)。浮密度的表达式为

$$\rho' = \frac{m_s - V_s \rho_w}{V} \tag{1-9a}$$

浮容重(有效容重)

$$\gamma' = \rho' g \tag{1-9b}$$

从四种密度的定义可知,同一种土四种密度的数值关系是:$\rho_{sat} > \rho > \rho_d > \rho'$。

4. 孔隙率 n

土体孔隙体积与总体积之比称为土的孔隙率 n,常用百分数表示。

$$n=\frac{V_v}{V}\times 100\% \tag{1-10}$$

5. 孔隙比 e

土体孔隙体积与土颗粒体积之比称为土的孔隙比 e。

$$e=\frac{V_v}{V_s} \tag{1-11}$$

土的孔隙比主要与土粒的大小及其排列的疏密程度有关。一般砂土的孔隙比为 0.4～0.8,黏土为 0.6～1.5,有机质含量高的土,孔隙比甚至可高达 2.0 以上。孔隙比和孔隙率都是反映土的密实程度的指标。在计算地基沉降量和评价砂土的密实度时,常用孔隙比。

6. 饱和度 S_r

土中水的体积与孔隙体积之比称为饱和度 S_r。

$$S_r=\frac{V_w}{V_v}\times 100\% \tag{1-12}$$

饱和度反映土中孔隙被水充满的程度。按饱和度的大小,可将砂土分为以下几种不同的干湿状态:$S_r \leqslant 50\%$,稍湿;$50\% < S_r \leqslant 80\%$,很湿;$S_r > 80\%$,饱和。

二、物理性质指标之间的换算

上述土的物理性质指标中,天然密度 ρ、相对密度(比重)G_s 和含水量 ω 三个指标是通过试验测定的。在测定这三个指标后,其他各指标可根据它们的定义并利用土中三相关系导出,其换算公式见表 1-3。

表 1-3　三相指标的换算关系

指标名称	换算公式	指标名称	换算公式
干密度 ρ_d	$\rho_d=\dfrac{\rho}{1+\omega}$	饱和密度 ρ_{sat}	$\rho_{sat}=\dfrac{\rho(G_s-1)}{G_s(1+\omega)}+\rho_w$
孔隙比 e	$e=\dfrac{G_s\rho_w(1+\omega)}{\rho}-1$	饱和度 S_r	$S_r=\dfrac{G_s\rho\omega}{G_s\rho_w(1+\omega)-\rho}$
孔隙度 n	$n=1-\dfrac{\rho}{G_s\rho_w(1+\omega)}$	浮容重 γ'	$\gamma'=\dfrac{\gamma(G_s-\gamma_w)}{G_s(1+\omega)}$

作为工程技术人员,不必死记这些换算公式,只要掌握每个指标的物理意义,运用三相图就能推导出这些公式。下面介绍这种换算的基本思路。

先绘制三相草图,然后根据三个已知指标数值和各物理性质指标的意义进行计算。

利用三相草图计算有一个技巧,如令 $V=1$ 或 $V_s=1$,因为三相量的指标都是相对的比率关系，不是量的绝对值，因此取三相土中任一个量等于任何数值进行计算都应得到相同的结果。假定的已知量选取合适，可以减少计算的工作量。

【例 1-1】 用体积 $V=50\ cm^3$ 的环刀切取圆状土样，用天平称出土样的湿土质量为 94.00 g，烘干后为 75.63 g，测得土粒的相对密度 $G_s=2.68$。求该土的湿容重 γ、含水量 ω、干容重 γ_d、孔隙比 e 和饱和度 S_r 各为多少？

解：

$$\rho=\frac{m}{V}=\frac{94.00}{50}=1.88(g/cm^3)$$

$$\gamma=\rho g=1.88\times 9.81=18.44(kN/m^3)$$

$$\omega=\frac{m_w}{m_s}\times 100\%=\frac{m-m_s}{m_s}\times 100\%=\frac{94.00-75.63}{75.63}\times 100\%=24.30\%$$

$$\gamma_d=\frac{\gamma}{1+\omega}=\frac{18.44}{1+0.243}=14.84(kN/m^3)$$

$$e=\frac{G_s\gamma_w}{\gamma_d}-1=\frac{2.68\times 9.81}{14.84}-1=0.772$$

$$S_r=\frac{\omega G_s}{e}\times 100\%=\frac{0.243\times 2.68}{0.772}\times 100\%=84.4\%$$

【例 1-2】 某原状土样，经试验测得土的湿容重 $\gamma=18.44\ kN/m^3$，天然含水量 $\omega=24.3\%$，土粒的相对密度 $G_s=2.68$，试利用三相草图求该土样的干容重 γ_d、饱和容重 γ_{sat}、孔隙比 e 和饱和度 S_r 等指标值。

解：1. 求基本物理量

设 $V=1\ m^3$，求三相草图 1-4 中各相的数值。

(1)求 W_s、W_w、W。由 $\gamma=\frac{W}{V}$ 得

$$W=\gamma V=18.44\times 1=18.44(kN)$$

又由 $\omega=\frac{W_w}{W_s}$ 得

$$W_w=\omega W_s=0.243W_s \qquad ①$$

$$W=W_s+W_w \qquad ②$$

将式①代入式②得

$$18.44=W_s+0.243W_s$$

$$W_s=\frac{18.44}{1.243}=14.84(kN)$$

$$W_w=0.243W_s=0.243\times 14.84=3.61(kN)$$

(2)求 V_s、V_w、V_v。由 $G_s=\frac{W_s}{V_s\gamma_w}$ 得

$$V_s=\frac{W_s}{G_s\gamma_w}=\frac{14.84}{2.68\times 9.81}=0.564(m^3)$$

又由 $\gamma_w=\frac{W_w}{V_w}$ 得

$$V_w = \frac{W_w}{\gamma_w} = \frac{3.61}{9.81} = 0.368(m^3)$$

$$V_v = V - V_s = 1.0 - 0.564 = 0.436(m^3)$$

2. 求 γ_d、e、S_r

$$\gamma_d = \frac{W_s}{V} = \frac{14.84}{1} = 14.84(kN/m^3)$$

$$\gamma_{sat} = W_s + V_v\gamma_w = 14.84 + 0.436 \times 9.81 = 19.1(kN/m^3)$$

$$e = \frac{V_v}{V_s} = \frac{0.436}{0.564} = 0.773$$

$$S_r = \frac{V_w}{V_v} \times 100\% = \frac{0.368}{0.436} \times 100\% = 84.4\%$$

上述三相计算中,若设 $V_s = 1\ m^3$,与 $V = 1\ m^3$ 计算可得相同的结果。

应该指出的是,三相计算是工程技术人员的一个基本功,要求熟练地掌握。在阅读使用工程地质勘察报告、设计地基基础等各种场合,根据各物理性质指标的定义,利用三相草图,可以很方便地计算所需的各物理性质指标。

为了了解各物理性质指标的内容及其相互关系,现将上述各项指标的定义、指标来源和对指标的实际应用等方面的内容,归纳为"土的物理性质指标一览表"(见表 1-4),供对照参考。

表 1-4　土的物理性质指标一览表

指标名称	表达式	常见值	指标来源	实际应用
土粒相对密度 G_s	$G_s = \frac{m_s}{V_s\rho_w}$	2.65~2.75	由试验测定	1. 换算 n、e、ρ_d; 2. 工程计算
密度 ρ (g/cm^3)	$\rho = \frac{m}{V}$	1.60~2.20	由试验测定	1. 换算 n、e; 2. 说明土的密度
干密度 ρ_d (g/cm^3)	$\rho_d = \frac{m_s}{V}$	1.30~2.00	$\rho_d = \frac{\rho}{1+\omega}$	1. 黏土压实质量控制标准; 2. 粒度分析、压缩试验资料整理
干容重 γ_d (kN/m^3)	$\gamma_d = \rho_d g$	13.0~20.0		
饱和密度 ρ_{sat} (g/cm^3)	$\rho_{sat} = \frac{m_s + V_v\rho_w}{V}$	1.80~2.30	$\rho_{sat} = \frac{\rho(G_s-1)}{G_s(1+\omega)} + \rho_w$	
饱和容重 γ_{sat} (kN/m^3)	$\gamma_{sat} = \rho_{sat} g$	18.0~23.0		
有效密度 ρ' (g/cm^3)	$\rho' = \rho_{sat} - \rho_w$	0.80~1.30	$\rho' = \frac{\rho(G_s-\rho_w)}{G_s(1+\omega)}$	1. 计算潜水面以下地基土自重应力; 2. 分析人工边坡稳定
有效容重 γ' (kN/m^3)	$\gamma' = \gamma_{sat} - \gamma_w$	8.00~13.0		

续表 1-4

指标名称	表达式	常见值	指标来源	实际应用
天然含水量 ω	$\omega=\dfrac{m_w}{m_s}$	$0<\omega<1$	由试验测定	1. 换算 S_r、ρ_d、e; 2. 计算土的稠度指标
饱和度 S_r	$S_r=\dfrac{V_w}{V_v}$	0~1	$S_r=\dfrac{G_s\rho\omega}{G_s\rho_w(1+\omega)-\rho}$	1. 说明土的饱水状态; 2. 划分砂土、粉土的湿度标准
孔隙率(度)n	$n=\dfrac{V_v}{V}$	0~1	$n=1-\dfrac{\rho}{G_s\rho_w(1+\omega)}$	1. 说明土中孔隙体积; 2. 计算地基承载力; 3. 砂土估计密度和渗透系数; 4. 压缩试验整理资料
孔隙比 e	$e=\dfrac{V_v}{V_s}$		$e=\dfrac{G_s\rho_w(1+\omega)}{\rho}-1$	

第三节　土的物理状态指标

土所表现出的干湿、软硬、疏密等特征,统称为土的物理状态。土的物理状态对土的工程性质影响较大,类别不同的土所表现出的物理状态特征也不同。如无黏性土,其力学性质主要受密实程度的影响;而黏性土则主要受含水量变化的影响。

一、无黏性土的密实状态

无黏性土的密实状态对其工程性质影响很大。密实的无黏性土,结构稳定,强度较高,压缩性较小,是良好的天然地基;疏松的砂土,特别是饱和的松散粉细砂,结构常处于不稳定状态,容易产生流沙,在振动荷载作用下,可能会发生液化,对工程建筑不利。无黏性土密实度判别方法如下。

(1)孔隙比判别。判别无黏性土密实度最简便的指标是孔隙比。孔隙比越小,表示土越密实;孔隙比越大,土越疏松。但同样密实度情况下,级配均匀的砂孔隙比大,而级配良好的砂孔隙比小。

(2)相对密实度判别。相对密实度 D_r 是将天然状态的孔隙比 e 与最疏松状态的孔隙比 e_{max} 和最密实状态的孔隙比 e_{min} 进行对比,作为衡量无黏性土密实度的指标,其表达式为

$$D_r=\frac{e_{max}-e}{e_{max}-e_{min}} \tag{1-13}$$

式中　e_{max}——砂土在最疏松状态时的孔隙比,测试方法是将风干疏松土样通过长颈漏斗,轻轻地倒入容器,避免重力冲击,求出土的最小干密度后,算出相应孔

隙比即为 e_{max}；

e_{min}——砂土在最密实状态的孔隙比，测试方法是将风干疏松土样分 3 次装入金属容器，按规定方法振动或锤击，直至土样体积保持不变，测算其最大干密度并推算出相应孔隙比即为 e_{min}；

e——砂土在天然状态下的孔隙比。

显然，D_r 越大，土越密实。当 $D_r=0$ 时，表示土处于最疏松状态；当 $D_r=1$ 时，表示土处于最紧密状态。工程中根据相对密实度 D_r 判别密实度的标准如下：$D_r>0.67$，密实；$0.67\geqslant D_r>0.33$，中密；$D_r\leqslant 0.33$，疏松。

在工程实践中，主要用 D_r 检查压实砂土的密实度，而对于天然土体，较普遍的做法是采用标准贯入试验锤击数 N 来现场判定砂土的密实度。

（3）标准贯入试验判别。标准贯入试验是在现场进行的原位试验。该方法是用质量为 63.5 kg 的穿心锤，以 76 cm 的落距将贯入器打入土中 30 cm 时所需要的锤击数作为判别指标，称为标准贯入锤击数。我国《岩石工程勘测规范》（GB 50021—2001）中按标准贯入锤击数 N 划分砂土密实度的标准如表 1-5 所示。

表 1-5　砂土的密实度

密实度	密实	中密	稍密	松散
标准贯入锤击数 N	$N>30$	$30\geqslant N>15$	$15\geqslant N>10$	$N\leqslant 10$

碎石土可以根据野外鉴别方法划分为密实、中密、稍密三种密实度状态。其划分标准见相关规范。

二、黏性土的稠度

（一）黏性土的稠度状态

稠度是指黏性土在某一含水量时的稀稠程度或软硬程度。稠度还反映了土粒间的连接强度，稠度不同，土的强度及变形特性也不同。所以，稠度也可以指土对外力引起变形或破坏的抵抗能力。黏性土处在某种稠度时所呈现出的状态，称稠度状态。

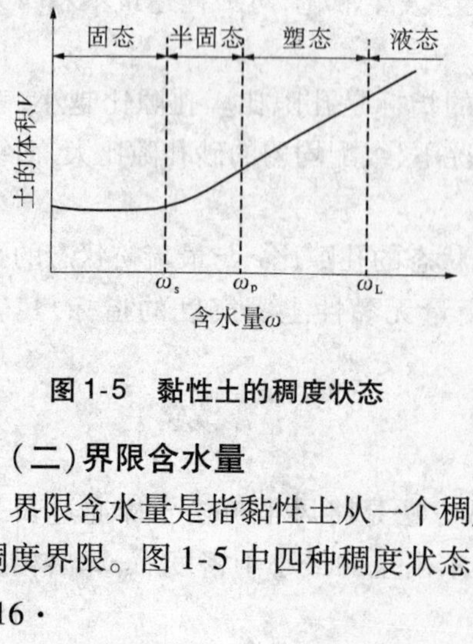

图 1-5　黏性土的稠度状态

黏性土所表现出的稠度状态，是随含水量的变化而变化的。如图 1-5 所示，当土中含水量很小时，水全部为强结合水，颗粒间的结合水连接很强，呈现为坚硬的固态或半固态；随着含水量的增加，土粒周围结合水膜加厚，结合水膜中除强结合水外还有弱结合水，土处于可塑状态，此时黏性土具有可塑性；当含水量继续增加，土中除结合水外还有自由水时，土粒多被自由水隔开，土粒间的结合水连接消失，土就处于流动状态。

（二）界限含水量

界限含水量是指黏性土从一个稠度状态过渡到另一个稠度状态时的分界含水量，也称稠度界限。图 1-5 中四种稠度状态之间有三个界限含水量，分别称为缩限含水量 ω_s、

塑限含水量 ω_p 和液限含水量 ω_L。

(1)缩限含水量 ω_s 是指固态与半固态之间的界限含水量。当含水量小于缩限含水量 ω_s 时,土体的体积不随含水量的减小而发生变化;当含水量大于缩限含水量 ω_s 时,土体的体积随含水量的增加而变大。

(2)塑限含水量 ω_p 是指半固态和可塑态之间的界限含水量。也就是可塑状态的下限,即含水量小于塑限含水量时,黏性土不具有可塑性。

(3)液限含水量 ω_L 是指可塑状态与流动状态之间的界限含水量。也就是黏性土可塑状态的上限含水量。

上述三种界限含水量都必须通过试验来测定。从工程性质来看,缩限在工程中不常见,塑限与液限对黏性土的工程性质影响很大。

液限和塑限的试验,常用液、塑限联合测定仪测定。公路系统采用的液、塑限联合测定法的圆锥质量为 100 g,锥角 30°,其余规范的圆锥质量为 76 g。

不同规范的液限测定标准不同,给不同系统之间数据的交流与利用带来了困难,基于这些指标的一系列技术标准也存在一定的差异,故不能互相通用。此外,目前我国一直还采用搓条法测定塑限,锥式液限仪或液限仪测液限。

(三)塑性指数与液性指数

(1)塑性指数 I_p 是指液限与塑限的差值,其表达式为

$$I_p = \omega_L - \omega_p \tag{1-14}$$

塑性指数习惯上用直接去掉%的数值来表示,如 $I_p = \omega_L - \omega_p = 36 - 16 = 20$,通常写为“$I_p = 20$”。

塑性指数表明了黏性土处在可塑状态时含水量的变化范围。它的大小与土的黏粒含量及矿物成分有关,土的塑性指数越大,说明土中黏粒含量越多。所以塑性指数是一个能反映黏性土性质的综合性指数,工程上普遍采用塑性指数对黏性土进行分类和评价。

(2)液性指数 I_L。土的含水量在一定程度上可以说明土的软硬程度。对同一种黏性土来说,含水量越大土体越软;但是对两种不同的黏性土来说,即使含水量相同,若它们的塑性指数不同,那么这两种土所处的状态就可能不同。因此,只知道土的天然含水量还不能说明土所处的稠度状态,还必须把天然含水量 ω 与这种土的塑限 ω_p 和液限 ω_L 进行比较,才能判定天然土的稠度状态。工程中用液性指数 I_L 作为判定土的软硬程度的指标。

$$I_L = \frac{\omega - \omega_p}{\omega_L - \omega_p} = \frac{\omega - \omega_p}{I_p} \tag{1-15}$$

式中　ω——土的天然含水量。

《建筑地基基础设计规范》(GB 50007—2002)根据土的液性指数 I_L 划分黏性土稠度状态的标准如表 1-6 所示。

表 1-6　按液性指数划分黏性土稠度状态(GB 50007—2002)

液性指数 I_L	$I_L \leqslant 0$	$0 < I_L \leqslant 0.25$	$0.25 < I_L \leqslant 0.75$	$0.75 < I_L \leqslant 1$	$I_L > 1$
稠度状态	坚硬	硬塑	可塑	软塑	流塑

第四节　土的击实性

土的击实性就是指土体在一定的击实功能作用下，土颗粒克服粒间阻力产生位移，颗粒重新排列，使土中的孔隙比减小，密实度增加，并具有较高的强度。但是在击实过程中，即使采用相同的击实功能，对于不同种类、不同含水量的土，击实效果也不完全相同。

一、击实试验

击实试验的目的就是用标准击实方法，测定土的干密度和含水量的关系，从击实曲线上确定土的最大干密度 ρ_{dmax} 和相应的最佳含水量 ω_{op}，为填土的设计与施工提供重要的依据。

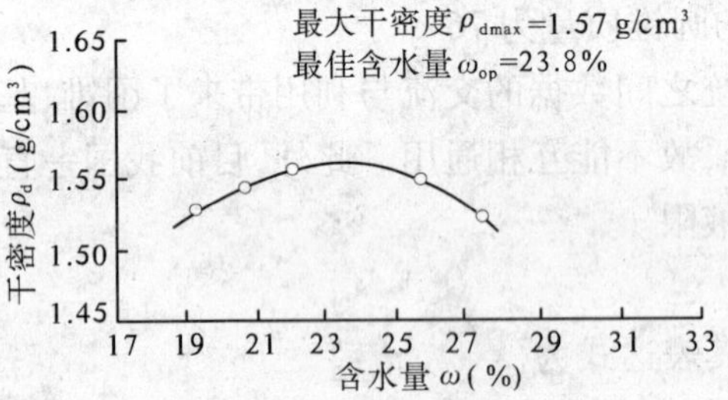

图 1-6　ρ_d—ω 击实曲线

做击实试验时，先将待测的土料按不同的预定含水量（不少于 5 个）制备成不同含水量的试样。测出击实后试样的湿密度和含水量，然后计算出该试样的干密度。以干密度为纵坐标，含水量为横坐标，绘制干密度 ρ_d 与含水量 ω 的关系曲线，图 1-6 即为土的击实曲线。

从击实曲线上可以看出，曲线上有一峰值，此处的干密度最大，称为最大干密度，用 ρ_{dmax} 表示，与最大干密度对应的含水量称为最优含水量，用 ω_{op} 表示。这说明，当击实功一定，土料的含水量为最佳含水量时，击实效果最好。

二、影响土击实性的因素

（1）土的含水量。当黏性土的含水量过低或过高时，均不易击实到较高的密度。在一定击实功能下，只有当含水量达到最优时，才能击实到较大密度。黏性土的最优含水量一般接近黏性土的塑限，可近似为 $\omega_{op}=\omega_p+2\%$。

将不同含水量及所对应的土体达到饱和状态时的干密度点绘于图 1-7 中，得到饱和度为 $S_r=100\%$ 的饱和曲线，从图中可见，试验的击实曲线在峰值以后逐渐接近饱和曲线，并且大体上与它平行，但永不相交。试验证明，一般黏性土在其最佳击实状态下（击实曲线峰值点），其饱和度通常约为 80%。

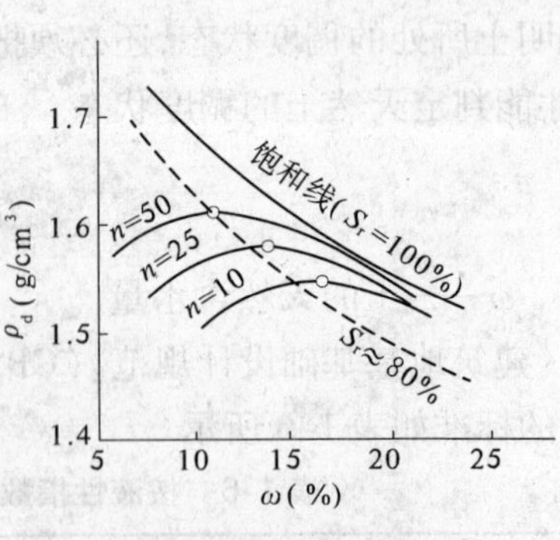

图 1-7　土的含水量、干密度和击实功能关系曲线

（2）击实功。对于同一种土，击实功小，则所能达到的最大干密度也小，反之，击实功大，所能达到的最大干密度也大；而最佳含水量正好相反，即击实功小，则最佳含水量大，击实功大，则最佳含水量小。

(3)土粒级配。图1-8(a)是5种不同的级配曲线,图1-8(b)是它们的击实曲线。从图中可知,粗粒含量多、颗粒级配良好的土,最大干密度较大,最优含水量较小。

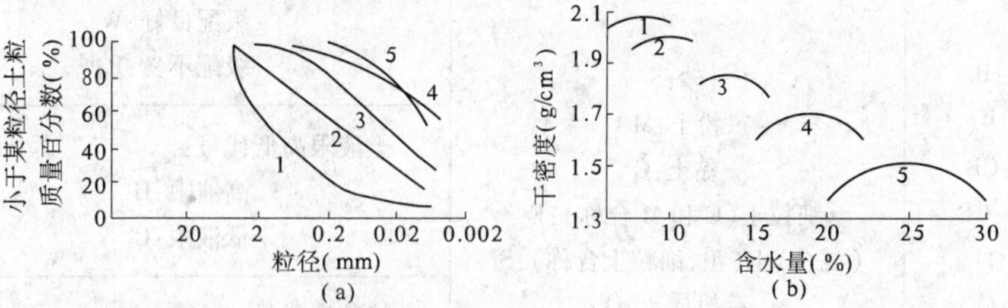

图1-8　五种土的击实曲线

1、2、3—粗粒;4、5—细粒

三、填土压实的质量控制

由于黏性填土存在着最佳含水量,因此在填土施工时应根据土料的性质、填筑部位、施工工艺和气候条件等因素综合考虑,将土料的含水量控制在最佳含水量左右,一般在最佳含水量 ω_{op} 的 $-2\% \sim 3\%$ 范围内选取。填土质量标准,工程采用压实度 k 控制,不同的填土部位,要求的压实度也不同,具体参照规范。

$$k = \frac{\text{设计填筑干密度 } \rho_d}{\text{标准击实试验的最大干密度 } \rho_{dmax}} \times 100\% \tag{1-16}$$

第五节　土的工程分类

土的分类法有两大类:一类是实验室分类法,该分类方法主要是根据土的颗粒级配及塑性等进行分类,常在工程技术设计阶段使用;另一类是目测法,是在现场勘察中根据经验和简易的试验,由土的干强度、含水量、手捻感觉、摇震反应和韧性等,对土进行简易分类。本节主要介绍实验室分类法。

目前,我国使用的土名和土的室内分类方法并不统一,这是由于各类工程的特点不同,工程中对土的某些工程性质的重视程度和要求并不完全相同,制定分类标准时的着眼点、侧重面也就不同,加上长期的经验和习惯,形成了不同的分类体系。有时即使在同一行业中,不同的规范之间也存在着差异。本书仅介绍《公路土工试验规程》(JTG E40—2007)和《公路桥涵地基与基础设计规范》(JTJ 024—85)中土的工程分类。

一、分类原则

粗粒土按粒度成分及级配特征;细粒土按塑性指数和液限,即塑性图法;有机土和特殊土则分别单独各列为一类。对定出的土名给以明确含义的文字符号,既一目了然,又便于查找,还可以为计算机检索土质试验资料提供条件。

因此,在介绍土的工程分类方法之前,应先认识和熟悉国内外通用的表示土类名称的文字代号(见表1-7)。

表 1-7 土的成分代号

漂石:B 块石:B_a 卵石:CB 小块石:CB_a 砾:G 角砾:G_a	砂:S 粉土:M 黏土:C 细粒土(C 和 M 合称):F (混合)土(粗、细粒土合称):SI 有机质土:O	土的级配代号: 级配良好:W 级配不良:P 土液限高低代号: 高液限:H 低液限:L 特殊土代号: 黄土:Y;红黏土:R 膨胀土:E;盐渍土:S_t

(1)土类名称可用一个基本代号表示。

(2)当由两个基本代号构成时,第一个代号表示土的主成分,第二个代号表示副成分或土的性质(液限的高低或级配的好坏)。

土类的名称和代号见表 1-8。

表 1-8 土类的名称和代号

名称	代号	名称	代号	名称	代号
漂石	B	级配良好砂	SW	含砾低液限黏土	CLG
块石	B_a	级配不良砂	SP	含砂高液限黏土	CHS
卵石	CB	粉土质砂	SM	含砂低液限黏土	CLS
小块石	CB_a	黏土质砂	SC	有机质高液限黏土	CHO
漂石夹石	BSl	高液限粉土	MH	有机质低液限黏土	CLO
卵石夹石	CbSl	低液限粉土	ML	有机质高液限粉土	MHO
漂石质土	SlB	含砾高液限粉土	MHG	有机质低液限粉土	MLO
卵石质土	SlCb	含砾低液限粉土	MLG	黄土(低液限黏土)	CLY
级配良好砾	GW	含砂高液限粉土	MHS	膨胀土(高液限黏土)	CHE
级配不良砾	GP	含砂低液限粉土	MLS	红土(高液限粉土)	MHR
细粒质砾	GF	高液限黏土	CH	红黏土	R
粉土质砾	GM	低液限黏土	CL	盐渍土	St
黏土质砾	GC	含砾高液限黏土	CHG	冻土	Ft

(3)当由三个基本代号构成时,第一个代号表示主成分,第二个代号表示土的性质(液限的高低或级配的好坏),第三个代号表示土中所含次要成分。

二、《公路土工试验规程》(JTG E40—2007)中土的工程分类

根据土类、土组和土名的次序区分，首先按相应的粒级含量超过50%来划分土类。对于混合土类，其中粒级含量小于5%为不含，5%～15%为微含，15%～50%为含量界限。对于细粒土类，按液限划分为低、中、高、很高4级。对已知土样应在实验室进行分类试验。用土的颗粒大小分析试验，确定各粒组的含量；用液、塑限测定仪测定土的液限、塑限，并计算出塑性指数。对土的野外鉴别，可用眼看、手摸、嗅觉对土进行概略区分，最后将土分类、命名。

(一)工程土分类的总体系

巨粒土、粗粒土、细粒土和特殊土的分类标准见图1-9。

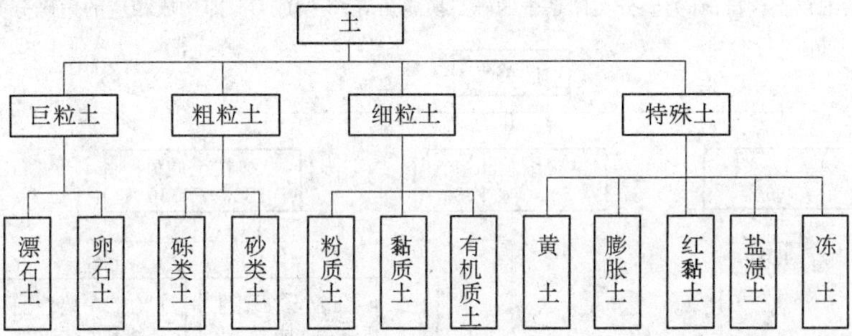

图1-9　土分类总体系

(二)巨粒土分类

(1)试样中巨粒组质量多于总质量50%的土称巨粒土，分类体系见图1-10。

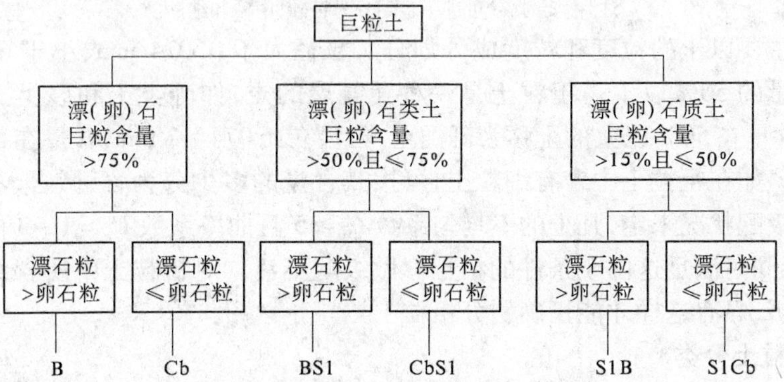

图1-10　巨粒土分类体系

(2)巨粒土可分为两类：一类是巨粒组质量多于总质量75%的土，称漂(卵)石；另一类是巨粒组质量为75%～50%的土，称漂(卵)石类土。

(三)粗粒土分类

试样中粗粒组质量多于总质量50%的土称为粗粒土，它包括砾类土，见图1-11、图1-12。

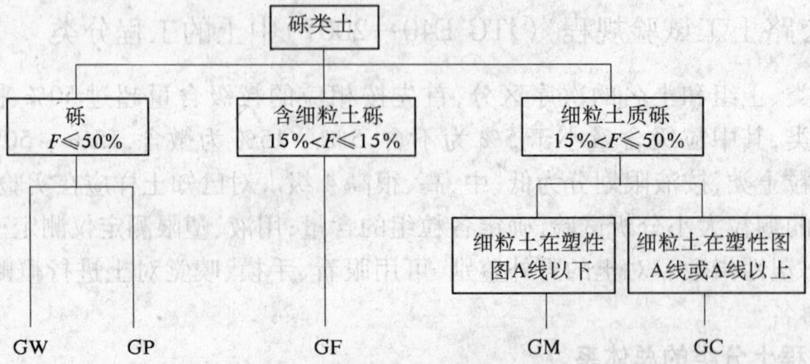

图 1-11　砾类土分类体系

注：F 指细粒土含量；砾类土分类体系中的砾石换成角砾，G 换成 G_a，即构成相应的角砾分类体系。

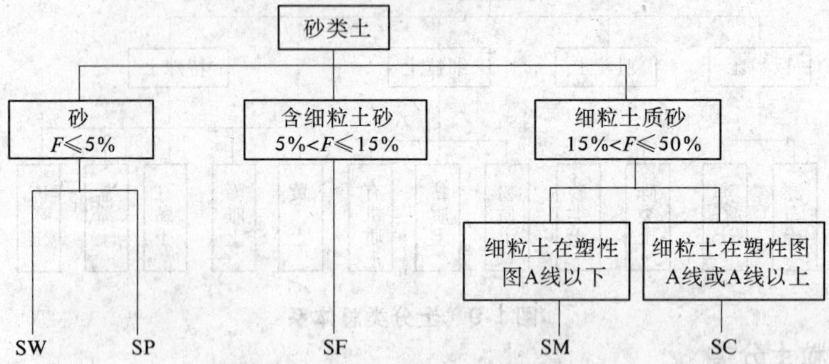

图 1-12　砂类土分类体系

注：需要时，砂可进一步划分为粗砂、中砂和细砂。

粗粒土主要以土的粒度和粒度成分划分。粒径大于 0.074 mm、小于 60 mm 的土必须占总土质量的 50% 以上。粗粒土是一种无凝聚的土，如砾类土和砂类土。凡粒径在 2～60 mm，含量在 50% 以上的土称为砾类土；粒径在 0.074～2 mm，含量在 50% 以上的土称为砂类土。如在粗粒土中含有细粒土，可按其含量的多少分为含、微含、不含。粗粒土命名还应按级配状况来定，凡土的不均匀系数 $C_u \geq 5$ 且曲率系数 $C_c = 1 \sim 3$ 的粗粒称做级配良好，不能同时满足这两个条件的粗粒称做级配不良。对粗粒土中所含细粒土的性质也应进行分析，只有这样才能正确划分粗粒土类。

（四）细粒土分类

试样中细粒组质量多于总质量 50% 的土称为细粒土，有时还含有有机质，见图 1-13。

在细粒土中，首先可以按细粒土含量的多少分为含、微含、不含砾（砂）土；其次按细粒土的性质不同可分为不同液限的黏土或粉土。另外，细粒土还可按塑性图来命名、分类。

土中有机质包括未完全分解的动植物残骸和完全分解的无定型物质。后者多呈黑色、青黑色或暗色，有臭味，有弹性和海绵感，借目测、手摸及嗅感判别。当不能判定时，可采用下列方法：将试样在 105～110 ℃的烘箱中烘烤，若烘烤 24 h 试样的液限小于烘烤前的 3/4，该试验土为有机质土。当需要测定有机质含量时，按有机质含量试验进行。

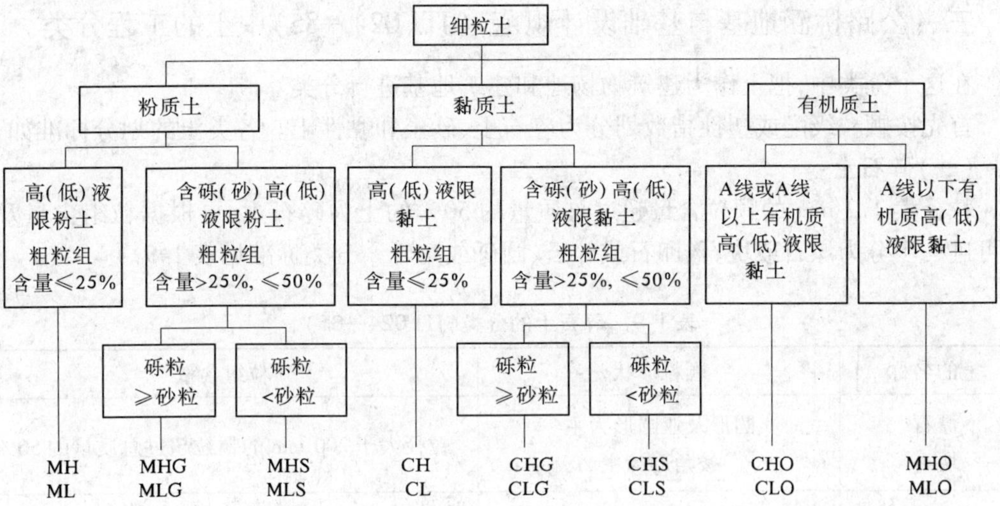

图 1-13　细粒土分类体系

（五）按塑性图分类

土按塑性图分类是卡萨格兰德教授（A. Casagrande）对北美大量黏土做了试验，并对其资料进行分析研究后，于 1942 年首先提出的土质分类方法。后被世界各国工程界普遍采用，并在此基础上经过多次修改和补充。虽然此种分类方法尚在完善中，但一般认为较以往国内外单纯只按塑性指数值 I_p 分类要合理得多。

塑性图：是在土的颗粒级配和塑性的基础上，以土的塑性指数 I_p 为纵坐标，以液限 ω_L（%）为横坐标的直角坐标图式（见图 1-14）。

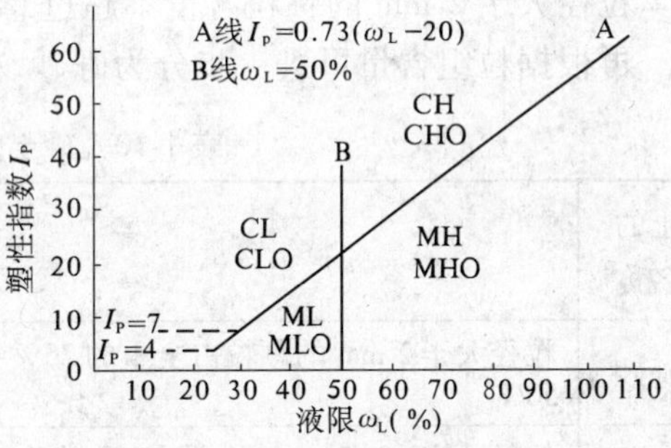

图 1-14　塑性图

在图中，用几条直线将直角坐标系分割成若干区域，不同的区域代表着不同性质的土类。目前，世界各国在坐标图中对直线方程的取值的标准尚未统一；我国各部门的取值也不完全一样。

A 线方程：$I_p = 0.73(\omega_L - 20)$，将直角坐标图分为 C（黏土）区与 M（粉土）区；

B 线方程：$\omega_L = 50(\%)$，将坐标图按液限高低分割成两个区域，即由左至右分为 L（低液限）区、H（高液限）区；

在 L（低液限）区内，以 $I_p = 7$ 的水平线作为 C（黏土）区与 M（粉土）区的界线。

凡是用液塑限联合测定仪测定土的液限、塑限，并计算出相应的塑性指数，都可以根据这些数据，在塑性图上找到土样在图中的位置；再根据它在图中的区域，可查知某一土样的土类或土名。

三、《公路桥涵地基与基础设计规范》(JTJ 024—85)中土的工程分类

在这个分类中,把土作为建筑物场地和建筑地基进行分类。

首先按颗粒级配或塑性指数划分为碎石土、砂土和黏性土。各类土的划分标准如下。

(一)碎石土

粒径大于2 mm的颗粒含量超过总质量的50%的土为碎石土,再根据粒组含量及形状可进一步分为漂石或块石、卵石或碎石、圆砾或角砾。分类标准见表1-9。

表1-9 碎石土的分类(JTJ 024—85)

土的名称	颗粒形状	粒组含量
漂石 块石	圆形及亚圆形为主 棱角形为主	粒径大于200 mm的颗粒超过总质量的50%
卵石 碎石	圆形及亚圆形为主 棱角形为主	粒径大于20 mm的颗粒超过总质量的50%
圆砾 角砾	圆形及亚圆形为主 棱角形为主	粒径大于2 mm的颗粒超过总质量的50%

注:分类时,应根据粒组含量由上到下以最先符合者确定。

(二)砂土

粒径大于2 mm的颗粒含量不超过总质量的50%且塑性指数 I_p 不大于1的土为砂土。再根据粒组含量可进一步分为砾砂、粗砂、中砂、细砂和粉砂,分类标准见表1-10。

表1-10 砂土的分类(JTJ 024—85)

土的名称	粒组含量	土的名称	粒组含量
砾砂	粒径大于2 mm的颗粒占全重的25%~50%	细砂	粒径大于0.075 mm的颗粒超过全重的50%
粗砂	粒径大于0.5 mm的颗粒超过全重的50%		
中砂	粒径大于0.25 mm的颗粒超过全重的50%	粉砂	粒径小于0.075 mm的颗粒超过全重的50%

注:定名时应根据颗粒级配由大到小以最先符合者确定。

(三)细粒土

塑性指数 $I_p>1$ 的土,再根据塑性指数 I_p 值可进一步分为黏土、亚黏土和粉土。分类标准见表1-11。

表1-11 细粒土的分类(JTJ 024—85)

土的名称	塑性指数 I_p 值
黏土	$I_p>17$
亚黏土	$10<I_p\leqslant 17$
粉土	$1<I_p\leqslant 10$

(四)人工填土

人工填土是指由于人类活动而形成的

堆积物。人工填土物质成分比较复杂,均匀性也较差,按堆积物的成分和成因可按如下划分。

(1)素填土:由碎石、砂土、粉土或黏性土所组成的填土。经分层压实者统称为压实填土。

(2)杂填土:含有建筑物垃圾、工业废料及生活垃圾等杂物的填土。

(3)冲填土:由水力冲填泥沙形成的填土。

另外,对于黏性土,按其沉积年代分为:

(1)老黏性土:第四纪晚更新世(Q_3)及其前的沉积黏性土。

(2)一般黏性土:第四纪全新世(Q_4)(文化期以前)沉积的黏性土。

(3)新近沉积黏性土:文化期以后沉积的黏性土。

复习思考题

1-1　为什么划分粒组?一般划分为哪些粒组?

1-2　为什么采用不同的颗粒分析方法?

1-3　各种类型的水对土的性质有何影响?

1-4　绘三相简图有何意义?

1-5　工程中是否可以以其他指标作为实测指标?

1-6　某饱和黏性土的含水量 $\omega=38\%$,相对密度 $G_s=2.71$,求土的孔隙比 e 和干容重 γ_d。

1-7　各物理性质指标在工程中有何作用?

1-8　用什么指标反映黏性土黏性大小?用什么指标评价其软硬程度?

1-9　实验室对粗粒土和细粒土分类的依据是什么?

1-10　按规范求出图 1-15 颗粒级配曲线①、曲线②所示土中各粒组的百分比含量,并分析其颗粒级配情况。

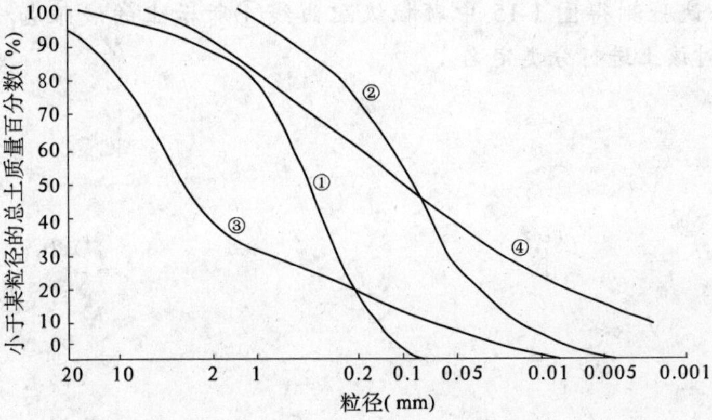

图 1-15　题 1-10 图

1-11　使用体积为 60 cm^3 的环刀切取土样,测得土样质量为 120 g,烘干后的质量为

100 g，又经相对密度试验测得 $G_s=2.70$，试求：

(1)该土的湿密度 ρ、湿容重 γ、含水量 ω 和干容重 γ_d；

(2)在 1 m^3 土体中，土颗粒、水与空气所占的质量和体积。

1-12 试按三相简图推证下列两个关系式

(1) $S_r=\dfrac{G_s\omega}{e}$；

(2) $\gamma_d=\dfrac{G_s\gamma_w}{1+e}=G_s\gamma_w(1-n)$

1-13 某原状土样，测出该土的 $\gamma=17.8\ kN/m^3$，$\omega=25\%$，$G_s=2.65$，试计算该土的干容重 γ_d、孔隙比 e、饱和容重 γ_{sat}、浮容重 γ' 和饱和度 S_r。

1-14 某饱和土样的含水量 $\omega=40\%$，饱和容重 $\gamma_{sat}=18.3\ kN/m^3$，试用三相简图求它的孔隙比 e 和土粒的相对密度 G_s。

1-15 有 A、B 两种土样，测得其指标见表 1-12，试求：

(1)哪一个土样的黏粒含量高？

(2)哪一个土样的孔隙比 e 大？

(3)哪一个土样的饱和容重 γ_{sat} 大？

(4)确定 A、B 土样的名称及状态。

表 1-12 题 1-15 表

土样	ω_L(%)	ω_p(%)	ω(%)	G_s	S_r(%)
A	30	12	45	2.70	100
B	29	16	26	2.68	100

1-16 已测得图 1-15 中曲线③所示土的细粒部分土的液限 $\omega_L=34.3\%$、塑限 $\omega_p=19.5\%$，试对其进行分类定名。

1-17 根据试验测得图 1-15 中颗粒级配曲线④所示土的液限 $\omega_L=31.5\%$、塑限 $\omega_p=18.6\%$，试对该土进行分类定名。

第二章　土中水的运动规律

本章重点

(1)毛细水产生的原因和对工程的影响以及土的冻结。

(2)达西定律的应用。

(3)流沙、管涌现象产生的原因以及对工程的危害和防治措施。

第一节　土的毛细性

通常土体都是多孔介质,土中的孔隙很复杂,形成了无数的毛细管,因为水的表面张力作用,水可以上升到某一高度,这种现象称为毛细管作用,也称做土的毛细现象,这种细微孔隙中的水被称为毛细水。下面我们来认识土的毛细现象。

一、土层中的毛细水带

土层中由于毛细现象所湿润的范围称为毛细水带。根据毛细水带的形成条件和分布状况,可分为三种,即正常毛细水带、毛细网状水带和毛细悬挂水带,如图 2-1 所示。

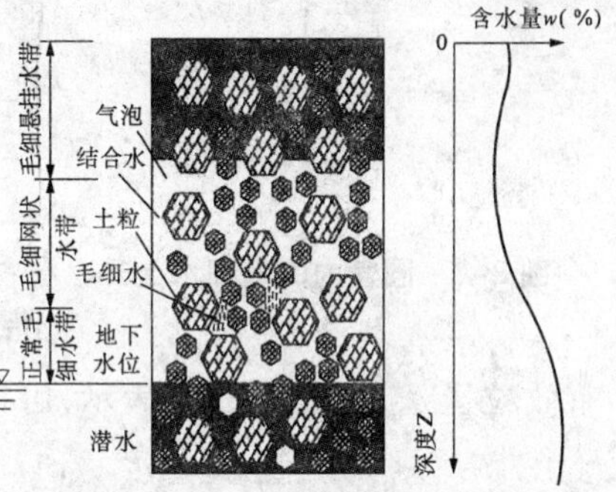

图 2-1　土层中的毛细水带

(1)正常毛细水带(又称毛细饱和带)。它位于毛细水带的下部,是由地下潜水面直接上升而形成,毛细水几乎充满了全部孔隙。正常毛细水带随着地下水位的升降而做相应的移动。

(2)毛细网状水带。它位于毛细水带中部。当地下水位急剧下降时,它也随之急速下降,这时在较细的毛细孔隙中有一部分毛细水来不及移动,仍残留在孔隙中,而在较粗的孔隙中因毛细水下降,孔隙中留下空气泡,这样使毛细水呈网状分布。毛细网状水带中的水,可以在表面张力的作用下移动。

(3)毛细悬挂水带。它位于毛细带的上部,这一带的毛细水是由地表水渗入而成的,水悬挂在土颗粒之间,它不与中部或下部的毛细水相连,当地表有大气降水补给时,毛细悬挂水在重力作用下向下移动。

上述三个毛细水带不一定同时存在,这取决于当地的水文地质条件。如地下水位很高,可以只有正常毛细水带,而没有毛细悬挂水带和毛细网状水带;反之,当地下水位较低时,则可能同时出现三个毛细水带。

在毛细水带内,土的含水量是随着深度而变化的,自地下水位向上含水量逐渐减少,但到毛细悬挂水带后,含水量可能有所增加,见图 2-1。

二、毛细管作用

我们知道水与空气的分界面上存在表面张力，而液体总是力图缩小自己的表面积，以使表面自由能变得最小，这也就是一滴水珠总是成为球状的原因。另一方面，毛细水管壁的分子和水分子之间有引力作用，这个引力使与管壁接触部分的水面呈向上的弯曲状，这种现象一般称为湿润现象。当毛细管的直径较细时，毛细管内水面的弯曲面互相连接，形成内凹的弯液面，如图 2-2 所示。这种内凹的弯液面表明管壁与水分子之间的引力很大，促使管内的水柱升高，从而改变弯液面的形状时，管壁与水之间的湿润现象又会使水柱面恢复为内凹的弯液面状。这样周而复始，使毛细管内的水柱上升，直到升高的水柱重力和管壁与水分子间的引力所产生的上举力平衡为止。

如图 2-2 所示，表面张力 T 的垂直方向的分力与被吸引上来的水的重量平衡，列平衡方程得

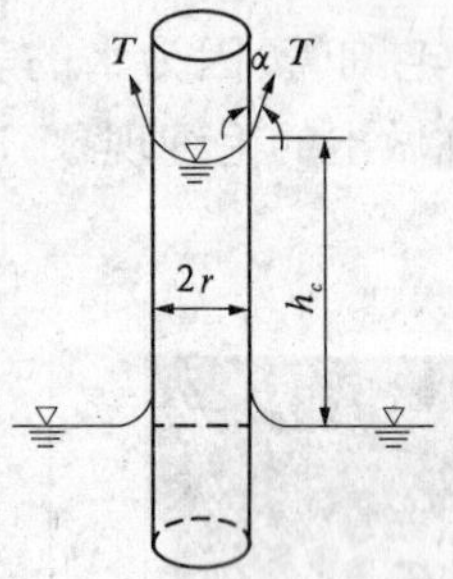

图 2-2　圆管内的毛细水上升

$$T\cos\alpha(2\pi r) = \gamma_w h_c(\pi r^2)$$

$$h_c = \frac{2T\cos\alpha}{\gamma_w r} \tag{2-1}$$

在 25 ℃时，水的表面张力 $T = 75\ \mathrm{kN/cm} \approx (75 \times 10^{-5}\ \mathrm{N/cm})$，水的容重 $\gamma_w = 980\ \mathrm{kN/cm^3}(980 \times 10^{-5}\mathrm{N/cm^3})$，如果取 $\alpha \approx 0$，得水面上升高度 h_c 为：

$$h_c = 0.15/r \tag{2-2}$$

式中 h_c 和 r 都以 cm 为单位。由上式可知，圆管半径 r 越小，水的上升高度 h_c 越大，两者呈反比。实际上土中的孔隙并不是圆管，如果用圆管半径 r 等价的孔隙比 e 和有效粒径 d_{10}(cm)的积来表示，可得

$$h_c = c/(ed_{10}) \tag{2-3}$$

式中　c——由土颗粒的粒径和表面粗糙程度等因素决定的系数，在 0.1 ~ 0.5 $\mathrm{cm^2}$ 的范围内变化。

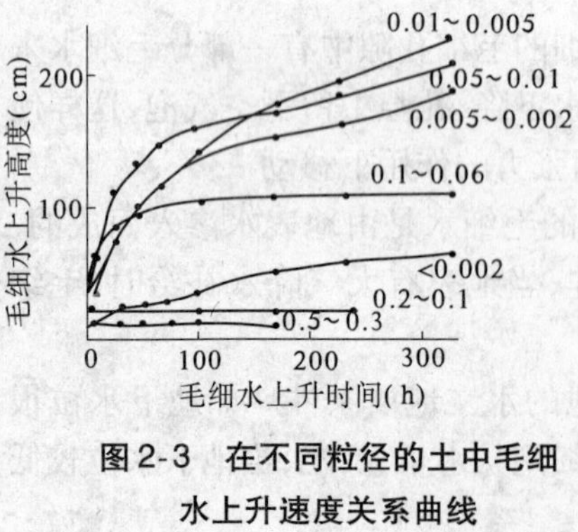

图 2-3　在不同粒径的土中毛细水上升速度关系曲线

根据式(2-3)可以推出土中毛细管上升高度 h_c 的大致值。如果假设黏土地基的 $d_{10} \approx 1\ \mu\mathrm{m} = 10^{-4}\ \mathrm{cm}$、$e \approx 1$，可得 $h_c = 100\ \mathrm{cm}$。

在黏土颗粒周围吸附着一层结合水膜，这一水膜将影响毛细水弯液面的形成。此外，结合水膜将减小土中孔隙的有效直径，使得毛细水在上升时受到很大阻力，上升速度很慢，上升的高度也受到影响。土粒间的孔隙被结合水完全充满时，毛细水的上升也就停止了。在图 2-3 中给出了用人工制备的石英砂在实验室测定的毛细水上升高度、上升速度与土颗粒大小之间的关系。从图中可以看到，在粗颗粒土中，毛细水上升一开始进行得很快，以后逐渐缓慢，而且较粗颗粒的曲线为较细颗粒的曲线所穿过，这说明

细颗粒毛细水上升高度较大，但上升速度较慢。毛细水的上升是引起路基冻害的因素之一，对于房屋建筑，会引起地下室过分潮湿，另外还可能引起土的沼泽化和盐渍化。

三、毛细压力

干燥的砂土是松散的，颗粒间没有黏结力，水下的饱和砂土也是这样。但有一定含水量的湿砂，却表现出颗粒间有一些黏结力，如湿砂可捏成团。在湿砂中有时可挖成直立的坑壁，短期内不会坍塌。这说明湿砂的土粒间有一些黏结力是由于土粒间接触面上一些水的毛细压力所形成的。

毛细压力可以用图2-4来说明。图中两个土粒（假想是球体）的接触面间有一些毛细水，由于土粒表面的湿润作用，使毛细水形成弯液面。在水和空气的分界面上产生的表面张力是沿着弯液面切线方向作用的，它促使两个土粒互相靠拢，在土粒的接触面上就产生一个压力 P_k，称为毛细压力。由毛细压力所产生的土粒间的黏结力称为假内聚力。当砂土完全干燥或砂土浸没在水中孔隙中完全充满水时，颗粒间没有孔隙水或孔隙水不存在弯液面，这时毛细压力也就消失了。

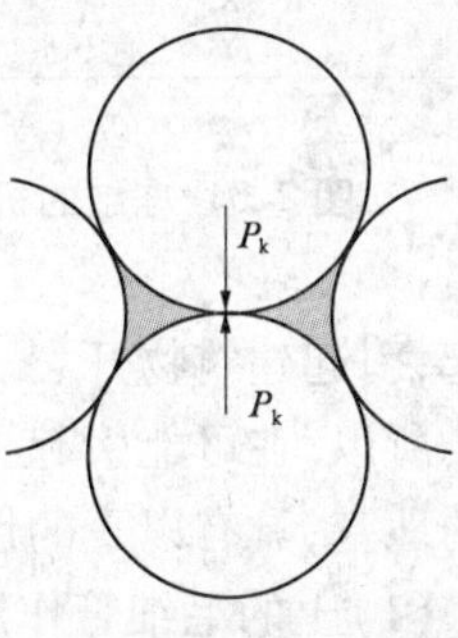

图2-4　毛细压力的示意图

四、土的冻结

在寒冷地区因大气负温影响会使土中水冻结从而成为冻土。冻土根据其冻融情况分为季节性冻土、隔年冻土和多年冻土。季节性冻土是指冬季冻结、夏季全部融化的冻土；冬季冻结、一二年不融化的土层称为隔年冻土；凡冻结状态持续3年或3年以上的土层称为多年冻土。多年冻土地区的表土层，有时夏季融化，冬季冻结，所以也是属于季节性冻土。

我们知道土中水分区分为结合水和自由水两大类。结合水根据其所受分子引力的大小分为强结合水和弱结合水，自由水又分为重力水与毛细水。重力水在0 ℃时冻结，毛细水因受表面张力的作用其冰点稍低于0 ℃；结合水的冰点则随着其受到的引力增加而降低，弱结合水的外层在 -0.5 ℃时冻结，越靠近土料表面其冰点越低，弱结合水要在 -20～-30 ℃时才会全部冻结，而强结合水在 -78 ℃仍不冻结。

当大气温度降至负温时，土层中的温度也随之降低，土体孔隙中的自由水首先在0 ℃冻结成冰晶体。随着气温的继续下降，弱结合水的外层也开始冻结，使冰晶体渐渐扩大。这样使冰晶体周围土粒的结合水膜减薄，土粒就产生剩余的分子引力。另外，由于结合水膜的减薄，因而水膜中的离子浓度增加（因为结合水中的水分子结成冰晶体，使离子浓度相应增加），这样，就产生渗透压力（当两种水溶液的浓度不同时，会在它们之间产生一种压力差，使浓度较小的溶液中的水向浓度较大的溶液渗流）。在这两种引力作用下，附近未冻结区水膜较厚处的结合水，被吸引到冻结区的水膜较薄处。一旦水分被吸引到冻结区后，因为负温作用，水即冻结，使冰晶体增大，而不平衡引力继续存在。若未冻结区存在着水源(如地下水距冻结区很近)及适当的水源补给通道(毛细通道),就能够源源不断地补充被吸收的结合水,则未冻结的水分就会不断地向冻结区迁移积聚,使冰晶体扩大,在土层中形成冰夹层,土体积发生隆胀,即冻胀现象。这种冰晶体的不断增大,一直要到水源的补给断绝后才停止。

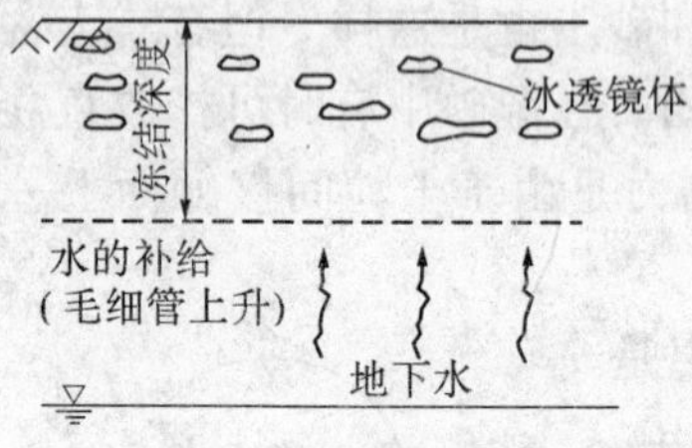

图 2-5 冻结的机理

如上所述,正是由于水的不断补给,冻结的深度、范围不断增大,才会引起各种问题。冻结时的情况如图 2-5所示,在土中形成了冰的透镜体。

冻胀现象由冻结及融化两种作用所引起。某些细粒土层在冻结时,往往会发生土层体积膨胀,使地面隆起成丘,即所谓冻胀现象。

冻土的冻胀会使路基隆起,使柔性路面鼓包、开裂,使刚性路面错缝或折断;冻胀还使修建在其上的建筑物抬起,引起建筑物开裂、倾斜,甚至倒塌。

所以,在可能引起土的冻结的寒冷地区,有必要对路基等采取防冻措施。容易引起冻结的地基,具有以下的性质:

(1)土的毛细管作用显著,并且透水性很强。

(2)可供毛细管作用的下层水源充分。

(3)0 ℃以下温度持续时间长。

砂土及砾土透水性大,可是毛细管上升高度小,所以基本上不产生冻结。黏性土的毛细管上升高度大,可是透水性小,水分的补给不充分,所以也不会产生严重的冻结 。与此相反,位于两者之间的粉土,毛细管上升高度高,且透水性强,所以冻结的危险性很大。

对于冻结和冻害的防治可以采取以下措施:

(1)把不良土层用冻害轻的土置换。例如,小粒径土的含量比粉土少的土是冻害小的材料。

(2)降低地下水位,切断水的补给。

(3)在路基材料中加入沥青材料,或者在路基下面铺设数十厘米的粗砂砾层,从而截断毛细管作用。

(4)为了减小冻结深度(见图 2-5),在土中埋入隔热材料(例如发泡苯乙烯板)。

(5)用化学药品处理地表土。

(6)在建筑物基础下面铺设 2 ~6 层装有碎石的砂石袋。

第二节 土的渗透性

一、概述

土体是多孔介质,土孔隙中的自由水在重力作用下发生运动的现象,称为土的渗透性。水在土中流动时,通常都沿着一定的孔道,若土中孔隙大并相互连通,土的渗透就通畅,这样的土我们就说它的透水性强;反之,若土中孔隙很小,许多孔隙又被更小的土粒堵塞，致使水的流动受到阻碍，或者土中保存有许多被封闭的气泡，使土中孔隙彼此不相连通，孔隙一部分或大部分被阻断，这样的土我们就说它透水性差。从土的组织结构看，凡是土粒粗、分选性好、颗粒形状浑圆的土（如卵、砾石或砂），它们的透水性强；凡是土粒带棱角或呈片状、分选性差和细粒含量多的土（如细砂、粉土和黏土），它们的透水性弱或很弱。因此，土的组织结构对它的透水性有十分重要的影响。当土中含有一定数量的胶体物质或有机物的腐殖质时，土的透水性就大为减小；如果土中孔隙全部被胶体物质和气泡充满，使孔隙与孔隙互不连通，即使在一定静水压力下，也很难打破颗粒周围结合水膜的有力封锁，使带有一定压力的重力水不能轻易地通过，对于这样的土，我们称它透水性弱。修建防水堤或小型水库的土坝，就得采用这种不透水或透水性很弱的土。如果修建蓄水位比较高的拦水土坝，为防止细微渗透形成管涌，要选用不透水性的黏土做坝心，以切断静水压力的浸润，保证坝身不致漏水。在道路及桥梁工程中也常需要了解土的渗透性。例如桥梁墩台基坑开挖排水时，需要了解土的渗透性，以便配置排水设备；在河滩上修筑渗水路堤时，需要考虑路堤填料的渗透性；在计算饱和黏土上建筑物的沉降和时间的关系时，需要掌握土的渗透性。

二、达西定律

若土中孔隙水在压力梯度下发生渗流，如图2-6所示。对于土中 a、b 两点，已测得 a 点的水头为 h_1，b 点的水头为 h_2，水自高水头的 a 点流向低水头的 b 点，水流流经长度为 l，由于土的孔隙较小，在大多数情况下水在孔隙中的流速较小，可以认为是属于层流（即水流流线是互相平行流动）。那么土中的渗流规律可以认为符合层流渗透规律。这个定律是法国学者达西根据砂土的试验结果而得到的，也称达西定律。它是指水在土中的渗透速度与水头梯度成正比，即

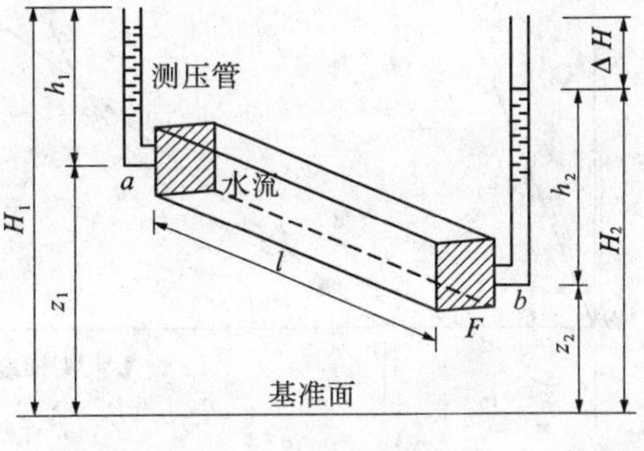

图2-6 水在土中的渗流

$$v = Ki \tag{2-4}$$

$$q = KiF \tag{2-5}$$

式中 v——渗透速度，m/s；

i——水头梯度，即沿着水流方向单位长度上的水头差，如 a、b 两点的水头梯度 $i = \dfrac{\Delta H}{l} = \dfrac{H_1 - H_2}{l}$；

q——渗透流量，m^3/s，即单位时间内流过土截面积 F 的流量；

K——渗透系数，m/s，各种土的渗透系数参考值见表2-1。

实验室中渗透系数的测定分为常水头和变水头渗透试验两种，前者适用于粗粒土（砂质土），后者适用于细粒土（黏质土和粉质土）；野外一般采用现场抽水试验。

达西定律只适用于层流条件，所谓层流条件是指在土孔隙中移动的水，流体质点互不干扰，迹线有条不紊地沿着细微管道流动，也即要求土中水的流速不能超过某一定值，故

达西定律也叫土的层流渗透定律。一般中砂、细砂、粉砂等细颗粒土中水的流速满足层流条件，而粗砂、砾石、卵石等粗颗粒土中水的渗流速度较大，是紊流而不是层流，故不能使用达西定律。

表2-1　土的渗透系数参考值

土的类别	渗透系数(m/s)	土的类别	渗透系数(m/s)
黏土	$<5\times10^{-8}$	细砂	$1\times10^{-5}\sim5\times10^{-5}$
粉质黏土	$5\times10^{-8}\sim1\times10^{-6}$	中砂	$5\times10^{-5}\sim2\times10^{-4}$
粉土	$1\times10^{-6}\sim5\times10^{-6}$	粗砂	$2\times10^{-4}\sim5\times10^{-4}$
黄土	$2.5\times10^{-6}\sim5\times10^{-6}$	圆砾	$5\times10^{-4}\sim1\times10^{-3}$
粉砂	$5\times10^{-6}\sim1\times10^{-5}$	卵石	$1\times10^{-3}\sim5\times10^{-3}$

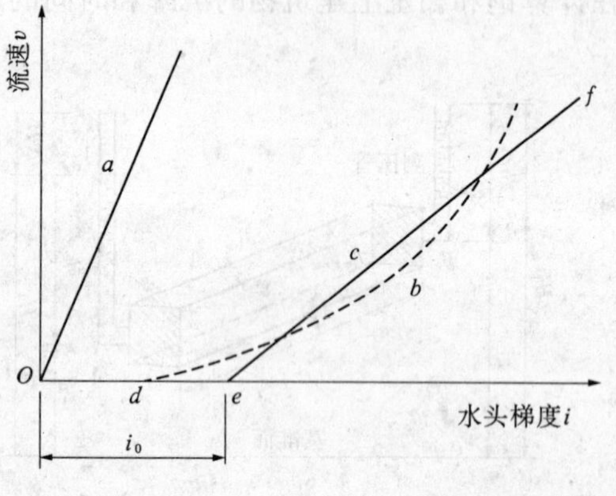

图2-7　砂土和黏土的渗透规律

在黏土中，土颗粒周围存在着结合水，结合水因受到分子引力作用而呈现黏滞性，黏土中自由水的渗流受到结合水的黏滞作用产生很大阻力，只有克服结合水的抗剪强度后才能开始渗流，故黏土中的渗流规律须将达西定律进行修正。

我们把克服此抗剪强度所需的水头梯度，称为黏土的起始水头梯度 i_0。这样，在黏土中，应按下述修正后的达西定律计算渗流速度：

$$v=K(i-i_0) \tag{2-6}$$

在图2-7中绘出了砂土与黏土的渗透规律。直线 a 表示砂土 v—i 的关系，它是通过原点的一条直线。黏土的 v—i 关系是曲线 b（图中虚线所示），d 点是黏土的起始水头梯度，当土中水头梯度超过此值后水才开始渗流。一般常用直线 c 代替曲线 b，即认为 e 点是黏土的起始水头梯度 i_0，其渗透规律用式(2-6)表示。

三、影响土的渗透性的因素

影响土的渗透性的因素主要有以下几种。

（一）土的粒度成分及矿物成分

土的颗粒大小、形状及级配，影响土中孔隙大小及形状，因而影响土的渗透性。土颗粒越粗、越浑圆、越均匀时，渗透性就越大。砂土中有较多粉土及黏土颗粒时，其渗透性就大大降低。

土的矿物成分对于卵石、砂土和粉土的渗透性影响不大，但对于黏土的渗透性影响较大。黏性土中有亲水性较大的黏土矿物（如蒙脱石）或有机质时，由于它们具有很大的膨胀性，就大大降低了土的渗透性。有大量有机质的淤泥几乎不透水。

（二）结合水膜的厚度

黏性土中若结合水膜较厚，会减小土的孔隙，降低土的渗透性。如钠黏土，由于钠离子的存在，使土粒的扩散层厚度增加，所以透水性很低。又如在粒土中加入高价离子的电解质（如 Al、Fe 等），会使土粒扩散层厚度减薄，粒土颗粒会凝聚成粒团，土的孔隙因而增大，这也将使土的渗透性增大。

（三）土的结构

天然土层通常不是各向同性的，在渗透性方面往往也是如此。如黄土具有竖直方向的大孔隙，所以竖直方向的渗透系数要比水平方向大得多。层状黏土常有薄的粉砂层，它的水平方向的渗透系数要比竖直方向大得多。

（四）水的黏滞度

水在土中的渗流速度与水的密度及黏滞度有关。一般水的密度随温度变化很小，可略去不计，但水的动力黏滞系数可随温度变化。因此，室内渗透试验时，同一种土在不同温度下会得到不同的渗透系数。在天然土层中，除了靠近地表的土层外，一般土中的温度变化很小，故可忽略温度的影响；但是室内试验的温度变化较大，故应考虑它对渗透系数的影响。

（五）土中气体

当土孔隙中存在密闭气泡时，会阻止水的渗流。这种密闭气泡有时是由溶解于水中的气体分离出来形成的，故室内渗透试验有时规定要用不含溶解空气的蒸馏水。

四、渗透对建筑工程的影响

水在土中的渗流，将对土产生动水压力。在与渗流方向垂直的断面上，由于动水压力的作用，将增加或减少土的粒间有效压力，这种渗流的影响结果，在工程上往往会造成流沙、管涌现象，严重时会引起土体的整体失稳。

（一）流沙

建筑工程中，当土质为粉细砂或粉土时，若地下水流由下向上流动，由于动水压力与重力方向相反，当动水压力大于或等于土的浮容重时，土粒间有效应力为零，土粒失重，颗粒群悬浮，随着水的流动而移动翻涌的现象称为流沙现象。

流沙现象对工程的危害很大，若是在建筑物周围的地基中发生流沙，建筑物就有可能陷入土中或产生大量的沉降；若是开挖基坑时发生流沙现象，则坑底土将随着开挖而不停地上涌，边坡将塌滑，临近建筑物将会发生倾斜。因此，在工程设计和施工中，必须注意采取积极有效的措施加以防止，以避免可能造成的重大事故。

（二）管涌

在渗透水流作用下，土的细颗粒在粗颗粒间形成的孔隙中移动以至于流失，随着土的孔隙不断扩大，渗透速度不断增加，较粗的颗粒也相继被水带走，最终导致土体中形成贯通的渗流管道，造成土体塌陷，这种现象称为管涌。管涌多发生在砂性土中，其特征是颗粒大小差别较大，往往缺失某种粒径，孔隙粒径大且相互连通。

防止管涌现象一般可以从下列两个方面采取措施：

（1）几何条件。在渗流逸出部位铺设反滤层，是防止管涌破坏的有效措施。

（2）水力条件。降低水力梯度，如打板桩等。

第三节　流网及其应用

一、概述

为了防止渗透破坏，应使渗流逸出处的水头梯度小于容许水头梯度。因此，确定渗流逸出处的水头梯度就成为解决此类问题的关键。在实际工程中，经常遇到的是边界条件较为复杂的二维或三维问题，如图 2-8 所示的带板桩闸基的渗流。在这类渗流问题中，渗流场中各点的渗流速度 v 与水头梯度 i 等均是该点位置坐标的二维或三维函数。

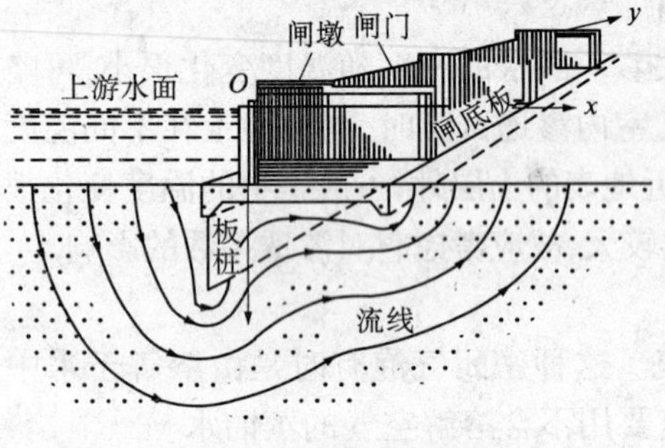

图 2-8　闸基的渗流

工程中涉及渗流问题的常见构筑物有坝基、闸基、河滩路堤及带挡墙(或板桩)的基坑等。这类构筑物的一个共同特点是轴线长度远大于其横向尺寸，因而可以近似地认为渗流仅发生在横断面内，或者说在轴向方向上的任一个断面上，其渗流特性是相同的。这种渗流称为二维渗流或平面渗流。

二、平面稳定渗流问题的流网解法

在实际工程中，渗流问题往往是比较复杂的，对渗流问题的求解有解析法、数值解法、图解法和模型试验法等，其中最常用的是图解法即流网解法。

(一)流网及其性质

平面稳定渗流基本微分方程的解可以用渗流区平面内两簇相互正交的曲线来表示。其中一簇为流线，它代表水流的流动路径；另一簇为等势线，在任一条等势线上，各点的测压水位或总水头都在同一水平线上。工程上把这种等势线簇和流线簇交织成的网格图形称为流网，如图 2-9所示。

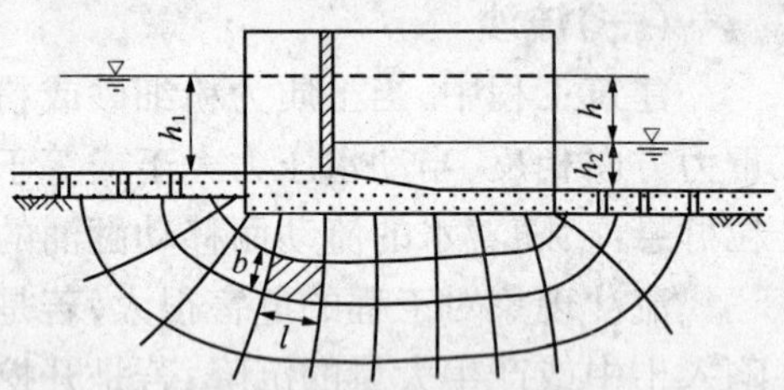

图 2-9　流网示意图

各向同性土的流网具有如下特性：

(1)流网是相互正交的网格。由于流线与等势线具有相互正交的性质，故流网为正交网格。

(2)流网为曲边正方形。在流网网格中，网格的长度与宽度之比通常取为定值，一般取 1.0，使方格网成为曲边正方形。

(3)任意两相邻等势线间的水头损失相等。渗流区内水头依等势线等量变化，相邻等势线的水头差相同。

(4)任意两相邻流线间的单位渗流量相等。相邻流线间的渗流区域称为流槽，每一流槽的单位流量与总水头 h、渗流系数 k 及等势线间隔数有关，与流槽位置无关。

(二)流网的绘制

流网的绘制方法大致有三种:一种是解析法,即用解析的方法求出流速势函数及流函数,再令其函数等于一系列的常数,就可以描绘出一簇流线和等势线。第二种方法是试验法,常用的有水电比拟法。此方法利用水流与电流在数学和物理上的相似性,通过测绘相似几何边界电场中的等电位线,获取渗流的等势线和流线,再根据流网性质补绘出流网。第三种方法是近似作图法,也称为手描法,是根据流网性质和确定的边界条件,用作图方法逐步近似画出流线和等势线。在上述方法中,解析法虽然严密,但在数学求解上还存在较大困难;试验方法在操作上比较复杂,不易在工程中推广应用;目前常用的方法还是近似作图法,下面就对这一方法作一些介绍。

近似作图法的步骤大致为:先按流动趋势画出流线,然后根据流网正交性画出等势线,如发现所画的流网不成曲边正方形,需反复修改等势线和流线直至满足要求。如图 2-10为一带板桩的溢流坝,其流网可按如下步骤绘出:

(1)首先将建筑物及土层剖面按一定的比例绘出,并根据渗流区的边界,确定边界线及边界等势线。

如图 2-10 中的上游透水边界 AB 是一条等势线,其上各点的水头高度均为 h_1,下游透水边界也是一条等势线,其上各点的水头高度均为 h_2。坝基的地下轮廓线 $B-1-2-3-4-5-6-7-8-C$ 为一流线,渗流区边界 EF 为另一条边界流线。

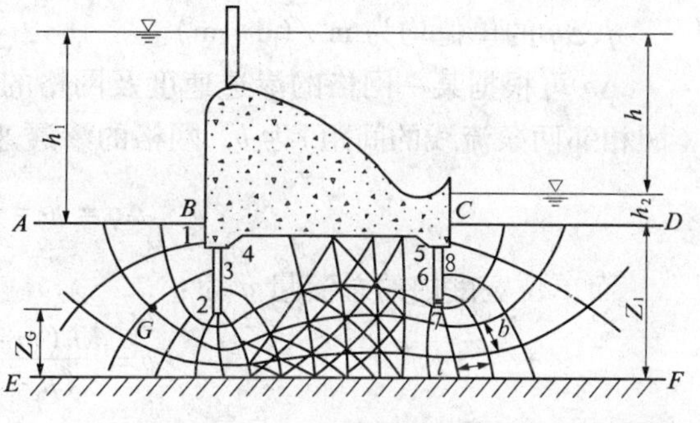

图 2-10 溢流坝流网

(2)根据流网特性初步绘出流网形态。可先按上、下边界流线形态大致描绘几条流线,描绘时注意中间流线的形状由坝基轮廓线形状逐步变为与不透水层面 EF 相接近。中间流线数量越多,流网越准确,但绘制与修改工作量也越大,中间流线的数量应视工程的重要性而定,一般可绘 3~4 条。流线绘好后,根据曲边正方形的要求描绘等势线。描绘时应注意等势线与上、下边界流线保持垂直,并且等势线与流线都应是光滑的曲线。

(3)逐步修改流网。初绘的流网,可以加绘网格的对角线来检验其正确性。如果每一网格的对角线都正交,且成正方形,则表明流网是正确的,否则应做进一步修改。但是,由于边界通常是不规则的,在形状突变处,很难保证网格为正方形,有时甚至成为三角形。对此,应从整个流网来分析,只要大多数网格满足流网特征,即使个别网格不符合要求,对计算结果影响也不大。

流网的修改过程是一项细致的工作,常常是改变一个网格便带来整个流网图的变化。因此,只有通过反复的实践演练,才能做到快速正确地绘制流网。

(三)流网的工程应用

正确地绘制出流网后,可以用它来求解渗流 、渗流速度及渗流区的孔隙水压力。

1. 渗流速度计算

如图 2-9 所示,计算渗流区中某一网格内的渗流速度,可先从流网图中量出该网格的

流线长度 l。根据流网的特性,在任意两条等势线之间的水头损失是相等的,设流网中的等势线的数量为 n(包括边界等势线),上下游总水头差为 h,则任意两等势线间的水头差为:

$$\Delta h = \frac{h}{n-1} \tag{2-7}$$

而所求网格内的渗透速度为:

$$v = Ki = K\frac{\Delta h}{l} = \frac{Kh}{(n-1)l} \tag{2-8}$$

2. 渗流量计算

由于任意两相邻流线间的单位渗流量相等,设整个流网的流线数量为 m(包括边界流线),则单位宽度内总的渗流量 q 为

$$q = (m-1)\Delta q$$

式中 Δq——任意两相邻流线间的单位渗流量。

q、Δq 的单位均为 $m^3/(d \cdot m)$。

Δq 可根据某一网格的渗透速度及网格的过水断面宽度求得,设网格的过水断面宽度(即相邻两条流线的间距)为 b, 网格的渗透速度为 v,则

$$\Delta q = vb = \frac{Khb}{(n-1)l} \tag{2-9}$$

而单位宽度内的总流量 q 为:

$$q = \frac{Kh(m-1)}{(n-1)} \cdot \frac{b}{l} \tag{2-10}$$

3. 孔隙水压力计算

一点的孔隙水压力 u 等于该点测压管水柱高度 H 与水的容重 γ_w 的乘积,即 $u = \gamma_w H$。任意点的测压管水柱高度 H 可根据该点所在的等势线的水头确定。

如图 2-10 所示,设 G 点处于从上游开始起算的第 i 条等势线上,若从上游入渗的水流达到 G 点所损失的水头为 h_f,则 G 点的总水头 h_G(以不透水层面 EF 为 Z 坐标起始点)应为入渗边界上总水头减去这段流程的水头损失,即

$$h_G = (Z_1 + h_1) - h_f \tag{2-11}$$

而 h_f 可由等势线间的水头差 Δh 求得:

$$h_f = (i-1)\Delta h \tag{2-12}$$

G 点测压管水柱高度 H_G 为 G 点总水头与其位置坐标值 Z_G 之差,即

$$H_G = h_G - Z_G = h_1 + (Z_1 - Z_E) - (i-1)\Delta h \tag{2-13}$$

复习思考题

2-1 土层中的毛细水带是怎样形成的?各有何特点?

2-2 试述层流渗透定律的意义,它对各种土的适用性如何?何谓起始水力梯度?

2-3 影响土的渗透性的因素有哪些?

2-4 试述流沙现象和管涌现象的异同。

2-5 何谓流网？流网的绘制方法有哪几种？流网有哪些应用？

2-6 某渗透试验装置如图 2-11 所示，砂Ⅰ的渗透系数 $K_1=2\times10^{-1}$cm/s，砂Ⅱ的渗透系数 $K_2=1\times10^{-1}$cm/s，砂样断面积 $F=200\ \text{cm}^2$。

试问：(1)若在砂Ⅰ与砂Ⅱ分界面处安装一测压管，则测压管中水面将升至右端水面以上多高？

(2)渗透流量 q 多大？

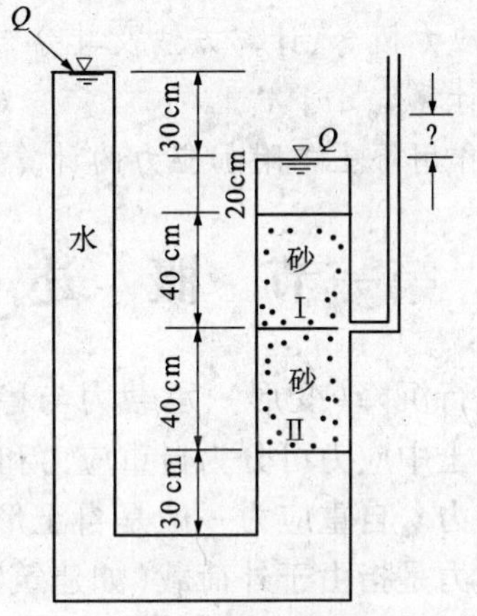

图 2-11 题 2-6 图

第三章 土中应力计算

本章重点

(1)土的自重应力与附加应力概念、计算方法及其分布规律。

(2)基础底面应力的简化计算。

(3)面积荷载和条形荷载作用下土中附加应力的计算及其分布规律。

第一节 概 述

为了对建筑物地基基础进行沉降(变形)、承载力与稳定性分析,必须掌握建筑前后土中应力的分布和变化情况。土中应力可分为自重应力和附加应力。由上覆土体本身的重量所引起的应力称为自重应力。自重应力一般是自土形成之日起就在土中产生,其值随深度的增加而增大。附加应力是指由于外荷载(如建筑物荷载、车辆荷载、土中水的渗透力、墙后土体土压力、地震力等)的作用,在土中产生的应力增量,它以一定的角度向下扩散传播到地基的深处,其值随深度的增加而减小。两种应力由于产生的原因不同,因而分布规律和计算方法也不同。

目前计算土中应力的方法,主要是采用弹性力学的方法求解,也就是把地基土视为均匀的、各向同性的半无限空间弹性体。这种假定虽与土体的实际情况有出入(因土是三相组成的分散体,具有明显的层理构造和各向异性,变形也具有明显的非线性特征等),但因弹性理论方法计算简单,且实践证明,当基底压力在一定范围内时(即在一般建筑物荷载作用下,地基中的应力变化不大时),用弹性理论的计算结果能满足实际工程的要求,所以,可认为地基土符合半无限体的假定而引用弹性理论公式。

在计算地基中的附加应力之前,首先要确定作用在地基表面(即基础底面)的压力。

第二节 土中自重应力计算

一、基本公式

自重应力是由于土的自重产生的应力,竖向自重应力用 σ_{cz} 表示,侧向自重应力用 σ_{cx} 或 σ_{cy} 表示,下面重点介绍 σ_{cz} 的计算。

计算 σ_{cz} 时,把天然地面看做是一个平面,假定地基土为半无限体(又称半空间体),如图 3-1 所示,以水平地面为界,在 x、y 轴的正、负方向和 z 轴的正方向,与建筑物的尺寸相比都可以认为是无限的,故称为半无限体。

当土质均匀时,则任一水平面上的竖向自重应力都是均匀无限分布的,在此应力作用下，地基土只能产生竖向变形，不可能产生侧向变形和剪切变形，土体内任一竖直面都是对称面，对称面上的剪应力等于零，根据剪应力互等定理可知，任一水平面上的剪应力也等于零。若在土中切取一个面积为A的土柱，如图3-2所示，根据静力平衡条件可知：在z深度处的平面，因土柱自重产生的竖向自重应力等于单位面积土柱的重力。

$$\sigma_{cz}=\frac{G}{A}=\frac{\gamma zA}{A}=\gamma z \tag{3-1}$$

式中 σ_{cz}——土的竖向自重应力，kPa；

G——土柱的重力，kN；

γ——土的容重，kN/m^3；

z——地面至计算点的深度，m。

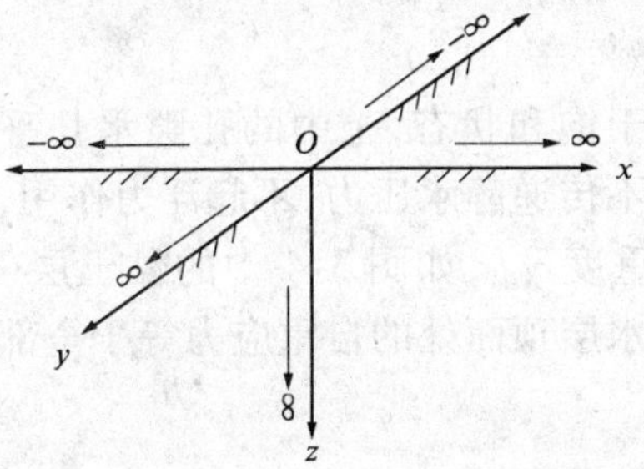

图3-1　半空间体示意图

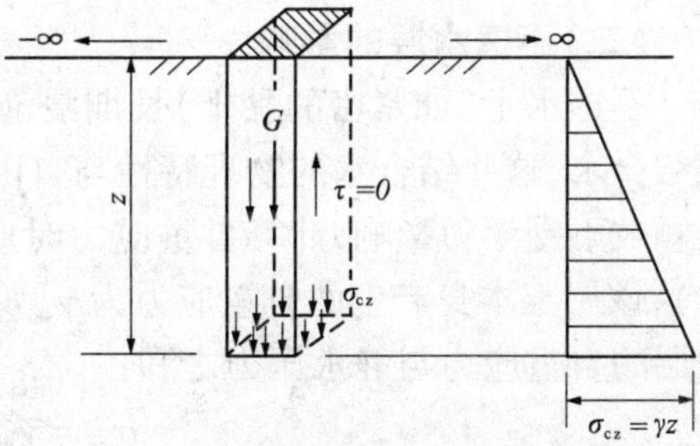

图3-2　土的自重应力计算示意图

由式(3-1)可知：土的自重应力随深度z线性增加，当容重不变时，σ_{cz}与z成正比，呈三角形分布，如图3-2所示。

天然地层往往由不同厚度、不同容重的土层组成，其自重应力需按式(3-1)分层计算后再叠加，如图3-3所示，z深度处的自重应力为

$$\sigma_{cz}=\gamma_1 h_1+\gamma_2 h_2+\cdots+\gamma_n h_n=\sum_{i=1}^{n}\gamma_i h_i \tag{3-2a}$$

式中 n——计算范围内的土层数；

γ_i——第i层土的容重，kN/m^3；

h_i——第i层土的厚度，m。

分层土的自重应力沿深度呈折线分布。

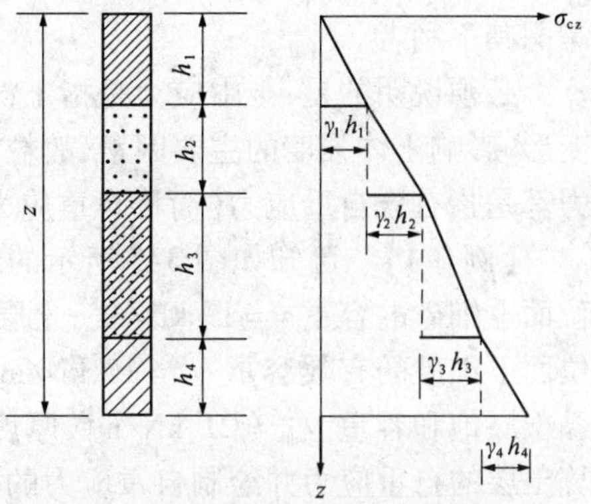

图3-3　分层土的自重应力

二、地下水与不透水层的影响

(一)地下水的影响

如果土层在水位(地表水或地下水)以下，计算自重应力时，应根据土的透水性质选用符合实际情况的容重。对于透水土(如砂土、黏砂土等)，孔隙中充满自由水，土颗粒将受到水的浮力作用，应采用浮容重γ'，如果地下水位出现在同一土层中(如图3-4中的细砂层)，地下水位线应视为土层分界线，则细砂层底面处的自重应力为

$$\sigma_{cz}=\gamma_1 h_1+\gamma'_2 h_2 \tag{3-2b}$$

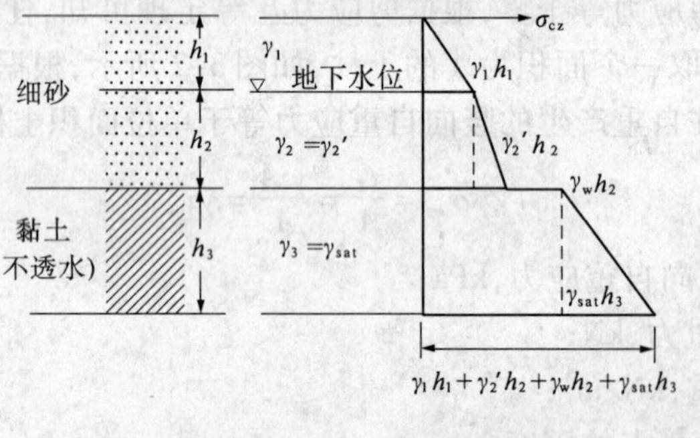

图 3-4 地下水及不透水层影响

（二）不透水层的影响

不透水土（如紧密的黏土）长期浸泡在水中，处于饱和状态，土中的孔隙水几乎全部是结合水，这些结合水的物理特性与自由水不同，它不传递静水压力，不起浮力作用，所以土颗粒不受浮力影响，计算自重应力时应采用饱和重度 γ_{sat}，如图 3-4 中的黏土层（不透水），该层土本身产生的自重应力为 $\gamma_{sat}h_3$，而在不透水层顶面处的自重应力等于全部上覆土层的自重应力与静水压力之和：

$$\sigma_{cz}=\gamma_1 h_1+\gamma'_2 h_2+\gamma_w h_2 \tag{3-2c}$$

式中 γ_w——水的容重，kN/m^3。

黏土层底面处的自重应力为：

$$\sigma_{cz}=\gamma_1 h_1+\gamma'_2 h_2+\gamma_w h_2+\gamma_{sat} h_3 \tag{3-2d}$$

天然土层比较复杂，对于黏性土，很难确切判定其是否透水，一般认为，长期浸在水中的黏性土，若其液性指数 $I_L \leqslant 0$，表明该土处于半干硬状态，可按不透水考虑；若 $I_L \geqslant 1$，表明该土处于流塑状态，可按透水考虑；若 $0<I_L<1$，表明该土处于可塑状态，则按两种情况考虑其不利者。

必须说明的是：土中应力是指土粒与土粒之间接触点传递的粒间应力，它是引起地基变形、影响土体强度的主要因素，故粒间应力又称为有效应力。本教材中所用到的自重应力都是指有效自重应力（简称自重应力）。

【例 3-1】 已知如图 3-5 所示的地层剖面，水位面上细砂的容重 $\gamma=19\ kN/m^3$，土层厚度 3 m；水位面下细砂的有效容重 $\gamma'=10\ kN/m^3$，厚度 4 m；黏土层饱和容重 $\gamma_{sat}=21\ kN/m^3$，厚度 4 m。试计算土层的自重应力并绘制自重应力的分布图。

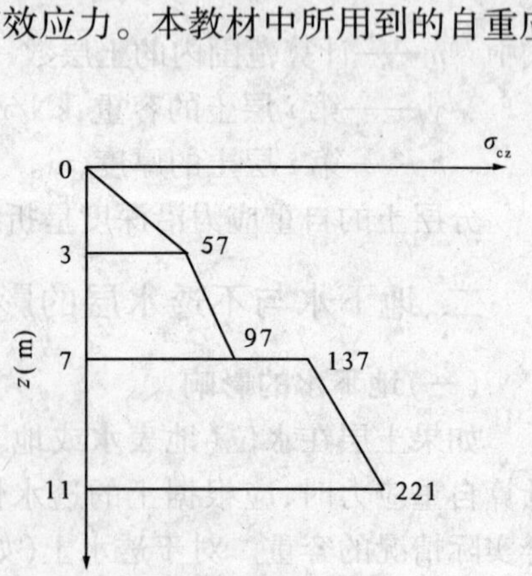

图 3-5 例 3-1 图

解题思路：

（1）首先判定土的透水性，再确定计算土的自重应力时土体应采用的容重；

（2）注意水位面下透水土与不透水土分界面处应力有突变。

解:第一层细砂底面处

$$\sigma_{cz1}=\gamma_1 h_1=19\times 3=57\ (\text{kPa})$$

第二层细砂底面处

$$\sigma_{cz2}=\gamma_1 h_1+\gamma'_2 h_2=19\times 3+10\times 4=97\ (\text{kPa})$$

第三层即不透水层顶面处

$$\sigma_{cz3}=\gamma_1 h_1+\gamma'_2 h_2+\gamma_w h_2=19\times 3+10\times 4+10\times 4=137\ (\text{kPa})$$

不透水土层底面处

$$\sigma_{cz4}=\gamma_1 h_1+\gamma'_2 h_2+\gamma_w h_2+\gamma_{sat3} h_3=19\times 3+10\times 4+10\times 4+21\times 4=221\ (\text{kPa})$$

第三节　基础底面的压力分布与计算

一、基底压力的分布

建筑物荷载由基础传给地基,在接触面上存在着接触应力,也称基底压力。它是基础作用于地基表面的力,是计算土中附加应力的依据,地基对于基础的反作用力,是计算净反力的依据,而净反力是基础结构设计中内力计算的荷载条件。精密确定基底压力数值与形态是个很复杂的问题,这是由于基础与地基不是一种材料、一个整体,二者的刚度相差很大,变形不能协调,此外还受基础的平面形状、尺寸、埋深等条件的影响。

在求土中应力或设计基础时,必须先了解基础底面上应力分布情况,但其应力分布情况与基础本身的刚度有很大关系。有些基础允许其变形,除承受压力外还能承担一定量的弯矩,这种基础一般称为柔性基础,如钢筋混凝土基础就属于此类。如用混凝土或砖石筑成的大块整体基础,只要它的高度满足一定要求,就可以认为是接近绝对刚性的,也就是说在外力作用下,它是绝对不变形的,并且只能承受压力而不能承担拉力,这种基础一般称为刚性基础。

当向地基土中传递荷载的是柔性基础时,则可假想基础本身能随地基表面的变形而变形,作用于基础底面上土的应力,其分布情况应和上面荷载分布的情况相一致。如果上部荷载为均匀分布,基础底面上的压应力也是均匀分布,但此时基础各点的沉降量是不同的,呈现出中间大、边缘小的碗状曲线,如图 3-6 所示。土质路堤即相当于柔性基础,因为它本身不传递剪力,路堤填土自重引起的基底压力分布与路堤横断面形状相同,都是梯形,如图 3-7 所示。基底任一点的压力等于该点以上填土的自重压力。

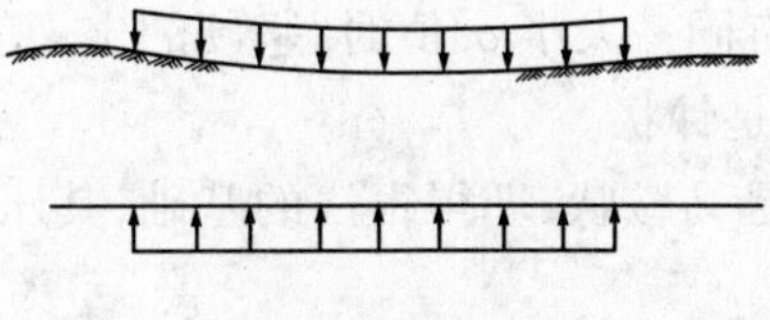

图 3-6　柔性基础均布荷载下的基底应力分布

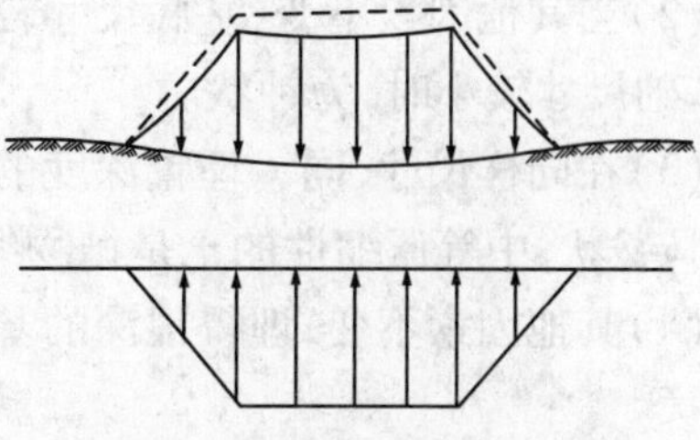

图 3-7　土路堤的基底应力分布

刚性基础是指基础受力后其本身变形很小，下沉后其底面仍保持平面形状，如桥墩、桥台基础。即当基础的刚度大大超过土的刚度，基础底面始终保持平面，底面上的压应力分布就与荷载分布情况不同。不论何种形状的刚性基础，按弹性理论计算，其基底应力都是呈鞍状分布，即愈接近边缘，其压应力愈大（如图3-8中的虚线），在边缘上按公式计算应为无穷大，但因该处地基土只能承受一定限度的荷载，超过此限度时即产生塑性变形，将在基底角点发生应力重分布，如图3-8实线所示的鞍状。

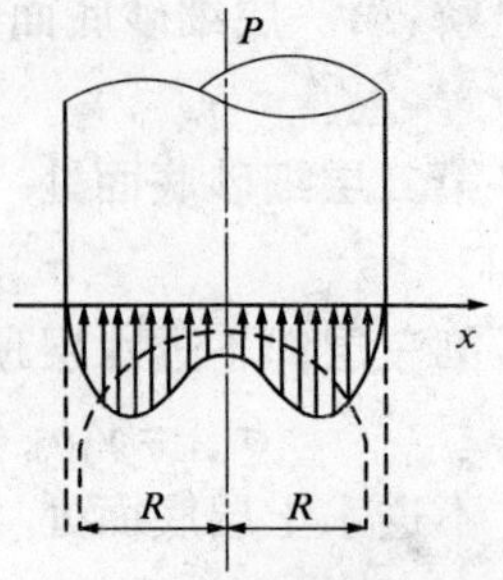

图3-8　按弹性理论计算基底压应力分布

如用仪器直接测出荷载下或基底下的应力，即可发现在中心荷载作用下的刚性基础，其基底应力的分布形状可能有马鞍状、抛物线状、钟状三种，如图3-9所示。图中所标出的平均压力 σ（单位为kPa）为

$$\sigma = \frac{P}{A} \tag{3-3}$$

其中　P——总荷载，kN；

A——基底面积，m^2。

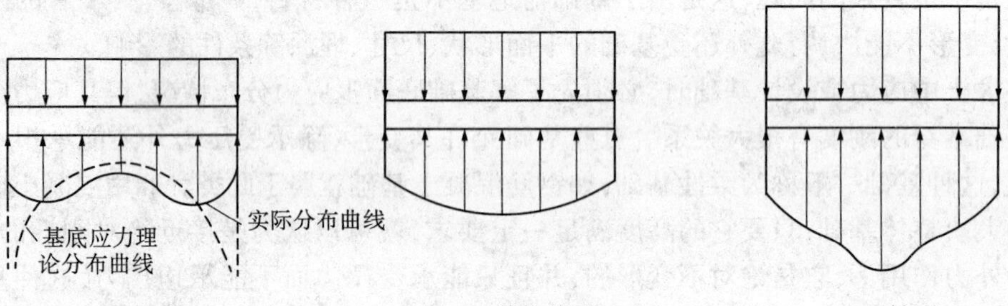

图3-9　刚性基础基底压应力分布形状

这些基底应力图的形状，主要受平均压力 σ、基底尺寸 b 或 $\sqrt{A}$（A 为基底面积）、土的压缩性、基础的埋置深度 h 等因素影响。

(1) 当其他因素不变，平均压力 σ 较小时，压力图是马鞍状；σ 为中等压力时，为抛物线状；σ 较大时，为钟状。

(2) 当其他因素不变，基底尺寸较大时，压力图是马鞍状；基底尺寸中等时，为抛物线状；基础尺寸较小时，为钟状。

(3) 在同样尺寸、同一埋置深度的基础上，作用有同一大小 σ 值时，坚硬的土，其压力图是马鞍状；中等压缩性的土是抛物线状；松软的土是钟状。

(4) 其他因素不变，埋得很深的基础，其压力图是马鞍状；埋得很浅的基础，其压力图是钟状。

综合以上所述情况，可知影响压力图的因素既多又复杂，要从理论上求得作用在基底上的真正应力图是一个很困难的问题，为了简化计算，一般都采用近似公式计算。

二、基底压力的简化计算

基底压力的分布情况对于地基土中的附加应力分布的影响随着深度的增加而减少。根据弹性理论原理，在地基表面以下深度超过基础宽度 1.5 倍时，地基中引起的附加应力分布几乎与基础压力分布情况无关，而主要与基础总荷载大小有关。试验证明：当基础宽度不小于 1.0 m，荷载不大时，刚性基础的基底压力分布可近似按直线变化规律计算，这样简化计算而引起的误差在地基变形的实际计算中是容许的。

这个简化计算做了如下假定：

(1) 基础为不变形的绝对刚体，受荷载作用后基础底面始终保持为平面。

(2) 基底应力与基础沉降成正比。

根据这两个假定，如基础所受的荷载为中心垂直荷载，则基底沉降是均匀的，基底应力也是均匀的，呈水平直线分布（见图 3-10(a)），而在偏心垂直荷载下，基底沉降是不均匀的，基底应力呈倾斜直线分布（见图 3-10(b)）。于是得出以下基底应力的简化计算方法。

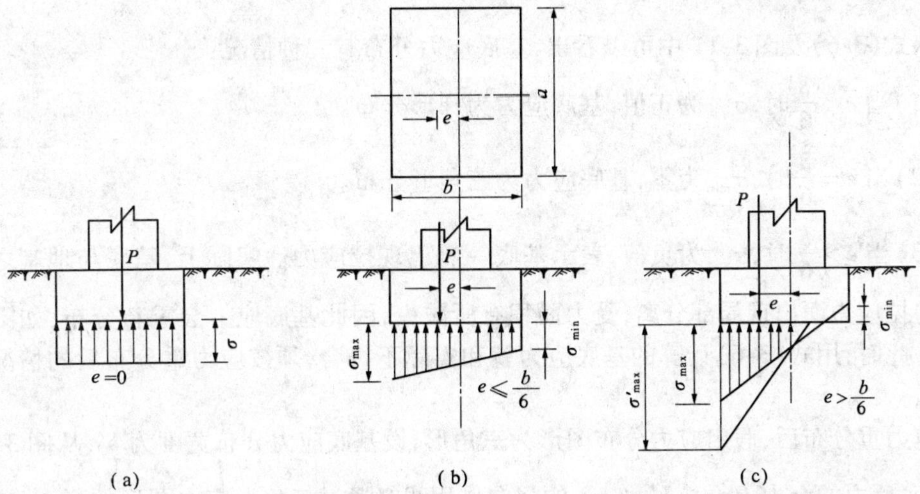

图 3-10　基底应力分布近似计算

（一）中心受压基础

在中心荷载 P（单位为 kN）作用下，基底应力为均匀分布，如图 3-10(a) 所示。设基础底面积为 A（单位为 m^2），则基底应力 σ 为

$$\sigma = \frac{P}{A} \tag{3-4}$$

注意，在基础设计中，应力符号的规定是以压应力为正号。

对于条形基础，只须取 1 m 长度（叫一延长米）进行计算，此时 P 为一延长米上作用的荷载，A 为一延长米的基底面积，其值等于 $b \times 1$，如图 3-10(c) 所示，则基底应力 σ 为

$$\sigma = \frac{P}{b} \tag{3-5}$$

(二)偏心受压基础

偏心受压基础有单向偏心和双向偏心之分,这里只讲述单向偏心受压基础。

当基础荷载 P 作用在某一主形心轴上且对另一主形心轴有一偏心距 e 时,可将偏心荷载 P 的作用看做是在基底形心的中心荷载 P 和它对形心主轴的力矩 $M = P \times e$ 的共同作用。今以铁路桥梁中常见的矩形和 T 形基础为例,说明其计算方法。

1. 矩形基础

矩形基础边缘的基底应力按材料力学中的公式进行计算,如图 3-11 所示,即

$$\begin{matrix}\sigma_{max} \\ \sigma_{min}\end{matrix} = \frac{P}{A} \pm \frac{M}{W} = \frac{P}{A} \pm \frac{Pe}{W} = \frac{P}{A}\left(1 \pm \frac{6e}{b}\right) \tag{3-6}$$

式中 P——基底竖向荷载,kN;

M——竖向荷载 P 对形心主轴偏心距 e 引起的力矩,kN·m;

W——基底面积对 y 轴的截面抵抗矩,即 $W = \frac{1}{6}ab^2$,m^3。

从式(3-6)及图 3-11 中可以看出,基底应力分布有三种情况:

(1)当 $e < \frac{b}{6}$ 时,σ_{min} 为正值,基底应力为梯形分布。

(2)当 $e = \frac{b}{6}$ 时,σ_{min} 为零,基底应力为三角形分布。

(3)当 $e > \frac{b}{6}$ 时,σ_{min} 为负值,表示基底一侧出现拉应力。实际上,基底与地基之间不能传递拉应力而出现局部分离,受力面积有所减少,因此基底应力会重新分布,如图 3-12 所示。此时,用式(3-6)计算的基底应力就和实际不符合,须按应力重分布后的情况进行计算。

应力重分布后,假定应力分布图形为三角形,设基底应力分布宽度为 b',从图 3-12 可知,基底反力的合力 $P' = \frac{1}{2}b'\sigma'_{max}a$ 的竖向作用线必通过三角形应力图形的形心,按静力平衡条件,基底反力的合力 P' 与荷载 P 的大小相等,方向相反,并作用在同一竖直线上,从而可得:

$$\frac{b'}{3} = \frac{b}{2} - e, P' = \frac{1}{2}b'\sigma'_{max}a = P$$

解上列二式,得

$$b' = 3\left(\frac{b}{2} - e\right) \tag{3-7}$$

$$\sigma'_{max} = \frac{2P}{3\left(\frac{b}{2} - e\right)a} \tag{3-8}$$

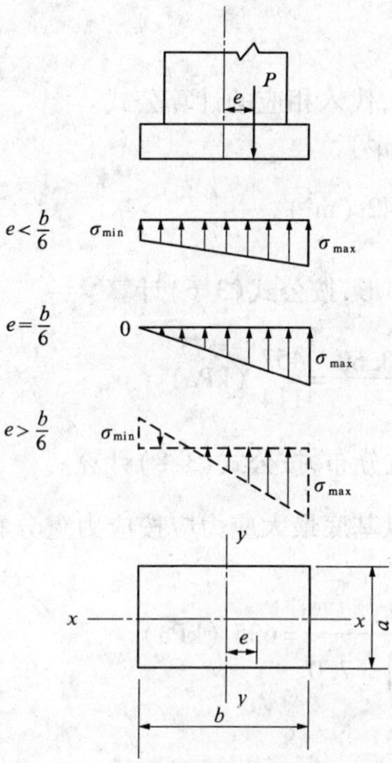

图 3-11　矩形基础单向偏心荷载作用下的基底应力

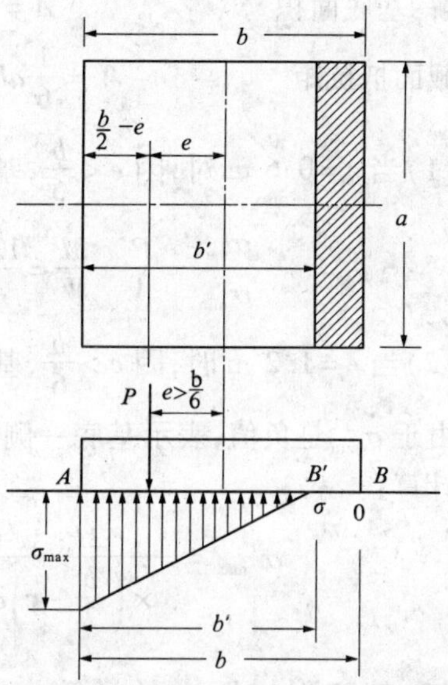

图 3-12　矩形基础单向偏心荷载作用下的基底应力重分布

2. T 形基础

按材料力学公式计算的基底应力如图 3-13 所示，即

$$\sigma_{\max}=\frac{P}{A}+\frac{Pe}{W_1} \tag{3-9}$$

$$\sigma_{\min}=\frac{P}{A}-\frac{Pe}{W_2} \tag{3-10}$$

式中　W_1、W_2——基底面积对 y 轴两边的截面抵抗矩，即 $W_1=\dfrac{I}{t_1}$，$W_2=\dfrac{I}{t_2}$，其中，I 为 T 形截面对 y 轴的惯性矩，t_1、t_2 分别为轴到截面两边的距离。

应当注意的是：当用式(3-10)计算的 $\sigma_{\min}$ 值为负值时，基底应力应按应力重分布后的情况计算，其方法见有关铁路工程设计技术手册。

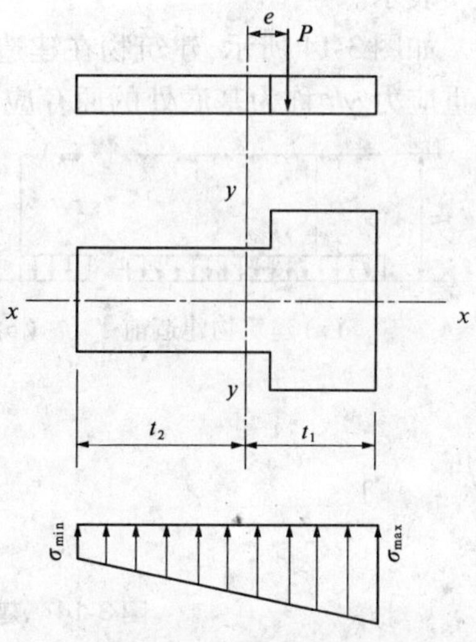

图 3-13　T 形基础偏心荷载作用下的基底应力

【例 3-2】　有一矩形桥墩基础 $a=7.0$ m，$b=6.0$ m，受到沿 b 方向的单向竖直偏心荷载 $P=12\ 000$ kN 的作用，试求：

(1)当偏心距 $e=0.60$ m 时，基底最大应力为多少？

(2)当偏心距 $e=1.20$ m 时，基底最大应力为多少？

解题思路：

判定偏心距的大、小以确定基底压力的分布图形，代入相应的计算公式。

解：基底面积　　　　　　$A=ab=7\times6=42\ (\text{m}^2)$

截面抵抗矩　　　　　　$W=\frac{1}{6}ab^2=\frac{1}{6}\times7\times6^2=42\ (\text{m}^3)$

(1)当 $e=0.6$ m 时，因 $e<\frac{b}{6}$，基底压力图形是梯形，按公式(3-6)计算

$$\begin{matrix}\sigma_{\max}\\ \sigma_{\min}\end{matrix}=\frac{P}{A}\pm\frac{M}{W}=\frac{12\ 000}{42}\pm\frac{12\ 000\times0.60}{42}=\begin{matrix}457\\ 114\end{matrix}\ (\text{kPa})$$

(2)当 $e=1.2$ m 时，因 $e>\frac{b}{6}$，基底压力要发生重分布，按公式(3-8)计算。

由于 $\sigma_{\min}$ 是负值，表示基底一侧出现拉应力，所以基底最大应力应按应力重分布公式重新计算：

$$\sigma'_{\max}=\frac{2P}{3\times\left(\frac{b}{2}-e\right)a}=\frac{2\times12\ 000}{3\times\left(\frac{6}{2}-1.2\right)\times7.0}=635\ (\text{kPa})$$

三、基底附加压力的计算

建筑物的基础底面总是要埋置在地面以下一定的深度，这个深度称为基础埋置深度，用 h 表示。

如图 3-14 所示，建筑物在建造前，距地面为 h 的基底处，原来就存在自重应力 γh，此自重应力 γh 称为基底处的原存应力，一般说来，原存应力是不会引起地基沉降的。

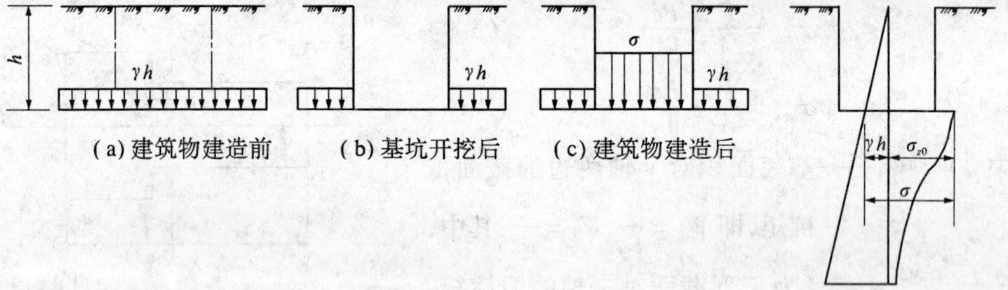

图 3-14　建筑物在建造过程中基底应力的变化

基底附加压力是指建筑物建成后使基础底面净增加的压力，又叫基底净加压力或基底附加应力，以 σ_{z0} 表示。

当建造建筑物时，通常需先开挖基坑，这时，基底就卸除了自重应力 γh。而建筑物建造完成后，全部建筑物荷载就作用在基础底面上，基底应力为 σ。显然，能使建筑物产生沉降的应力，并不是基底应力 σ，而是从其中扣去相应于原存应力 γh 后的那部分应力，即

$$\sigma_{z0}=\sigma-\gamma h \tag{3-11}$$

式中　σ_{z0}——基底附加应力；

σ——基底应力；

γ——基底以上土的天然容重，kN/m^3，分层土采用加权平均容重；

h——基底埋藏深度，m，一般由天然地面算起，若受水流冲刷，由一般冲刷线算起。

第四节　土中附加应力计算

由外荷载在地基中引起的应力称为地基附加应力（或称荷载应力），用 σ_z 表示。σ_z 是以 σ_{z0} 为荷载按弹性理论求解的，计算附加应力时，假定地基土为均质、连续、各向同性的半无限线性变形体。实际上，地基土往往是分层的，各层土之间的性质差别较大，严格地说，上述假定与实际情况不一定相符。但当荷载不大，地基中的塑性变形区很小时，荷载与变形之间近似于直线关系。实践证明，用弹性理论计算的应力值与实测的结果出入不大，在工程中是允许的。

如果作用于地基面上的荷载是均匀满布的，例如大面积水平填土，则地基附加应力的分布不随深度而变化，即各个深度处的 σ_z 相等，其值等于满布荷载的强度，如图 3-15 所示。

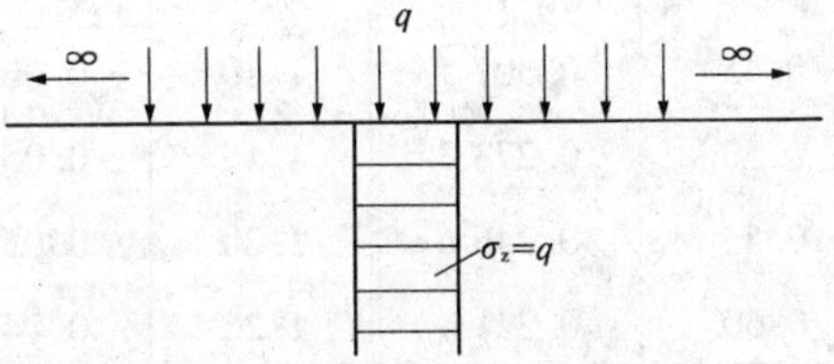

图 3-15　满布荷载时附加应力

由于建筑物的基础总是有限的，并且基底的形状各异，受力情况不同，因此作用于地基面上的荷载（即基底压力）必然是具有不同形状和不同分布形式的局部荷载，这种荷载所引起的地基附加应力要比均匀满布荷载的情况复杂得多。下面分别讨论不同面积、不同分布形式的局部荷载作用下地基附加应力的计算。

一、竖直集中荷载作用下的地基附加应力计算

（一）计算公式

设在无限伸展的地面 O 点上，如图 3-16 所示，作用一竖向集中荷载 P（kN），试求土中任意一点 M 的竖向附加应力 σ_z（kPa）。法国的布辛纳斯克（Boussinesq）用弹性理论求得其解为

$$\sigma_z = \frac{3P}{2\pi} \cdot \frac{z^3}{R^5} \tag{3-12}$$

由图 3-16 可知 $R = \sqrt{r^2 + z^2}$，式（3-12）可改写为

$$\sigma_z = \frac{3P}{2\pi z^2} \cdot \frac{1}{\left[1 + \left(\frac{r}{z}\right)^2\right]^{\frac{5}{2}}} = \alpha_1 \frac{P}{z^2} \tag{3-13}$$

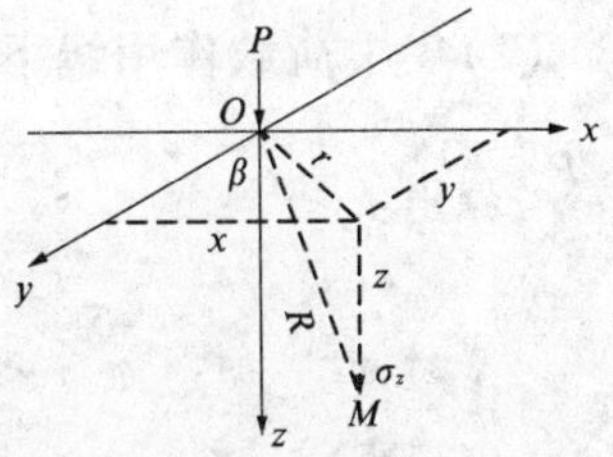

图 3-16　集中荷载 P 作用下土中附加应力

式中　α_1——$\alpha_1 = \dfrac{3}{2\pi}\dfrac{1}{\left[1 + \left(\frac{r}{z}\right)^2\right]^{\frac{5}{2}}}$，称为集中荷载竖向

附加应力系数,其值可按比值$\frac{r}{z}$由表3-1查得。

表3-1　集中荷载作用下的竖向附加应力系数

r/z	α_1	r/z	α_1	r/z	α_1	r/z	α_1
0.00	0.477 5	0.65	0.197 8	1.30	0.040 2	1.95	0.009 5
0.05	0.474 5	0.70	0.176 2	1.35	0.035 7	2.00	0.008 5
0.10	0.465 7	0.75	0.156 5	1.40	0.031 7	2.20	0.005 8
0.15	0.451 6	0.80	0.138 6	1.45	0.028 2	2.40	0.004 0
0.20	0.432 9	0.85	0.122 6	1.50	0.025 1	2.60	0.002 9
0.25	0.410 3	0.90	0.108 3	1.55	0.022 4	2.80	0.002 1
0.30	0.384 9	0.95	0.095 6	1.60	0.020 0	3.00	0.001 5
0.35	0.357 7	1.00	0.084 4	1.65	0.017 9	3.50	0.000 7
0.40	0.329 4	1.05	0.074 1	1.70	0.016 0	4.00	0.000 4
0.45	0.301 1	1.10	0.065 8	1.75	0.014 4	4.50	0.000 2
0.50	0.273 3	1.15	0.058 1	1.80	0.012 9	5.00	0.000 1
0.55	0.246 6	1.20	0.051 3	1.85	0.011 6		
0.60	0.221 4	1.25	0.045 4	1.90	0.010 5		

【例3-3】　作用于地面上O点的集中荷载$P=500$ kN,试求:

(1)深度$z=2$ m,水平距离$r=0$、1、2、3 m处各点σ_z值。

(2)集中荷载作用线下$\sigma_z=10$ kPa时的深度z。

(3)深度$z=1$、2、3、4 m处,$\sigma_z=10$ kPa的水平距离r值,并绘出等值线图。

解题思路:

(1)相同深度处,r增加,r/z增加,查表求出附加应力系数,代入公式求出σ_z。

(2)当$r=0$已知,$r/z=0$,查表求α_1,σ_z已知,代入公式,反求z。

(3)当P、z、σ_z已知,代入公式(3-13)求出α_1,由α_1查表3-1求r/z,z已知,z与r/z相乘即为r。

解:(1)σ_z值列表3-2计算。

(2)集中荷载作用线下,$r=0$,$\frac{r}{z}=0$,查表3-1得,$\alpha_1=0.477\ 5$,再由式(3-13)$\sigma_z=\alpha_1\frac{P}{z^2}$,算出:

$$z=\sqrt{\alpha_1\frac{P}{\sigma_z}}=\sqrt{0.477\ 5\times\frac{500}{10}}=4.89$$

(3)已知σ_z、P、z值,可由式(3-13)算出α_1值,再按表3-1反查出相对应的$\frac{r}{z}$值,依其结果算出r值。列表3-3计算。

表 3-2　σ_z 值计算表

z(m)	r(m)	r/z	α_1	$\sigma_z=\alpha_1\dfrac{P}{z^2}$　(kPa)
2	0	0	0.477 5	$0.4775\times\dfrac{500}{2^2}=59.7$
2	1	0.5	0.273 3	$0.2733\times\dfrac{500}{2^2}=34.2$
2	2	1.0	0.084 4	$0.0844\times\dfrac{500}{2^2}=10.6$
2	3	1.5	0.025 1	$0.0251\times\dfrac{500}{2^2}=3.1$

表 3-3　r 值计算表

z(m)	$\alpha_1=\dfrac{\sigma_z z^2}{P}$	查表 3-1 得$\dfrac{r}{z}$	r(m)
1	$10\times\dfrac{1^2}{500}=0.020$	1.600	$1.600\times1=1.60$
2	$10\times\dfrac{2^2}{500}=0.080$	1.022	$1.022\times2=2.04$
3	$10\times\dfrac{3^2}{500}=0.180$	0.691	$0.691\times3=2.07$
4	$10\times\dfrac{4^2}{500}=0.320$	0.417	$0.417\times4=1.67$

依上面计算结果，描点绘制 $\sigma_z=10$ kPa 的等值线图，如图 3-17 所示。

（二）土中应力的叠加

当地面上有 2 个及以上相邻的集中荷载作用时（见图 3-18），在地面下某深度 M 点处的竖向附加应力，可先按式（3-13）分别计算，然后叠加，即可求得

$$\sigma_z=\alpha_{11}\frac{P_1}{z^2}+\alpha_{12}\frac{P_2}{z^2}+\cdots=\sum_{i=1}^{n}\alpha_{1i}\frac{P_i}{z^2} \tag{3-14}$$

式中　α_{1i}——在集中荷载 P_i 作用下，深度 z 处 M 点上的竖向附加应力系数 α_1。

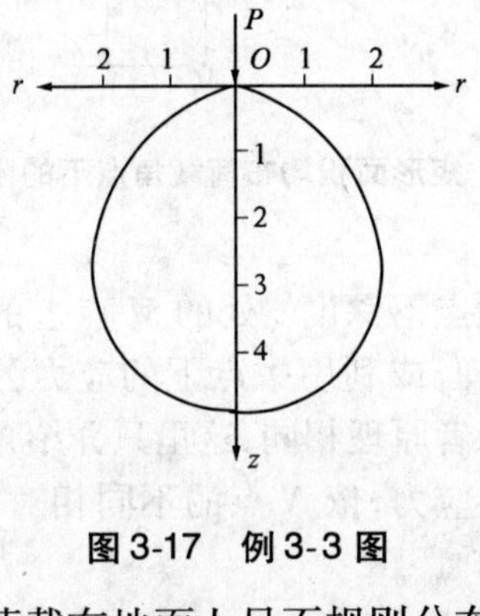

图 3-17　例 3-3 图

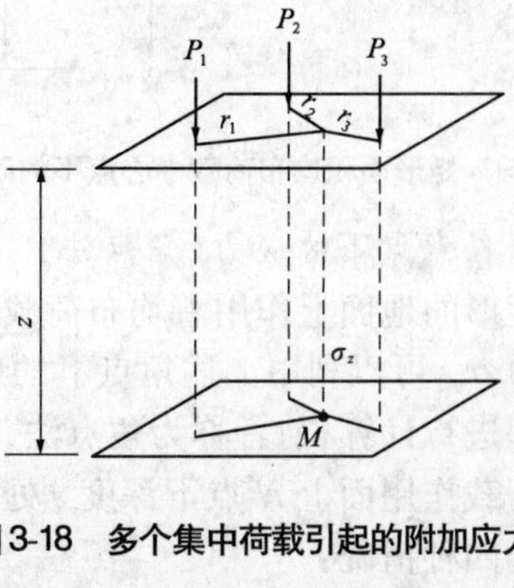

图 3-18　多个集中荷载引起的附加应力

当荷载在地面上呈不规则分布时，可把荷载分布平面划分成许多小块面积，将每一小块面积上分布的荷载近似地用一集中荷载代替，这个集中荷载作用于该分布荷载的合力作用点处，然后利用式（3-14）进行计算。

应当注意的是,集中荷载的作用点至土中计算点的距离不宜小于 $3b$(b 为该小块面积的短边尺寸),否则误差会过大。

二、面积荷载作用下的土中附加应力

(一)均质地基土

1. 矩形面积受均布荷载作用下的土中竖向附加应力

1)中心点下的应力

如图 3-19 所示,在矩形地面上作用着均布荷载 p(kPa)时,承载面积中心点下深度 z 处的 M 点上的竖向附加应力为

$$\sigma_z = \alpha_0 p \tag{3-15}$$

式中 α_0——矩形均布荷载中点应力系数,根据比值$\frac{a}{b}$、$\frac{z}{b}$由表 3-4 查得,其中 a、b 分别为矩形面积的长边和短边,z 为荷载作用面到计算点 M 的深度。

2)角点下的应力

如图 3-20 所示,在矩形地面上作用着均布荷载 p 时,承载面积角点下深度 z 处的 M 点上的竖向附加应力为

$$\sigma_z = \alpha_d p \tag{3-16}$$

式中 α_d——矩形均布荷载角点应力系数,根据比值$\frac{a}{b}$、$\frac{z}{b}$由表 3-5 查得。

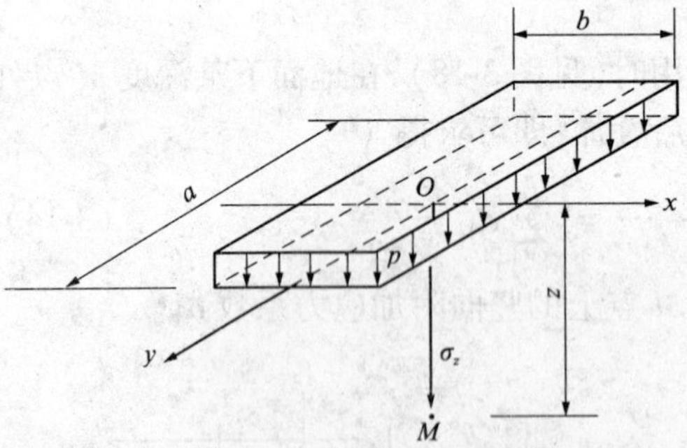

图 3-19 矩形面积均布荷载中心点下的附加应力

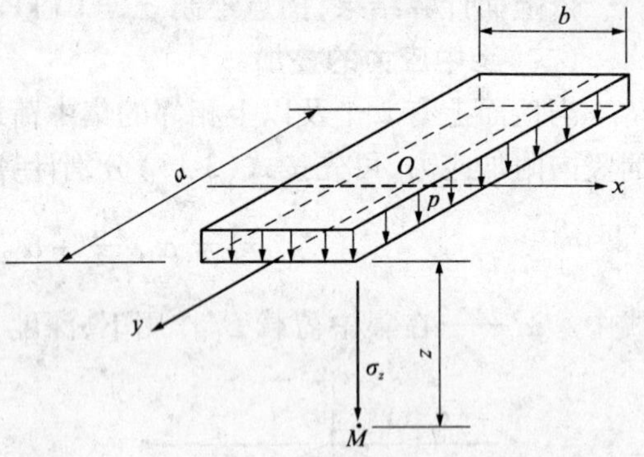

图 3-20 矩形面积均布荷载角点下的附加应力

3)任意点下的应力(角点法)

矩形的地面上作用着均布荷载 p 时,承载面积任意点下深度 z 处的 M 点上的竖向附加应力 σ_z,可以利用上述角点下的应力公式及叠加原理,或利用中点下的应力公式及叠加原理进行计算,前者称为角点法,后者称为中点法,二者原理相同,这里只介绍角点法。

荷载作用面上 N 点下深度 z 处的 M 点上竖向附加应力,依 N 点的不同相对位置,可有下列四种情况:

(1)N 点位于矩形承载面积的边界上,如图 3-21(a)所示。

这时,附加应力 σ_z 为两个矩形面积 $abeN$、$ecdN$ 角点下附加应力之和。即

$$\sigma_z = (\alpha_{d-abeN} + \alpha_{d-ecdN})p \tag{3-17}$$

表 3-4　矩形面积均布荷载中点下的竖向应力系数

z/b	矩形的长宽比 a/b											$a/b \geqslant 10$ 条形基础
	1	1.2	1.4	1.6	1.8	2	2.4	2.8	3.2	4	5	
0.0	1	1	1	1	1	1	1	1	1	1	1	1
0.1	0.980	0.984	0.986	0.987	0.987	0.988	0.988	0.988	0.989	0.989	0.989	0.989
0.2	0.960	0.968	0.972	0.974	0.975	0.976	0.976	0.977	0.977	0.977	0.977	0.977
0.3	0.880	0.899	0.910	0.917	0.920	0.923	0.925	0.926	0.928	0.929	0.929	0.929
0.4	0.800	0.830	0.848	0.859	0.866	0.870	0.875	0.878	0.879	0.880	0.881	0.881
0.5	0.703	0.741	0.765	0.781	0.791	0.799	0.809	0.812	0.814	0.817	0.818	0.819
0.6	0.606	0.651	0.682	0.703	0.717	0.727	0.740	0.746	0.749	0.753	0.754	0.755
0.7	0.527	0.574	0.607	0.630	0.646	0.660	0.674	0.685	0.690	0.694	0.697	0.698
0.8	0.449	0.496	0.532	0.558	0.579	0.593	0.612	0.623	0.630	0.636	0.639	0.642
0.9	0.932	0.437	0.473	0.499	0.518	0.536	0.559	0.572	0.579	0.588	0.592	0.596
1.0	0.334	0.373	0.414	0.441	0.463	0.481	0.505	0.520	0.529	0.540	0.545	0.550
1.1	0.295	0.335	0.369	0.396	0.418	0.436	0.462	0.478	0.488	0.501	0.508	0.513
1.2	0.257	0.294	0.325	0.352	0.374	0.392	0.491	0.437	0.447	0.462	0.470	0.477
1.3	0.229	0.263	0.292	0.318	0.339	0.357	0.384	0.403	0.426	0.431	0.440	0.448
1.4	0.201	0.232	0.260	0.284	0.304	0.321	0.350	0.369	0.383	0.400	0.410	0.420
1.5	0.180	0.209	0.235	0.258	0.277	0.294	0.332	0.341	0.356	0.374	0.385	0.397
1.6	0.160	0.187	0.210	0.232	0.251	0.267	0.294	0.314	0.329	0.348	0.360	0.374
1.7	0.145	0.170	0.191	0.212	0.230	0.245	0.272	0.292	0.307	0.326	0.340	0.355
1.8	0.130	0.153	0.173	0.192	0.209	0.224	0.250	0.270	0.285	0.305	0.320	0.337
1.9	0.119	0.140	0.159	0.177	0.192	0.207	0.233	0.251	0.263	0.288	0.303	0.320
2.0	0.108	0.127	0.145	0.161	0.176	0.189	0.214	0.233	0.241	0.270	0.285	0.304
2.1	0.099	0.116	0.133	0.148	0.163	0.176	0.199	0.220	0.230	0.255	0.270	0.292
2.2	0.090	0.107	0.122	0.137	0.150	0.163	0.185	0.208	0.218	0.239	0.256	0.280
2.3	0.033	0.099	0.113	0.127	0.137	0.151	0.173	0.193	0.205	0.226	0.243	0.269
2.4	0.077	0.092	0.105	0.118	0.130	0.141	0.161	0.178	0.192	0.213	0.230	0.258
2.5	0.072	0.085	0.097	0.109	0.121	0.131	0.151	0.167	0.181	0.202	0.219	0.249
2.6	0.066	0.079	0.091	0.102	0.112	0.123	0.141	0.157	0.170	0.191	0.208	0.239
2.7	0.062	0.073	0.084	0.095	0.105	0.115	0.132	0.148	0.161	0.182	0.199	0.234
2.8	0.058	0.069	0.079	0.089	0.099	0.108	0.124	0.139	0.152	0.172	0.189	0.228
2.9	0.054	0.064	0.074	0.083	0.093	0.101	0.117	0.132	0.144	0.163	0.180	0.218
3.0	0.051	0.060	0.070	0.078	0.087	0.095	0.110	0.124	0.136	0.155	0.172	0.208
3.2	0.045	0.053	0.062	0.070	0.077	0.085	0.098	0.111	0.122	0.141	0.158	0.190
3.4	0.040	0.048	0.055	0.062	0.069	0.076	0.088	0.100	0.110	0.128	0.144	0.184
3.6	0.036	0.042	0.049	0.056	0.062	0.068	0.090	0.090	0.100	0.117	0.133	0.175
3.8	0.032	0.033	0.044	0.050	0.056	0.062	0.070	0.080	0.091	0.107	0.123	0.166
4.0	0.029	0.035	0.040	0.046	0.051	0.056	0.066	0.075	0.084	0.095	0.113	0.158
4.2	0.026	0.031	0.037	0.042	0.048	0.051	0.060	0.069	0.077	0.091	0.105	0.150
4.4	0.024	0.029	0.034	0.038	0.042	0.047	0.055	0.063	0.070	0.084	0.098	0.144
4.6	0.022	0.026	0.031	0.035	0.039	0.043	0.051	0.058	0.065	0.078	0.091	0.137
4.8	0.020	0.024	0.028	0.032	0.038	0.040	0.047	0.054	0.060	0.070	0.085	0.132
5.0	0.019	0.022	0.026	0.030	0.033	0.037	0.044	0.050	0.056	0.067	0.079	0.126

表 3-5 矩形面积均布荷载角点下的竖向应力系数

z/b	矩形基础长宽比 a/b																	
	1.0	1.2	1.4	1.6	1.8	2.0	2.2	2.4	2.6	2.8	3.0	4.0	5.0	6.0	7.0	8.0	9.0	10.0
0.0	0.250 0	0.250 0	0.250 0	0.250 0	0.250 0	0.250 0	0.250 0	0.250 0	0.250 0	0.250 0	0.250 0	0.250 0	0.250 0	0.250 0	0.250 0	0.250 0	0.250 0	0.250 0
0.2	0.248 6	0.248 9	0.249 0	0.249 1	0.249 1	0.249 1	0.249 2	0.249 2	0.249 2	0.249 2	0.249 2	0.249 2	0.249 2	0.249 2	0.249 2	0.249 2	0.249 2	0.249 2
0.4	0.240 1	0.242 0	0.242 9	0.243 4	0.243 9	0.243 9	0.244 0	0.244 1	0.244 2	0.244 2	0.244 2	0.244 3	0.244 3	0.244 3	0.244 3	0.244 3	0.244 3	0.244 3
0.6	0.222 9	0.227 5	0.230 0	0.231 5	0.232 4	0.232 9	0.233 3	0.233 5	0.233 7	0.233 8	0.233 9	0.234 1	0.234 2	0.234 2	0.234 2	0.234 2	0.234 2	0.234 2
0.8	0.199 9	0.207 5	0.212 0	0.214 7	0.216 5	0.217 6	0.218 3	0.218 8	0.219 2	0.219 4	0.219 6	0.220 0	0.220 2	0.220 2	0.220 2	0.220 2	0.220 2	0.220 2
1.0	0.175 2	0.185 1	0.191 1	0.195 5	0.198 1	0.199 9	0.201 2	0.202 0	0.202 6	0.203 1	0.203 4	0.204 2	0.204 4	0.204 5	0.204 5	0.204 6	0.204 6	0.204 6
1.2	0.151 6	0.162 6	0.170 5	0.175 8	0.179 3	0.181 8	0.183 6	0.184 9	0.185 8	0.186 5	0.187 0	0.188 2	0.188 5	0.188 7	0.188 8	0.188 8	0.188 8	0.188 8
1.4	0.130 8	0.142 3	0.150 8	0.156 9	0.161 3	0.164 4	0.166 7	0.168 5	0.169 6	0.170 5	0.170 2	0.173 0	0.173 5	0.173 8	0.173 9	0.173 9	0.173 9	0.174 0
1.6	0.112 3	0.124 1	0.132 9	0.139 6	0.144 5	0.148 2	0.150 9	0.153 0	0.154 5	0.155 7	0.156 7	0.159 0	0.159 8	0.160 1	0.160 2	0.160 3	0.160 4	0.160 4
1.8	0.096 9	0.108 3	0.117 2	0.124 1	0.129 4	0.133 4	0.136 5	0.138 9	0.140 8	0.142 3	0.143 4	0.146 3	0.147 4	0.147 8	0.148 0	0.148 1	0.148 2	0.148 2
2.0	0.084 0	0.094 7	0.103 4	0.110 3	0.115 8	0.120 2	0.123 6	0.126 3	0.128 4	0.130 0	0.131 4	0.135 0	0.136 3	0.136 8	0.137 1	0.137 2	0.137 3	0.137 4
2.2	0.073 2	0.083 2	0.091 7	0.098 4	0.103 9	0.108 4	0.112 0	0.114 9	0.117 2	0.119 1	0.120 5	0.124 8	0.126 4	0.127 1	0.127 4	0.127 6	0.127 7	0.127 7
2.4	0.064 2	0.073 4	0.081 3	0.087 9	0.093 4	0.097 9	0.101 6	0.104 7	0.107 1	0.109 2	0.110 8	0.115 6	0.117 5	0.118 4	0.118 8	0.119 0	0.119 1	0.119 2
2.6	0.056 6	0.065 1	0.072 5	0.078 8	0.084 2	0.088 7	0.094 2	0.095 5	0.098 1	0.100 3	0.102 0	0.107 3	0.109 5	0.110 6	0.111 1	0.111 3	0.111 5	0.111 6
2.8	0.050 2	0.058 0	0.064 9	0.070 9	0.076 1	0.080 5	0.084 2	0.087 5	0.090 0	0.092 3	0.094 2	0.099 9	0.102 4	0.103 6	0.104 1	0.104 5	0.104 7	0.104 8
3.0	0.044 7	0.051 9	0.058 3	0.064 0	0.069 0	0.073 2	0.076 9	0.080 1	0.082 8	0.085 1	0.087 0	0.093 1	0.095 9	0.097 3	0.098 0	0.098 3	0.098 6	0.098 7
3.2	0.040 1	0.046 7	0.052 6	0.058 0	0.062 7	0.066 8	0.070 4	0.073 5	0.076 2	0.078 6	0.080 6	0.087 0	0.090 0	0.091 6	0.092 3	0.092 8	0.093 0	0.093 3
3.4	0.036 1	0.042 1	0.047 7	0.052 7	0.057 1	0.061 1	0.064 6	0.067 7	0.070 4	0.072 7	0.074 7	0.081 4	0.084 7	0.086 4	0.087 3	0.087 7	0.088 0	0.088 2
3.6	0.032 6	0.028 2	0.043 3	0.048 0	0.052 3	0.056 1	0.059 4	0.062 4	0.065 1	0.067 4	0.069 4	0.075 3	0.079 9	0.081 6	0.082 6	0.083 2	0.083 5	0.083 7
3.8	0.029 6	0.034 8	0.039 5	0.043 9	0.047 9	0.051 6	0.054 8	0.057 7	0.060 3	0.062 6	0.064 6	0.070 6	0.071 7	0.075 3	0.077 3	0.078 4	0.079 4	0.079 6
4.0	0.027 0	0.031 8	0.036 2	0.040 3	0.044 1	0.047 4	0.050 7	0.053 5	0.056 0	0.058 8	0.060 3	0.067 4	0.071 2	0.073 3	0.074 5	0.075 2	0.075 6	0.075 8
4.2	0.024 7	0.029 1	0.033 3	0.037 1	0.040 7	0.043 9	0.046 9	0.049 6	0.052 1	0.054 3	0.056 3	0.063 4	0.067 4	0.069 6	0.070 9	0.071 6	0.072 1	0.072 4
4.4	0.022 7	0.026 8	0.030 6	0.034 3	0.037 6	0.040 7	0.043 6	0.046 2	0.048 5	0.050 7	0.052 7	0.059 7	0.063 9	0.066 2	0.067 6	0.068 4	0.068 9	0.069 2
4.6	0.020 9	0.024 7	0.028 3	0.031 7	0.034 8	0.037 8	0.040 5	0.043 0	0.045 3	0.047 4	0.049 3	0.056 4	0.060 6	0.063 0	0.064 4	0.065 4	0.065 9	0.066 3
4.8	0.019 3	0.022 9	0.026 2	0.029 4	0.032 4	0.035 2	0.037 8	0.040 2	0.042 4	0.044 4	0.046 3	0.053 3	0.057 6	0.060 1	0.061 6	0.062 6	0.063 1	0.063 5
5.0	0.017 9	0.021 2	0.024 3	0.027 4	0.030 2	0.032 8	0.035 8	0.037 6	0.039 7	0.041 7	0.043 5	0.050 4	0.054 7	0.057 3	0.058 9	0.059 9	0.060 8	0.081 0
6.0	0.012 7	0.015 1	0.017 4	0.019 6	0.021 8	0.023 8	0.025 7	0.027 6	0.029 3	0.031 0	0.032 5	0.038 8	0.043 1	0.046 0	0.047 9	0.049 1	0.050 0	0.050 6
7.0	0.009 4	0.011 2	0.013 0	0.014 7	0.016 4	0.018 0	0.019 5	0.021 0	0.022 4	0.023 8	0.025 1	0.030 6	0.034 6	0.037 6	0.039 6	0.041 1	0.042 1	0.042 8
8.0	0.007 3	0.008 7	0.010 1	0.011 4	0.012 7	0.014 0	0.015 3	0.016 5	0.017 6	0.018 7	0.019 8	0.024 0	0.028 3	0.031 1	0.033 2	0.034 8	0.035 9	0.036 7
9.0	0.005 8	0.006 9	0.008 0	0.009 1	0.010 2	0.011 2	0.012 2	0.013 2	0.014 2	0.015 2	0.016 1	0.020 2	0.023 5	0.026 2	0.028 2	0.029 8	0.031 0	0.031 9
10.0	0.004 7	0.005 6	0.006 5	0.007 4	0.008 3	0.009 2	0.010 0	0.010 9	0.011 7	0.012 5	0.013 2	0.016 7	0.019 8	0.022 2	0.024 2	0.025 8	0.027 0	0.028 0

式中　α_{d-abeN}、α_{d-ecdN}——小矩形面积 $abeN$、$ecdN$ 的角点应力系数。

以下的角点应力系数角标符号注法相同,不再说明。

(2)N 点位于矩形承载面积内,如图 3-21(b)所示。

这时,附加应力为四个小矩形面积角点下附加应力之和。即

$$\sigma_z = (\alpha_{d-fagN} + \alpha_{d-gbeN} + \alpha_{d-echN} + \alpha_{d-hdfN})p \tag{3-18}$$

(3)N 点位于矩形承载面积之外,但在一组对边延长线范围之内,如图 3-21(c)所示。这时,附加应力为面积 $gbeN$、$echN$ 角点下应力之和,再减去面积 $gafN$、$fdhN$ 角点下的应力。即

$$\sigma_z = (\alpha_{d-gbeN} + \alpha_{d-echN} - \alpha_{d-gafN} - \alpha_{d-fdhN})p \tag{3-19}$$

(4)N 点位于矩形承载面积之外,也不在任一组对边延长线范围之内,如图 3-21(d)所示。这时,附加应力为面积 $echN$、$fagN$ 角点下应力之和,再减去面积 $ebgN$、$fdhN$ 角点下的应力。

$$\sigma_z = (\alpha_{d-echN} - \alpha_{d-ebgN} - \alpha_{d-fdhN} + \alpha_{d-fagN})p \tag{3-20}$$

【例 3-4】 地面上一矩形承载面积 $abcd$ 的长边 $a=6$ m,短边 $b=4$ m,如图 3-22 所示,其上作用的均布荷载 $p=300$ kPa,求矩形面积中心点、角点和矩形面积内、外的 N、M 点下 4 m 深度处的竖向附加应力。

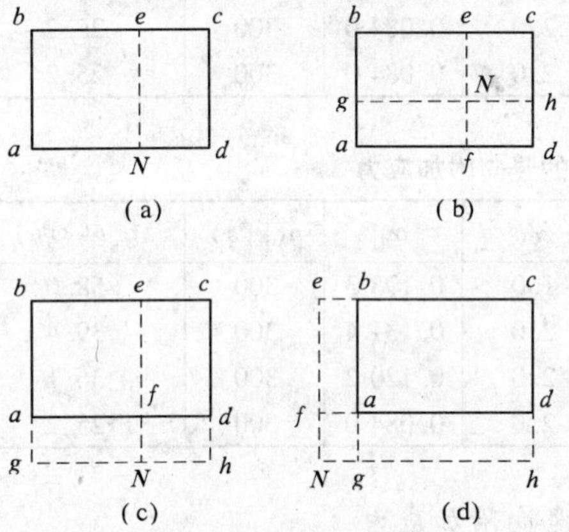

图 3-21　利用角点法计算附加应力

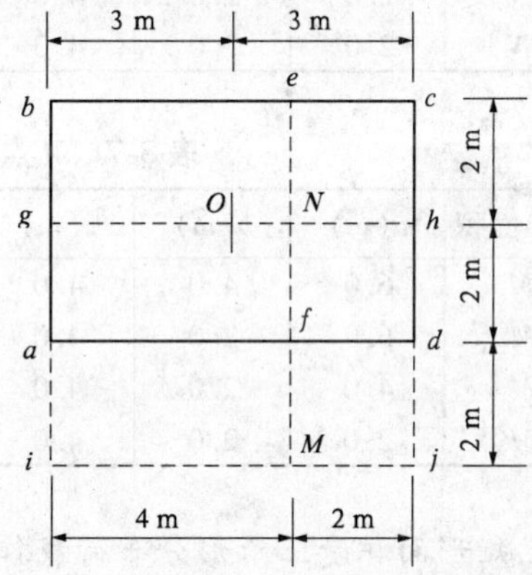

图 3-22　例 3-4 附图

解题思路:

(1)若所求点是矩形角点,则求 a/b、z/b 再直接查表计算即可;

(2)若所求点不是矩形角点,则需作辅助线使所求点成为矩形角点,求出 a/b、z/b 查表,然后通过叠加即可求出附加应力。

解:(1)中心点 O 下 4 m 深度处的竖向附加应力。

已知 $a=6$ m, $b=4$ m, $z=4$ m, $p=300$ kPa

按 $\frac{a}{b}=\frac{6}{4}=1.5$, $\frac{z}{b}=\frac{4}{4}=1$,查表 3-4,得 $\alpha_0=0.4275$,则

$$\sigma_z = \alpha_0 p = 0.4275 \times 300 = 128\ (\text{kPa})$$

(2)角点下 4 m 深度处的竖向附加应力。

已知 $a=6$ m, $b=4$ m, $z=4$ m, $p=300$ kPa

按 $\frac{a}{b}=\frac{6}{4}=1.5$，$\frac{z}{b}=\frac{4}{4}=1$，查表 3-5，得 $\alpha_d=0.1933$，则

$$\alpha_z=\alpha_d p=0.1933\times300=58.0\ (\text{kPa})$$

(3)矩形承载面积内 N 点下 4 m 深度处的竖向附加应力。

将矩形面积 $abcd$ 划分成四小块矩形面积，按角点法列表 3-6 计算。

$$\begin{aligned}\sigma_z&=(\alpha_{d-fagN}+\alpha_{d-gbeN}+\alpha_{d-echN}+\alpha_{d-hdfN})p\\&=36.1+36.1+25.2+25.2=122.6\ (\text{kPa})\end{aligned}$$

(4)矩形承载面积外 M 点下 4 m 深度处的竖向附加应力。

将矩形面积 $abcd$ 按图 3-22 进行划分，再利用角点法列表 3-7 计算。

$$\begin{aligned}\sigma_z&=(\alpha_{d-ibeM}+\alpha_{d-ecjM}-\alpha_{d-iafM}-\alpha_{d-fdjM})p\\&=58.0+39.4-36.1-25.2=36.1\ (\text{kPa})\end{aligned}$$

表 3-6　N 点下 4 m 深度处竖向附加应力

小矩形面积	a(m)	b(m)	z(m)	a/b	z/b	α_d	p(kPa)	$\alpha_d p$(kPa)
fagN	4.0	2.0	4.0	2.0	2.0	0.1202	300	36.1
gbeN	4.0	2.0	4.0	2.0	2.0	0.1202	300	36.1
echN	2.0	2.0	4.0	1.0	2.0	0.0840	300	25.2
hdfN	2.0	2.0	4.0	1.0	2.0	0.0840	300	25.2

表 3-7　M 点下 4 m 深度处的竖向附加应力

小矩形面积	a(m)	b(m)	z(m)	a/b	z/b	α_d	p(kPa)	$\alpha_d p$(kPa)
ibeM	6.0	4.0	4.0	1.5	1.0	0.1933	300	58.0
ecjM	6.0	2.0	4.0	3.0	2.0	0.1314	300	39.4
iafM	4.0	2.0	4.0	2.0	2.0	0.1202	300	36.1
fdjM	2.0	2.0	4.0	1.0	2.0	0.0840	300	25.2

2. 矩形面积受三角形分布荷载作用下的土中竖向附加应力

(1)如图 3-23(a)所示，矩形面积的地面上作用着三角形分布荷载时，荷载强度为零的角点 A 下、深度 z 处的 M_1 点上的竖向附加应力为

$$\sigma_z=\alpha_{T_1}p \tag{3-21}$$

荷载强度最大值 p 处角点 B 下、深度 z 处的 M_2 点上的竖向附加应力为

$$\sigma_z=\alpha_{T_2}p \tag{3-22}$$

上列二式中，α_{T_1}、α_{T_2} 为角点下的应力系数，按比值 $\frac{a}{b}$ 和 $\frac{z}{b}$ 由表 3-8 查得。

应当注意的是，b 是沿荷载成三角形分布的边长（不一定是短边），a 是沿荷载强度为零或最大的边长（不一定是长边）。

(2)当 M 点位于矩形面积内任一点 N 下深度 z 处时，如图 3-23(b)所示，可将荷载作用面积分成Ⅰ、Ⅱ、Ⅲ、Ⅳ四个小矩形面积，再将三角形荷载图分成二个小三角形分布荷载

表 3-8　矩形面积受三角形分布荷载时角点下的竖向应力系数

z/b	a/b														
	0.2		0.4		0.6		0.8		1.0		1.2		1.4		1.6
	α_{T_1}	α_{T_2}	α_{T_1}	α_{T_2}	α_{T_1}	α_{T_2}	α_{T_1}	α_{T_2}	α_{T_1}	α_{T_2}	α_{T_1}	α_{T_2}	α_{T_1}	α_{T_2}	α_{T_1}
0.0	0.000 0	0.250 0	0.000 0	0.250 0	0.000 0	0.250 0	0.000 0	0.250 0	0.000 0	0.250 0	0.000 0	0.250 0	0.000 0	0.250 0	0.000 0
0.2	0.022 3	0.182 1	0.028 0	0.211 5	0.029 6	0.216 5	0.030 1	0.217 8	0.030 4	0.218 2	0.030 5	0.218 4	0.030 5	0.218 5	0.030 6
0.4	0.026 9	0.109 4	0.042 0	0.160 4	0.048 7	0.178 1	0.051 7	0.184 4	0.053 1	0.187 0	0.053 9	0.188 1	0.054 3	0.188 6	0.054 5
0.6	0.025 9	0.070 0	0.044 8	0.116 5	0.056 0	0.140 5	0.062 1	0.152 0	0.065 4	0.157 5	0.067 3	0.160 2	0.068 4	0.161 6	0.069 0
0.8	0.023 2	0.048 0	0.042 1	0.085 3	0.055 3	0.109 3	0.063 7	0.123 2	0.068 8	0.131 1	0.072 0	0.135 5	0.073 9	0.138 1	0.075 1
1.0	0.020 1	0.034 6	0.037 5	0.063 8	0.050 8	0.085 2	0.060 2	0.099 6	0.066 6	0.108 6	0.070 8	0.114 3	0.073 5	0.117 6	0.075 3
1.2	0.017 1	0.026 0	0.032 4	0.049 1	0.046 0	0.067 3	0.054 6	0.080 7	0.061 5	0.090 1	0.066 4	0.096 2	0.069 8	0.100 7	0.072 1
1.4	0.014 5	0.020 2	0.027 8	0.038 6	0.039 2	0.054 0	0.048 3	0.066 1	0.055 4	0.075 1	0.060 6	0.081 7	0.064 4	0.086 4	0.067 2
1.6	0.012 3	0.016 0	0.023 8	0.031 0	0.033 9	0.044 0	0.042 4	0.054 7	0.049 2	0.062 8	0.054 5	0.069 6	0.058 6	0.074 3	0.061 6
1.8	0.010 5	0.013 0	0.020 4	0.025 4	0.029 4	0.036 3	0.037 1	0.045 7	0.043 5	0.053 4	0.048 7	0.059 6	0.052 8	0.064 4	0.056 0
2.0	0.009 0	0.010 8	0.017 6	0.021 1	0.025 5	0.030 4	0.032 4	0.038 7	0.038 4	0.045 6	0.043 4	0.051 3	0.047 4	0.056 0	0.050 7
2.5	0.006 3	0.007 2	0.012 5	0.014 0	0.018 3	0.020 5	0.023 6	0.026 5	0.028 4	0.031 8	0.032 6	0.036 5	0.036 2	0.040 5	0.039 3
3.0	0.004 6	0.005 1	0.009 2	0.010 0	0.013 5	0.014 8	0.017 6	0.019 2	0.021 4	0.023 3	0.024 9	0.027 0	0.028 0	0.030 3	0.030 7
5.0	0.001 8	0.001 9	0.003 6	0.003 8	0.005 4	0.005 6	0.007 1	0.007 4	0.008 8	0.009 1	0.010 4	0.010 8	0.012 0	0.012 3	0.013 5
7.0	0.000 9	0.001 0	0.001 9	0.001 9	0.002 8	0.002 9	0.003 8	0.003 8	0.004 7	0.004 7	0.005 6	0.005 6	0.006 4	0.006 6	0.007 3
10.0	0.000 5	0.000 4	0.000 9	0.001 0	0.001 4	0.001 4	0.001 9	0.001 9	0.002 3	0.002 4	0.002 8	0.002 8	0.003 3	0.003 2	0.003 7

续表 3-8

z/b	a/b														
	1.6		1.8		2.0		3.0		4.0		6.0		8.0		10.0
	α_{T_1}	α_{T_2}	α_{T_1}	α_{T_2}	α_{T_1}	α_{T_2}	α_{T_1}	α_{T_2}	α_{T_1}	α_{T_2}	α_{T_1}	α_{T_2}	α_{T_1}	α_{T_2}	α_{T_1}
0.0	0.000 0	0.250 0	0.250 0	0.000 0	0.250 0	0.000 0	0.250 0	0.000 0	0.250 0	0.000 0	0.250 0	0.000 0	0.250 0	0.000 0	0.250 0
0.2	0.030 6	0.218 5	0.218 5	0.030 6	0.218 5	0.030 6	0.218 6	0.030 6	0.218 6	0.030 6	0.218 6	0.030 6	0.218 6	0.030 6	0.218 6
0.4	0.054 6	0.188 9	0.189 1	0.054 7	0.189 2	0.054 8	0.189 4	0.054 9	0.189 4	0.054 9	0.189 4	0.054 9	0.189 4	0.054 9	0.189 4
0.6	0.069 4	0.162 5	0.163 0	0.069 6	0.163 3	0.070 1	0.163 8	0.070 2	0.163 9	0.070 2	0.164 0	0.070 2	0.164 0	0.070 2	0.164 0
0.8	0.075 9	0.139 6	0.140 5	0.076 4	0.141 2	0.077 3	0.142 3	0.077 6	0.142 4	0.077 6	0.142 6	0.077 6	0.142 6	0.077 6	0.142 6
1.0	0.076 6	0.120 2	0.121 5	0.077 4	0.122 5	0.079 0	0.124 4	0.079 4	0.124 8	0.079 5	0.125 0	0.079 6	0.125 0	0.079 6	0.125 0
1.2	0.073 8	0.103 7	0.105 5	0.074 9	0.109 6	0.077 4	0.109 6	0.077 9	0.110 3	0.078 2	0.110 5	0.078 3	0.110 5	0.078 3	0.110 5
1.4	0.069 2	0.089 7	0.092 1	0.070 7	0.093 7	0.073 9	0.097 3	0.074 8	0.098 2	0.075 2	0.098 6	0.075 2	0.098 7	0.075 3	0.098 7
1.6	0.063 9	0.078 0	0.080 6	0.065 6	0.082 6	0.069 7	0.087 0	0.070 8	0.088 2	0.071 4	0.088 7	0.071 5	0.088 8	0.071 5	0.088 9
1.8	0.058 5	0.068 1	0.070 9	0.060 4	0.073 0	0.065 2	0.078 2	0.066 6	0.079 7	0.067 3	0.080 5	0.067 5	0.080 6	0.067 5	0.080 8
2.0	0.053 3	0.059 6	0.062 5	0.055 3	0.064 9	0.060 7	0.070 7	0.062 4	0.072 6	0.063 4	0.073 4	0.063 6	0.073 6	0.063 6	0.073 8
2.5	0.041 9	0.044 0	0.046 9	0.044 0	0.049 1	0.050 4	0.055 9	0.052 9	0.058 5	0.054 3	0.060 1	0.054 7	0.060 4	0.054 8	0.060 5
3.0	0.033 1	0.033 3	0.035 9	0.035 2	0.038 0	0.041 9	0.045 1	0.044 9	0.048 2	0.046 9	0.050 4	0.047 4	0.050 9	0.047 6	0.051 1
5.0	0.014 8	0.013 9	0.015 4	0.016 1	0.016 7	0.021 4	0.022 1	0.024 8	0.025 6	0.028 3	0.029 0	0.029 6	0.030 3	0.030 1	0.030 9
7.0	0.008 1	0.007 4	0.008 3	0.008 9	0.009 1	0.012 4	0.012 6	0.015 2	0.015 4	0.018 6	0.019 0	0.020 4	0.020 7	0.021 2	0.021 6
10.0	0.004 1	0.003 7	0.004 2	0.004 6	0.004 6	0.006 6	0.006 6	0.008 4	0.008 3	0.011 1	0.011 1	0.012 8	0.013 0	0.013 9	0.014 1

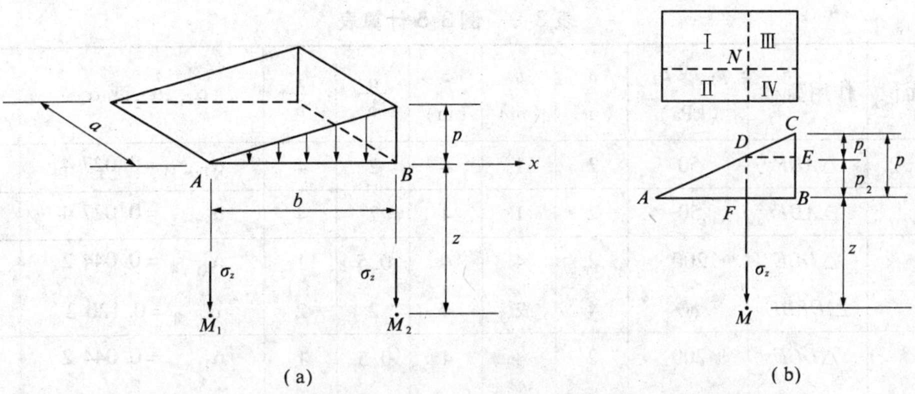

图 3-23　矩形面积受三角形分布荷载作用下的土中附加应力

(*ADF* 和△*DCE*)和一个小矩形均布荷载(▱*DFBE*),分别作用在相对应的小矩形面积上,再按角点法和叠加原理,算出 *M* 点上的竖向附加应力,即

$$\sigma_z=\alpha_{T_2-\mathrm{I}}\cdot p_2+\alpha_{T_2-\mathrm{II}}\cdot p_2+\alpha_{T_1-\mathrm{III}}\cdot p_1+\alpha_{T_1-\mathrm{IV}}\cdot p_1+\alpha_{d-\mathrm{III}}\cdot p_2+\alpha_{d-\mathrm{IV}}\cdot p_2 \tag{3-23}$$

当 *M* 点在荷载面积范围以外时,可分块用角点法和叠加原理进行计算。

【例 3-5】　地面上一矩形面积的尺寸为 5 m×4 m,其上作用着三角形分布荷载 $p=250$ kPa,如图 3-24 所示,求矩形面积 *N* 点下 4 m 深度处 *M* 点上的竖向附加应力。

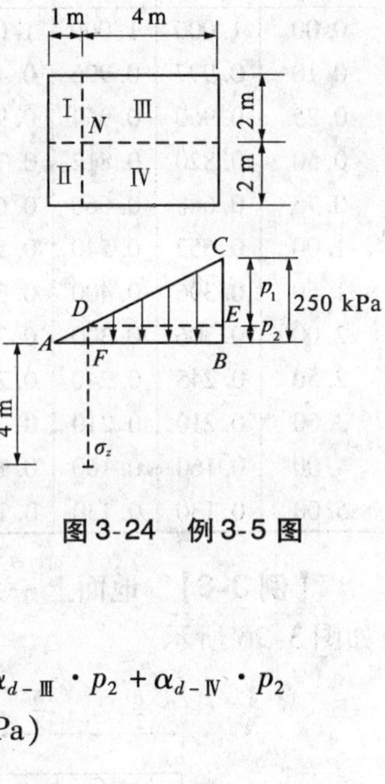

图 3-24　例 3-5 图

解题思路:

因为所求点位于矩形面积三角形分布荷载中间,所以需要通过作辅助线使所求的 *N* 点位于矩形面积均布荷载的角点;同时位于矩形面积三角形分布荷载的最大值的下面或荷载为零的点下。

解:将矩形面积分成Ⅰ、Ⅱ、Ⅲ、Ⅳ四小块,将三角形分布荷载分成△*ADF*、△*DCE* 和▱*DEBF* 三小块,算得 $p_1=200$ kPa,$p_2=50$ kPa,列表 3-9 计算。

$$\begin{aligned}\sigma_z&=\alpha_{T_2-\mathrm{I}}\cdot p_2+\alpha_{T_2-\mathrm{II}}\cdot p_2+\alpha_{T_1-\mathrm{III}}\cdot p_1+\alpha_{T_1-\mathrm{IV}}\cdot p_1+\alpha_{d-\mathrm{III}}\cdot p_2+\alpha_{d-\mathrm{IV}}\cdot p_2\\&=1.37+1.37+8.84+6.01+8.84+6.01=32.4\ (\mathrm{kPa})\end{aligned}$$

3. 条形面积受均布荷载作用下的土中竖向附加应力

在地面上,一均布荷载作用在宽度为 *b*、长度为无限长的条形面积上时,土中任意点 *M* 的竖向附加应力为:

$$\sigma_z=\alpha_2 p \tag{3-24}$$

式中　α_2——条形面积均布荷载作用下的附加应力系数。

α_2 按比值$\frac{x}{b}$、$\frac{z}{b}$由表 3-10 查得,查表时应注意将坐标原点 *O* 设在荷载宽度的中点处,这样,*z* 轴就是荷载对称轴,如图 3-25 所示。

因而,同一深度的附加应力均对称于 *z* 轴。即从 *O* 点向两边的 *x* 值,均取正值。

表 3-9 例 3-5 计算表

小块面积	作用荷载	p_1 或 p_2 (kPa)	a (m)	b (m)	z (m)	$\frac{a}{b}$	$\frac{z}{b}$	α_{T_1}、α_{T_2} 或 α_d	σ_z (kPa)
Ⅰ	△ADF	50	2	1	4	2	4	$\alpha_{T_2-\text{I}}=0.0274$	1.37
Ⅱ	△ADF	50	2	1	4	2	4	$\alpha_{T_2-\text{II}}=0.0274$	1.37
Ⅲ	△DCE	200	2	4	4	0.5	1	$\alpha_{T_1-\text{III}}=0.0442$	8.84
	▱$DEBF$	50	4	2	4	2	2	$\alpha_{d-\text{III}}=0.1202$	6.01
Ⅳ	△DCE	200	2	4	4	0.5	1	$\alpha_{T_1-\text{IV}}=0.0442$	8.84
	▱$DEBF$	50	4	2	4	2	2	$\alpha_{d-\text{IV}}=0.1202$	6.01

表 3-10 条形均布荷载下任意点的竖向应力系数 α_2

z/b	x/b										
	0.00	0.10	0.25	0.50	0.75	1.00	1.50	2.00	3.00	4.00	5.00
0.00	1.000	1.000	1.000	0.500	0.000	0.000	0.000	0.000	0.000	0.000	0.000
0.10	0.997	0.996	0.499	0.010	0.005	0.000	0.000	0.000	0.000	0.000	0.000
0.25	0.960	0.954	0.905	0.496	0.088	0.019	0.002	0.001	0.000	0.000	0.000
0.50	0.820	0.812	0.735	0.481	0.218	0.082	0.017	0.005	0.001	0.000	0.000
0.75	0.668	0.660	0.610	0.450	0.260	0.150	0.040	0.020	0.010	0.000	0.000
1.00	0.552	0.540	0.510	0.410	0.290	0.190	0.070	0.030	0.010	0.000	0.000
1.50	0.396	0.400	0.380	0.330	0.270	0.210	0.110	0.060	0.020	0.010	0.000
2.00	0.306	0.300	0.290	0.280	0.240	0.210	0.130	0.080	0.030	0.010	0.010
2.50	0.245	0.240	0.240	0.230	0.220	0.190	0.140	0.100	0.030	0.020	0.010
3.00	0.210	0.210	0.210	0.200	0.190	0.170	0.140	0.100	0.050	0.030	0.020
4.00	0.160	0.160	0.160	0.150	0.150	0.140	0.120	0.100	0.070	0.040	0.030
5.00	0.130	0.130	0.130	0.120	0.120	0.120	0.110	0.100	0.070	0.050	0.030

【例 3-6】 地面上一条形承载面积宽度 $b=4$ m,其上作用的均布荷载 $p=200$ kPa,如图 3-26 所示。

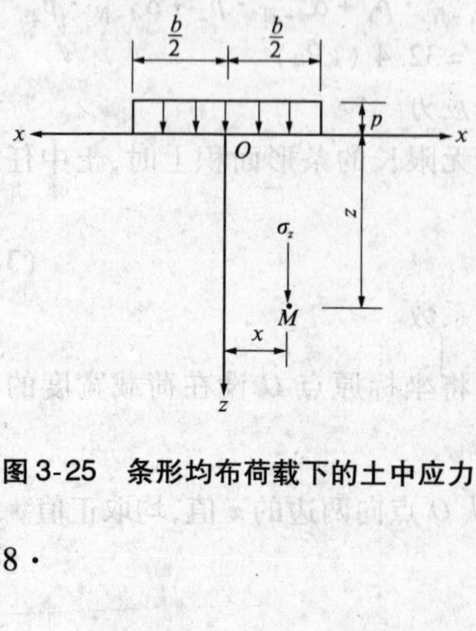

图 3-25 条形均布荷载下的土中应力

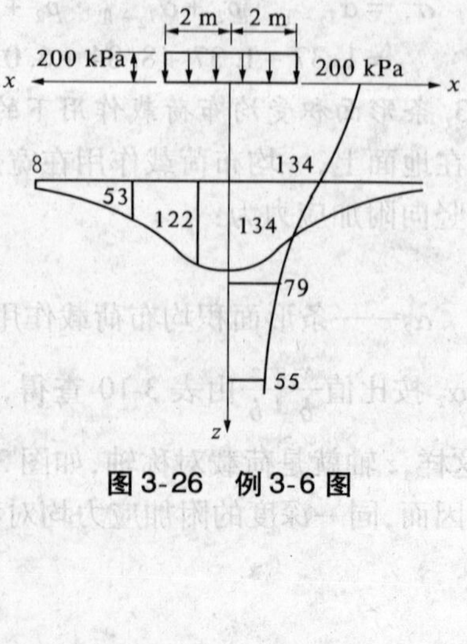

图 3-26 例 3-6 图

求：(1)条形均布荷载宽度中点下深度为0、3、6、9 m处的土中竖向附加应力。

(2)在深度 $z=3$ m的平面上，距纵向竖直对称面 $x=0$、1、3、6 m处的土中竖向附加应力。

解题思路：

以荷载中点为坐标原点建立坐标系，向两边均为正方向，求 x/b，z/b；查表3-10求附加应力系数，再与均布荷载相乘即为所求。

解：(1)条形均布荷载宽度中点下的土中竖向附加应力，列表3-11计算。

(2)深度 $z=3$ m的平面上土中竖向附加应力，列表3-12计算。

表3-11　条形均布荷载宽度中点下的土中竖向附加应力计算表

z(m)	x(m)	z/b	x/b	α_2	p(kPa)	$\alpha_2 p$(kPa)
0	0	0	0	1.000	200	200
3	0	0.75	0	0.668	200	134
6	0	1.50	0	0.396	200	79
9	0	2.25	0	0.276	200	55

表3-12　$z=3$ m的平面上土中各点竖向附加应力计算表

z(m)	x(m)	z/b	x/b	α_2	p(kPa)	$\alpha_2 p$(kPa)
3	0	0.75	0	0.668	200	134
3	1	0.75	0.25	0.610	200	122
3	3	0.75	0.75	0.263	200	53
3	6	0.75	1.50	0.040	200	8

4. 条形面积受三角形分布荷载作用下的土中竖向附加应力

如图3-27所示，地面上一三角形分布荷载，作用在宽度为 b、长度为无限长的条形面积上时，土中任意点 M 的竖向附加应力为：

$$\sigma_z = \alpha_3 p \tag{3-25}$$

式中　p——三角形分布荷载最大端的荷载值，kPa；

α_3——条形面积三角形分布荷载作用下的附加应力系数(查表3-13)。

查表时应注意将坐标原点 O 设在三角形分布荷载为零的顶点处，且 x 轴以荷载递增的方向为正向。

实际工程中，不可能有无限延伸的条形荷载。但当分布长度 l 和宽度 b 的比 $\frac{l}{b} \geqslant 10$ 时，就可近似地将其看做无限延伸的条形荷载，例如挡墙、坝、路堤等基础所受的荷载，都可以看做条形荷载。当条形荷载在基底横截面上的应力分布呈梯形时，可将它划分成三角形分布和矩形分布的荷载，分别计算土中应力，再叠加得合成应力。

表 3-13　条形面积三角形分布荷载下任意点的竖向应力系数 α_3

z/b	x/b										
	-1.5	-1.0	0.5	0	0.25	0.50	0.75	1.0	1.5	2.0	2.5
0.00	0.000	0.000	0.000	0.000	0.250	0.500	0.750	0.500	0.000	0.000	0.000
0.25	0.000	0.000	0.001	0.075	0.256	0.480	0.643	0.424	0.015	0.003	0.000
0.50	0.002	0.003	0.023	0.120	0.263	0.410	0.477	0.353	0.056	0.017	0.003
0.75	0.006	0.016	0.042	0.153	0.248	0.355	0.361	0.293	0.108	0.024	0.009
1.0	0.014	0.025	0.061	0.159	0.223	0.275	0.279	0.241	0.129	0.045	0.013
1.5	0.020	0.048	0.096	0.145	0.178	0.200	0.202	0.185	0.124	0.062	0.041
2.0	0.033	0.061	0.092	0.127	0.146	0.155	0.163	0.153	0.108	0.069	0.050
3.0	0.050	0.064	0.080	0.096	0.103	0.104	0.108	0.104	0.090	0.071	0.050
4.0	0.051	0.060	0.067	0.075	0.078	0.085	0.082	0.075	0.073	0.060	0.049
5.0	0.047	0.052	0.057	0.059	0.062	0.063	0.063	0.065	0.061	0.051	0.047
6.0	0.041	0.041	0.050	0.051	0.052	0.053	0.053	0.053	0.050	0.050	0.040

【例 3-7】　有一单线土质路堤，横断面尺寸如图 3-28 所示，边坡坡度为 1∶1.5，已知填土容重 $\gamma = 19.5\ \text{kN/m}^3$，分别计算地面下 5.4 m 处 M、N 两点的竖向附加应力。

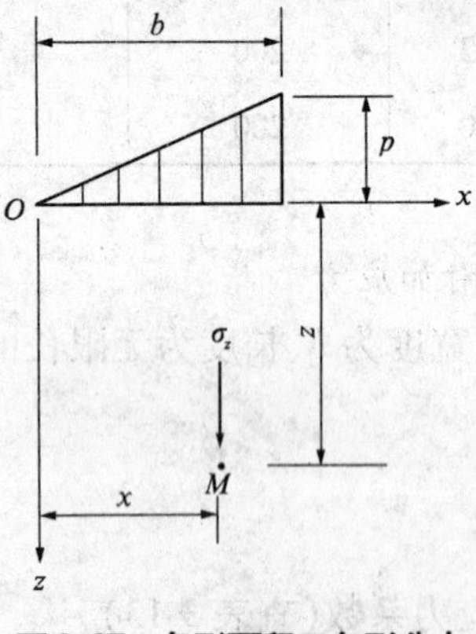

图 3-27　条形面积三角形分布荷载下的土中附加应力

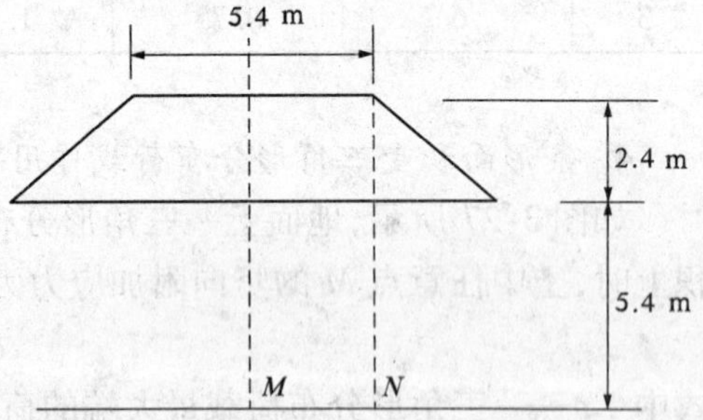

图 3-28　土质路堤横断面图

解题思路：

(1)将土质路堤看做梯形荷载，梯形荷载由一个条形面积均布荷载和两个条形面积三角形分布荷载组成；

(2)分别对条形面积均布荷载、条形面积三角形分布荷载建立坐标系，确定 M、N 点的 x/b、z/b，再查表 3-10、表 3-13 确定附加应力系数，荷载与相应的附加应力系数相乘，然后叠加即为所求。

解:路堤填土自重产生的荷载为梯形分布,最大荷载强度 $p=\gamma h=19.5\times2.4=46.8$ kPa,将梯形分成两个三角形荷载和一个均布荷载,分别按上述三个荷载求出 M、N 两点的 σ_z,然后各自叠加即得所求,见表 3-14。

表 3-14 M、N 点附加应力计算表

计算点号	荷载形式	x/b	z/b	α_3	$\sigma_z=\alpha_3 p$	$\sum\sigma_z$
		6.3/3.6 = 1.75	5.4/3.6 = 1.5	0.093	4.35	
M		0/5.4 = 0	5.4/5.4 = 1	0.552	25.83	34.53
	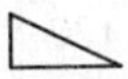	6.3/3.6 = 1.75	5.4/3.6 = 1.5	0.093	4.35	
	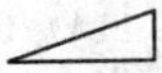	9.0/3.6 = 2.5	5.4/3.6 = 1.5	0.041	1.92	
N		2.7/5.4 = 0.5	5.4/5.4 = 1	0.410	19.2	29.78
	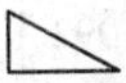	3.6/3.6 = 1	5.4/3.6 = 1.5	0.185	8.66	

5. 圆形面积均布荷载作用下的竖向附加应力

如图 3-29 所示,圆形面积的地面上作用着均布荷载 p(kPa)时,土中深度 z 处的任意点 M 上的竖向附加应力为

$$\sigma_z=\alpha_c p \tag{3-26}$$

式中 α_c——圆形面积均布荷载作用下的竖向附加应力系数。

α_c 根据比值 $\frac{\rho}{r}$ 和 $\frac{z}{r}$ 由表 3-15 查得。其中,r 为圆形面积的半径;ρ 为 M 点至圆心的水平距离。

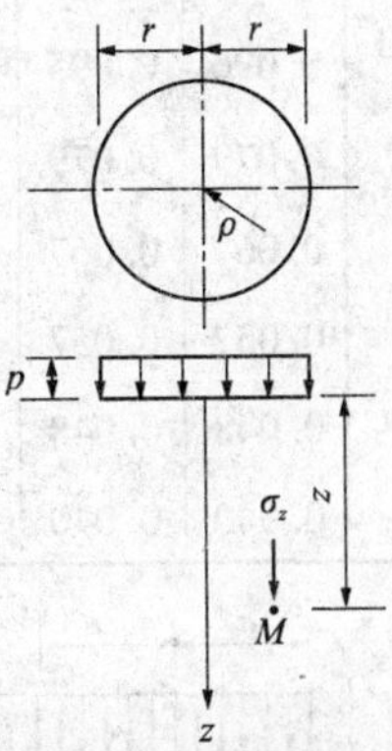

图 3-29 圆形面积均布荷载作用下的竖向附加应力

(二)非均质地基土

以上所述附加应力的计算,系假定地基为各向同性均质半无限直线变形体,但是实际上地基多为非均质的(或各向非同性的)。即使如此,在大多数情况下,若仍按上述方法求算,一般认为其所引起的误差是容许的。但在基础下不太深处存在岩层时,则误差较大,且偏于不安全,需另行考虑。

表 3-15　圆形面积均布荷载作用下任意点的竖向附加应力系数 α_c

z/r	ρ/r										
	0.0	0.2	0.4	0.6	0.8	1.0	1.2	1.4	1.6	1.8	2.0
0.0	1.000	1.000	1.000	1.000	1.000	0.500	0.000	0.000	0.000	0.000	0.000
0.2	0.992	0.991	0.987	0.970	0.890	0.468	0.077	0.015	0.005	0.002	0.001
0.4	0.949	0.943	0.922	0.860	0.712	0.435	0.181	0.065	0.026	0.012	0.006
0.6	0.864	0.852	0.813	0.733	0.591	0.400	0.224	0.113	0.056	0.029	0.016
0.8	0.756	0.742	0.699	0.619	0.504	0.366	0.237	0.142	0.083	0.048	0.029
1.0	0.646	0.633	0.593	0.525	0.434	0.332	0.235	0.157	0.102	0.065	0.042
1.2	0.547	0.535	0.502	0.447	0.337	0.300	0.226	0.162	0.113	0.078	0.053
1.4	0.461	0.452	0.425	0.383	0.329	0.270	0.212	0.161	0.118	0.086	0.062
1.6	0.390	0.383	0.362	0.330	0.288	0.243	0.197	0.156	0.120	0.090	0.068
1.8	0.332	0.327	0.311	0.285	0.254	0.218	0.182	0.148	0.118	0.092	0.072
2.0	0.285	0.280	0.268	0.248	0.224	0.196	0.167	0.140	0.114	0.092	0.074
2.2	0.246	0.242	0.233	0.218	0.198	0.176	0.153	0.131	0.109	0.090	0.074
2.4	0.214	0.211	0.203	0.192	0.176	0.159	0.140	0.122	0.104	0.087	0.073
2.6	0.187	0.185	0.179	0.170	0.158	0.144	0.129	0.113	0.098	0.084	0.071
2.8	0.165	0.163	0.159	0.150	0.141	0.130	0.118	0.105	0.092	0.080	0.069
3.0	0.146	0.145	0.141	0.135	0.127	0.118	0.108	0.097	0.087	0.077	0.067
3.4	0.117	0.116	0.114	0.110	0.105	0.098	0.091	0.084	0.076	0.068	0.061
3.8	0.096	0.095	0.093	0.091	0.087	0.083	0.078	0.073	0.067	0.061	0.055
4.2	0.079	0.079	0.078	0.076	0.073	0.070	0.067	0.063	0.059	0.054	0.050
4.6	0.067	0.067	0.066	0.064	0.063	0.060	0.058	0.055	0.052	0.048	0.045
5.0	0.057	0.057	0.056	0.055	0.054	0.052	0.050	0.048	0.046	0.043	0.041
5.5	0.048	0.048	0.047	0.045	0.045	0.044	0.043	0.041	0.039	0.038	0.036
6.0	0.040	0.040	0.040	0.039	0.039	0.038	0.037	0.036	0.034	0.033	0.031

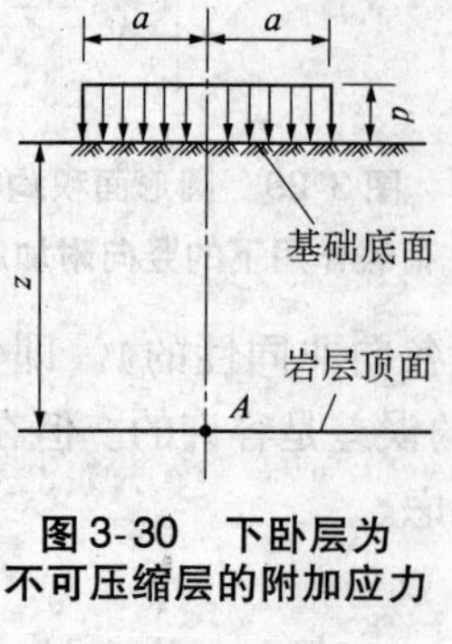

图 3-30　下卧层为不可压缩层的附加应力

当下卧层为不可压缩的岩层时，在基础中心线上岩层顶面处（图 3-30 中 A 点）均布荷载 p 所引起的附加应力，可按下式计算：

$$\sigma_z = \alpha_4 p \tag{3-27}$$

式中　α_4——竖向附加应力系数。根据$\frac{a}{b}$和$\frac{z}{b}$由表 3-16 查得。

表 3-16　基础中线上岩层顶面处 A 点在竖向均布荷载作用下的附加应力系数 α_4

$\frac{z}{b}$	圆形（半径为 a）	矩形（长边长为 $2a$，短边宽为 $2b$）				条形
		$\frac{a}{b}=1$	$\frac{a}{b}=2$	$\frac{a}{b}=3$	$\frac{a}{b}=10$	$\frac{a}{b}=\infty$
0	1.000	1.000	1.000	1.000	1.000	1.000
0.25	1.009	1.009	1.009	1.009	1.009	1.009
0.50	1.064	1.053	1.033	1.033	1.033	1.033
0.75	1.072	1.082	1.059	1.059	1.059	1.059
1.00	0.965	1.027	1.039	1.026	1.025	1.025
1.50	0.684	0.762	0.912	0.911	0.902	0.902
2.0	0.473	0.541	0.717	0.769	0.761	0.761
2.5	0.335	0.395	0.593	0.651	0.636	0.636
3.0	0.249	0.298	0.474	0.549	0.560	0.560
4.0	0.148	0.186	0.314	0.392	0.439	0.439
5.0	0.098	0.125	0.222	0.287	0.359	0.359
7.0	0.051	0.065	0.113	0.170	0.262	0.262
10.0	0.025	0.032	0.064	0.093	0.181	0.185
20.0	0.006	0.008	0.064	0.024	0.068	0.086
50.0	0.001	0.001	0.003	0.005	0.014	0.037
∞	0	0	0	0	0	0

三、软弱下卧层顶面应力的计算

当地基土由不同工程性质的土层组成时，直接承受建筑物基础的土层称为持力层，其下各土层称为下卧层。如果下卧层的强度低于持力层，将该下卧层称为软弱下卧层。

对于存在软弱下卧层的地基，在其上设计基础时，除按基底处持力层的强度初步选定基础底面尺寸外，还必须计算软弱下卧层顶面处的应力，要求作用在软弱下卧层顶面处的应力不超过它的容许承载力。

为了简化计算，规范规定：利用本章前述的方法，计算软弱下卧层顶面与基础形心竖向轴线相交处的附加应力及自重应力。叠加后进行检算，如图 3-31 所示。

$$\sigma_{h+z}=\gamma_{h+z}(h+z)+\alpha(\sigma_h-\gamma_h h)\leqslant[\sigma] \quad (3\text{-}28)$$

式中　σ_h——基底压应力，kPa，当 $\frac{z}{b}>1$（或 $\frac{z}{2r}>1$）时，σ_h 采用基底平均压应力，当 $\frac{z}{b}\leqslant 1$（或 $\frac{z}{2r}\leqslant 1$）时，σ_h 按基底压应力图形采用距最大应力点 $\frac{b}{3}\sim\frac{b}{4}$（或 $\frac{2r}{3}\sim\frac{r}{2}$）处的压应力，其中 b(m) 为基础的宽度，r(m) 为圆形基础的半径；

α——附加应力系数，对矩形和条形基础查表3-4，圆形基础查表3-16；

γ_{h+z}——软弱下卧层顶面以上 $h+z$ 深度范围内各层土的换算容重；

γ_h——基底以上 h 深度范围内各层土的换算容重；

h——基底埋置深度，m，当基础受水流冲刷时，通常由一般冲刷线算起，当不受水流冲刷时，由天然地面算起，如位于挖方内，则由开挖后的地面算起；

z——自基底至软弱下卧层顶面距离，m；

$[\sigma]$——软弱下卧层的地基容许承载力，kPa，其确定方法在第六章中介绍。

【例3-8】 有一4 m×6 m的矩形基础，基底以上荷载（包括基础自重及基顶土重）$P=8\ 000$ kN、$M=1\ 600$ kN·m，基础埋深为3 m，地基土资料见图3-32。设已知基底持力层处的地基容许承载力 $[\sigma]_h=465$ kPa，软弱下卧层顶面处的地基容许承载力 $[\sigma]_{h+z}=310$ kPa，试检算基底及软弱下卧层顶面处的强度。

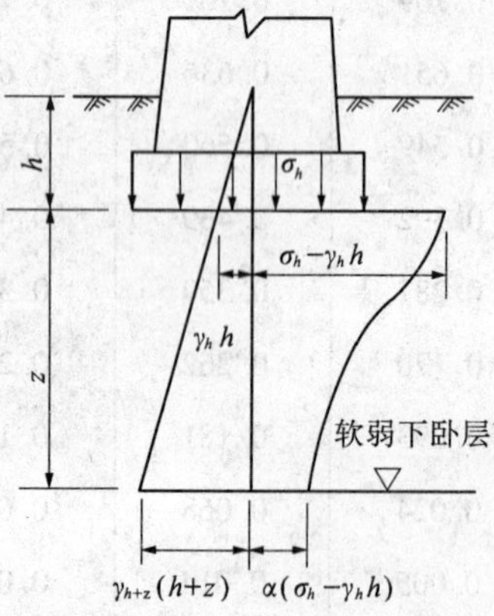

图3-31 软弱下卧层顶面处的应力

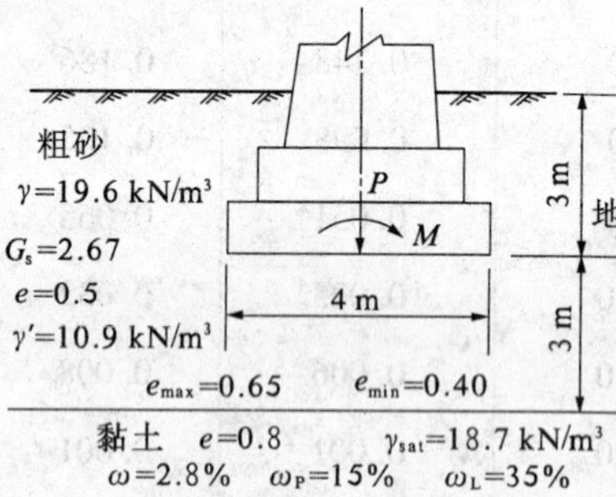

图3-32 例3-8图

解题思路：

(1)基底检算是求出作用在基底处最大应力，然后与基底的容许承载力相比较；

(2)软弱下卧层强度检算是求出作用在软弱层顶面的总应力（由自重应力和附加应力构成），总应力与软弱层容许承载力相比较。

解：(1)基底强度检算。

$$\frac{\sigma_{max}}{\sigma_{min}}=\frac{P}{A}\pm\frac{M}{W}=\frac{8\ 000}{6\times4}\pm\frac{1\ 600}{\frac{1}{6}\times6\times4^2}=333\pm100=\frac{433}{233}\quad(\text{kPa})$$

因为 $\sigma_{max}<[\sigma]_h=465$ kPa，所以基底强度安全。

(2)软弱下卧层顶面强度检算。

矩形基底的尺寸 $a=6$ m，$b=4$ m，$\frac{a}{b}=\frac{6}{4}=1.5$。软弱下卧层在基底以下3 m，即 $z=3$ m，$\frac{z}{b}=\frac{3}{4}=0.75$。查表3-4，得 $\alpha_0=0.582$。因为 $\frac{z}{b}=0.75<1$，所以 $\sigma_h=233+\frac{3}{4}\times(433-233)=383$ (kPa)。

按公式(3-28),得:

$$\begin{aligned}\sigma &= \gamma_{h+z}(h+z)+\alpha(\sigma_h-\gamma_h h)=\gamma h+\gamma' z+\gamma_w z+\alpha_0(\sigma_h-\gamma_h h)\\ &=19.6\times3+10.9\times3+10\times3+0.582\times(383-19.6\times3)=121.5+188.7\\ &=310.2\ (\text{kPa})\\ &\approx[\sigma]_{h+z}=310\ (\text{kPa})\end{aligned}$$

所以,软弱下卧层强度安全。

第五节　应力计算中的其他问题

一、成层土地基和下卧层对土中应力的影响

各层土的变形模量不同,明显地影响土中的应力分布。如上层为坚硬的黏土,而下层为软土,因硬黏土可以起到类似基础的作用,产生应力扩散现象,使软土层中的附加应力较均质土中的附加应力小;反之,若上层为软土,下层为硬黏土层,由于硬层有较大的摩阻力,阻止软土层应力扩散,故软土层中的应力要比均质地基中的大。

当地基内的可压缩土层以下埋藏有不可压缩的岩层时,在可压缩层常出现应力集中现象。当上部的可压缩土较薄,下面不可压缩岩层埋藏较浅时,则会引起应力积聚。

二、土的各向异性和变形模量随深度增大对土中应力分布的影响

一般土层由于长期受到土的自重作用,老土层在铅直方向上的变形模量往往大于水平方向的变形模量。土层在荷载作用下,土体容易产生侧向移动,地基土层中也会出现应力的扩散现象。同样,土的变形模量也会随土层的埋深增大而变大,处于较深土体的侧向变形也将受到一定限制,故沿外力作用线附近的应力也有应力积聚现象。

三、基础埋深对附加应力的影响

地基中的附加应力是由基底压力引起的,而对于一般基础,有

$$\sigma_{z0}=\sigma-\gamma h \tag{3-29}$$

式中　σ——基底压力;

γ——基础埋深范围内土的天然容重;

h——基础埋深;

σ_{z0}——基底附加应力。

显然埋深 h 越大,σ_{z0}就越小,σ_{z0}越小则由它引起的地基中的附加应力也就越小。加大基础埋深是减小附加应力和土体变形的工程措施之一,因此称之为补偿性的地基基础设计。但是,加大基础埋深,也会带来许多工程问题,应经过技术经济比较后才能确定。

复习思考题

3-1 为什么要计算土中应力？土中应力由哪几部分组成？

3-2 在工程中计算应力为什么仍可采用线性弹性理论计算？

3-3 什么叫土的自重应力？在不同土质条件的土层情况下，怎样计算任一深度处的自重应力？

3-4 什么叫附加应力？它的分布规律怎样？

3-5 对各种不同荷载，不同形状基础下地基中各点附加应力的计算有何异同？如何利用不同的表格来计算其土中附加应力？

3-6 土的自重应力和土中附加应力有何共同点？两者沿深度分布有什么特点？

3-7 矩形均布荷载中点下与角点下的应力之间有什么关系？

3-8 怎样用角点法求基础内及基础外任一点下的附加应力？

3-9 计算图 3-33、图 3-34 所示土层的自重应力，并绘出自重应力图。

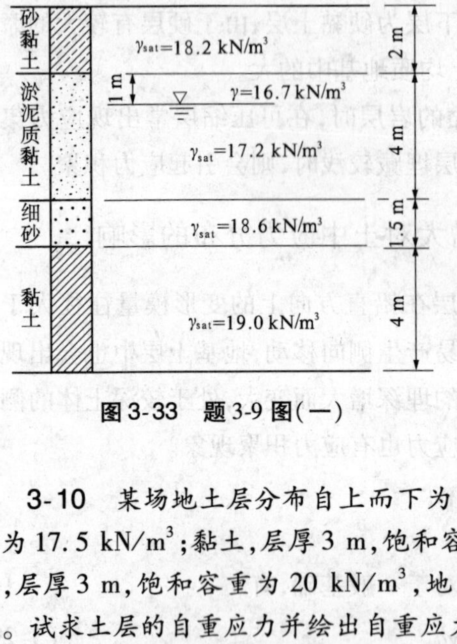

图 3-33 题 3-9 图(一)

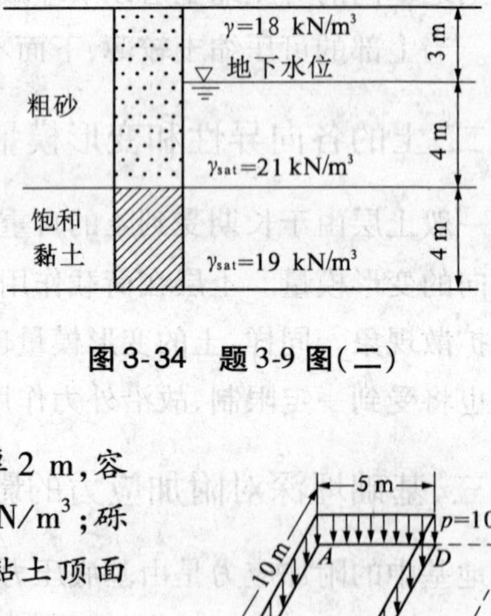

图 3-34 题 3-9 图(二)

3-10 某场地土层分布自上而下为：砂土，层厚 2 m，容重为 17.5 kN/m³；黏土，层厚 3 m，饱和容重为 20 kN/m³；砾石，层厚 3 m，饱和容重为 20 kN/m³，地下水位在黏土顶面处。试求土层的自重应力并绘出自重应力图。

3-11 求下列均布面积荷载中心下深度 $z=6$ m 处的土中附加应力：

(1) 矩形面积荷载，$p=500$ kPa，$a=8$ m，$b=6$ m。

(2) 圆形面积荷载，$p=500$ kPa，$r=8$ m。

3-12 如图 3-35 所示，矩形面积 $ABCD$ 上作用有均布荷载，$p=100$ kPa。试用角点法计算 G 点下深度 6 m 处 M 点的附加应力。

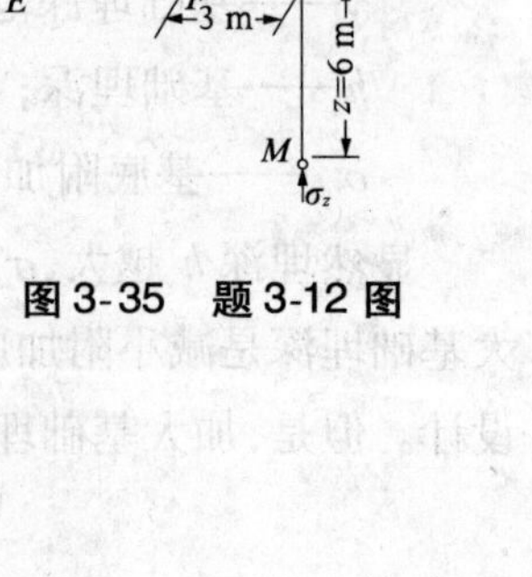

图 3-35 题 3-12 图

3-13 如图 3-36 所示线性均布荷载 $p=150$ kPa，试计

算 G 点下深度 3 m 处的附加应力。

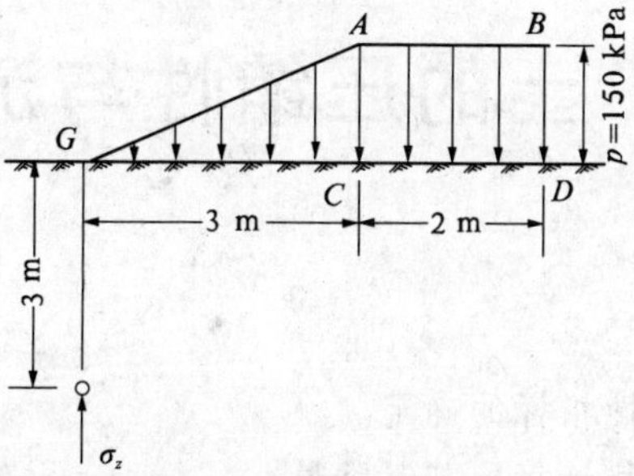

图 3-36 题 3-13 图

3-14 设有一矩形桥墩基础，承受中心垂直荷载 $P=2\ 000$ kN，基底截面尺寸为 4 m×6 m，基础埋深 3 m，其他资料如图 3-37 所示。试计算基底中心下 2、4、6、8 m 处的附加应力，并绘出附加应力图，8 m 处的总应力是多少？

3-15 一矩形基础的底面尺寸为 5 m×8 m，其上荷载（包括基础自重）$P=16\ 000$ kN，基础埋置深度为 3.5 m，地质资料见图 3-38，已知基底处中砂层的地基容许承载力 $[\sigma]=436$ kPa，中砂层厚度为 5 m，黏土层的地基容许承载力 $[\sigma]=340$ kPa，试检算基底及软弱下卧层顶面处的强度是否安全。

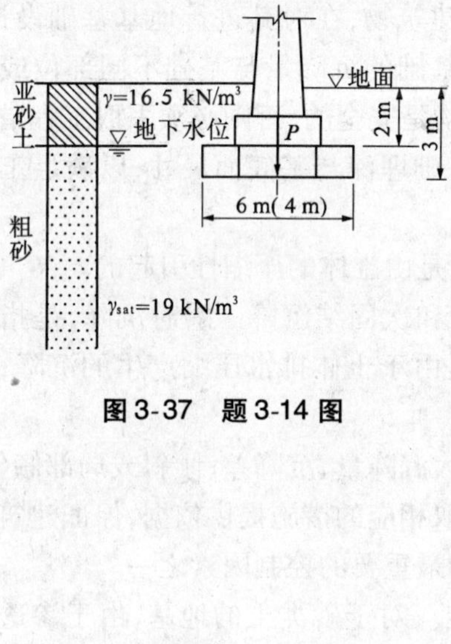

图 3-37 题 3-14 图

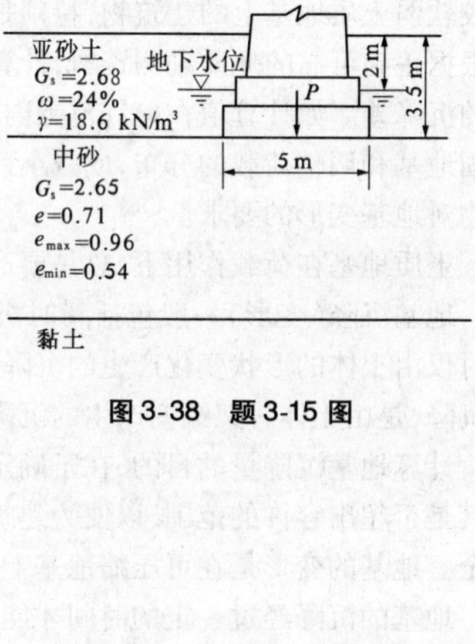

图 3-38 题 3-15 图

第四章　土的压缩性与沉降计算

本章重点

(1)土的压缩性和压缩性指标的确定。

(2)分层总和法和规范法计算地基沉降量。

(3)地基沉降随时间关系的计算。

第一节　概　述

地基土层在建筑物荷载作用下产生变形,建筑物基础亦随之沉降。当沉降过大,特别是沉降差较大时,就会影响建筑物的正常使用,严重时可导致建筑物开裂、倾斜,甚至倒塌。这类工程事故一旦发生难以补救,因为工程实践表明,这类工程事故多数与地基基础质量有关,而地基基础又属于地下隐蔽工程,常不易发现,而发现后又难以加固。因此,位于较软弱土质地基上的建筑物,特别是大型或重要建筑物,在对其进行地基基础设计时,应根据正确可靠的地质勘测资料,计算工程建筑物基础的沉降量与基础不同部位或基础间的沉降差。如计算值在允许范围内,可认为建筑物是安全的,否则必须采取工程措施来加固地基和调整荷载的分布,或减小荷载,或增大基础埋深与基底面尺寸,以满足工程建筑物对地基变形的要求。

土质地基在荷载作用下,总是要产生变形的,这是由土体的压缩性引起的。

地基沉降(变形)一般包括瞬时沉降、固结沉降和次固结沉降。瞬时沉降,是指加荷瞬时仅由土体的形状变化产生的沉降;固结沉降,是由于土体排水压缩产生的沉降;次固结沉降,是由土体骨架蠕变产生的沉降。

计算地基沉降量的目的,在于确定建筑物的最大沉降量、沉降差、倾斜或局部倾斜,判断其是否超出容许的范围,以便为建筑物设计时采取相应的措施提供依据,保证建筑物的安全。地基的变形是在可压缩地基上设计建筑物的最重要的控制因素之一。

地基的沉降经过一定的时间才能达到完全稳定。对于砂类土的地基,由于渗透性较好,沉降稳定很快,所以在砂类土地基上的建筑物沉降往往在施工完毕后就近于完成。对一般黏性土地基,总要经过相当长的时间,几年、几十年,甚至更久,其压缩过程才能结束。地基变形完全稳定时,地基表面的最大竖向变形就是基础的最终沉降量。

地基最终沉降量的计算方法有多种,主要采用分层总和法、按有关规范推荐的计算方法和弹性理论法等。

本章主要研究土的压缩性质及压缩指标和地基变形计算。最后还将简要介绍地基变形随时间变化的计算。

第二节　土的压缩性指标和确定方法

一、土体压缩的基本概念

（一）土体压缩的形成

土在压力作用下体积缩小的特性称为土的压缩性。土的压缩通常由三部分组成：①固体土颗粒被压缩；②土中水及封闭气体被压缩；③水和气体从孔隙中被挤出。试验研究表明：固体颗粒和水的压缩量是微不足道的，在一般压力作用下，固体颗粒和水的压缩量与土的总压缩量之比非常微小，完全可忽略不计。所以，土能压缩可只看做是土中水和气体从孔隙中被挤出，与此同时，土颗粒相应发生移动，重新排列，靠拢挤紧，从而土孔隙体积减小。这个过程需要一定的时间才能完成，因而土的压缩变形也需要持续一定时间才能稳定。对于只有两相的饱和土来说，则主要是孔隙水的挤出。

（二）渗透固结

土的压缩变形的快慢与土的渗透性有关。在荷载作用下，透水性大的饱和无黏性土，其压缩过程短，建筑物施工完毕时，可认为其压缩变形已基本完成；而透水性小的饱和黏性土，其压缩过程所需时间长，可能经过十几年甚至几十年压缩变形才稳定。土体在外力作用下，压缩随时间增长的过程，称为土的固结。

对于饱和土，只有挤出孔隙水，孔隙体积才会减小。所以，饱和土的压缩量等于孔隙中水被挤出的体积，由于水被挤出，土变得紧密。这种过程叫做土的渗透固结，或称为主固结。除渗透固结的压缩外，还存在由于骨架（土粒）的蠕变引起的固结压缩，称为次固结。目前，实用上都用渗透固结理论来研究饱和土的压缩变形过程。所谓"固结"是指土体随着土中孔隙水的消散而逐渐压缩的过程。也就是土体在外加压力作用下，孔隙内的水和空气徐徐排出而使土体受压缩的过程。

（三）两种压力

饱和土体受到外界压力作用时，孔隙中的一部分自由水将随时间而逐渐向外渗流（被挤出）；土中压力，原来全部由孔隙水承担，而逐渐传递给土骨架一部分，剩下的部分仍由孔隙水承受。这种现象叫做骨架和孔隙水的压力分担作用。由骨架承受的压力叫做有效压力，它能使土骨架的形状和体积压密而变形，也能使土粒之间在有滑动趋势时产生摩擦，从而使土体具有一定的抗剪强度。另外，由孔隙水承受的压力叫做孔隙水压力。这种压力只能使每个土粒四周受到相同的压强，所以它既不改变土粒的体积，也不改变土粒的位置；它对土体既不能产生变形，也不能产生抗剪强度，因此孔隙水压力也叫做中性压力。当饱和土体仅受自重作用时，孔隙中的水只产生静水压力。这里所说的孔隙水压力，是指饱和土体在外界压力作用下所引起的、超过静水压力的那部分压力，也叫做超静水压力。下面用如图 4-1 所示的渗压模型对土的受力情况再加以说明。

模型是由弹簧和具有小孔的活塞组成的容器，容器中盛满水，容器的侧壁装有测压管，以显示容器内水的压力水头。模型中的带孔活塞、弹簧和水分别代表饱和土的排水通道、土骨架和孔隙水。活塞上无压力作用时（略去活塞重量），水和弹簧均未受力，测压管

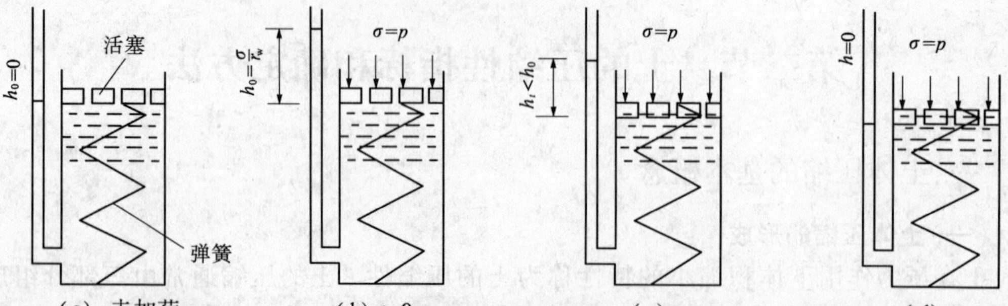

(a) 未加荷　　(b) $t=0$　　(c) $t=t_1$　　(d) $t=\infty$

图 4-1　饱和黏性土渗透固结过程模型

显示静水压力而无压力水头，如图 4-1(a)所示。试验开始，在活塞上刚加上均布压力 σ 的一瞬间($t=0$)，容器中的水来不及从活塞小孔中排出，活塞未下降，弹簧无变形。测压管中显示出有超出静水位的压力水头 h_0，如图 4-1(b)所示，同时 h_0 与水的容重 γ_w 的乘积等于外加压力 σ，这说明加上的压力 σ 完全由活塞下面的水承担，即孔隙水承受的超静水压力 $u=\sigma$，而弹簧还未来得及受力，此时弹簧所受的压应力 $\overline{\sigma}=0$。随着受压时间的延续，容器中的水在超静水压力作用下，开始通过活塞上的小孔向外排出，从而活塞下降并促使弹簧压缩而受力，这时($t=t_1$)，测压管显示的压力水头也逐渐下降，如图 4-1(c)所示。说明水所承担的压力 u 在逐渐减少，而弹簧承担了水所减少的那部分压力。随着水不断排出，活塞继续下降，测压管的压力水头愈来愈小，而弹簧承受的压力则愈来愈大。当时间足够长($t=\infty$)时，测压管水头完全消失，如图 4-1(d)所示，外加压力全部转移到弹簧上时，水便停止流动，活塞不再下降，弹簧也停止压缩，这时 $u=0$，$\overline{\sigma}=\sigma$，压缩过程也就完成，压缩变形达到该外加压力的最终数值。

由前面的原理及上述模型可以得出，饱和土中任一点的总压应力 σ 是该点有效压力 $\overline{\sigma}$ 和超静水压力 u 之和，即

$$\sigma = \overline{\sigma} + u \tag{4-1}$$

二、压密定律及压缩模量

(一)压缩试验

1. 压缩过程

上面提到，土的压缩主要是由于在荷载作用下土中孔隙体积的减少。压缩试验的目的，在于确定荷载与土中孔隙体积改变量之间的关系。

用环刀切取原状土样，将土样连同环刀放入图 4-2 所示的压缩仪(固结仪)中，土样上下应各垫一块透水石，使土样受压后孔隙水可自由排出。土样上的压力是通过加荷装置和活塞板施加的，加荷的顺序一般为使单位面积土样产生的压力 $p=0.05$、0.1、0.2、0.3、0.4 MPa。每次加载后，待土样变形停止，用测微计(百分表)测出已稳定的压缩变形量 s_i，这时土样高度由原来的 H 缩小为 $H_i=H_0-s_i$，孔隙比也由原来的 e_0 变为 e_i，如图 4-3 所示。然后再加下一级荷载，重复进行试验，测得各级压力作用下土样的压缩变形量和计算出相应的孔隙比。

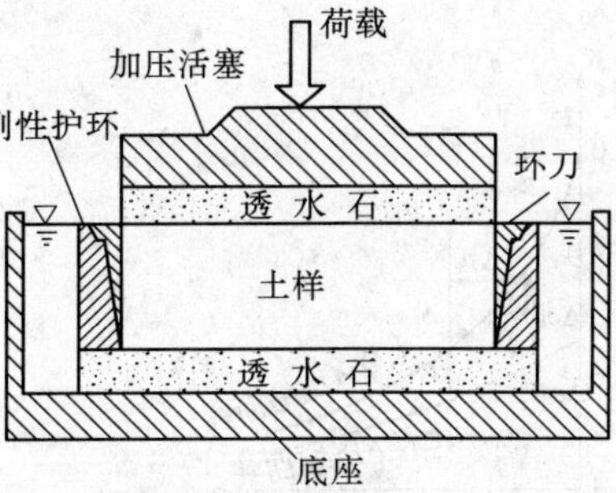

图 4-2　压缩仪

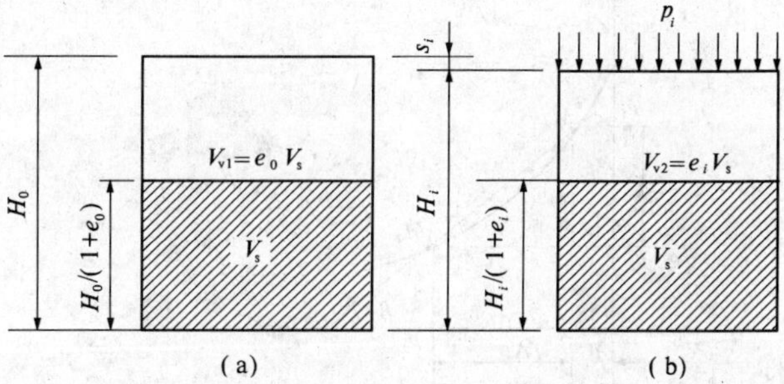

图 4-3　土样在压缩仪中的变形

2. 孔隙比的计算

由前述可知，在各级压力作用下，可得到一系列的压缩变形量，其相应孔隙比的计算原理和方法如下。

在试验过程中，由于土样受环刀及压缩仪刚劲的侧壁限制，压缩时不可能产生侧向膨胀，这种试验也叫做有侧限压缩试验。在这种情况下，压缩前后土样的横截面面积 A 是不变的，土样的压缩表现为高度的减少。又因压缩过程中假定土粒体积不变，故在压缩前土样中的土粒部分高度 h_s 也不改变，它可由土粒质量 m_s（将压缩试验后的土样烘干即可称得）及土粒容重 γ_s 算出，即 $h_s=\dfrac{m_sg}{A\gamma_s}$。当土样在 p_i 作用下，压缩变形稳定后，土样的高度由原来的 H_0 缩小为 $H_i=H_0-s_i$，土样的孔隙比也由原来的 e_0 变成 p_i 作用下相应的孔隙比 e_i。

$$e_0=\frac{V_v}{V_s}=\frac{AH_0-Ah_s}{Ah_s}=\frac{H_0-h_s}{h_s} \tag{4-2}$$

$$e_i=\frac{H_i-h_s}{h_s}=\frac{H_i}{h_s}-1 \tag{4-3}$$

3. 压缩曲线

根据压缩试验的结果，以横坐标表示压力 p，以纵坐标表示孔隙比 e，绘制压力和孔隙比的关系曲线，称压缩曲线或 e—p 曲线，如图 4-4 所示。

土的压缩曲线可以反映土的压缩性质。图 4-5 表示两种土样 A 和 B 的压缩曲线，土样 A 的压缩曲线较陡，土样 B 的压缩曲线较平缓，在同一压力增量 Δp 的作用下，土样 A 的 Δe_A 变化较大，而土样 B 的 Δe_B 变化较小，所以土样 A 就比土样 B 的压缩变形大，土样 A 也较易压缩，这说明压缩曲线的陡缓可表示土的压缩性的高低。

在图 4-4 所示的压缩曲线中，当压力由 p_i 至 p_2 的变化范围不大时，可将压缩曲线上相应的一小段 M_1M_2 近似地用直线来代替。若 M_1 点的压力为 p_1，相应的孔隙比为 e_1，M_2 点的压力为 p_2，相应的孔隙比为 e_2，则 M_1M_2 段直线的坡度可用下式表示：

$$\alpha=\tan\beta=\frac{\Delta e}{\Delta p}=\frac{e_1-e_2}{p_2-p_1} \tag{4-4}$$

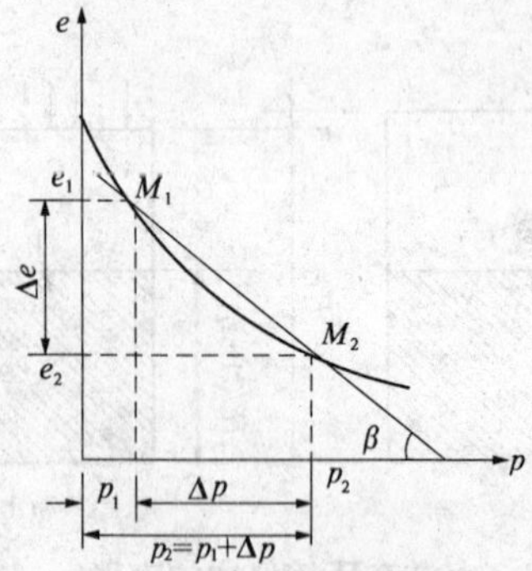

图 4-4　土的压缩曲线

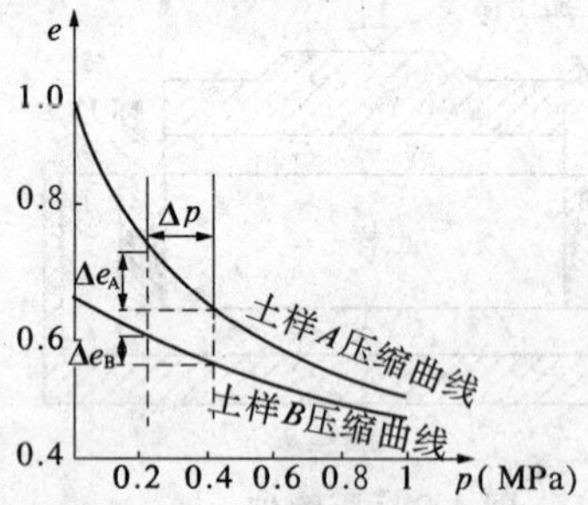

图 4-5　压缩曲线比较

上式称土的压密定律，它表示在压力变化不大时，土中孔隙比的变化与所加压力的变化成正比。其比例系数用符号 α 表示，称为压缩系数，单位是 MPa^{-1}。

4. 压缩系数

压缩系数表明在从 p_1 到 p_2 的压力段内，单位压力的增加所引起的土样孔隙比的减少，是反映土压缩性质的一个重要指标，其值越大，土越易压缩。

从图 4-4 可见，同一种土的压缩系数是随所取压力变化范围的不同而改变的。为了便于应用和比较，一般取 $p_1=0.1$ MPa 到 $p_2=0.2$ MPa 的压力范围确定土的压缩系数，用 $\alpha_{0.1\sim0.2}$ 表示。压缩系数 $\alpha_{0.1\sim0.2}$ 的大小可作为评价地基土压缩性的指标，如表 4-1 所示。

表 4-1　土的压缩性

土的压缩性分类	压缩系数 $\alpha_{0.1\sim0.2}$(MPa^{-1})	压缩模量 $E_{s(0.1\sim0.2)}$(MPa)
高压缩性土	$\alpha_{0.1\sim0.2}\geqslant0.5$	$E_{s(0.1\sim0.2)}<4$
中压缩性土	$0.1\leqslant\alpha_{0.1\sim0.2}<0.5$	$4\leqslant E_{s(0.1\sim0.2)}\leqslant15$
低压缩性土	$\alpha_{0.1\sim0.2}<0.1$	$E_{s(0.1\sim0.2)}>15$

高压缩性的地基土，在压力作用下的变形较大，必须注意检查地基的沉降是否满足容许值的要求。

【例 4-1】　某土样的原始高度 $H=20$ mm，直径 $D=6.4$ cm，土粒容重 $\gamma_s=27$ kN/m³，试验后测得干土样质量 $m_s=91.2$ g，压缩试验结果如表 4-2 所示。试计算压缩曲线资料，确定该土样的压缩系数并评定该土样的压缩性。

表 4-2　某土样压力和变形的关系

压力 p_i(MPa)	0	0.05	0.1	0.2	0.3	0.4
土的压缩变形 ΔH_i(mm)	0	0.924	1.308	1.884	2.284	2.562

解题思路：(1)根据室内试验结果求出土样的初始孔隙比；

(2)根据土样在荷载作用下的压缩量求出土样在相应压力下的孔隙比；

(3)根据压缩系数的定义求出土样的压缩系数，查表 4-1 判断土样和压缩性。

解：

土样面积 $A=\frac{\pi D^2}{4}=\frac{3.14\times 6.4^2}{4}=32.2(\mathrm{cm}^2)=32.2\times 10^{-4}(\mathrm{m}^2)$

土粒部分高度 $h_s=\frac{m_s g}{A\gamma_s}=\frac{0.0912\times 10}{32.2\times 10^{-4}\times 27}=10.49\times 10^{-3}(\mathrm{m})=10.49(\mathrm{mm})$

天然孔隙比 $e_0=\frac{H-h_s}{h_s}=\frac{20-10.49}{10.49}=0.907$

其余计算见表4-3。

表4-3 各级压力下的相应孔隙比

压力 p_i (MPa)	压缩变形 ΔH_i(mm)	土样高度 $h_i=H-\Delta H_i$(mm)	孔隙比 $e_i=\frac{h_i}{h_s}-1$
0	0	20	0.907
0.05	0.924	$20-0.924=19.08$	$\frac{19.08}{10.49}-1=0.819$
0.1	1.308	$20-1.308=18.69$	$\frac{18.69}{10.49}-1=0.782$
0.2	1.884	$20-1.884=18.12$	$\frac{18.12}{10.49}-1=0.727$
0.3	2.284	$20-2.284=17.72$	$\frac{17.72}{10.49}-1=0.689$
0.4	2.562	$20-2.562=17.44$	$\frac{17.44}{10.49}-1=0.663$

根据计算结果可绘制压缩曲线。

土的压缩系数 $\alpha_{0.1\sim0.2}=\frac{e_1-e_2}{p_2-p_1}=\frac{0.782-0.727}{0.2-0.1}=0.55(\mathrm{MPa})>0.5(\mathrm{MPa})$

由表4-1可知该土属于高压缩性土。

（二）土样压缩量的计算

压缩曲线不仅可确定土的压缩系数，而且可用来计算无侧向膨胀土层的压缩量。

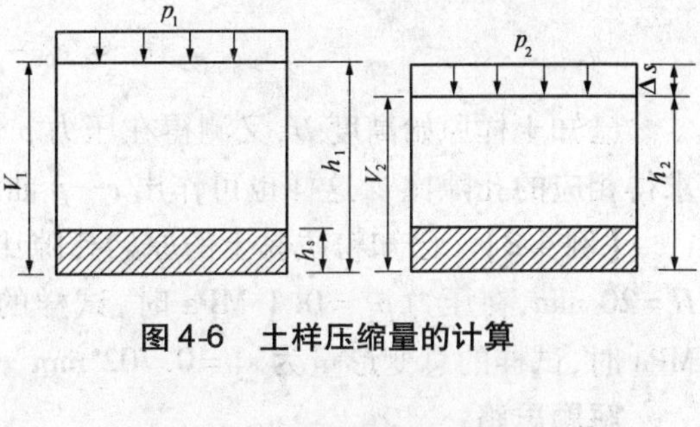

图4-6 土样压缩量的计算

设土样在均布压力 p_1 作用下的厚度为 h_1，体积为 V_1，孔隙比为 e_1；均布压力增加到 p_2 时，厚度压缩到 h_2，体积为 V_2，孔隙比为 e_2。土样的压缩量 Δs 可按以下关系式推出。

从图4-6可得出

$$e_1=\frac{V_v}{V_s}=\frac{V_1-V_s}{V_s}=\frac{V_1}{V_s}-1$$

$$1 + e_1 = \frac{V_1}{V_s}$$

$$V_s = \frac{V_1}{1 + e_1} \tag{4-5}$$

A 为土样的截面积,因无侧向膨胀,在压缩过程中,A 是不变的。同样可以得到:

$$e_2 = \frac{V_2}{V_s} - 1$$

$$V_s = \frac{V_2}{1 + e_2} = \frac{Ah_2}{1 + e_2}$$

因为在压缩过程中土粒的体积始终保持不变,故 $\frac{Ah_1}{1 + e_1} = \frac{Ah_2}{1 + e_2}$

$$h_2 = \frac{1 + e_2}{1 + e_1} h_1$$

$$\Delta s = h_1 - h_2 = h_1 - h_1 \frac{1 + e_2}{1 + e_1} = h_1 \frac{e_1 - e_2}{1 + e_1} \tag{4-6}$$

通常在压缩曲线上按 p_1、p_2 可查出 e_1、e_2,又已知原来土样厚度 h_1,所以用式(4-6)可求出压缩量 Δs。

式(4-6)是求地基沉降量的基本公式,该式还可写成:

$$\frac{\Delta s}{h_1} = \frac{e_1 - e_2}{1 + e_1}$$

$$e_1 - e_2 = \frac{\Delta s}{h_1}(1 + e_1)$$

$$e_2 = e_1 - \frac{\Delta s}{h_1}(1 + e_1) \tag{4-7}$$

若已知土样的天然含水量 ω、天然容重 γ 及土粒容重 γ_s,可求得原始孔隙比 e_0,在 p_i 压力作用下土样的压缩量 s_i 已知,则式(4-7)可改写成

$$e_i = e_0 - \frac{s_i}{H}(1 + e_0) \tag{4-8}$$

已知土样原始高度 H,又测得在压力 p 作用下的总变形量(压缩量)s,根据式(4-8)可求得相应的孔隙比 e,这样也可作出 $e—p$ 曲线。另外,式(4-8)在具体计算中也常用到。

【例 4-2】 已知粉质黏土的原始孔隙比 $e_0 = 0.820$,压缩试验前测得试样原始高度为 $H = 20$ mm,在压力 $p_1 = 0.1$ MPa 时,试样的总变形量为 $s_1 = 0.421$ mm;在压力 $p_2 = 0.2$ MPa 时,试样的总变形量为 $s_2 = 0.702$ mm 。试求压缩系数 $\alpha_{0.1\sim0.2}$,并判定土的压缩性。

解题思路:

(1)由式(4-8)计算出各级压力下孔隙比;

(2)由压缩系数的定义求出压缩系数;

(3)查表 4-1 判定土的压缩性。

解:在式(4-8)中,$H = 20$ mm,则

$$e_{0.1}=e_0-\frac{s_1}{H}(1+e_0)=0.820-\frac{0.421}{20}\times(1+0.820)=0.782$$

$$e_{0.2}=e_0-\frac{s_2}{H}(1+e_0)=0.820-\frac{0.702}{20}\times(1+0.820)=0.756$$

按公式(4-4)求压缩系数

$$\alpha_{0.1\sim0.2}=\frac{e_{0.1}-e_{0.2}}{p_2-p_1}=\frac{0.782-0.756}{0.2-0.1}=0.26(\mathrm{MPa}^{-1})<0.5(\mathrm{MPa}^{-1})$$

查表4-1,可知土样为中压缩性的。

(三)压缩指数及土的应力历史对压缩的影响

根据压缩试验,测得各级荷载作用下的孔隙比资料后,如以横坐标表示 $\lg p$,以纵坐标表示 e,便可绘出 e—$\lg p$ 曲线,如图4-7所示,它的后段接近直线,其斜率 c_c 为:

$$c_c=\frac{e_1-e_2}{\lg p_2-\lg p_1} \tag{4-9}$$

式中　c_c——压缩指数。

压缩指数 c_c 与压缩系数 α 的意义相似,都可用以反映土的压缩性质。

c_c 值越大,土的压缩性越高,从图4-7可见,c_c 与 α 不同之处在于它的后段(直线段)的斜率并不随荷载而变化,不过,试验时要求很细心地确定斜率,否则会引起很大的误差。低压缩性土 c_c 值一般小于0.2,高压缩性土 c_c 值一般大于0.4。

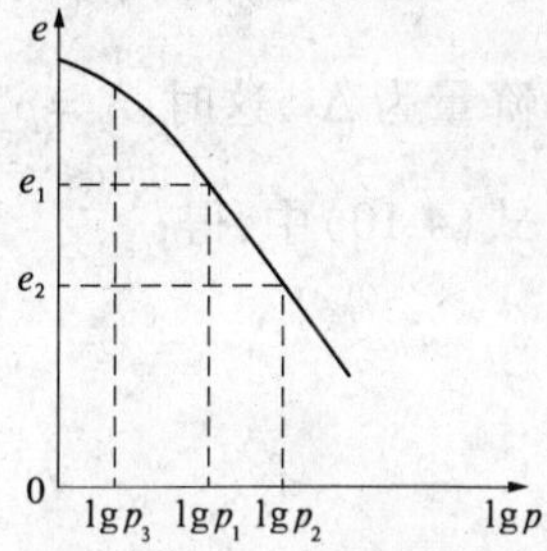

图4-7　e—$\lg p$ 曲线

我国目前习惯使用 e—p 曲线及压缩系数 α,e—$\lg p$ 曲线及压缩指数 c_c 常为国外所重视,并可被用来分析土的应力历史对压缩的影响。

由于土形成的历史条件不同,有正常固结土、超固结土及欠固结土之分。

如图4-8所示,正常固结土是指土沉积过程中,在自重应力作用下逐渐固结,固结后土中的应力没有什么改变。超固结土是指在历史上土曾经受过较大的压力而完成固结,例如原有较厚的上覆土层,后因剥蚀作用而卸荷,即现有土的孔隙比小于现有自重应力所对应的孔隙比。欠固结土是指土由于各种原因未能达到正常固结状态,如新近沉积土、人工填土等,现有土的孔隙比大于现有自重应力所对应的孔隙比。

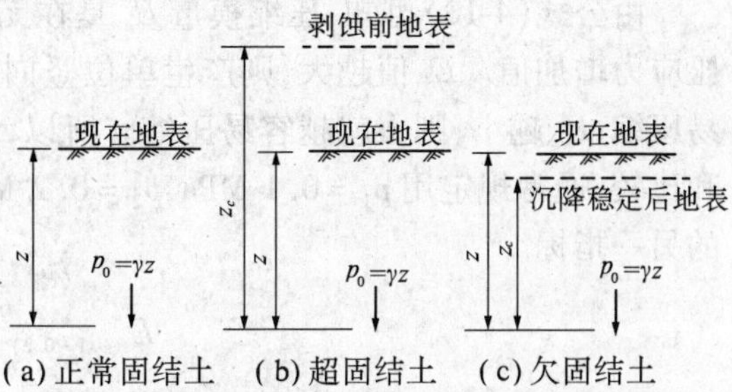

图4-8　土层按前期固结应力 p_c 分类法

土力学中用前期固结应力 p_c 来区分土的天然固结状态,前期固结应力是指该土层在历史上所经受过的使土层压密稳定的应力。设现有土的自重应力为 p_0,则:

$p_0=p_c$,为正常固结土;

$p_0 < p_c$，为超固结土；

$p_0 > p_c$，为欠固结土。

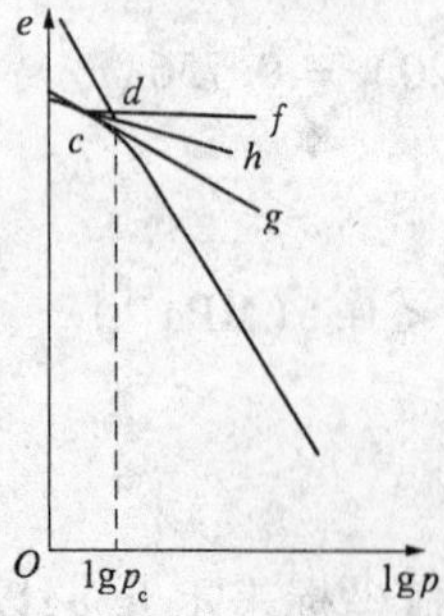

图 4-9　求前期固结应力 p_c 的图

前期固结应力 p_c 由 e—lg p 曲线上近似水平曲线段过渡到近似下斜直线段的转折点所对应的应力来确定，可用如图 4-9 所示的近似方法求得。其方法是在 e—lg p 曲线上找出曲率半径最小的 c 点，过 c 点作切线 cg 及水平线 cf，又作 $\angle fcg$ 的平分线 ch，将 e—lg p 曲线中的下斜直线向上延伸，与 ch 线得一交点 d，对应于 d 点的应力即作为前期固结应力 p_c。

（四）压缩模量

在有侧限（无侧向膨胀）的条件下，土所受的压应力 σ_z 与相应的竖向应变 ε_z 的比值，叫做土的压缩模量 E_s，即

$$E_s = \frac{\sigma_z}{\varepsilon_z} \tag{4-10}$$

在压缩试验中，试件高度为 h_1，当压力由 p_1 增至 p_2，相应的孔隙比就由 e_1 变为 e_2，沉降量为 Δs，这时 $\sigma_z = p_2 - p_1$，$\varepsilon_z = \frac{\Delta s}{h_1}$，由公式(4-6)可知，$\frac{\Delta s}{h_1} = \frac{e_1 - e_2}{1 + e_1}$，将这些关系式代入公式(4-10)中，得：

$$E_s = \frac{\sigma_z}{\varepsilon_z} = \frac{p_2 - p_1}{\frac{\Delta s}{h_1}} = \frac{p_2 - p_1}{\frac{e_1 - e_2}{1 + e_1}} = \frac{1 + e_1}{\alpha} \tag{4-11}$$

式中　α——压缩系数，$\alpha = \frac{e_1 - e_2}{p_2 - p_1}$。

由公式(4-10)可知，压缩模量 E_s 是在无侧向膨胀条件下，产生单位竖向应变所需的压应力增加值。E_s 值越大，则产生单位竖向应变的压应力增加值就越大，就是说土越不易压缩；E_s 越小，则土就越容易压缩。所以，E_s 也可用以表示土的压缩性，为了便于应用和比较，通常规定用 $p_1 = 0.1$ MPa，$p_2 = 0.2$ MPa 时所得的 $E_{s(0.1\sim0.2)}$ 作为判断土的压缩性的另一指标。

$$E_{s(0.1\sim0.2)} = \frac{1 + e_1}{\alpha_{0.1\sim0.2}} \tag{4-12}$$

实用上：

$E_{s(0.1\sim0.2)} > 15$ MPa，为低压缩性土；

$15 \geqslant E_{s(0.1\sim0.2)} \geqslant 4$ MPa，为中压缩性土；

$E_{s(0.1\sim0.2)} < 4$ MPa，为高压缩性土。

（五）回弹曲线与再加荷曲线

在压缩试验时，如果逐级加载后再逐级卸载，可以得到卸载过程中各级荷载和其对应的土样孔隙比的数据，并可绘出回弹曲线（膨胀曲线），如图 4-10 所示。压缩曲线 a 与卸

荷时的回弹曲线 b 并不重合，这说明土并不是理想弹性体，在卸荷时，变形虽有部分恢复，但不能全部恢复，能恢复的部分称弹性变形，不能恢复的部分称为残余变形。一般说来，残余变形比弹性变形大。如果再重新加载，则又得再加荷曲线 c，再加荷曲线 c 与原来的压缩曲线 a 有连续的趋势。

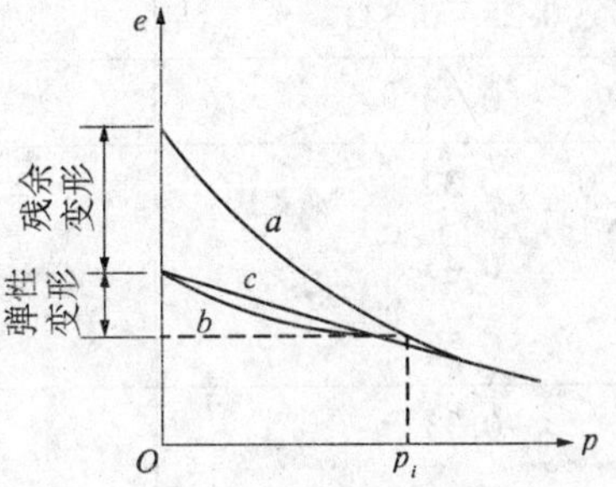

(a) $e—p$ 曲线

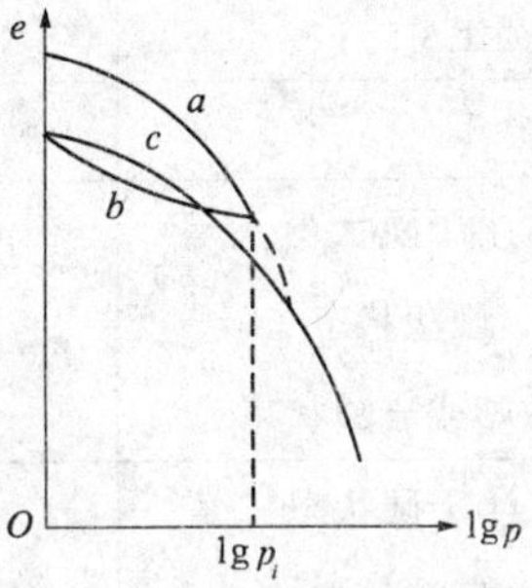

(b) $e—\lg p$ 曲线

图 4-10　土的加卸荷曲线

经过一次加载、卸载过程的土，它的孔隙比将会有很大的减小。所以，如果从地基中取原状土做压缩试验，实际上已经经历了一个加卸荷过程（即卸去了土样在地基中所承受的原存应力）。因此，试验所得的压缩曲线，实际上是再加荷曲线，并不是初始加载的压缩曲线。在实际应用中，对其所造成的误差，应引起足够的重视。

如果加载、卸载重复进行，最后在所加压力段范围内，土的回弹曲线与再加荷曲线将趋于重合，再加荷所引起的变形便趋于全部是弹性变形。

三、土的侧压力系数与侧向膨胀系数

做有侧限压缩试验时，压缩仪中的土样在竖向压应力的作用下，由于受刚劲侧壁的限制，不能侧向膨胀，就使侧壁对土样作用有侧向压应力。很明显，竖向应力增大，侧向应力也随之增大，侧向压应力 σ_x 与竖向压应力 σ_z 的比值称为土的侧压力系数（或称静止土压力系数）。

$$\xi = \frac{\sigma_x}{\sigma_z} \tag{4-13}$$

土的侧压力系数与土的种类、土的物理性质、加载条件等有关，它可由试验测定。

在没有侧向限制的条件下，土承受竖向压应力作用时，将产生侧向膨胀，土的侧向膨胀应变 ε_x 与竖向压缩应变 ε_z 的比值称为土的侧向膨胀系数（或称泊松比）μ。土的侧向膨胀系数不易由试验方法直接测定，通常根据测定的土的侧压力系数 ξ，按材料力学原理求得：

$$\xi = \frac{\mu}{1-\mu} \tag{4-14}$$

或

$$\mu = \frac{\xi}{1+\xi} \tag{4-15}$$

目前，由实验室测定土的侧压力系数值不普遍，在缺乏试验资料时，可参照表 4-4 选用 ξ 与 μ 值。

表 4-4　土的侧压力系数 ξ 及侧膨胀系数 μ 的参考值

土的的种类与状态		侧压力系数 ξ	侧膨胀系数 μ
碎石类土		0.18 ~ 0.25	0.15 ~ 0.20
砂类土		0.25 ~ 0.33	0.20 ~ 0.25
黏砂土		0.33	0.25
砂黏土	半干硬状态	0.33	0.25
	硬塑状态	0.43	0.30
	软塑或流塑状态	0.53	0.35
黏土	半干硬状态	0.33	0.25
	硬塑状态	0.53	0.35
	软塑或流塑状态	0.72	0.42

四、土的变形模量与荷载试验

在无侧向限制条件下，土在受压变形时产生的竖向压应力 σ_z 与竖向应变 ε_z 的比值称为变形模量 E_0，土的变形模量的定义与一般弹性材料的弹性模量相同。但由于土的变形中既有弹性变形又有残余变形，为了与弹性模量中只有弹性变形相区别而称为变形模量。土的变形模量可以通过现场试验得出或根据压缩模量来推算。

(一)荷载试验

荷载试验是在现场试坑中竖立荷载架，直接对其分级施加荷载，测定其在各级荷载作用下的沉降量。根据试验数据绘制荷载—沉降曲线（p—s 曲线）及每级荷载作用下的沉降—时间曲线（s—t 曲线），由此判定土的变形模量、地基承载力和土的变形特性等。

荷载试验的试坑应选在拟建基础附近，坑底应在所需了解土层的标高处，荷载板常用钢板或钢筋混凝土板，它的面积对于一般土层可采用 0.25 m^2（0.5 m × 0.5 m）或 0.50 m^2（0.71 m × 0.71 m）；对于均质紧密土层可用 0.10 m^2（0.32 m × 0.32 m），对于软土层、人工填土等不应小于 0.50 m^2。

加载方式可直接用荷重块或油压千斤顶加载，如图 4-11 所示。分级加载的第一级荷载（包括设备自重）应接近所卸除基坑土的自重应力，此时的沉降不予计算。以后每级荷载的增量视土质而定。对于较松软的土，每级增加 10 ~ 25 kPa，对于较坚硬的土为 50 kPa。施加每级荷载后，应每隔 5 ~ 15 min 观测一次，直至沉降相对稳定为止。每级荷载作用下沉降相对稳定的标准一般规定为最后 30（砂类土）~ 60（黏性土）min 内的沉降量不大于 0.1 mm，且每级荷载作用下的观测时间，对软土不应少于 24 h，对一般黏性土不少于 8 h，对较坚硬的土不少于 4 h。如此逐级加载、观测，尽可能加载至地基土被破坏为止。

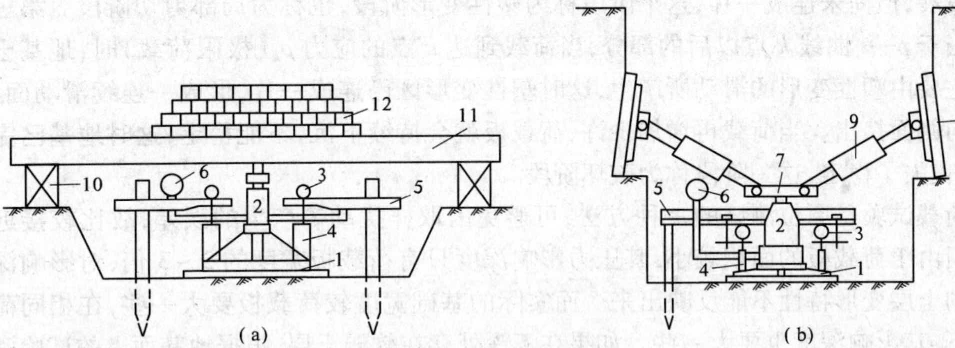

图 4-11　荷载试验装置

1—承压板;2—油压千斤顶;3—量表;4—量表支座;5—观测装置支架;6—压力表;7—支承板;8—斜撑板;9—斜撑杆;10—枕木垛;11—钢梁;12—加载重物

当出现下列现象之一时,可认为地基土已达到破坏阶段:

(1)荷载板周围土体有明显隆起(砂类土)或出现裂纹(黏性土)。

(2)荷载增加很小,但沉降量却急骤增大,即 p—s 曲线出现陡降现象。

(3)在荷载不变的情况下,24h 内,沉降速率无减小的趋势。

(4)总沉降量已达 0.3 ~ 0.4 倍荷载板宽度(或直径)。

最后应根据整理的资料绘制 p—s 曲线和每级荷载作用下的 s—t 曲线,如图 4-12 所示的形式。

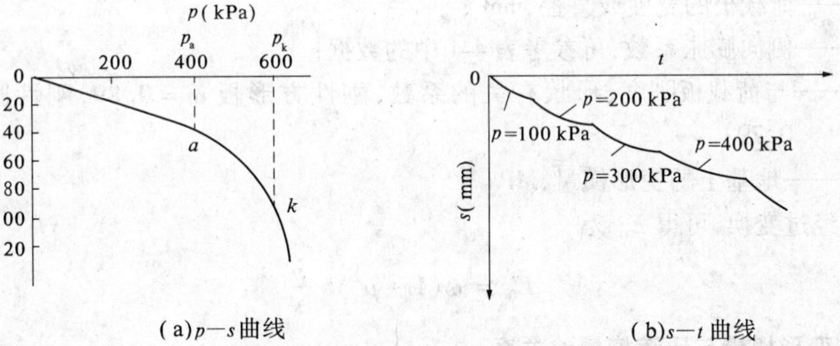

图 4-12　荷载试验曲线

荷载试验的 p—s 曲线通常有几种类型,图 4-12(a)所示的是一种典型的 p—s 曲线。这种地基土从开始承受荷载到破坏,地基变形大致可分为三个阶段:第一阶段相当于 p—s 曲线上的 $0a$ 部分,这时的变形主要是由土的压密造成的,p 与 s 基本上成直线关系,所以称为直线变形阶段。在这个阶段中,地基内各点的剪应力都小于土的抗剪强度,地基处于稳定状态。第二阶段相当于 p—s 曲线上的 ak 部分,这时地基土中的应力与沉降不再保持直线关系,地基的变形由两部分组成:一部分仍是由土的压密所产生的变形,但其所占比例随荷载的增加而急剧减小;另一部分是由于局部土体(主要是荷载板下边缘部分的土体)内剪应力达到了土的极限抗剪强度后,引起土粒间相互错动的剪切位移(也就是塑性变形),使局部土体形成塑性变形区。随着荷载的增加,塑性变形区逐步向地基的纵深处发展,但尚未连成一片,这个阶段称为塑性变形阶段,也称为局部剪切阶段。第三阶段相当于 $p—s$ 曲线 k 点以后的部分,当荷载到达 k 点的应力 p_k(极限荷载)时,地基土的变形主要由塑性变形的滑动所产生,这时塑性变形区已连成一片,形成一连续滑动面,土开始向侧面挤出。当荷载再增加少许,荷载板就会持续下沉,不能稳定,这时地基已完全破坏,丧失了稳定,这一阶段称为破坏阶段。

荷载试验是原位测试的一种方法,可避免因取样扰动等产生的误差,故比较接近实际。但由于荷载板的面积较小,其压力影响深度只有荷载板宽度的 2~3 倍,对影响深度以下的土层变形特性不能反映出来。而实际的基础宽度较荷载板要大一些,在相同荷载作用下,其影响深度也要大一些。如果在不深处存在软弱土层,根据地基面上的试验资料来确定其变形特性就不可靠。因此,当地基土在深度上是非均质土时,应考虑在不同深度上进行荷载试验或用不同大小的承压板进行荷载试验。

(二)变形模量

从上述荷载试验所得 $p—s$ 曲线上可以看出,在一定荷载范围内,荷载 p 与其对应的沉降量成线性关系,因而可以利用弹性力学公式导出均布面荷载作用下的地基沉降量公式为

$$s = \omega \frac{pb(1-\mu^2)}{E_0} \tag{4-16}$$

式中 s——地基沉降量,mm;

p——单位面积地基上的压力,MPa ;

b——荷载板的宽度或直径,mm ;

μ——侧向膨胀系数,可参考表 4-4 中的数据;

ω——与荷载板刚度、形状有关的系数,刚性方形板 $\omega=0.89$,刚性圆形板 $\omega=0.79$;

E_0——地基土的变形模量,MPa。

上式经过变换,可得 E_0 为

$$E_0 = \omega(1-\mu^2)b\frac{p}{s} \tag{4-17}$$

(三)变形模量与压缩模量的关系

变形模量与压缩模量在理论上有一定的关系。变形模量虽然可通过荷载试验来测定,但荷载试验历时长、费用大,而且还由于深层土的试验在技术上存在一定的困难,所以常常依靠室内试验取得的压缩模量资料来进行换算。

根据材料力学原理,E_0 与 E_s 之间的关系为

$$E_0 = \left(1-\frac{2\mu^2}{1-\mu}\right)E_s \tag{4-18}$$

应当指出的是,上式求得的 E_0 有时与按荷载试验资料求得的 E_0 有较大的出入。因此在实用上,常根据以实测资料为基础所建立的 E_0 与 E_s 的地区性经验系数 $K\left(K=\frac{E_0}{E_s}\right)$ 进行换算。

五、旁压试验及旁压模量

旁压试验又称横压试验，也是一种原位测试方法，见图 4-13。旁压仪由旁压器、量测与输送系统、加压系统三部分组成。旁压器设有上、中、下三个腔，中腔称为工作腔，上、下腔称为保护腔，它保护工作腔的变形基本符合平面应变状态（理论按平面问题考虑），腔体外部用一块弹性膜（橡皮膜）包起来，弹性膜受到压力作用后产生膨胀，挤压孔周围的土，而这个压力一般是通过液压（水压）来传递的，所以旁压仪配置有蓄水管、气管、量测管及压力表、稳压罐、调压筒等。

试验在钻孔内进行（有的是预先钻孔，有的是自行钻孔），将旁压器置于孔内后，用液压迫使旁压器的工作腔不断扩大，对孔壁土体施加压力（横压），迫使孔周围的土体变形外挤，直到破坏，量测所加的压力的大小以及旁压器测量腔的体积变化，换算为土的应力应变关系，从而获得地基土强度和变形模量等参数。

该法适用于原位测试黏性土、粉土、砂土、软质岩石和风化岩石。最早起源于德国，在法国得到广泛应用和蓬勃发展；我国 1962 年起步，其后也得到较迅速的发展。它比浅层静载荷试验耗资少，简单轻便，而且能进行深层土的原位测试，深度可达 20 m 以上。旁压试验的成果为 p—V 曲线（见图 4-14），该曲线可划分为三个阶段：Ⅰ阶段为初步阶段，为橡皮膜膨胀与孔壁初步接触阶段，若完全紧贴时的压力用 p_0 表示，则 p_0 相当于原位总的水平压力；Ⅱ阶段称为弹性阶段，这时压力与体积变化量大致成直线关系，表示土尚处于弹性状态，压力 p_f 为开始屈服的压力，称为临塑压力；Ⅲ阶段为塑性阶段，随着压力增大，土内局部环状区域产生塑性变形，表现为体积变化量 V 迅速增加，最后达到极限压力 p_t。

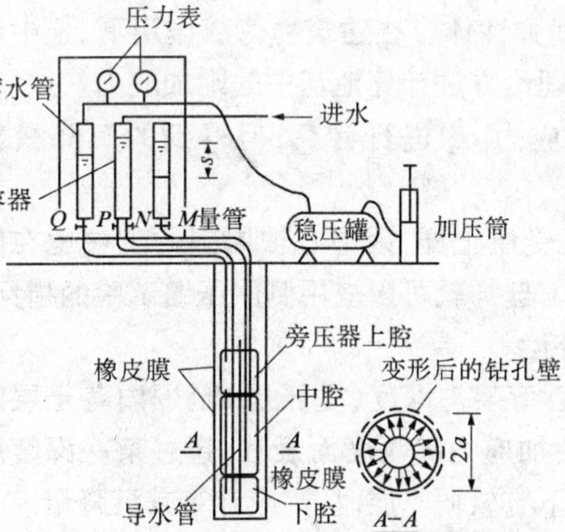

图 4-13　旁压仪示意图

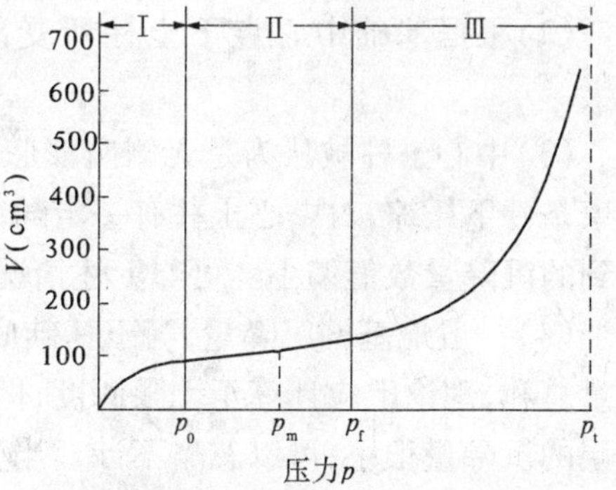

图 4-14　旁压试验 p—V 曲线

根据曲线第Ⅱ阶段的坡度（$\Delta p/\Delta V$），可得到土的旁压模量 E_M，其值与土的变形模量 E_0 相近。对于线性弹性的各向同性土体，E_M（kPa）可按下式计算：

$$E_M = 2(1+\mu)(V+V_m)\frac{\Delta p}{\Delta V} \tag{4-19}$$

式中　V——旁压器量腔（中腔）初始固有体积，cm^3；

V_m——旁压曲线直线段的体积,cm^3;

$\Delta p/\Delta V$——旁压曲线直线的体积,cm^3。

影响旁压试验的因素很多,其中最重要的是钻孔对周围土壁的扰动。为了减少这种影响,后来又发展了自钻式旁压仪,它是在旁压器尖端装一旋转的切削器而成。使用时先用钻机钻到接近预定试验深度,然后将旁压仪放入孔底,一边自行钻孔入土,一边将切削下来的土用水冲成泥浆从导水管送到地面,达到预定深度后,即可进行加压试验。自钻式旁压仪已用于砂土和许多黏性土中,效果较好。

第三节 地基沉降量计算

地基变形完全稳定时,地基表面的最大竖向变形就是基础的最终沉降量。

地基最终沉降量的计算方法有多种,主要采用分层总和法、《建筑地基基础设计规范》方法、按有关规范推荐的计算方法和弹性理论法等。

一、按分层总和法计算

天然地基土一般是由性质不同的不均匀土层组成,并相互重叠。即使是均一土层,随着深度的变化,土的某些物理力学指标也在改变。因此,计算地基沉降,最好把土层分成许多薄层,分别计算每个薄层的压缩变形量,最后叠加而成为总沉降量。这是一种近似计算法,称为分层总和法。

(一)分层总和法假定

(1)地基土是一个均匀、等向的半无限空间弹性体。在建筑物荷载作用下,土中的应力与应变成直线关系。这样,就可以应用弹性理论方法计算地基中的附加应力。

(2)根据基础中心点下土柱所受的附加应力 σ_z 进行计算,但得到的沉降量数值偏大。

(3)中心土柱被认为是无侧向膨胀的单轴受压土样,因中心轴周围的土柱也在同样约束条件下压缩,对中心土柱有一定约束作用。这样就可以应用侧限压缩试验的指标,但得到的沉降量数值偏小。可与上述情况互相补偿。

(4)一般地基的沉降量,等于基础底面中心下某一深度(受压层)范围内各土层的压缩量总和,理论上应计算至无限深度,但由于附加应力随深度而衰减,超过某一深度后的土层的沉降量很小,可以忽略不计。当受压层下有软弱土层时,则应计算其沉降量。

(二)分层总和法的基本计算公式

1. 根据压缩曲线及压缩模量计算

地基总沉降量的计算通常采用分层总和法,这个方法是假设地基土受压后只产生竖向压缩,没有侧向膨胀,将基底以下压缩层范围内的土层划分为若干压缩性均一的水平薄层,如图 4-15 所示,再按照基底形心下各薄层所受的应力情况及土样压缩试验资料,分别计算每一薄层的压缩量,它们的总和即为地基的总沉降量。

地基分成 n 个薄层后,就可按公式(4-6)计算第 i 薄层的压缩量。

$$\Delta s_i = \frac{e_{1i} - e_{2i}}{1 + e_{1i}} h_i \tag{4-20}$$

式中 Δs_i——第 i 薄层的压缩量,mm;

h_i——第 i 薄层的厚度,mm;

e_{1i}——相应于第 i 薄层土的平均自重应力 $(\overline{\sigma}_{cz})_i = \frac{(\sigma_{cz})_{i-1} + (\sigma_{cz})_i}{2}$ 时的初始孔隙比,可由该层土的压缩曲线图 4-16 中查得;

e_{2i}——相应于建造建筑物后,第 i 薄层土的平均总应力(即第 i 薄层土中的平均自重应力加平均附加应力) $(\overline{\sigma}_{cz})_i + (\overline{\sigma}_z)_i = \frac{(\sigma_{cz})_{i-1} + (\sigma_{cz})_i}{2} + \frac{(\sigma_z)_{i-1} + (\sigma_z)_i}{2}$ 时土压缩后的孔隙比,也可由图 4-16 查得。

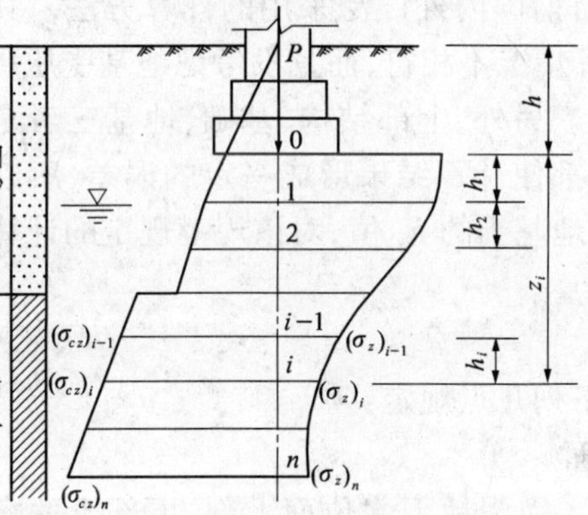

图 4-15　分层总和法计算地基沉降

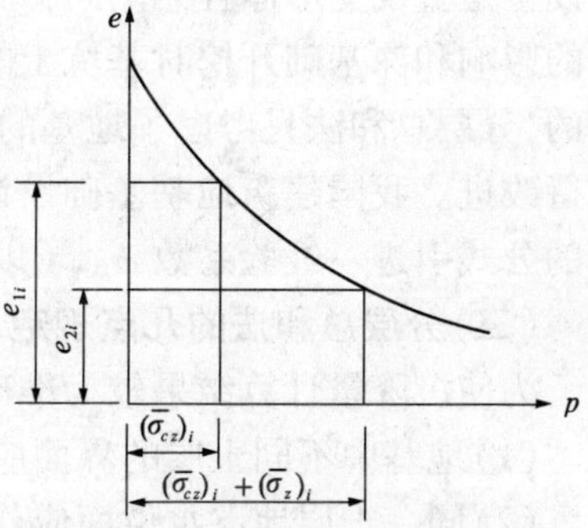

图 4-16　某土层的压缩曲线

同理,算出每个薄层土的压缩量,则各薄层土压缩量的总和,即为地基的总沉降量。

$$s = \sum_{i=1}^{n} \Delta s_i = \sum_{i=1}^{n} \frac{e_{1i} - e_{2i}}{1 + e_{1i}} h_i \tag{4-21}$$

上式中的 Δs 也可用压缩系数 α 来表达,因为

$$\alpha_i = \frac{e_{1i} - e_{2i}}{[(\overline{\sigma}_{cz})_i + (\overline{\sigma}_z)_i] - (\overline{\sigma}_{cz})_i} = \frac{e_{1i} - e_{2i}}{(\overline{\sigma}_z)_i}$$

所以,公式(4-21)也可以写成

$$s = \sum_{i=1}^{n} \frac{\alpha_i (\overline{\sigma}_z)_i}{1 + e_{1i}} h_i \tag{4-22}$$

如上式用压缩模量 E_s 来表达,可以用 $E_i = \frac{1 + e_{1i}}{\alpha_i}$ 代入公式(4-22),得

$$s = \sum_{i=1}^{n} \frac{(\overline{\sigma}_z)_i}{E_{si}} h_i \tag{4-23}$$

《铁路地基和基础设计规范》(TB 10002.5—99)规定,软土地基的总沉降量应乘以经验系数 1.3,即

$$s = 1.3\sum_{i=1}^{n}\frac{e_{1i}-e_{2i}}{1+e_{1i}}h_i \tag{4-24}$$

2. 根据变形模量计算

当在现场做荷载试验，取得土的变形模量 E_0 值后，可将公式(4-18)中 E_0 与 E_s 的关系 $E_0 = E_s\left(1-\dfrac{2\mu^2}{1-\mu}\right)$ 代入公式(4-23)中，得

$$s = \sum_{i=1}^{n}\left(1-\frac{2\mu^2}{1-\mu}\right)\frac{(\overline{\sigma}_z)_i}{E_{0i}}h_i = \sum_{i=1}^{n}\beta_i\frac{(\overline{\sigma}_z)_i}{E_{0i}}h_i \tag{4-25}$$

式中　β_i——第 i 层土的 $\dfrac{E_{0i}}{E_{si}}$ 的比值，$\beta_i = 1-\dfrac{2\mu^2}{1-\mu}$，在有地区性经验系数 K 时，可用 K 代替 β_i 值进行计算。

分层总和法的原理既简单又明了，它是目前国内外广泛采用的计算方法。其缺点是假设土是直线变形体且无侧向膨胀，这与实际情况不相符，而且没考虑地基受压历史对沉降的影响和深基础开挖时基坑土的回弹影响。另外，上部结构、基础、地基三者是协同工作的，分层总和法只考虑了地基的因素，这些都使计算结果形成一定的误差，所以此法尚有待改进。我国建筑地基基础设计规范根据地基土的 E_s 值，对该规范规定的计算总沉降量的公式引进一经验系数 ψ_s，予以修正。

（三）分层总和法的几点规定

为使沉降量计算结果较为准确，应注意下列几点规定：

(1)地基中不同土层的界面应作为分层面。

(2)同一土层地下水位面应作为分层面。因为地下水位面上部、下部土的容重并不相同，所以同一土层的地下水位面也应作为分层面。

(3)分层厚度越薄，计算结果越精确，但为简化计算工作量起见，分层厚度可采用 $h \leqslant 0.4b$(b 为基础短边长度)。

(4)一般情况下，地基沉降是由附加应力引起的，附加应力愈小，压缩变形也愈小，而附加应力是随深度的增加而减小的。当分层的深度达到某一数值时，该分层的压缩量就很小，可以忽略不计，通常把需要计算压缩量的土层叫做压缩层，压缩层的下限可定在地基附加应力与地基自重应力的比等于20%处，即 $(\overline{\sigma}_z)_n = 0.2(\overline{\sigma}_{cz})_n$ 处。当地基为压缩性高的软土时，则定在10%处，即 $(\overline{\sigma}_z)_n = 0.1(\overline{\sigma}_{cz})_n$ 处。

(5)墩台的沉降只按恒载计算，因为活载作用时间短，由活载引起的沉降是瞬时的、弹性的，故不予考虑。《铁路地基和基础设计规范》(TB 10002.5—99)规定：对于外部静定结构的墩台基础，其总沉降量与施工期间沉降量之差不得超过 $20\sqrt{L}$(mm)，其中 L 为相邻跨度中较短的跨度，以 m 计，当 $L<24$ m 时，按 24 m 计。墩台施工期间的沉降量的计算方法，在本章第四节中将作简单介绍。

（四）分层总和法计算地基沉降的步骤

现以按压缩曲线计算的方法，说明其计算步骤：

(1)将基底下的土层分成若干薄层。

(2)计算各分层面处土的自重应力 $(\overline{\sigma}_{cz})_i$(自重应力应自地面起算)及各分层的平均

自重应力$(\overline{\sigma}_{cz})_i$，$(\overline{\sigma}_{cz})_i = \dfrac{(\sigma_{cz})_{i-1} + (\sigma_{cz})_i}{2}$。

(3)计算基础底面处的附加应力 σ_{z0}。

(4)计算基底形心下，各分层面处土中的附加应力$(\sigma_z)_i$，以及各分层的平均附加应力$(\overline{\sigma}_z)_i$，$(\overline{\sigma}_z)_i = \dfrac{(\sigma_z)_{i-1} + (\sigma_z)_i}{2}$。

(5)确定压缩层厚度。

(6)根据土层的压缩曲线资料，按各分层平均自重应力$(\overline{\sigma}_{cz})_i$和各分层平均自重应力加平均附加应力$(\overline{\sigma}_{cz})_i + (\overline{\sigma}_z)_i$值分别查出 e_{1i}及 e_{2i}。

(7)计算各分层压缩量 $\Delta s_i = \dfrac{e_{1i} - e_{2i}}{1 + e_{1i}} h_i$，求得其总和，即为地基总沉降量。

【例 4-3】 某桥墩基础，基底为矩形，$a = 10$ m，$b = 5$ m，基础埋深为 3 m，受竖直中心荷载 $P = 12\ 000$ kN，地基为砂黏土和黏土层，地下水位在地面下 5 m 处，有关地质资料如图 4-17 所示，砂黏土层和黏土层的压缩曲线资料列于表 4-5 中，试按分层总和法计算地基总沉降量。

解题思路：

按分层总和法的计算步骤进行计算，题中已知压缩试验资料，利用压缩曲线查相应压力作用下孔隙比进行计算。

解：(1)将地基分层，根据地基土的天然层次及分层厚度不超过 $0.4b = 0.4 \times 5 = 2$(m)的规定，分层厚度均取 2 m。

(2)从原地面起计算各分层面处的自重应力及各分层的平均自重应力，列于表 4-6 中。

(3) 计算基础底面处附加应力。

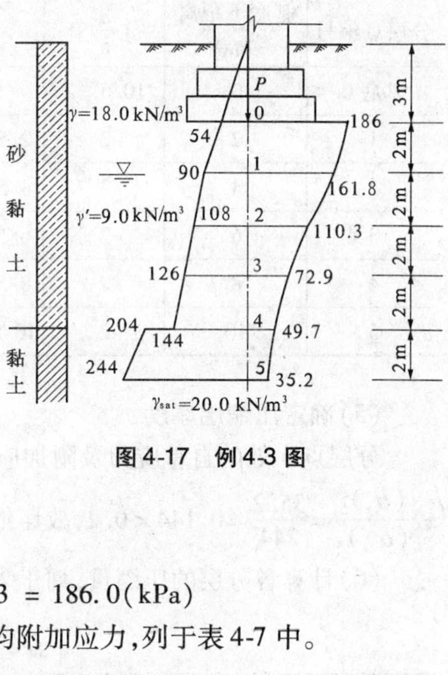

图 4-17 例 4-3 图

基底应力：

$$\sigma = \frac{P}{ab} = \frac{12\ 000}{10 \times 5} = 240(\text{kPa})$$

基底附加应力：

$$\sigma_{z0} = \sigma - \gamma h = 240 - 18.0 \times 3 = 186.0(\text{kPa})$$

(4)计算各分层面处的附加应力及各分层的平均附加应力，列于表 4-7 中。

表 4-5 压缩曲线资料

土名	荷载 p(kPa)				
	0	50	100	200	300
	e				
砂黏土	0.860	0.795	0.765	0.730	0.710
黏土	0.825	0.770	0.740	0.707	0.695

表 4-6　自重应力计算

分层点编号	土的容重 γ_i(kN/m³)	土层厚度 h_i(m)	$\gamma_i h_i$ (kPa)	自重应力 (kPa)	平均自重应力 (kPa)
原地面				0	
	18.0	3	54.0		
基底 0				54	
	18.0	2	36.0		72
1				90	
	9.0	2	18.0		99
2				108	
	9.0	2	18.0		117
3				126	
	9.0	2	18.0		135
4				144	
	20.0	2	18 + 10 × 6 = 78	204	224
5			40	244	

表 4-7　附加应力计算

分层点编号	基底下距离 z(m)	$\frac{a}{b}$	$\frac{z}{b}$	α_0	σ_{z0} (kPa)	$(\sigma_z)_i$ (kPa)	$\overline{\sigma}_{zi}$ (kPa)
基底 0	0	10/5 = 2	0	1.000	186	186.0	
							173.9
1	2	2	2/5 = 0.4	0.870	186	161.8	
							136.1
2	4	2	4/5 = 0.8	0.593	186	110.3	
							91.6
3	6	2	6/5 = 1.2	0.392	186	72.9	
							61.3
4	8	2	8/5 = 1.6	0.267	186	49.7	
							42.5
5	10	2	10/5 = 2.0	0.189	186	35.2	

(5)确定压缩层厚度。

分层点 5 处的自重应力及附加应力分别为：$(\sigma_{cz})_5 = 244$ kPa；$(\sigma_z)_5 = 35.2$ kPa，经比较$\frac{(\sigma_z)_5}{(\sigma_{cz})_5} = \frac{35.2}{244} = 0.144 < 0.2$，故压缩层厚度定为 10 m。

(6)计算各分层的压缩量，列于表 4-8 中。

表 4-8　各分层压缩量计算

分层编号	平均自重应力 $\overline{\sigma}_{czi}$(kPa)	平均附加应力 $\overline{\sigma}_{zi}$(kPa)	总应力 $\overline{\sigma}_{czi} + \overline{\sigma}_{zi}$(kPa)	e_{1i}	e_{2i}	$\frac{e_{1i} - e_{2i}}{1 + e_{1i}}$	$\Delta_{s_i} = \frac{e_{1i} - e_{2i}}{1 + e_{1i}} h_i$ (mm)
0—1	72.0	173.9	246	0.782	0.721	0.034 2	68.4
1—2	99.0	136.1	235	0.766	0.723	0.024 3	48.6
2—3	117.0	91.6	209	0.759	0.728	0.017 6	35.2
3—4	135.0	61.3	196	0.753	0.731	0.012 5	25.0
4—5	224.0	42.5	267	0.704	0.699	0.002 9	5.8

(7)计算总沉降量：

$$s = \sum_{i=1}^{5} \Delta s_i = 68.4 + 48.6 + 35.2 + 25.0 + 5.8 = 183(\text{mm})$$

二、《建筑地基基础设计规范》方法

《建筑地基基础设计规范》(GB 50007—2002)(以下简称地基规范)提出的地基沉降计算方法，是一种简化了的分层总和法，其引用了平均附加应力系数的概念，并在总结大量实践经验的前提下，重新规定了地基沉降计算深度的标准及地基沉降计算经验系数。

(一)计算原理

设地基土层均质、压缩模量 E_s 不随深度变化，根据式(4-23)有：

$$s' = \sum_{i=1}^{n} \frac{\overline{\sigma}_{zi}}{E_{si}} h_i \tag{4-26}$$

式中 $\overline{\sigma}_{zi} h_i$——第 i 层土附加应力曲线所包围的面积(图 4-18 中阴影部分)，用 A_{3456} 表示。

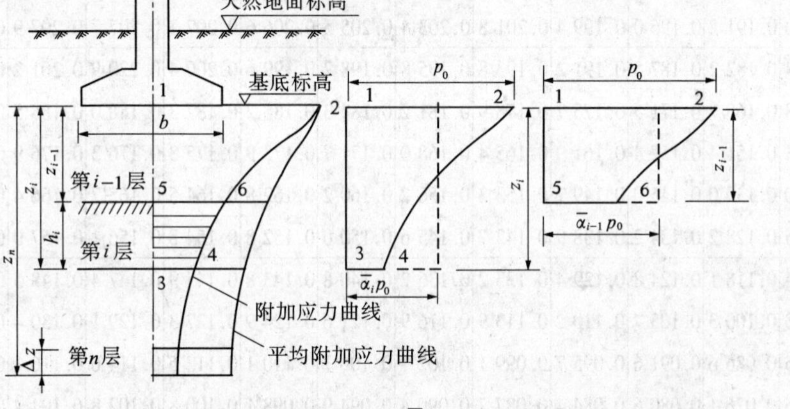

图 4-18 采用平均附加应力系数 $\overline{\alpha}$ 计算沉降量的分层示意图

由图 4-18 有：

$$A_{3456} = A_{1234} - A_{1256}$$

而应力面积

$$A = \int_0^z \sigma_z \mathrm{d}z = p_0 \int_0^z \alpha \mathrm{d}z$$

为了便于计算，引入平均附加应力系数 $\overline{\alpha}$(见图 4-18)：

$$A_{1234} = \overline{\alpha}_i p_0 z_i \quad 即 \quad \overline{\alpha}_i = \frac{A_{1234}}{p_0 z_i}$$

$$A_{1256} = \overline{\alpha}_{i-1} p_0 z_{i-1} \quad 即 \quad \overline{\alpha}_{i-1} = \frac{A_{1256}}{p_0 z_{i-1}}$$

$$s' = \sum_{i=1}^{n} \frac{A_{1234} - A_{1256}}{E_{si}} = \sum_{i=1}^{n} \frac{p_0}{E_{si}}(\bar{\alpha}_i z_i - \bar{\alpha}_{i-1} z_{i-1}) \tag{4-27}$$

式中　$p_0 z\bar{\alpha}$——深度 z 范围内竖向附加应力面积 A 的等代值；

$\bar{\alpha}$—— 深度 z 范围内平均附加应力系数，$\bar{\alpha} = \frac{A}{p_0 z} = \frac{1}{z}\int_0^z \alpha \mathrm{d}z$，见表 4-9。

表 4-9　均布矩形荷载角点下的平均附加应力系数 $\bar{\alpha}$

z/b	l/b												
	1.0	1.2	1.4	1.6	1.8	2.0	2.4	2.8	3.2	3.6	4.0	5.0	10.0
0.0	0.250 0	0.250 0	0.250 0	0.250 0	0.250 0	0.250 0	0.250 0	0.250 0	0.250 0	0.250 0	0.250 0	0.250 0	0.250 0
0.2	0.249 6	0.249 7	0.249 7	0.249 8	0.249 8	0.249 8	0.249 8	0.249 8	0.249 8	0.249 8	0.249 8	0.249 8	0.249 8
0.4	0.247 4	0.247 9	0.248 1	0.248 3	0.248 4	0.248 5	0.248 5	0.248 5	0.248 5	0.248 5	0.248 5	0.248 5	0.248 5
0.6	0.242 3	0.243 7	0.244 4	0.244 8	0.245 1	0.245 2	0.245 5	0.245 5	0.245 5	0.245 5	0.245 5	0.245 5	0.245 6
0.8	0.234 6	0.237 2	0.238 7	0.239 5	0.240 0	0.240 3	0.240 7	0.240 8	0.240 9	0.241 0	0.241 0	0.241 0	0.241 0
1.0	0.225 2	0.229 1	0.231 3	0.232 6	0.233 5	0.234 0	0.234 6	0.234 9	0.235 1	0.235 2	0.235 2	0.235 3	0.235 3
1.2	0.214 9	0.219 9	0.222 9	0.224 8	0.226 0	0.226 8	0.227 8	0.228 2	0.228 5	0.228 6	0.228 7	0.228 8	0.228 9
1.4	0.204 3	0.210 2	0.214 0	0.216 4	0.218 0	0.219 1	0.220 4	0.221 1	0.221 5	0.221 7	0.221 8	0.222 0	0.222 1
1.6	0.193 9	0.200 6	0.204 9	0.207 9	0.209 9	0.211 3	0.213 0	0.213 8	0.214 3	0.214 6	0.214 8	0.215 0	0.215 2
1.8	0.184 0	0.191 2	0.196 0	0.199 4	0.201 8	0.203 4	0.205 5	0.206 6	0.207 3	0.207 7	0.207 9	0.208 2	0.208 4
2.0	0.176 4	0.182 2	0.187 5	0.191 2	0.193 8	0.195 8	0.198 2	0.199 6	0.200 4	0.220 9	0.201 2	0.201 5	0.201 8
2.4	0.157 8	0.165 7	0.171 5	0.175 7	0.178 9	0.181 2	0.184 3	0.186 2	0.187 3	0.188 0	0.188 5	0.189 0	0.189 5
2.8	0.143 3	0.151 4	0.157 4	0.161 9	0.165 4	0.168 0	0.171 7	0.173 9	0.175 3	0.176 3	0.176 9	0.177 7	0.178 4
3.2	0.131 0	0.139 0	0.145 0	0.149 7	0.153 3	0.156 2	0.160 2	0.162 8	0.164 5	0.165 7	0.166 4	0.167 5	0.168 5
3.6	0.120 5	0.128 2	0.134 2	0.138 9	0.142 7	0.145 6	0.150 0	0.152 8	0.154 8	0.156 1	0.157 0	0.158 3	0.159 5
4.0	0.111 4	0.118 1	0.124 8	0.129 4	0.133 2	0.136 2	0.140 8	0.143 8	0.145 9	0.147 4	0.148 5	0.150 0	0.151 6
5.0	0.095 3	0.100 3	0.105 7	0.110 2	0.113 9	0.116 9	0.121 6	0.124 9	0.127 3	0.129 1	0.130 4	0.132 5	0.134 8
6.0	0.080 5	0.086 6	0.091 6	0.095 7	0.099 1	0.102 1	0.106 7	0.110 1	0.112 6	0.114 6	0.116 1	0.118 5	0.121 6
7.0	0.070 5	0.076 1	0.080 6	0.084 4	0.087 7	0.090 4	0.094 9	0.098 1	0.100 8	0.102 8	0.104 4	0.107 1	0.110 9
8.0	0.062 7	0.067 8	0.072 0	0.075 5	0.078 5	0.081 1	0.085 3	0.088 6	0.091 2	0.093 2	0.094 8	0.097 6	0.102 0
9.0	0.055 4	0.059 9	0.063 7	0.067 0	0.697	0.072 1	0.076 1	0.792	0.081 7	0.083 7	0.085 3	0.088 2	0.093 1
10.0	0.051 4	0.055 6	0.059 2	0.062 2	0.064 9	0.067 2	0.071 0	0.073 7	0.076 3	0.078 3	0.799 0	0.082 9	0.088 0

（二）沉降计算经验系数和沉降计算

由于 s' 推导时作了近似假定，而且对某些复杂因素也难以综合反映，因此将其计算结果与大量沉降观测资料结果比较发现：低压缩性的地基土，s' 计算结果偏大；反之，高压缩性地基土，s' 计算值偏小。为此，应引入经验系数 φ_s，对式(4-27)进行修正。

$$s = \varphi_s s' = \varphi_s \sum_{i=1}^{n} \frac{p_0}{E_{si}}(\bar{\alpha}_i z_i - \bar{\alpha}_{i-1} z_{i-1}) \tag{4-28}$$

式中　s——地基最终沉降量，mm；

φ_s——沉降计算经验系数,根据地区沉降观测资料及经验确定,无地区经验时,也可按表4-10取用;

n——地基沉降计算深度范围内所划分的土层数;

p_0——对应于荷载效应准永久组合时的基础底面处的附加压力,kPa;

E_{si}——基础底面下第 i 层土的压缩模量,应取土的自重压力至土的自重压力与附加压力之和的压力段计算;

z_i、z_{i-1}——基础底面至第 z_i 层和第 z_{i-1} 层土底面的距离,m;

α_i、α_{i-1}——基础底面至第 i 层和第 $i-1$ 层土底面范围内的平均附加应力系数,矩形基础可按表4-9查用,条形基础可取 $l/b=10$ 查表4-9(l 与 b 分别为基础的长边和短边)。

表4-10　沉降计算经验系数 φ_s

基底附加压力	$\overline{E}_s$				
	2.5	4.0	7.0	15.0	20.0
$p_0 \geqslant f_{ak}$	1.4	1.3	1.0	0.4	0.2
$p_0 \leqslant 0.75f_{ak}$	1.1	1.0	0.7	0.4	0.2

注:①f_{ak} 系地基承载力特征值;

②$\overline{E}_s$ 系沉降计算深度范围内压缩模量的当量值,按下式计算:$\overline{E}_s = \dfrac{\sum A_i}{\sum \dfrac{A_i}{E_{si}}}$,其中 $A_i = p_0(z_i\overline{\alpha}_i - z_{i-1}\overline{\alpha}_{i-1})$。

尚需注意的是,表4-9给出的是均布矩形荷载角点下的平均竖向附加应力系数,故非角点下的平均附加应力系数,需采用角点法计算,其方法同土中应力计算。

(三)地基沉降计算深度 z_n

地基沉降计算深度 z_n,可通过试算确定,即要求满足:

$$\Delta s'_n \leqslant 0.025 \sum_{i=1}^{n} \Delta s'_i \tag{4-29}$$

式中　$\Delta s'_i$——在计算深度 z_n 范围内,第 i 层土的计算沉降值,mm;

$\Delta s'_n$——在计算深度 z_n 处向上取厚度为 Δz(见图4-18)土层的计算沉降值,mm。

Δz 按表4-11选取。

按上式计算确定的 z_n 下仍有软弱下卧土层时,在相同压力条件下,变形会增大,故应继续往下计算,直至软弱土层中所取规定厚度 Δz 的计算沉降量满足上式为止。

表4-11　计算厚度 Δz 表

基底宽度 b(m)	$b \leqslant 2$	$2 < b \leqslant 4$	$4 < b \leqslant 8$	$8 < b \leqslant 15$	$15 < b \leqslant 30$	$b > 30$
Δz(m)	0.3	0.6	0.8	1.0	1.2	1.5

当无相邻荷载影响,基础宽度在1~30 m范围内时,基础中点的地基沉降计算深度 z_n 也可按下列公式估算:

$$z_n = b(2.5 - 0.4\ln b) \tag{4-30}$$

式中　b——基础宽度,$\ln b$ 为 b 的自然对数。

此外，当沉降计算深度范围内存在基岩时，z_n 可取至基岩表面。当存在较厚的坚硬黏土层，其孔隙比小于0.5、压缩模量大于50 MPa，或存在较厚的密实砂卵石层，其压缩模量大于80 MPa时，z_n 可取至该土表面。

第四节　沉降差和倾斜

沉降差是指同一建筑中两相邻基础沉降量的差。有时对于一个单独基础，由于偏心荷载或其他原因，基础两端产生不相等的沉降，这就是沉降差的另一种表现形式，一般都是用两端沉降差被基础边长除而得到的倾斜度 $\tan\theta$，或用倾斜角 θ 来表示。基础的沉降差和倾斜对上部建筑物的影响是很明显的，许多建筑物的破坏，不是由于沉降量过大，而是沉降差或倾斜超过某一限度所致。因此，沉降差或倾斜的计算是基础设计中的一个重要内容。

由于地基土性质复杂和基础形状不规则等原因，目前还没有一个非常可靠的方法来计算沉降，至于沉降差的计算就更复杂了。为了工程上的需要，只好采用近似计算方法。

计算两相邻基础之间的沉降差，是先按上节所述的方法求基础总沉降量，然后求它们的差，至于一个单独基础的沉降量或倾斜，计算比较复杂，但可根据倾斜的具体原因采用不同的近似算法。

一、由于偏心荷载引起的倾斜

假定引起基础倾斜的主要原因是荷载偏心，如图4-19所示，其在对称轴 x 上的荷载的偏心距为 $e(e\leqslant\rho)$，则在偏心力作用下，基础将会产生不均匀沉降，靠偏心一侧的边点 A 比另一侧的边点 B 的下沉要多些。设 A 点下沉量为 S_A，B 点为 S_B，中心点为 S_0，基础的倾斜为 θ 角或 $\tan\theta$。首先计算 S_0，它的计算方法已在前节讨论过。至于 S_A、S_B 和 $\tan\theta$，则可用分层总和法来计算。

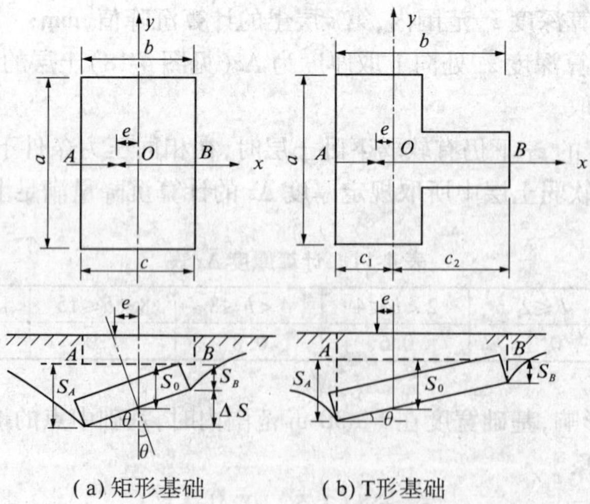

(a) 矩形基础　　(b) T形基础

图4-19　基础的倾斜

如图 4-20 把土层分成若干薄层，根据基底梯形压力图，用应力系数表求算 A 点和 B 点垂线上各薄层分界面的 σ_{zi}，与相应位置的原存压力 q_{zi} 对比，按条件 $q_{zi} \geqslant (5 \sim 10)\sigma_{zi}$ 来确定两端的压缩层底，再利用压缩量计算公式以计算 A 点和 B 点的相对沉降量 ρ_A 和 ρ_B。但上述沉降量并不是 A、B 两点的真正沉降值 S_A 和 S_B，因为按分层总和法的原则计算沉降时，是把 A、B 两点下的土柱当做无侧向膨胀的土柱来看待，实际上，它们很容易向外侧挤出，所求出的沉降量 ρ_A 和 ρ_B 必然要小于真正的沉降量 S_A 和 S_B。真正的沉降量可按如下近似方法求得，即假定 ρ_A 和 S_A 之差与 ρ_B 和 S_B 之差相等，即 $S_A - \rho_A = S_B - \rho_B$，或者 $S_A - S_B = \rho_A - \rho_B = \Delta S$，如图 4-19 所示。由于基础平均沉降 S_0 已经求出，则：

$$\left.\begin{matrix} S_A \\ S_B \end{matrix}\right\} = S_0 \pm \frac{\Delta S}{2} = S_0 \pm \frac{\rho_A - \rho_B}{2} \tag{4-31}$$

至于 $\tan\theta$，可由下式表示：

$$\tan\theta = \frac{\Delta S}{b} = \frac{\rho_A - \rho_B}{b} \tag{4-32}$$

如果基础平面的一个轴是非对称轴，如图 4-19(b)所示，则两端的沉降差仍为 $\Delta S = \rho_A - \rho_B$，而 $\tan\theta$ 仍可用式(4-32)计算，但 S_A 和 S_B 则改用下式表示：

$$S_A = S_0 + c_1 \tan\theta \tag{4-33}$$

$$S_B = S_0 - c_2 \tan\theta \tag{4-34}$$

式中　c_1——由中性轴到基端 A 的距离；

　　　c_2——由中性轴到基端 B 的距离。

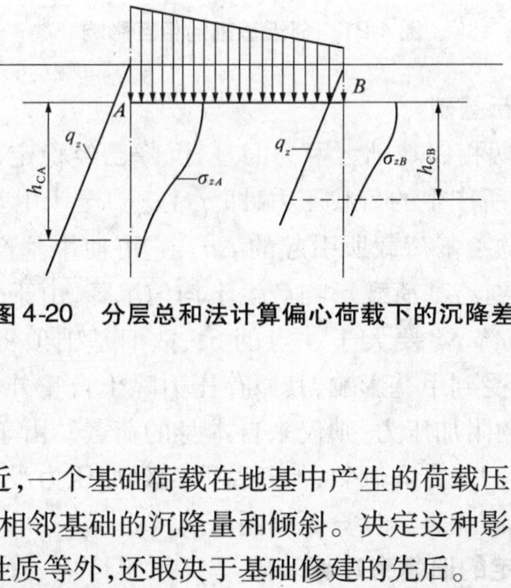

图 4-20　分层总和法计算偏心荷载下的沉降差

二、相邻基础影响

若两个基础相距很近，一个基础荷载在地基中产生的荷载压力，必然要扩散到另一相邻基础底层下，从而影响相邻基础的沉降量和倾斜。决定这种影响的因素，除基础之间距离远近、荷载大小、土层性质等外，还取决于基础修建的先后。

（一）两相邻基础同时修建

当两相邻基础甲和乙同时修建，则乙基荷载产生的应力必将扩散到甲基底下去，这对甲基下之原存压力 q_z 不产生影响，但对其附加压力将有所增加。图 4-21(a)中，甲基中心点 O 下面的 $\sigma_{z(O)}$ 是由甲基荷载引起的附加压力，而 $\Delta\sigma_{z(O)}$ 则是由乙基荷载引起的附加压力，这两者之和 $\sigma_{z(O)} + \Delta\sigma_{z(O)}$ 将会使甲基产生更多的平均沉降。至于对甲基的倾斜影响，则更为严重。因甲基两边点 A 和 B 下面受到乙基荷载引起的附加压力大小不一样，距乙基近的 B 点所增加的附加压力 $\Delta\sigma_{z(B)}$ 要比 A 点的大得多，故 B 点的沉降量 S_B 将大于 A 点的 S_A，从而产生沉降差 $\Delta S = S_A - S_B$，这就使得甲基向乙基方向倾斜。S_A 和 S_B 的计算仍可用分层总和法求得。至于甲基对乙基的影响则完全一样。

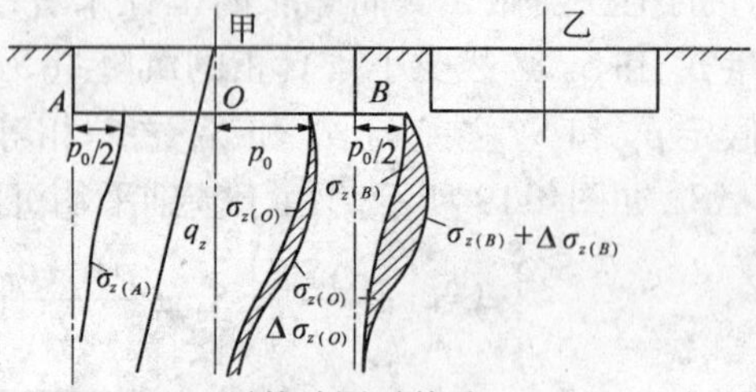

(a) 两基础同时修建

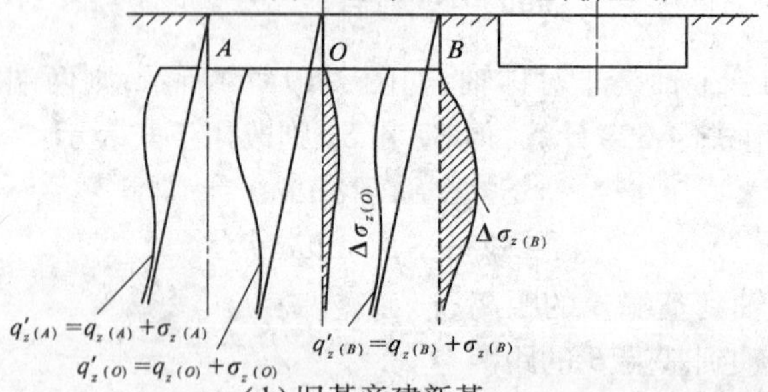

(b) 旧基旁建新基

图 4-21　邻近基础的相互影响

(二)在旧基础旁建新基础

图 4-21(b)为甲、乙两相邻基础。甲为旧基，沉降已经稳定，土中的原存压力除土自重外，还要加上本身荷载所产生的荷载压力，即 $q_z + \sigma_z$。至于甲基础下面能引起地基沉降的附加压力则是由新建的乙基荷载所引起的 $\Delta\sigma_z$，它可使甲基产生新的较小沉降。甲基边沿两点 A 和 B 也将受到乙基荷载影响产生不均匀沉降，由于 B 点离乙基近，所引起的附加压力大，故产生的沉降 S_B 要大于 A 点的 S_A，故旧基础顶将向乙基倾斜。新建的乙基，只是在原存压力方面受到甲基影响，其原存压力除土自重外，尚应加甲基荷载在乙基下引起的压力。乙基下的附加压力，则仅来自本身的荷载。由于靠近旧基一侧的原存压力大，按理新基应向背离旧基方向倾斜，但新基两端附加压力没有差别，仅仅由于原存压力不相等，故对新基影响不显著。计算原则同前。

(三)在沉降尚未稳定的旧基旁建新基础

由于旧基下沉尚未稳定，又在其旁边建新基础，需要先估计旧基荷载在土中引起的荷载压力中有效压力和超静水压各为多少。对于有效压力，则应算成原存压力，因在有效压力作用下已产生变形，即相应沉降已完成(稳定)，故该应力已转变为原存压力；而超静水压力则应算做使地基产生新变形的附加压力。其他计算原则和(二)中所述相同，都可采用分层总和法。由于这涉及地基的沉降过程，不像一般沉降问题那样简单，故不多述。

第五节　基础沉降与时间的计算

前面讨论的地基沉降，是指地基在荷载作用下所能达到的最大沉降量，在工程实践中，有时还需要知道地基变形过程中某一时间 t 的沉降量，这就需要了解沉降随时间变化的关系。

经验表明，在施工期间由恒载引起的地基沉降量对低压缩性黏土，能完成总沉降量的 50% ~80%，对中等压缩性黏土为 30% ~50%，而对高压缩性黏土仅为 10% ~30%。对于砂类土地基，可以认为总沉降量已全部完成，如图 4-22 所示。因此，工程实践中，一般不考虑砂类土的变形随时间变化的关系。

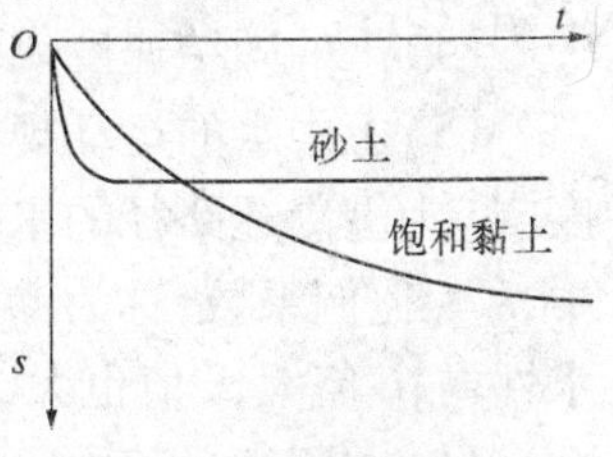

图 4-22　砂土和饱和黏土的沉降速度曲线

一、单向渗透固结的基本公式

第二节中已经讨论过渗透固结的概念，所谓渗透固结就是饱和土中孔隙水压力 u 向粒间有效应力 $\overline{\sigma}$ 转移的过程，这种转移也反映了沉降与所需时间 t 之间的关系。

下面介绍单向渗透固结的基本公式。所谓单向，是指孔隙水的渗流只沿竖直方向进行。假设一饱和黏性土层的厚度为 H，它在自重作用下的固结已经完成。该土层下部为不透水层，在固结过程中，水只能向上作单向单面渗透。当地表上作用着满布的均匀荷载 p 时，土中的附加应力 $\sigma_z = p$，并沿深度均匀分布。当 p 骤然加上时，饱和黏性土层由于透水性差，孔隙水未能立即被挤出，荷载 p 完全由孔隙水承受。这时，孔隙水压力如图 4-23 中的 $oabco$ 所示。随着时间 t 的延伸，孔隙水逐渐向上面排出，孔隙水压力 u 就逐渐减小，有效应力 $\overline{\sigma}$ 随之增加。图 4-23 中的 od 线表示有效应力和孔隙水压力沿深度的变化曲线。显然，有效应力 $\overline{\sigma}$ 和孔隙水压力 u 是深度 z 和时间 t 的函数。当 $t=0$ 时，od 与 ab 重合，即 $\overline{\sigma}=f(z,t)=0$ 及 $u=F(z,t)=\sigma_z=p$，也就是附加应力完全由孔隙水压力承受。当 $t=\infty$ 时，od 与 oc 重合，即 $\overline{\sigma}=f(z,t)=\sigma_z=p$ 及 $u=F(z,t)=0$，这时附加应力完全由土的骨架承受。

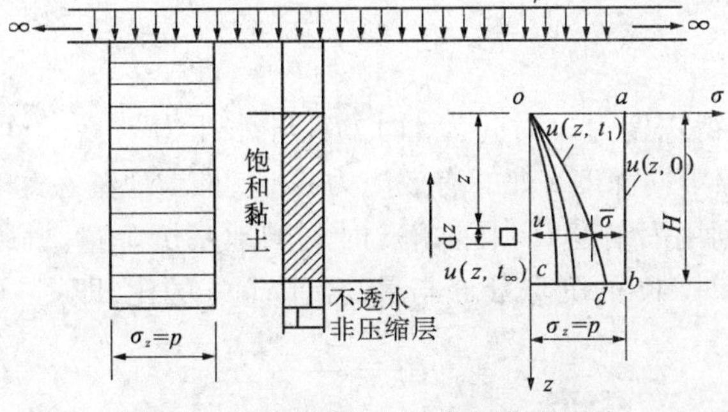

图 4-23　饱和黏性土的单向渗透固结

为了使问题尽量简化，太沙基(Terzaghi)对固结理论做了以下的简化假定：

（1）土是均质的、各向同性的饱和体。

（2）水和土颗粒都是不可压缩的。

（3）土的压缩和孔隙水的挤出与流动只沿竖直方向发生（即单向排水），侧向位移是受到限制的。

（4）土的固结速度仅取决于孔隙中自由水被挤出的速度。

（5）土中水的运动规律符合达西线性渗透定律，即水在土中的渗流速度 v 与水力坡度 i（i 为沿渗透路径的水头损失 ΔH 与相应的渗透路径 L 的比值）成正比，就是 $v=ki$，其中，k 为比例系数，称为渗透系数，即单位水力坡度下的渗流速度。k 值小，v 值也小，即透水性弱；k 值大，v 值也大，即透水性强。所以，k 值大小是衡量土的透水性强弱的指标。

（6）在固结过程中，土的渗透系数 k 和压缩系数 α 都为常数。

（7）荷载是一次骤然施加在土层上的。

从数理关系建立 u、$\bar{\sigma}$ 随时间 t、深度 z 变化的表达式需要较深的数学基础，所以这里对表达式的推导从略，只列出其结果如下：

$$u = \frac{4\sigma_z}{\pi}\sum_{m=1}^{\infty}\frac{1}{m}\sin\frac{m\pi z}{2H}e^{-m^2\frac{\pi^2}{4}T_v} \tag{4-35}$$

式中　σ_z——微单元体中的附加应力，kPa；

m——奇数正整数（1，3，5，…）；

e——自然对数的底；

H——饱和黏性土层的厚度，m，也是最长的渗透距离，当土层是单面排水时，即为土层的厚度，当土层是上、下双面排水时，H 为土层厚度的一半；

T_v——时间因数，$T_v=\frac{C_v \cdot t}{H^2}$，其中，$t$ 为时间（s），C_v 为竖向固结系数，m^2/a。

竖向固结系数 C_v 可按下式计算：

$$C_v = \frac{k(1+e_m)}{\alpha\gamma_\omega} \tag{4-36}$$

式中　k——土的渗透系数，m/a；

e_m——饱和黏性土在固结过程中的平均孔隙比；

α——土的压缩系数，MPa^{-1}。

二、固结度

由公式（4-35）求得深度为 z、时间为 t 时的孔隙水压力 u 后，就可推得相应的有效应力 $\bar{\sigma}=p-u$，然后按照不同深度 z 处的有效应力 $\bar{\sigma}$ 值，推求地基在此时刻 t 的沉降量。

在实用上，通常利用固结度 U_t 来推算 t 时刻的地基沉降量。固结度 U_t 就是指地基在承受荷载后的任一时刻 t 的沉降量 s_t 与最终沉降量 s 的比，即

$$U_t = \frac{s_t}{s} \tag{4-37}$$

对于图 4-23 所示的情况，从公式（4-23）可知，固结沉降量与有效应力是成正比的，所以某一时刻的竖向平均固结度，可根据此时刻的有效应力图面积与最终有效应力图面积

之比来计算，即

$$U_t = \frac{\text{有效应力图面积 } oabdo}{\text{最终有效应力图面积 } oabco} = \frac{\text{应力图面积 } oabco - \text{应力图面积 } odco}{\text{应力图面积 } oabco} = 1 - \frac{\int_0^H u\mathrm{d}z}{\int_0^H \sigma \mathrm{d}z} \tag{4-38}$$

将公式(4-35)代入上式积分，并化简，得

$$U_t = 1 - \frac{8}{\pi^2}\left(\mathrm{e}^{-\frac{\pi^2}{4}T_v} + \frac{1}{3^2}\mathrm{e}^{-\frac{3^2\pi^2}{4}T_v} + \frac{1}{5^2}\mathrm{e}^{-\frac{5^2\pi^2}{4}T_v} + \cdots\right) \tag{4-39}$$

上式括号内的级数收敛很快，当 $U_t > 30\%$ 时，采用第一项已足够精确。

$$U_t = 1 - \frac{8}{\pi^2}\mathrm{e}^{-\frac{\pi^2}{4}T_v} \tag{4-40}$$

【例 4-4】 一均质饱和黏土层厚度为 6 m，如图 4-23 所示，在地面上作用大面积的均布荷载 $p = 150$ kPa，土层的承载前的初始孔隙比 $e_0 = 1.1$，压缩系数 $\alpha = 0.40\ \mathrm{MPa^{-1}}$，平均孔隙比 $e_m = 1.0$，渗透系数 $k = 0.012$ m/a，求加荷 1 年时的沉降量。

解题思路：

(1) 求土层的总沉降量。

(2) 求竖向固结系数。

(3) 求时间因数。

(4) 查表或查有关图求固结度。

(5) 固结度与总沉降量相乘即为所求。

解：(1) 求该土层的总沉降量。

地面上作用大面积均布荷载 p 时，黏土层中的附加应力 $\sigma_z = p = 150$ kPa。

最终沉降量为

$$s = \frac{\alpha}{1 + e_0}\sigma_z \cdot H = \frac{0.4}{1 + 1.1} \times \frac{150}{1\,000} \times 6 = 0.17\ (\mathrm{m})$$

(2) 黏土层的竖向固结系数 C_v。

$e_m = 1.0$，$k = 0.012$ m/a，$\alpha = 0.4\ \mathrm{MPa^{-1}}$，则

$$C_v = \frac{k(1 + e_m)}{\alpha\gamma_w} = \frac{0.012(1 + 1.0)}{\frac{0.4}{1\,000} \times 10} = 6.0\ (\mathrm{m^2/a})$$

(3) 加荷 1 年时的沉降量。

当 $t = 1$ a 时，时间因数 T_v 为

$$T_v = \frac{C_v \cdot t}{H^2} = \frac{6 \times 1}{6^2} = 0.167$$

固结度 U_t 为

$$U_t = 1 - \frac{8}{\pi^2}\mathrm{e}^{-\frac{\pi^2}{4}T_v} = 1 - \frac{8}{\pi^2}\mathrm{e}^{-\frac{\pi^2}{4}\times 0.167} = 1 - 0.537 = 0.463$$

故 $t=1\text{a}$ 时的沉降量为

$$s_t = U_t s = 0.463 \times 0.17 = 0.079 = 7.9(\text{cm})$$

三、各种不同承载情况下固结度的计算

上面讨论单面排水饱和黏性土的固结度计算，只适用于所承受的荷载是一次骤然加上去的大面积荷载，且由它引起的应力沿土层深度系均匀分布的情况。但是，在实际工程中，情况要复杂得多，附加应力往往沿深度而变化。为便于计算，将饱和黏性土层实际附加应力的分布情况，近似地归纳为下列四种类型（均按单面排水考虑），如图 4-24 所示。

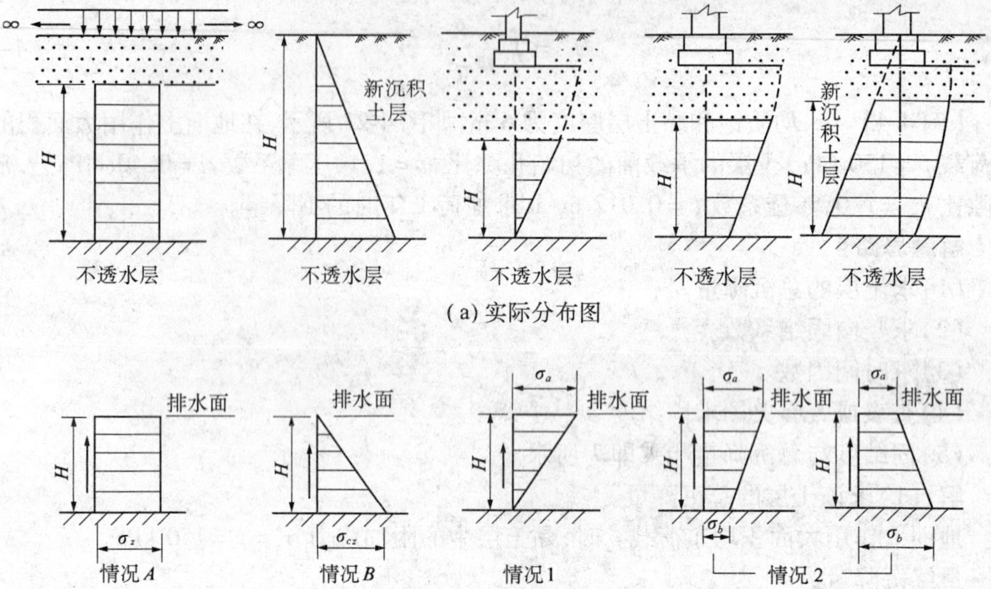

(a) 实际分布图

(b) 简化分布图

图 4-24　计算地基固结度时各种附加应力的分布情况

现将各种附加应力情况分别说明于下，其固结度 U_t 与时间因数 T_v 之间的关系可查表 4-12。

（一）情况 A

相当于上面讨论的简单情况，附加应力图形为矩形，根据 T_v 值自表 4-12 直接查得固结度 U_A。

（二）情况 B

应力图形为三角形，通过三角形的顶面排水，相当于大面积新沉积土层在自重作用下产生固结的情况，根据 T_v 值自表 4-12 直接查得固结度 U_B。

（三）情况 1

应力图形为三角形，但通过三角形底面排水，相当于基底压缩层很厚，土层底面附加应力已接近于零的情况，根据 T_v 值自表 4-12 直接查得固结度 U_1。

表 4-12　各种情况下竖向固结度与时间因数 T_v 的关系

T_v	固结度			
	情况 A　U_A	情况 B　U_B	情况 1　U_1	U_A-U_B
0.004	0.080	0.008	0.152	0.072
0.008	0.104	0.016	0.192	0.088
0.012	0.125	0.024	0.226	0.101
0.020	0.160	0.040	0.286	0.120
0.028	0.189	0.056	0.322	0.133
0.036	0.214	0.072	0.352	0.142
0.048	0.247	0.095	0.398	0.152
0.060	0.276	0.120	0.443	0.156
0.072	0.303	0.144	0.462	0.159
0.100	0.353	0.198	0.516	0.155
0.125	0.399	0.244	0.554	0.155
0.167	0.461	0.318	0.605	0.143
0.20	0.504	0.370	0.638	0.134
0.25	0.562	0.443	0.682	0.119
0.30	0.613	0.508	0.719	0.105
0.35	0.658	0.565	0.752	0.093
0.40	0.698	0.615	0.780	0.083
0.50	0.764	0.700	0.829	0.064
0.60	0.816	0.765	0.866	0.051
0.80	0.887	0.857	0.918	0.030
1.00	0.931	0.913	0.949	0.018
2.00	0.994	0.993	0.995	0.001
∞	1.000	1.000	1.000	0.000

(四)情况 2

应力图形为梯形,向上面排水,当应力图形为上大下小时,与情况 1 相似,但底面的附加应力远大于零,当应力图形为上小下大时,相当于在自重应力作用下,尚未固结,就在上面建造建筑物。它们的固结度 U_2,根据 T_v 从表 4-12 分别查出 U_A、U_B,然后按下式计算:

$$U_2 = U_A + \frac{r-1}{r+1}(U_A - U_B) \tag{4-41}$$

式中　r——$r=\dfrac{\sigma_a}{\sigma_b}$,其中 σ_a 为梯形应力图形顶面的应力,σ_b 为梯形应力图形底面的应力。

上面四种情况都是单面排水,如果压缩层上、下两面都透水,可以双面排水时,则不论应力分布属于哪一种情况,固结度值都按 U_A 计算,并在计算时间因数 T_v 的公式中,压缩层厚度只取其总厚度的一半代入计算,即以$\dfrac{H}{2}$代替 H。

应该指出的是,有限基础底面下,土层的渗透固结并不是单向的,但一般仍近似地按上述单向渗透固结的方法进行计算。

【例 4-5】 某饱和黏性土层的厚度为 10 m，在大面积（20 m × 20 m）荷载 $p = 120$ kPa 作用下，土层的初始孔隙比 $e = 1.0$，压缩系数 $\alpha = 0.3\ \text{MPa}^{-1}$，渗透系数 $k = 18$ mm/a。按黏性土在单面排水或双面排水条件下分别求：

(1) 加荷 1 年时的沉降量；

(2) 沉降量达 140 mm 所需的时间。

解题思路：

(1) 求土层的总沉降量；

(2) 求竖向固结系数；

(3) 已知时间求沉降量。

(4) 已知沉降量求时间：①求固结度；②查表或相关图求时间因数；③求时间。

解：(1) 求 $t = 1$ a 时沉降量。

在大面积荷载作用下，黏性土层中附加应力呈深度均匀分布，即 $\sigma_z = p_0 = 120$ kPa。

土层的总沉降量：

$$s = \frac{\alpha}{1 + e}\sigma_z H = \frac{0.3 \times 10^{-3}}{1 + 1} \times 120 \times 10\,000 = 180(\text{mm})$$

竖向固结系数：

$$C_v = \frac{k(1 + e_0)}{\alpha \gamma_w} = \frac{1.8 \times 10^{-2} \times (1 + 1)}{3 \times 10^{-4} \times 10} = 12(\text{m}^2/\text{a})$$

对于单面排水，时间因数：

$$T_v = \frac{C_v t}{H^2} = \frac{12 \times 1}{10^2} = 0.12$$

查表 4-12 并内插得其相应的固结度 $U_t = 39\%$；那么 $t = 1$ a 时的沉降量

$$s_t = 0.39 \times 180 = 70.2(\text{mm})$$

如果双面排水，时间因数：

$$T_v = \frac{C_v t}{H^2} = \frac{12 \times 1}{5^2} = 0.48$$

同理，查表 4-12 并内插得 $U_t = 75\%$，1 年的沉降量为

$$s_t = 0.75 \times 180 = 135(\text{mm})$$

(2) 求沉降量达 140 mm 时所需时间。

由固结度定义得：$U_t = \dfrac{s_t}{s_\infty} = \dfrac{140}{180} = 0.778$

查表 4-12 情况 A 得 $T_v = 0.53$，所需时间为

在单面排水条件下：$t = \dfrac{T_v H^2}{C_v} = \dfrac{0.53 \times 10^2}{12} = 4.4(\text{a})$

在双面排水条件下：$t = \dfrac{T_v H^2}{C_v} = \dfrac{0.53 \times 5^2}{12} = 1.1(\text{a})$

可见，达到同一固结度，双面排水比单面排水所需时间短得多。

四、沉降随时间变化关系的修正

上述地基沉降随时间变化的计算中，假设全部荷载是一次骤然加到地基界面上的，但实际工程中的荷载是在施工期间逐渐加上去的，因此按上述方法计算的结果须加以修正。修正的具体方法很多，这里只讲一种常用的经验修正方法，这种方法的原则是假定渐增荷载由零增加到 p_1，经过时间 t_1 所产生的沉降量，等于突加荷载 p_1 经过时间$\frac{t_1}{2}$所产生的沉降量。

图 4-25 中，虚线 a 表示全部荷载 p 一次骤然施加到地基上；实线 b 表示施工期内荷载由零按直线逐渐增加到施工结束时(T_0)的全部荷载 p，随后荷载不再增大，b 线成水平；虚线 c 表示一次骤然施加的荷载 p 作用下的沉降量 $s_t = U_t s$ 与时间 t 的关系曲线(s_t—t 曲线)；实线 d 表示由渐增荷载作用下的沉降—时间曲线，也就是修正后的沉降—时间曲线。下面介绍绘制修正曲线的方法。

(1)当 $t = t_1 < T_0$ 时，渐增荷载为 p_1，根据曲线修正的原则，渐增荷载 p_1 经过 t_1 时间的沉降量等于突加荷载 p_1 经过$\frac{t_1}{2}$时间的沉降量，从虚线 c 上可找出对应于突加荷载 p 经过$\frac{t_1}{2}$时间的沉降量 s'，所以突加荷载 p_1 经过$\frac{t_1}{2}$时间的沉降量 s_1，可通过比例关系求得，即 $s_1 = s'\frac{p_1}{p}$，这里的 s_1 也就是渐增荷载 p_1 经过 t_1 时间产生的沉降量，即图 4-25 中的实线 d 所示。

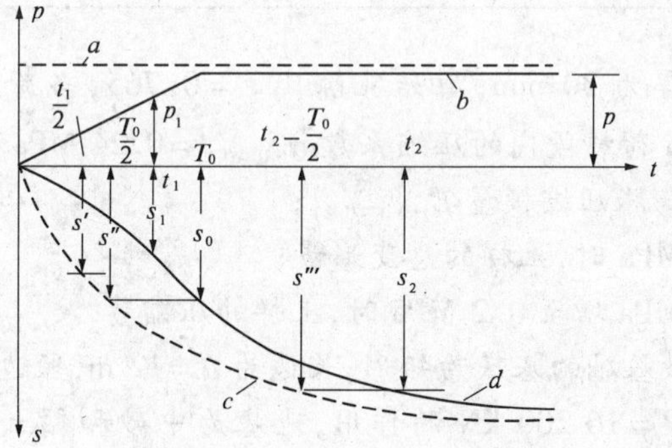

图 4-25　沉降过程曲线的修正

(2)当 $t = t_1 > T_0$ 时，对应的荷载仍为 p，这时修正后的沉降量 s_2 应等于突加荷载 p 经过 $t_2 - \frac{T_0}{2}$时的沉降量 s''。

从图 4-25 中可以看出，随着 t_2 的增加，修正曲线 d 与计算曲线 c 会越来越接近。

复习思考题

4-1　土体的压缩如何形成？

4-2 什么叫渗透固结?

4-3 如何根据压缩曲线比较两种土的压缩性?

4-4 如何用压缩模量判断土的压缩性?

4-5 某土样原始高度 $h_0=20$ mm,直径 $d=64$ mm,已知土粒容重 $\gamma_s=26.7$ kN/m^3。试验后,测得土样干重 $W_s=0.870$ N,压缩试验的结果如表4-13所列。

表4-13 压缩试验结果

荷载(kPa)	0	50	100	200	300	400
压缩量 Δs(mm)	0	0.903	1.287	1.865	2.262	2.541

试计算压缩曲线资料,并绘制 e—p 曲线,确定该土样的压缩系数 $\alpha_{0.1\sim0.2}$ 及压缩模量 $E_{s(0.1\sim0.2)}$,并评定压缩性。如已知 $\mu=0.32$,试求其变形模量 E_0 值。

4-6 一土层厚为2 m,若已知建筑物建造前该土层上作用的平均自重应力为20 kPa,建筑物建造完成后,作用在该土层上的平均总应力增至280 kPa,该土层的压缩试验资料同习题4-5,求该土层的压缩量。

4-7 某现场荷载试验,荷载板的尺寸为0.5 m×0.5 m,已知土的侧向膨胀系数 $\mu=0.25$,试验结果如表4-14所列。试绘出 p—s 曲线,并计算土的变形模量 E_0。

表4-14 现场荷载试验结果

荷载(kPa)	0	100	200	300	400	500	600	700	800	820
压缩量 Δs(mm)	0	4.6	9.1	13.6	18.1	22.6	33.3	50.1	95	320

4-8 已知一土样厚为30 mm,原始孔隙比 $e=0.765$,当荷载为0.1 MPa时,$e_1=0.707$,在0.1~0.2 MPa荷载段内的压缩系数 $\alpha_{0.1\sim0.2}=0.24$ MPa^{-1},求:

(1)土样的无侧向膨胀压缩模量 $E_{s(0.1\sim0.2)}$;

(2)当荷载为0.2 MPa时,土样的总变形量;

(3)当荷载由0.1 MPa增至0.2 MPa时,土样的压缩量。

4-9 某跨线桥桥墩基础的基底为矩形,长边为 $a=12$ m,短边为 $b=5$ m,基础埋深为4 m,受竖直中心荷载 $P=16\ 200$ kN的作用,地基为中砂和黏土层,有关地质资料如图4-26所示。中砂和黏土层的压缩曲线资料如表4-15所列,试用分层总和法计算基础的总沉降量。

表4-15 压缩曲线资料

土名	荷载 p					
	0	50	100	200	300	350
	e					
中砂	0.605	0.575	0.562	0.550	0.545	0.542
黏土	0.880	0.815	0.790	0.755	0.740	0.735

4-10 一矩形基础基底的尺寸为 10 m×8 m,承受竖向中心荷载 $P=22\ 400$ kN,基础埋置深度为 3 m,地基土质情况如图 4-27 所示,黏土层的压缩曲线资料如表 4-16 所列。试求黏土层固结沉降量及计算 1 个月和半年期的沉降量,渗透系数为 0.010 m/a。

表 4-16 黏土层压缩曲线资料

荷载(kPa)	0	50	100	200	300
孔隙比	1.050	0.973	0.930	0.887	0.870

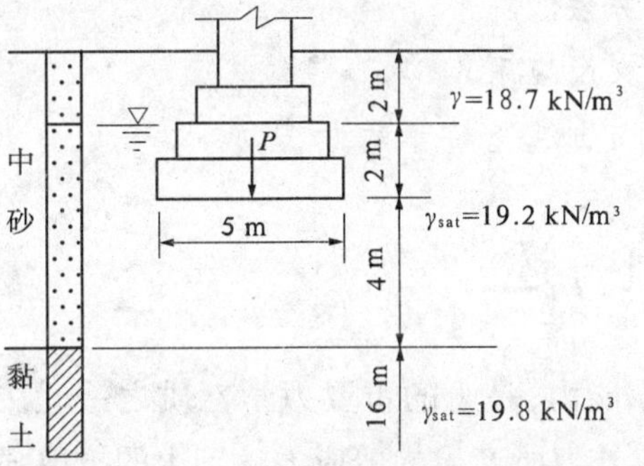

图 4-26 题 4-9 图

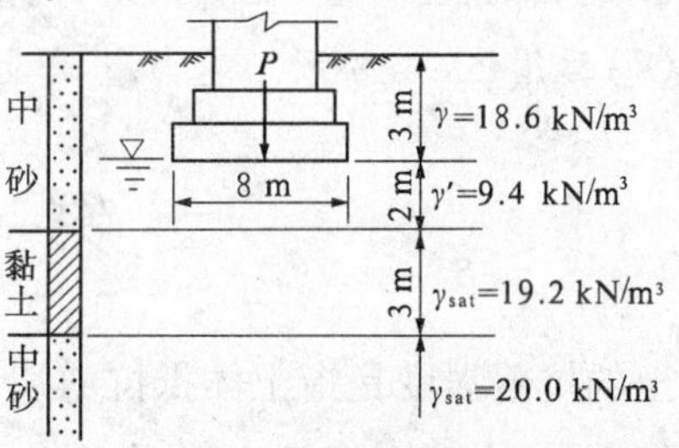

图 4-27 题 4-10 图

4-11 设厚度为 10 m 的黏土层的边界条件如图 4-28 所示,上下层面处均为排水砂层,地面上作用着无限均布荷载 $p=196.2$ kPa。已知黏土层的初始孔隙比 $e_0=0.9$,压缩系数$\alpha=0.25\ \mathrm{MPa}^{-1}$,渗透系数 $k=2$ cm/a。

试求:(1)荷载加上 1 年后,地基的沉降量是多少?

(2)加荷后历时多久,黏性土的固结度达到 90%?

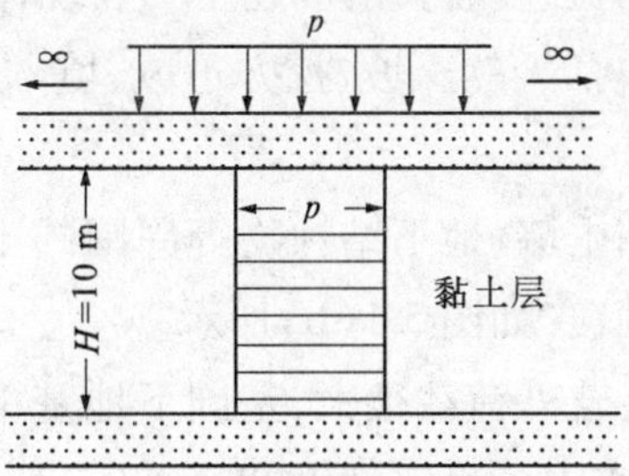

图 4-28 题 4-11 图

第五章　土的抗剪强度与地基承载力

本章重点

(1)土的抗剪强度定律和极限平衡条件。

(2)直剪仪和三轴仪测定土抗剪强度指标的方法。

(3)地基临塑荷载、临界荷载、极限荷载的意义及应用。

(4)运用《公路桥涵地基与基础设计规范》确定地基容许承载力。

第一节　概　述

土的抗剪强度是指土体抵抗剪切破坏的极限能力,是土的重要力学性质之一。在外荷载作用下,土体中将产生剪切变形,当土中某点外力所产生的剪应力达到土的抗剪强度时,土就沿着剪应力作用方向产生相对滑动,该点便发生剪切破坏。剪切破坏的特征是土体中的一部分与另一部分沿着某一裂面发生相对滑动。土的强度问题实际上就是土的抗剪强度问题。

土的抗剪强度指标不仅与土的种类及其性状有关,还与土样的天然结构是否被破坏,抗剪强度试验时的排水条件(受剪前固结状况和受剪时排水状况)是否符合现场条件有关。因此,抗剪强度指标并不是固定不变的。

在实际工程中,与土的抗剪强度有关的问题主要表现在以下三方面:

第一,土坡稳定性问题:包括天然土坡、挖方边坡、填方边坡(如路基、土坝等)等的稳定性问题,如图5-1(a)所示。

第二,土压力问题:包括挡土墙、地下结构物等周围的土体对其产生的侧向压力可能导致这些构造物发生滑动或倾覆,如图5-1(b)所示。

第三,地基的承载力问题:若外荷载很大,基础下地基中的塑性变形区扩展成一个连续的滑动面,使得建筑物整体丧失了稳定性,如图5-1(c)所示。

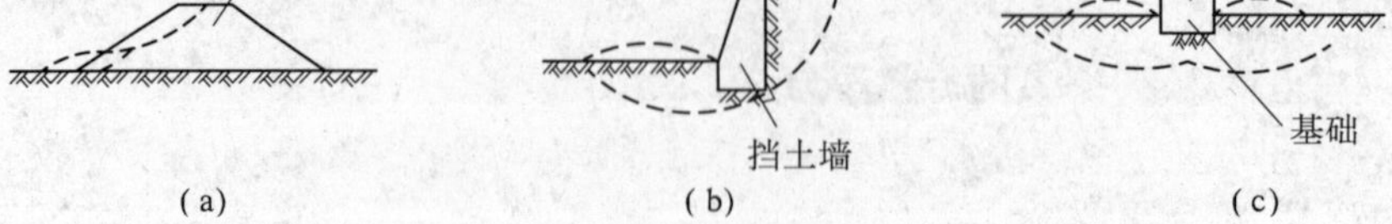

图5-1　工程中土的抗剪强度问题

第二节 土的抗剪强度与极限平衡条件

一、抗剪强度的库仑定律

1776 年,法国的库仑(Coulomb)根据砂土的试验结果,如图 5-2(a)所示,将土的抗剪强度 τ_f(kPa)表达为滑动面上法向总应力 σ(kPa)的函数,即

$$\tau_f = \sigma\tan\varphi \tag{5-1}$$

以后又根据黏性土的试验结果(如图 5-2(b)所示),提出了更为普遍的抗剪强度表达式:

$$\tau_f = c + \sigma\tan\varphi \tag{5-2}$$

式中 τ_f——土的抗剪强度,kPa;

σ——剪切滑动面上的法向应力,kPa;

c——土的黏聚力(内聚力),kPa;

φ——土的内摩擦角,(°)。

式(5-1)和式(5-2)统称为库仑公式,或库仑定律,c、φ 称为抗剪强度指标(参数)。将库仑公式表示在 τ_f—σ 坐标中,其形式为两条直线,如图 5-2 所示。

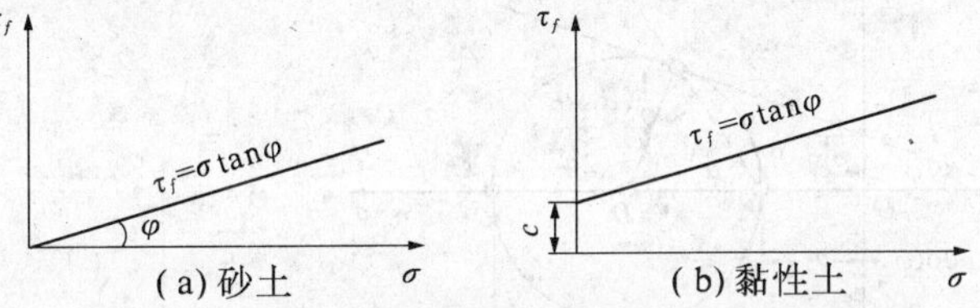

图 5-2 土的抗剪强度与法向应力之间的关系

由库仑公式可以看出,砂土的抗剪强度由内摩阻力构成,而黏性土的抗剪强度由内摩阻力和黏聚力两个部分所构成。

砂土的抗剪强度与剪切面上的法向应力成正比,其本质是土粒之间的滑动摩擦以及凹凸面间的镶嵌作用所产生的摩阻力,其大小决定于土粒表面的粗糙度、土的密实度以及颗粒级配等因素。黏性土的抗剪强度由两部分组成,一部分是摩擦力(与法向应力成正比例);另一部分是土粒之间的黏聚力,它是由于黏性土颗粒之间的胶结作用和静电引力效应等因素引起的。

近代土力学中,人们逐渐认识到只有有效应力在抗剪切破坏中起到真正的作用,因此上述定律又改写为:

$$\tau_f = c' + \sigma'\tan\varphi' \tag{5-3}$$

式中 σ'——剪切破裂面上的有效法向应力;

c'——土的有效黏聚力;

φ'——土的有效内摩擦角。

为了区别式(5-2)和式(5-3),前者称为总应力抗剪强度公式,后者称为有效应力抗剪强度公式。

二、极限平衡条件

当土体中任意一点在某一平面上的剪应力达到土的抗剪强度时，就发生剪切破坏，该点也处于极限平衡状态。

如果已知地基中可能发生剪切破坏的位置，并且能够计算出作用于该面上的剪应力 τ 和正应力 σ，根据库仑定律 $\tau_f = c + \sigma\tan\varphi$ 就可判断出该位置是否快要发生剪切破坏。

根据材料力学，设某一土体单元上作用着的大、小主应力分别为 σ_1 和 σ_3，在土体内与大主应力 σ_1 作用平面成任意角 α 的平面 α—α 上的正应力 σ 和剪应力 τ，可用 τ—σ 坐标系中直径为 $\sigma_1 - \sigma_3$ 的摩尔应力圆上的一点（逆时针旋转 2α，如图 5-3 中的 A 点）的坐标大小来表示，即

$$\sigma = \frac{1}{2}(\sigma_1 + \sigma_3) + \frac{1}{2}(\sigma_1 - \sigma_3)\cos 2\alpha \tag{5-4a}$$

$$\tau = \frac{1}{2}(\sigma_1 - \sigma_3)\sin 2\alpha \tag{5-4b}$$

为了判断土中某点是否达到极限平稳状态，可把土的抗剪强度线与土中某点的应力圆画在同一坐标图上，如图 5-4 所示。此点的应力状态有可能是下述三种情况：

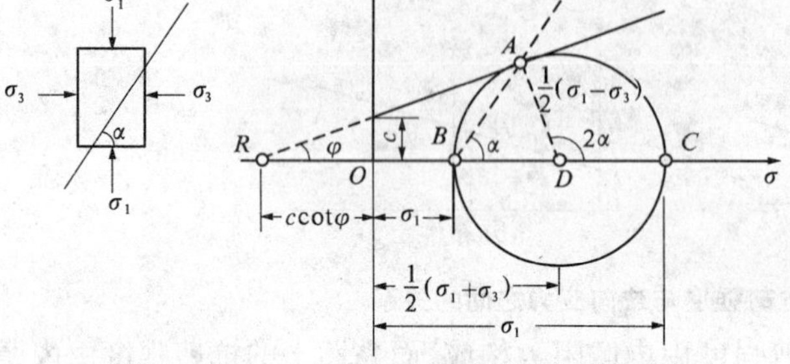

（a）微单元体　（b）极限平衡状态时的摩尔圆

图 5-3　土体中一点达极限平衡状态时的摩尔圆

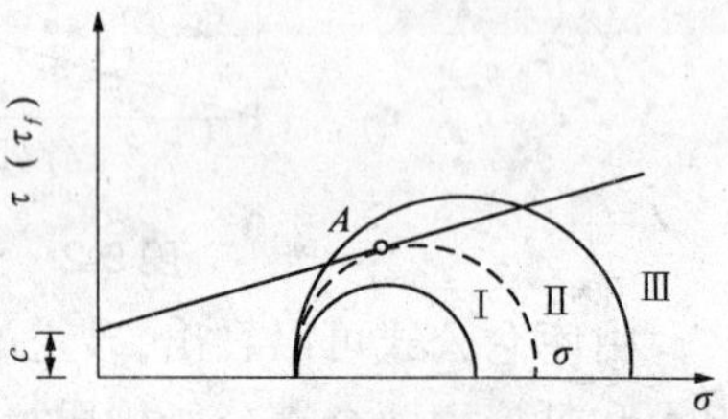

图 5-4　摩尔破坏包线与摩尔应力圆之间关系

（1）抗剪强度线与应力圆相离，整个摩尔圆位于抗剪强度包线的下方（圆Ⅰ），即该点的任意方向平面上的剪应力均小于对应的抗剪强度（即 $\tau < \tau_f$），因此该点的强度是足够的，土体中这一点处于弹性状态，不会发生剪切破坏。

（2）抗剪强度线与应力圆相割，抗剪强度包线是摩尔圆的一条割线（圆Ⅲ），实际上这种情况是不存在的，因为该点任何方向上的剪应力都不可能超过土的抗剪强度（不存在 $\tau > \tau_f$ 的情况）。

（3）摩尔圆与抗剪强度包线相切（圆Ⅱ），切点为 A，说明在 A 点所代表的平面上，剪应力正好等于抗剪强度（$\tau = \tau_f$），该点就处于极限平衡状态。圆Ⅱ称为极限应力圆。

根据极限应力圆与抗剪强度包线相切的几何关系，可建立下列方程：

$$\sin\varphi = \frac{\overline{AD}}{\overline{DR}} \tag{5-5}$$

其中

$$\overline{AD} = \frac{\sigma_1 - \sigma_3}{2}$$

$$\overline{DR} = \frac{\sigma_1 + \sigma_3}{2} + c \cdot \cot\varphi$$

代入式(5-5)得

$$\sin\varphi = \frac{\sigma_1 - \sigma_3}{\sigma_1 + \sigma_3 + 2c \cdot \cot\varphi} \tag{5-6}$$

式(5-6)经过数学变换可得

$$\sigma_1 = \sigma_3 \tan^2\left(45° + \frac{\varphi}{2}\right) + 2c\tan\left(45° + \frac{\varphi}{2}\right) \tag{5-7}$$

$$\sigma_3 = \sigma_1 \tan^2\left(45° - \frac{\varphi}{2}\right) - 2c\tan\left(45° - \frac{\varphi}{2}\right) \tag{5-8}$$

由于此时土体处于极限平衡状态,故式(5-7)和式(5-8)称为土的极限平衡条件。

第三节　土的抗剪强度试验方法

土的抗剪强度指标包括内摩擦角 φ 和黏聚力 c,测定抗剪强度指标的试验方法有多种,常用的方法有直接剪切试验、无侧限压缩试验、三轴剪切试验、十字板剪切试验等,目前室内最常用的有直接剪切试验和三轴压缩试验。

一、直接剪切试验

直接剪切试验是测定土抗剪强度的最简单方法,所使用的仪器称为直剪仪,按加荷方式的不同,直剪仪可分为应变控制式和应力控制式两种。应变控制式是等速水平推动试样产生位移测定相应的剪应力;应力控制式则是对试样分级施加水平剪应力测定相应的位移。我国目前普遍采用的是应变控制式直剪仪,如图 5-5 所示。

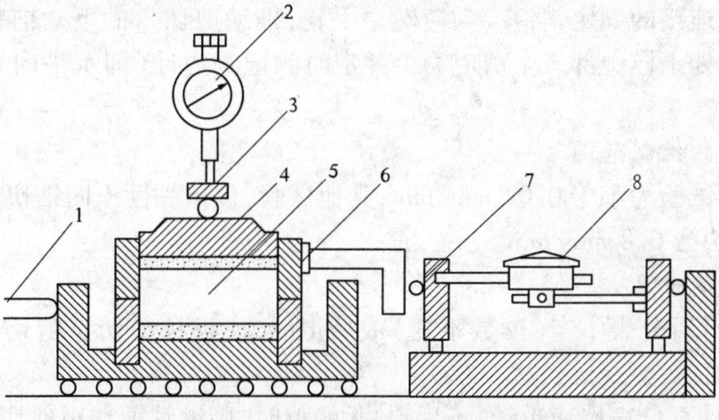

图 5-5　应变控制式直剪仪示意图

1—推动座;2—垂直位移百分表;3—垂直加荷框架;4—活塞;5—试样;6—剪切盒;7—测力计;8—测力百分表

(一)仪器设备

(1)应变控制式直剪仪 :由剪切盒(分上盒和下盒)、垂直加荷设备、剪切传动装置、测力计、位移量测系统组成,如图 5-5 所示。

(2)环刀:内径 61.8 mm,高 20 mm。

(3)位移量测设备:百分表或传感器,百分表量程应为 10 m,分度值为 0.01 m,传感器的精度应为零级。

(二)试样制备

按《公路土工试验规程》中的要求制备试样,每组试样不得少于 4 个,用环刀仔细切取土样,并测定土的密度与含水量,要求同组试样之间的密度差值不大于 0.03 g/cm^3,含水量差值不大于 2%。

(三)试验步骤

1. 安装试样

对准剪切盒的上盒与下盒,插入固定销钉,在下盒底部放一块透水石,透水石上铺一张滤纸。将带试样的环刀刃口向上,环刀平口朝下,对准剪切盒口,用推土器小心地将试样推入剪切盒内。再在试样顶面安放一张滤纸,上放一块透水石。

2. 测记初始读数

转动手轮(剪切传动装置),剪切盒向前移动,使其上盒前端钢珠刚好与测力计(即弹性量力环)接触。在剪切盒顶部透水石上,依次加上刚性传压板、加压框架,并安装竖向位移量测装置,测记初始读数。为计算简便,可将百分表初始读数调为零。

3. 施加竖向压力

(1)根据工程实际和土的软硬程度,施加第一级竖向压力的数值,通常 $\sigma_1 = 100$ kPa。

(2)为防止试样含水量蒸发,对于饱和试样,应向剪切盒内注水;而对于非饱和试样,不注水,只在加压板周围包以湿棉花。

(3)若进行黏性土的慢剪试验,在施加竖向压力后,使试样固结稳定,才能施加水平荷载进行剪切。试样固结稳定的标准为每 1 h 竖向变形值不大于 0.05 mm。

4. 施加水平剪切荷载

拔去上下盒连接的固定销钉。匀速转动手轮,推动剪切盒的下盒前移,使剪切盒上、下盒之间的开缝处土样中部产生剪应力。并定时测记测力计(即水平向)百分表读数,直至土样剪损。

5. 剪切速度的控制范围

黏性土慢剪试验为小于 0.02 mm/min;其他试验,包括黏性土固结快剪试验与快剪试验及砂土试验,均为 0.8 mm/min。

6. 终止试验的标准

(1)当测力计百分表不走(读数不变)或后退时,应继续剪切至剪切位移为 4 mm 时停止,记下破坏值。

(2)当测力计百分表慢速走动,不后退,无峰值时,则继续剪切至剪切位移达 6 mm 时停止,记下破坏值。

7. 测定剪切后试样含水量

(1)剪切结束,吸掉剪切盒内积水;

(2)反转手轮,退去剪切力;卸除砝码和加压框架,卸除竖向压力;

(3)取出试样,测定试样剪切后含水量。

(4)同组试样竖向压力由第一个试样为 100 kPa,逐级增加到第二个试样变为 200 kPa,第三个试样为 300 kPa, 第四个试样为 400 kPa,分别重复上述试验步骤。每组试验不得少于 4 个试验数据。如其中一个试样异常,则应补做一个试样。

(四)试验成果整理

(1)剪切位移 Δl 应按下式计算:

$$\Delta l = \Delta_1 n - R \tag{5-9}$$

式中 Δl——剪切位移,精确到 0.01 mm;

Δ_1——手轮转一圈的位移量,精确到 0.01 mm;

n——手轮转动的圈数;

R——测力计读数,精确到 0.01mm。

(2)剪应力 τ 或抗剪强度 τ_f 应按下式计算:

$$\tau = CR \tag{5-10}$$

$$\tau_f = CR \tag{5-11}$$

式中 τ——试样的剪应力,kPa;

τ_f——试样的抗剪强度,kPa;

C——测力计校正系数,kPa/0.01mm。

(3)绘制抗剪强度与垂直压力的关系曲线,在图 5-6 中的曲线上取峰值或终值作为抗剪强度 τ_f。以垂直压力 σ 为横坐标,抗剪强度 τ_f 为纵坐标,在直角坐标系中绘制 τ_f—σ 曲线,如图 5-6 所示。4 个试样可以得到 4 个点,基本落在一条直线上。此直线称为抗剪强度曲线,该曲线与纵坐标的截距 c 称为土的黏聚力,单位为 kPa;该曲线与横坐标的夹角 φ,称为土的内摩擦角,单位为度。c 和 φ 即为该试验所要得到的土体的两个抗剪强度指标。

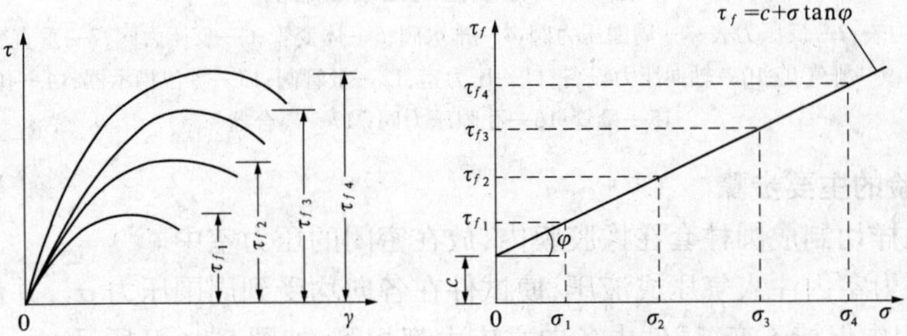

(a)剪应力—剪应变关系　　(b)抗剪强度—法向应力关系

图 5-6　直剪试验曲线

二、三轴剪切试验

三轴剪切试验又称三轴压缩试验,是测定土的抗剪强度指标 c 和 φ 的一种较完善的方法。

该试验克服了直剪试验中土样应力条件不能与工程实际相适应,固结条件不能严格控制,剪切面做了人为固定等许多不足之处。三轴剪切试验也是现行《公路土工试验规程》规定使用的方法之一。

(一)仪器设备

三轴压缩试验所用的仪器有三轴剪切仪、击实器、饱和器、切土器、分样器、切土盘、承膜筒、对开圆膜等。三轴剪切仪是最主要的仪器,构造如图 5-7 所示,其他设备用来制备圆柱体试样和安装试样,并在试样外包橡皮膜。

三轴剪切仪主要由三个部分组成:主机、稳压系统以及量测系统。

(1)主机部分包括压力室、加荷系统等,压力室是由上盖、底座以及透明有机玻璃圆筒组成的密闭容器,压力室底座通常有 3 个孔,分别与稳压系统以及体积变形和孔隙水压力量测系统相连。

(2)稳压系统由压力泵、调压阀和压力表组成。试验时通过压力室施加周围压力,并在试验过程中根据不同的试验要求对压力予以控制或调节。

(3)量测系统由排水管、体变管和孔隙水压力量测装置等组成。

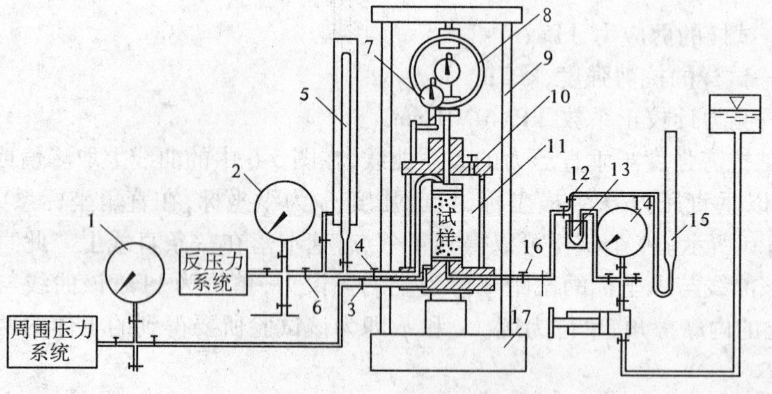

图 5-7　应变控制三轴压缩仪

1—周围压力表;2—反压力表;3—周围压力阀;4—排水阀;5—体变管;6—反压力阀;7—垂直变形百分表;8—量力环;9—排气孔;10—轴向压力设备;11—压力室;12—量管阀;13—零位指示器;14—孔隙压力表;15—量管;16—孔隙压力阀; 17—离合器

(二)试验的主要步骤

(1)将土样切制成圆柱套在橡胶膜内,放在密闭的压力室中。

(2)向压力室内注入气压或液压,使试件在各向均受到周围压力 σ_3,并使周围压力在整个试验过程中保持不变,试件内各向主应力都相等,如图 5-8(a)所示。

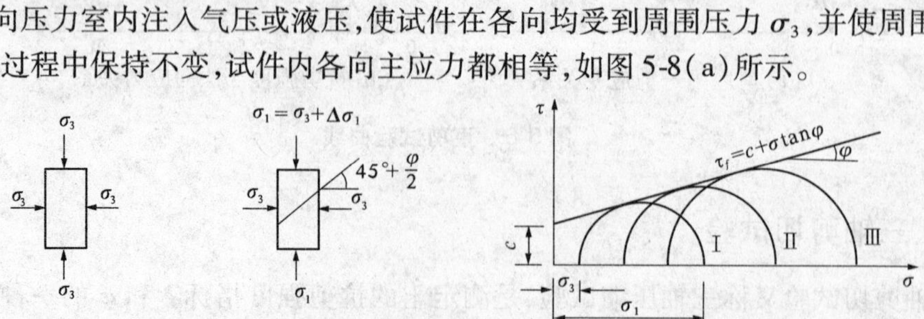

(a) 试样受周围压力　(b) 破坏时试样的主应力　(c) 摩尔破坏包线

图 5-8　三轴压缩试验原理

(3)通过轴向加荷系统对试件施加竖向压力,当作用在试件上的水平向压力保持不变,而竖向压力逐渐增大时,试件终因受剪而破坏,如图 5-8(b)所示。

(4)剪切破坏时加在试件上的竖向压应力为 $\Delta\sigma_1$,则试件上的大主应力为 $\sigma_1=\sigma_3+\Delta\sigma_1$,而小主应力为 σ_3。

(5)根据 σ_1 和 σ_3 作一个极限应力圆,如图 5-8(c)中的圆 Ⅰ。

(6)用同一种土样的若干个试件(三个以上)分别在不同的周围压力 σ_3 下进行剪切,可得一组摩尔极限应力圆,并作一公切线,由线可求得土的抗剪强度指标 c 和 φ 值。

(三)试验方法

土的抗剪强度指标 c 与 φ 值,除了受土的物理化学性质影响,还与孔隙水的压力有关。根据土样剪切固结的排水条件和剪切时的排水条件,三轴试验可分为三种试验方法,三种不同的试验条件得到相应的抗剪强度指标 c 和 φ 值。

1. 不固结不排水剪试验(UU)

不固结不排水剪试验又称快剪试验。先向土样施加周围压力 σ_3,随后即施加竖向应力 $\Delta\sigma_1$ 直至剪切破坏,整个试验过程中都不允许排水,自始至终关闭排水阀门,这样土中的含水量始终保持不变,孔隙水压力也不可能消散。

这种试验方法所对应的实际工程条件相当于饱和软黏土中快速加荷时的应力状况,得到的抗剪强度指标是 c_u 和 φ_u。

2. 固结不排水剪试验(CU)

固结不排水剪试验又称固结快剪。先向土样施加周围压力 σ_3,并打开顶孔隙水压力阀,测定孔隙水压力,然后打开排水阀,排除试样中孔隙水,待固结稳定后关闭排水阀,最后再施加轴向压力 ΔG_1,使试样在不排水条件下受剪直至破坏。

这种试验方法所对应的实际工程条件是一般正常固结土层竣工时或以后受到大量、快速的活荷载或新增加的荷载的作用时所对应的受力状况,得到的抗剪强度指标是 c_{cu} 和 φ_{cu}。

3. 固结排水剪试验(CD)

固结排水剪试验又称慢剪试验。该方法是使试样先在某一周围压力 σ_3 作用下排水固结,然后在允许试样充分排水的情况下增加轴向压力 $\Delta\sigma_1$ 直至破坏。在整个试验过程中水阀门,甚至包括孔隙压力阀门一直打开着,得到的抗剪强度指标是 c_d 和 φ_d。

第四节 地基容许承载力的确定

地基承载力是指地基土单位面积上所能承受荷载的能力,以 kPa 计,通常把地基不致失稳时地基土单位面积上所能承受的最大荷载称为极限承载力。由于工程设计中必须确保地基有足够的稳定性,必须限制建筑物基础基底的压力,使其不超过地基的容许承载力,因此地基容许承载力就是考虑一定安全储备后的地基承载力。

地基容许承载力是指地基土在外荷载的作用下,不产生剪切破坏且基础沉降量不超过允许值时,单位面积所能承受的最大荷载。

确定地基承载力,首先要分析地基的变形破坏过程。

一、地基剪切破坏的三个阶段

根据荷载试验结果,结合 p—s 曲线,如图 5-9 所示,可以把地基变形破坏分为三个阶段:压密阶段、局部剪切变形阶段和整体剪切破坏阶段。

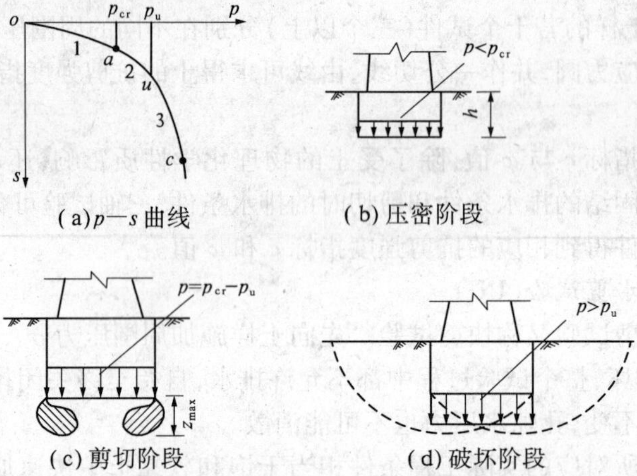

图 5-9　地基破坏过程三个阶段

(一)压密阶段

相当于 p—s 曲线上的 oa(1)段。在这一阶段,p—s 曲线近于直线,地基中各点的剪应力均小于地基土的抗剪强度,地基土处于弹性平衡状态,如图 5-9(b)所示。基础沉降的主要原因是土颗粒互相挤密、空隙减小,地基土产生压缩变形。把 p—s 曲线上相应于 a 点的荷载称为比例界限。

(二)局部剪切阶段

相应于 p—s 曲线上的 au(2)段。在此阶段,变形的增加率随荷载的增加而增大,p—s 曲线向下弯曲。其原因是在地基土中的局部区域内,发生剪切变形,如图 5-9(c)所示。这些区域称为塑性变形区。随着荷载的继续增加,土中塑性变形区的范围逐渐增大,直到土中形成连续的滑动面,由荷载板两侧挤出而破坏。相应于 p—s 曲线上 u 点的荷载称为极限荷载 p_u。

(三)破坏阶段

相应于 p—s 曲线上的 uc(3)段。当荷载增加到某一极限时,地基变形突然增大,说明地基土中的塑性变形区已形成了与地面贯通的连续滑动面,如图 5-9(d)所示,地基土向基础一侧或两侧挤出,地面隆起,地基整体失稳,基础急剧下沉。

p—s 曲线中的 a 和 u 点是变形由一个阶段过渡到另一个阶段的两个特征分界点。a 点对应的荷载是地基中即将出现塑性变形区的荷载,称为临塑荷载;u 点对应的荷载 p_u 是地基将要发生整体剪切破坏的荷载,称为极限荷载。显然,以 p_u 作为地基的容许承载力是极不安全的,而将临塑荷载作为地基的容许承载力,有时又偏于保守,因为荷载 p 大于 p_{cr}时,只要保证塑性区最大深度不超过某一界限,地基就不会形成连通的滑动面,就不会发生整体剪切破坏。实践表明,地基土中塑性变形区的最大深度 z_{max} 达到 1/4 ~ 1/3 的基础宽度时，地基仍是安全的。与塑性区最大深度 z_{max} 相对应的荷载强度，称为临界荷载。

在基础设计中，要求地基压应力的计算值不超过地基容许承载力。地基容许承载力的确定，一般可通过如下三种途径：①利用现场荷载试验成果；②利用理论公式；③按公路桥涵设计规范方法。

二、现场荷载试验确定地基容许承载力

利用现场荷载试验确定地基容许承载力，即利用荷载试验所得的 p—s 曲线来确定地基的容许承载力。

(1)对于密实砂土、一般硬黏土等低压缩性土，其 p—s 曲线通常有较明显的直线段，如图5-10中曲线Ⅰ，一般可用直线段末端 a 点所对应的临塑荷载 p_{cr} 作为地基的容许承载力。

(2)对于稍松的砂土、新填土、可塑性黏土等中高压缩性土，其 p—s 曲线没有明显的直线段和转折点，如图5-10中曲线Ⅱ，这种地基上的建筑物，沉降量很大，故用相对沉降量进行控制。一般采用压缩变形量为 $0.02b$ 所对应的荷载 $p_{0.02}$ 作为地基的容许承载力。

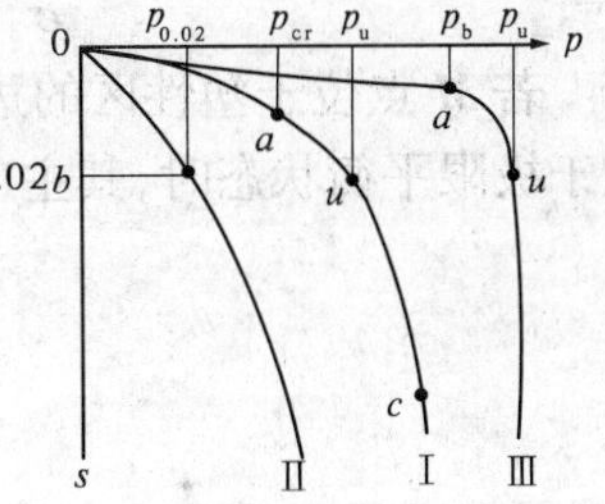

图5-10　荷载试验的 p—s 曲线

(3)对于少数硬黏土，临塑荷载 p_{cr} 接近极限荷载 p_u，如图5-10中曲线Ⅲ，可取 p_u/K(K 为安全系数，取 $K=2$)作为地基的容许承载力。

但应指出，地基承载力还与基础的形状、底面尺寸、埋置深度等有关，由于荷载试验是承压板尺寸远小于实际地基的底面尺寸，因此用上述方法确定的地基容许承载力是偏于保守的。

三、理论公式确定地基容许承载力

地基容许承载力的理论公式主要依据为土的强度理论，由于土的性质非常复杂，理论公式都作了一些简化和假定，一般假定地基土为均质材料，并由条形基础均布荷载作用推导得出。

(一)塑性区边界方程的推导

在推导临塑荷载及临界荷载公式时，先要求得土中塑性区边界的表达式。

如图5-11(a)所示，其条件是地基表面作用条形均布荷载 p，计算土中任意点 M 由 p 引起的最大主应力 σ_1 与最小主应力 σ_3 时，可按有关均布条形荷载作用下的附加应力公式计算：

$$\frac{\sigma_1}{\sigma_3} = \frac{p_0}{\pi}(2\alpha \pm \sin2\alpha) \tag{5-12}$$

若条形基础的埋置深度为 D，如图5-11(b)所示，计算基底下深度 z 处 M 点的主应力时，可将作用在基底水平面上的荷载(包括作用在基底的均布荷载 p，以及基础两侧埋置深度 D 范围内土的自重压力 γD)，分解为如图5-11(c)所示两部分，即无限均布荷载 γD

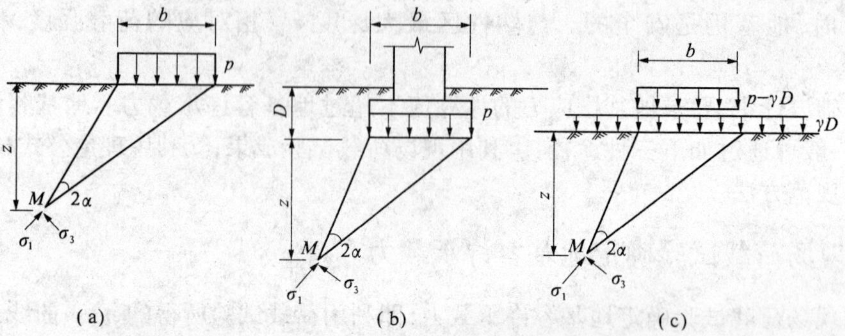

图 5-11 条形荷载下的地基应力

以及基底范围内的均布荷载$(p-\gamma D)$。这时，假定土的侧压力系数 $K_0=1$，即土的重力产生的压应力如同静水压力一样，在各个方向是相等的，均为 $\gamma(D+z)$。这样，当基础在埋置深度 D 时，土中任意点 M 的主应力为

$$\frac{\sigma_1}{\sigma_3}=\frac{p-\gamma D}{\pi}(2\alpha \pm \sin 2\alpha)+\gamma(D+z) \tag{5-13}$$

若 M 点位于塑性区的边界上，它就处于极限平衡状态。根据式(5-6)知道，土中某点处于极限平衡状态时，其主应力间满足下述条件：

$$\sin\varphi=\frac{\sigma_1-\sigma_3}{\sigma_1+\sigma_3+2c\cot\varphi} \tag{5-14}$$

$$\sin\varphi=\frac{\frac{p-\gamma D}{\pi}\sin 2\alpha}{\frac{p-\gamma D}{\pi}2\alpha+\gamma(D+z)+c\cot\varphi} \tag{5-15}$$

整理后得：

$$z=\frac{p-\gamma D}{\gamma\pi}\left(\frac{\sin 2\alpha}{\sin\varphi}-2\alpha\right)-\frac{c\cot\varphi}{\gamma}-D \tag{5-16}$$

公式(5-16)就是土中塑性区边界线的表达式。若已知 b、p、D、γ、c、φ，M 点的位置(z、2α)确定，且符合式(5-16)，则该点必处于极限平衡状态。所以，式(5-16)又称为塑性区的界线方程。

(二)临塑荷载及临界荷载计算

在条形均布荷载 p 作用下，计算地基中塑性区开展的最大深度 z_{max} 值时，根据极值条件有

$$\frac{dz}{d\alpha}=0 \tag{5-17}$$

即

$$\frac{dz}{d\alpha}=\frac{2(p-\gamma D)}{\gamma\pi}\left(\frac{\cos 2\alpha}{\sin\varphi}-1\right)=0 \tag{5-18}$$

解得：

$$\cos 2\alpha=\sin\varphi \tag{5-19}$$

或

$$2\alpha=\frac{\pi}{2}-\varphi \tag{5-20}$$

将公式(5-20)中的 2α 值代入公式(5-16)，即得地基中塑性区开展最大深度的表达式

为

$$z_{\max} = \frac{p - \gamma D}{\gamma\pi}\left[\cot\varphi - \left(\frac{\pi}{2} - \varphi\right)\right] - \frac{c\cot\varphi}{\gamma} - D \tag{5-21}$$

由上式可得到相应的基底均布荷载 p 的表达式：

$$p = \frac{\pi}{\cot\varphi + \varphi - \dfrac{\pi}{2}}\gamma z_{\max} + \frac{\cot\varphi + \varphi + \dfrac{\pi}{2}}{\cot\varphi + \varphi - \dfrac{\pi}{2}}\gamma D + \frac{\pi\cot\varphi}{\cot\varphi + \varphi - \dfrac{\pi}{2}}c \tag{5-22}$$

式(5-22)就是计算临塑荷载及临界荷载的基本公式。

如令 $z_{\max} = 0$，代入式(5-22)，此时的基底压力 p 即为临塑荷载 p_{cr}，得其计算公式为：

$$p_{cr} = N_q\gamma D + N_c c \tag{5-23}$$

式中：

$$N_q = \frac{\cot\varphi + \varphi + \dfrac{\pi}{2}}{\cot\varphi + \varphi - \dfrac{\pi}{2}} \tag{5-24}$$

$$N_c = \frac{\pi\cot\varphi}{\cot\varphi + \varphi - \dfrac{\pi}{2}} \tag{5-25}$$

若地基中允许塑性区开展的深度 $z_{\max} = b/4$（b 为基础宽度），代入式(5-22)，则得其相应的临界荷载 $p_{\frac{1}{4}}$ 的计算公式为：

$$p_{\frac{1}{4}} = \gamma b N_\gamma + \gamma D N_q + c N_c \tag{5-26}$$

式中　N_γ——$N_\gamma = \dfrac{\pi}{4\left(\cot\varphi + \varphi - \dfrac{\pi}{2}\right)}$；

　　其他符号意义同前。

N_q、N_c、N_γ 称为承载力系数，它只与土的内摩擦角 φ 有关，可从表 5-1 查用。

【例 5-1】　有一条形基础，基础宽度 $b = 3$ m，埋置深度 $h = 2$ m，已知土的内摩擦角 $\varphi = 15°$，黏聚力 $c = 15$ kPa，容重 $\gamma = 18$ kN/m^3。求此基础下的临塑荷载 p_{cr} 及临界荷载 $p_{\frac{1}{4}}$。

解：已知土的内摩擦角 $\varphi = 15°$，由表 5-1 查得承载力系数 $N_\gamma = 0.33$、$N_q = 2.30$、$N_c = 4.85$。

由式(5-23)得临塑荷载为：

$$p_{cr} = N_q\gamma h + N_c c = 2.3 \times 18 \times 2 + 4.85 \times 15 = 155.6(\text{kPa})$$

由式(5-26)得临界荷载 $p_{\frac{1}{4}}$ 为：

$$\begin{aligned} p_{\frac{1}{4}} &= \gamma b N_r + \gamma h N_q + c N_c \\ &= 0.33 \times 18 \times 3 + 2.3 \times 18 \times 2 + 4.85 \times 15 = 173.4(\text{kPa}) \end{aligned}$$

表 5-1 临塑荷载 p_{cr} 及临界荷载 $p_{\frac{1}{4}}$ 的承载力系数 N_γ、N_q、N_c 值

φ(°)	N_γ	N_q	N_c	φ(°)	N_γ	N_q	N_c
0	0	1.00	3.14	22	0.61	3.44	6.04
2	0.03	1.12	3.32	24	0.72	3.87	6.45
4	0.06	1.25	3.51	26	0.84	4.37	6.90
6	0.10	1.39	3.71	28	0.98	4.93	7.40
8	0.14	1.55	3.93	30	1.15	5.59	7.95
10	0.18	1.73	4.17	32	1.34	6.35	8.55
12	0.23	1.94	4.42	34	1.55	7.21	9.22
14	0.29	2.17	4.69	36	1.81	8.25	9.97
16	0.36	2.43	5.00	38	2.11	9.44	10.80
18	0.43	2.72	5.31	40	2.46	10.84	11.73
20	0.51	3.06	5.66	45	3.66	15.64	14.64

(三)极限荷载计算

极限荷载的理论计算公式很多,主要有极限平衡理论法和假定滑动面法,但极限平衡理论计算极限荷载时,无法求得其解析解,而只能用数值计算方法求解,这就使计算的工作量很大,在实践中应用很不方便。而按照假定滑动面法就比较方便,但目前也没有得到一致公认的公式,本节介绍太沙基(K. Terzaghi,1943)公式作为参考。

太沙基提出了确定条形浅基础的极限荷载公式。太沙基认为从实用考虑,当基础的长度比 $l/b \geqslant 5$ 及基础的埋置深度 $h \leqslant b$ 时,就可视为是条形浅基础。基底以上的土体看做是作用在基础两侧的均布荷载 $q=\gamma h$。当地基发生滑动时,滑动面的形状两端为直线,中间为曲线,左右对称,如图 5-12 所示。将滑动土体分为三个区:Ⅰ区——位于基础底面下的土楔 ABC。由于土体与基础粗糙的底面之间存在很大的摩擦阻力,此区的土体不发生剪切位移,处于弹性压密状态,滑动面与基础底面之间的夹角为土的内摩擦角 φ。Ⅱ区——对称位于Ⅰ区左右下方,其滑动面为对数螺旋线 CD、CE。Ⅰ区正中底部的 B 点处对数螺旋线的切线方向为竖向,C 点处对数螺旋线的切线方向与水平线夹角 $45° - \varphi/2$;Ⅲ区——对称位于Ⅱ区左右,呈等腰三角形,其滑动面 AD、DF 与水平面成 $45° - \varphi/2$ 角。

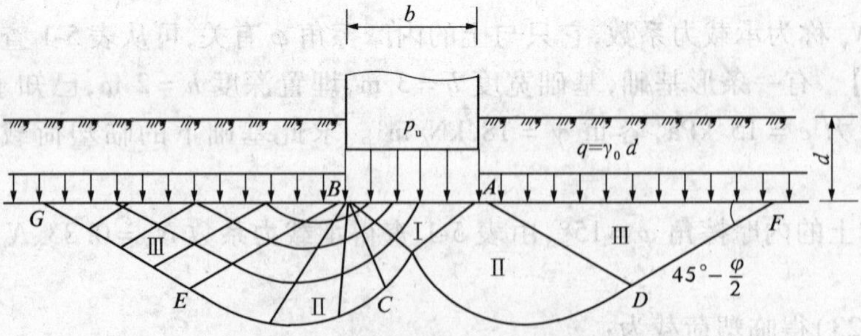

图 5-12 太沙基公式地基滑动面

太沙基认为在均匀分布的极限荷载 p_u 作用下,地基处于极限平衡状态时作用于Ⅰ区土楔上的力包括:土楔 ABC 顶面的极限荷载 p_u、土楔 ABC 的自重、土楔斜面 BC、AC 上作用的黏聚力 c 的竖向分力和Ⅱ区、Ⅲ区土体滑动时对斜面 BC、AC 的被动土压力的竖向分力。根据作用于Ⅰ区土楔上的力在竖直方向的静力平衡条件,求得极限荷载 p_u 的公

式为：

$$p_u = \frac{1}{2}\gamma b N_\gamma + cN_c + \gamma h N_q \tag{5-27}$$

式中　N_γ、N_c、N_q——承载力系数，仅与地基土的内摩擦角 φ 值有关，可参考表 5-2。

表 5-2　太沙基极限荷载系数表

φ(°)	0	5	10	15	20	25	30	35	40	45
N_γ	0	0.51	1.20	1.80	4.0	11.0	21.8	45.4	125	326
N_q	1.00	1.64	2.69	4.45	7.42	12.7	22.5	41.4	81.3	173.3
N_c	5.71	7.32	9.58	12.9	17.6	25.1	37.2	57.7	95.7	172.2

上式只适用于条形基础，对于圆形或方形基础，太沙基提出了半经验的极限荷载力公式：

圆形基础

$$p_u = 0.6\gamma R N_\gamma + 1.2cN_c + \gamma h N_q \tag{5-28}$$

式中　R——圆形基础的半径；

其余符号意义同前。

方形基础

$$p_u = 0.4\gamma B N_\gamma + 1.2cN_c + \gamma h N_q \tag{5-29}$$

式(5-27)、式(5-28)、式(5-29)只适用于地基土是整体剪切破坏的情况，即地基土较密实、其 p—s 曲线有明显转折点、破坏前沉降不大等情况。对于松软土质，地基破坏是局部剪切破坏，沉降较大，其极限荷载较小，太沙基建议在这种情况下采用较小的 φ'、c' 值代入上列各式计算极限荷载。

太沙基极限荷载公式计算地基承载力时，其安全系数应取 3。

【例 5-2】　有一条形基础，基础宽度 $b=3$ m，埋置深度 $h=2$ m，已知土的内摩擦角 $\varphi=20°$，黏聚力 $c=15$ kPa，容重 $\gamma=18$ kN/m^3。验算其下地基承载力是否满足。采用太沙基公式计算地基极限荷载（取安全系数 $K=3.0$）。

解：计算地基的临塑荷载 p_{cr}

由已知内摩擦角 $\varphi=20°$，查表 5-1 得 $N_\gamma=0.51$、$N_q=3.06$、$N_c=5.66$。

由式(5-23)得临塑荷载为

$$p_{cr} = N_q\gamma h + N_c c = 3.06\times18\times2 + 5.66\times15 = 195.1\text{(kPa)}$$

由式(5-26)得临界荷载 $p_{\frac{1}{4}}$ 为

$$p_{\frac{1}{4}} = \gamma b N_\gamma + \gamma h N_q + cN_c$$

$$= 0.51\times18\times3 + 3.06\times18\times2 + 5.66\times15 = 222.6\text{(kPa)}$$

由式(5-27)求极限荷载：

$\varphi=20°$，查表 5-2 得 $N_\gamma=4.0$、$N_q=7.42$、$N_c=17.6$。

$$p_u = \frac{1}{2}\gamma b N_\gamma + cN_c + \gamma h N_q$$

$$= \frac{1}{2}\times18\times3\times4.0 + 15\times17.6 + 18\times2\times7.42 = 639.1\text{(kPa)}$$

用太沙基极限公式计算地基容许承载力时，其安全系数 K 应取 3.0，即地基的容许承载力为

$$f = \frac{p_u}{k} = \frac{639.1}{3} = 213.0(\text{kPa})$$

比较上述计算结果看出，所得的结果是比较接近的，取其中最小值作为地基的容许承载力偏于安全。

四、规范法确定地基容许承载力

现行的《公路桥涵地基与基础设计规范》(JTJ 024—85) 给出了各类土的地基容许承载力值表及计算公式，即根据地基土的类别和物理性质，从规范相应的表格中查找出相应的地基容许承载力，然后再按修正计算公式算出修正后的地基容许承载力值。

(一)查取地基容许承载力

当基础宽度 $b \leqslant 2$ m，基础埋置深度 $h \leqslant 3$ m 时，地基土的容许承载力用 $[\sigma_0]$ 表示，再按土的类别和它的物理状态指标，从规范相应的表中查得。常用土类的 $[\sigma_0]$ 值见表 5-3 ~ 表 5-6。

表 5-3　一般黏性土的容许承载力 $[\sigma_0]$　　(单位：kPa)

e	I_L												
	0	0.1	0.2	0.3	0.4	0.5	0.6	0.7	0.8	0.9	1.0	1.1	1.2
0.5	450	440	430	420	400	380	350	310	270	240	220	—	—
0.6	420	410	400	380	360	340	310	280	250	220	200	180	—
0.7	400	370	350	330	310	290	270	240	220	190	170	160	150
0.8	380	330	300	280	260	240	230	210	180	160	150	140	130
0.9	320	280	260	240	220	210	190	180	160	140	130	120	100
1.0	250	230	220	210	190	170	160	150	140	120	110	—	—
1.1	—	—	160	150	140	130	120	110	100	90	—	—	—

注：①一般黏性土是指第四纪全新世(Q4)(文化期以前)沉积的黏性土，一般为正常沉积的黏性土；

②土中含有粒径大于 2 mm 的颗粒重量超过全部重量 30% 的，$[\sigma_0]$ 可酌量提高；

③当 $e < 0.5$ 时，取 $e = 0.5$；$I_L < 0$ 时，取 $I_L = 0$。

此外，超过表列范围的一般性黏土，$[\sigma_0]$ 可按下式计算：

$$[\sigma_0] = 57.22E_s^{0.57}$$

式中　E_s——土的压缩模量，MPa；

$[\sigma_0]$——一般黏性土的容许承载力，kPa。

表 5-4　老黏土的容许承载力 $[\sigma_0]$

E_s(MPa)	10	15	20	25	30	35	40
$[\sigma_0]$(kPa)	380	430	470	510	550	580	620

注：$E_s = \frac{1 + e_1}{\alpha_{1-2}}$

式中　e_1——压力为 0.1 MPa 时土样的孔隙比；

α_{1-2}——对应于 0.1 ~ 0.2 MPa 压力段的压缩系数，MPa^{-1}。

表 5-5　新近沉积黏性土的容许承载力[σ_0]　（单位:kPa）

e	I_L		
	<0.25	0.75	1.25
≤0.8	140	120	100
0.9	130	110	90
1.0	120	100	80
1.1	110	90	—

表 5-6　砂土的允许承载力[σ_0]　（单位:kPa）

土名	湿度	密实度		
		密实	中密	松散
砾石、粗砂	与湿度无关	550	400	200
中砂	与湿度无关	450	350	150
细砂	水上	350	250	100
	水下	300	200	—
粉砂	水上	300	200	—
	水下	200	100	—

注:①砂土的密实度按相对密度 D_r 或标准贯入试验的锤击数 N 确定;

②在地下水位以上的地基土的湿度称为“水上”;

③在地下水位以下的称为“水下”。

（二）计算修正后的地基容许承载力

由前述的计算公式可知,地基容许承载力不仅与地基土的性质和状态有关,而且与基础底面尺寸和埋置深度有关。当设计的基础宽度 $b>2$ m,埋置深度 $h>3$m 时,地基容许承载力 σ 可以在[σ_0]的基础上修正提高,计算公式为:

$$[\sigma]=[\sigma_0]+k_1\gamma_1(b-2)+k_2\gamma_2(h-3)+V\sigma_w \tag{5-30}$$

式中　[σ]——按设计的基础宽度和埋置深度修正后的地基容许承载力,kPa;

[σ_0]——按表 5-3 ~ 表 5-6 查得的地基土的容许承载力,kPa;

b——基础底面的宽度(或直径),m,当 $b<2$ m 时,取 $b=2$ m,$b>10$ m 时,按 $b=10$ m 计算;

h——基础的埋置深度,m,对于受水流冲刷的基础,由一般冲刷线算起,不受水流冲刷的基础,由天然地面算起,位于挖方内的基础,由挖方后的地面算起,当 $h<3$ m 时,取 $h=3$ m 计算;

γ_1——基础底面下持力层土的容重,kN/m^3,如持力层在水下且为透水性土,应按浮容重计算;

γ_2——基础底面以上土的容重(多层土时采用各层土容重的加权平均值),kN/m^3,当持力层在水下且是不透水时,不论基底以上的土是否透水一律用饱和容重计算,如持力层土透水,则一律用浮容重计算;

k_1、k_2——基础宽度和埋置深度的修正系数,按持力层土质由表 5-7 查得;

$V\sigma_w$——地面水引起的承载力提高值，持力层透水时 $V\sigma_w=0$，持力层不透水时 $V\sigma_w=\gamma_w h_w$，γ_w 为水的容重，可按 $\gamma_w=10\ \text{kN/m}^3$ 计算，h_w 为平均常水位到一般冲刷线的深度，m。

表 5-7　地基土容许承载力宽度、深度修正系数

土的类别	黏性土					黄土			砂土								碎石土			
	老黏性土	一般黏性土		新近沉积黏性土	残积黏性土	新近堆积黄土	一般新黄土	老黄土	粉砂		细砂		中砂		砾砂粗砂		碎石圆砾角砾		卵石	
		$I_L\geq0.5$	$I_L<0.5$						中密	密实	中密	密实	中密	密实	中密	密实	中密	密实	中密	密实
k_1	0	0	0	0	0	0	0	0	1.0	1.2	1.5	2.0	2.0	3.0	3.0	4.0	3.0	4.0	3.0	4.0
k_2	2.5	1.5	2.5	1.0	1.5	1.0	1.5	1.5	2.0	2.5	3.0	4.0	4.0	5.5	5.0	6.0	5.0	6.0	6.0	10.0

注：①对于稍松状态的砂土和松散状态的碎石土，k_1、k_2 值可采用表列中密值的50%。

②节理不发育或较发育的岩石不作宽、深修正，节理发育或很发育的岩石，k_1、k_2 可参照碎石的系数，但对已风化成砂、土状者，则参照砂土、黏性土的系数。

③冻土的 $k_1=0$，$k_2=0$。

（三）地基允许承载力的提高

用式(5-30)算得的$[\sigma]$值适用于荷载组合Ⅰ的情况，当计算荷载为其他荷载组合时，容许承载力可按表5-8所列的系数 K 予以提高，即容许承载力为 $K[\sigma]$。

表 5-8　地基土容许承载力的提高系数

序号	荷载与使用情况	提高系数 K
一	荷载组合Ⅰ	1.00
二	荷载组合Ⅱ、Ⅲ、Ⅳ、Ⅴ	1.25
三	经多年压实未受破坏的旧桥基	1.50

注：①荷载组合Ⅴ中，当承受拱施工期间的单向恒载推力时，$K=1.50$；

②各项提高系数不得互相叠加；

③岩石旧桥基的容许承载力不得提高；

④容许承载力小于150 kPa的地基，对于表列第二项情况，$K=1.0$，对于第三项及注①情况，$K=1.25$；

⑤表中荷载组合Ⅰ如包括由混凝土收缩及徐变或水浮力引起的荷载效应，则与荷载组合Ⅱ相同对待。

【例5-3】　某水中基础，其底面为4.0 m×6.0 m的矩形，埋置深度为3.5 m，平均常水位到一般冲刷线的深度为2.5 m。持力层为黏土，它的天然孔隙比 $e=0.7$，液性指数 $I_L=0.45$，天然容重 $\gamma=19.0\ \text{kN/m}^3$。基底以上全为中密的粉砂，其饱和容重 $\gamma_{sat}=20.0\ \text{kN/m}^3$。当荷载组合Ⅱ作用时，试求持力层的地基允许承载力。

解：持力层属一般黏性土，按其值 e、I_L 查表5-3得$[\sigma_0]$ = 300 kPa；查表5-7得宽、深度修正系数 $k_1=0$，$k_2=2.5$，由于持力层黏土的 $I_L=0.45<1.0$，呈硬塑状态，可视为不

透水，故考虑水深影响，按式(5-30)可算得：

$$[\sigma] = [\sigma_0] + k_1\gamma_1(b-2) + k_2\gamma_2(h-3) + V\sigma_w$$
$$= 300 + 0 + 2.5 \times 20 \times (3.5-3) + 10 \times 2.5 = 350(\text{kPa})$$
$$K[\sigma] = 350 \times 1.25 = 437.5(\text{kPa})$$

复习思考题

5-1 土的抗剪强度指标是什么？

5-2 土的极限平衡条件是什么？

5-3 直剪试验和三轴压缩试验各有什么优缺点？

5-4 地基剪切破坏分为哪几个阶段？各有何特点？

5-5 根据土样的排水条件，直剪试验和三轴压缩试验分别分为哪几种？各适用于什么条件的工程？

5-6 何谓地基的临塑荷载？如何计算？有何用途？

5-7 如何利用太沙基公式计算地基极限荷载？

5-8 对某土样进行直接剪切试验，在法向应力分别为 100 kPa、200 kPa、300 kPa 和 400 kPa 时，分别测得其破坏时土样的最大剪切应力 τ_f 为 90 kPa、122 kPa、147 kPa 和 180 kPa。试计算土样的抗剪强度指标 c 和 φ 值。

5-9 一条形基础宽 $b=3.0$ m，埋深 $D=2.0$ m，地基土为砂土，其饱和容重 $\gamma=21$ kN/m^3，$\varphi=30°$，地下水位与地面齐平，求：

(1)地基的极限荷载；

(2)埋深不变，宽度变为6.0 m的极限荷载；

(3)宽度仍为3.0 m，埋深增至4.0 m的极限荷载；

(4)从以上三种计算结果可看出什么问题？

第六章　土压力与土坡稳定

本章重点

(1)理解静止土压力、主动土压力、被动土压力的概念；
(2)掌握静止土压力与主动土压力的计算方法；
(3)了解阶梯形、折线式墙背及填土为多层时的挡土墙承受的土压力。
(4)理解土坡圆弧滑动面条分法的稳定分析。

第一节　概　述

在土建工程中,挡土结构是一种常用的结构物,作用于其上的侧向压力通常称为土压力,它是挡土结构物承受的主要荷载,其值大小直接影响挡土墙的稳定性,所以计算土压力是设计挡土结构物中的一个重要内容。

土压力的大小及其分布规律同挡土结构物的侧向位移的方向、大小、土的性质、挡土结构物的刚度及高度等因素有关,根据挡土墙可能产生位移的方向和墙后填土中不同的应力状态,将土压力分为如下三种。

一、静止土压力

若挡土墙保持初始位置静止不动,则墙后填土对墙背的侧压力称为静止土压力,如图 6-1(a)所示。作用在每延米挡土墙上的静止土压力的合力用 E_0(kN/m)表示,其大小相当于图 6-2 中 a 点的纵坐标,这时墙后填土中各点均处于弹性平衡状态。

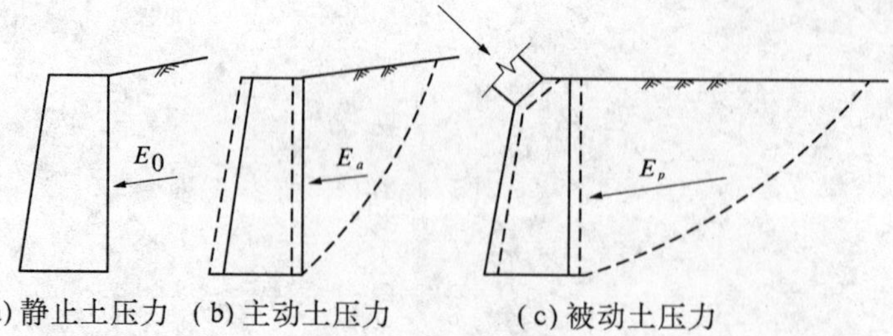

(a) 静止土压力　(b) 主动土压力　(c) 被动土压力

图 6-1　三种土压力

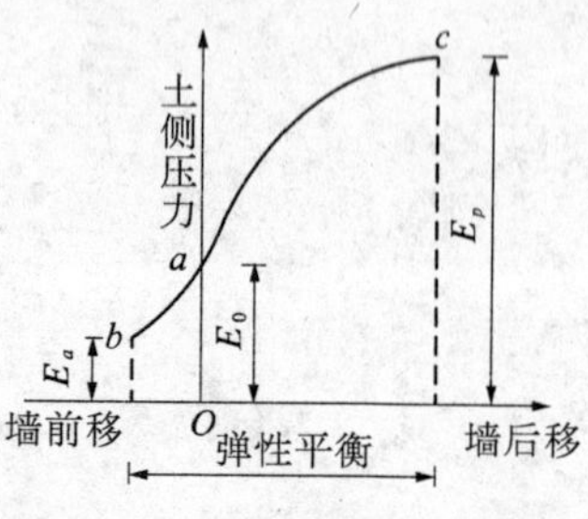

图 6-2　挡土墙位移与土压力

二、主动土压力

若挡土墙在墙后填土作用下,背离填土方向发生位移,如图 6-1(b)所示,这时作用在墙上的土压力将由静止土压力逐渐减小,当墙后土体达到极限平衡,并出现连续滑动面使土体下滑时,这时土压力减至最小值,称为主动土压力,用 E_a(kN/m)表示,其大小相当于图 6-2 中 b 点的纵坐标。

三、被动土压力

若挡土墙在外力作用下，向填土方向移动，如图 6-1(c)所示，这时作用在墙上的土压力将由静止土压力逐渐增大，一直到土体达到极限平衡，并出现连续滑动面，墙后土体向上挤出隆起，这时土压力增至最大值，称为被动土压力，用 E_p 表示，其大小相当于图 6-2 中 c 点的纵坐标。

实际上，土压力是挡土结构与土体相互作用的结果，大部分情况下的土压力均介于上述三种极限状态土压力之间。在影响土压力大小及其分布的诸因素中，挡土结构物的位移是关键因素，图 6-2 中给出了土压力与挡土结构位移间的关系，从中可以看出，挡土结构物达到被动土压力所需的位移远大于导致主动土压力所需的位移。

上述三种土压力，各对应挡土墙不同的位移情况，在设计挡土结构物时，究竟采用哪种土压力，应根据结构物的受力情况、可能产生的位移及填土等具体情况来确定。一般对建于分散土地基上的梁桥桥台或挡土墙，按主动土压力计算；对拱桥桥台应根据受力和填土的压实情况，采用静止土压力或静止土压力加土抗力(土抗力指土体对结构的弹性抗力，与位移成正比)；对临时性挡土结构物(如板桩)，按其变位和位置不同，采用主动土压力或静止土压力。

第二节　静止土压力计算

由于墙静止不动，土体无侧向位移，可假定墙后填土内的应力状态为半无限弹性体的应力状态。在半无限弹性土体中，任一竖直面都是对称面，对称面上无剪应力，所以竖直面和水平面都是主应力面。在深度 z 处，由土体自重所引起的竖直和水平应力分别为 $\sigma_z=\gamma z$、$\sigma_x=\sigma_y=\xi\sigma_z=\xi\gamma z$，且都是主应力，如图 6-3(a)所示。若将某一竖直面换成挡土墙的墙背，如图 6-3(b)中的 AB，墙背静止不动时，墙后填土无侧向位移，说明墙背对墙后填土的作用力强度与该竖直面上原有的水平向应力 σ_x 相同，即

$$p_0=\sigma_x=\xi\sigma_z=\xi\gamma z \tag{6-1}$$

式中　p_0——作用于墙背上的静止土压力强度，kPa；

ξ——静止土压力系数，压实土的 ξ 值可参考表 6-1；

γ——墙后填土的容重，kN/m^3；

z——计算点离填土表面的深度，m。

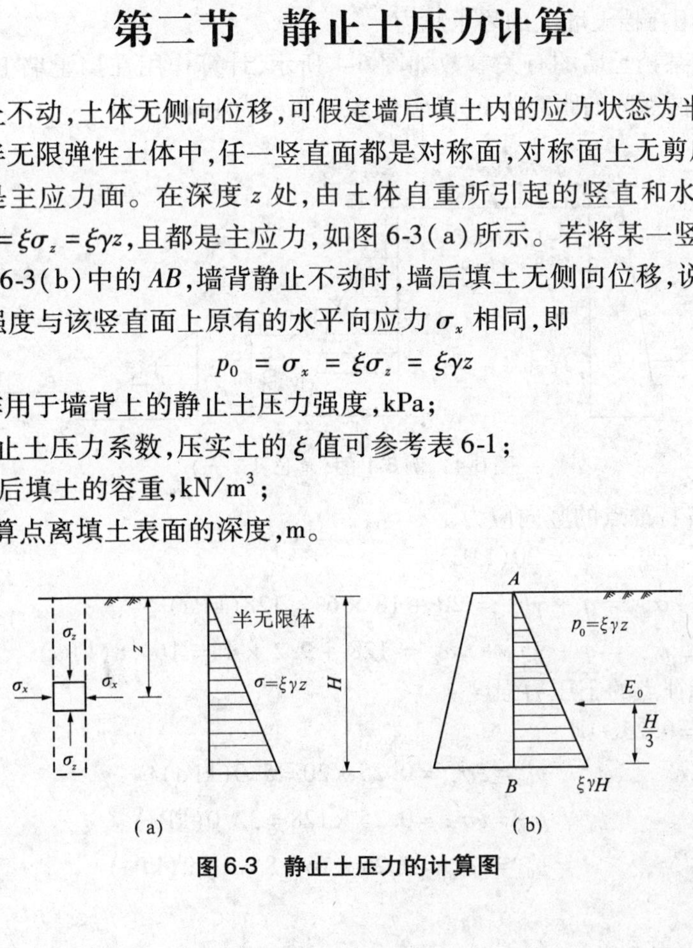

图 6-3　静止土压力的计算图

表 6-1　压实土的静止土压力系数

土的名称	砾石、卵石	砂石	亚砂土	亚黏土	黏土
ξ	0.20	0.25	0.35	0.45	0.55

静止土压力系数 $\xi=1-\sin\varphi'$，φ'为土的有效内摩擦角，也可参考《公路桥涵地基与基础设计规范》(JTJ024—85)给出的静止土压力系数的参考值，见表 6-1。

由式(6-1)可知，静止土压力强度 p_0 与 z 成正比，所以 p_0 沿深度的分布图为三角形。当墙高为 H 时，作用于每延米挡土墙上的静止土压力为

$$E_0=\frac{1}{2}(\xi\gamma H)H=\frac{1}{2}\xi\gamma H^2 \tag{6-2}$$

式中　H——挡土墙高度。

E_0 的方向水平，作用线通过 p_0 的分布图形心，离墙脚的高度为$\frac{H}{3}$，如图 6-3(b)所示。

静止土压力在墙后填土表面作用有均布荷载 q 时，竖向应力为 $\sigma_z=q+\gamma z$，代入式(6-1)得：$p_0=\xi(q+\gamma z)$，绘出 p_0 的分布图，分布图形的面积即为作用在每延米挡土墙上的合力 E_0，p_0 分布图形心的高度即为合力 E_0 的作用点高度。

墙后填土中有地下水时，水下土应考虑水的浮力，即式(6-1)中的 γ 采用浮容重 γ'计算，同时考虑作用在挡土墙上的静水压力。

【例 6-1】　某挡土墙的有关参数如图 6-4 所示，计算作用在挡土墙上的静止土压力及水压力。(ab 两点间的距离为 6 m，bc 两点的距离为 4m)。

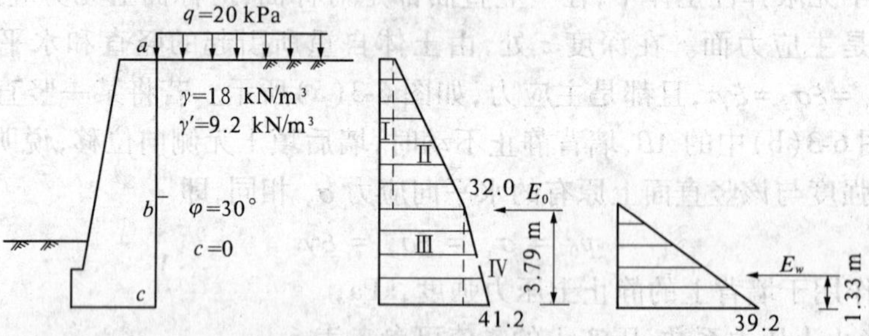

图 6-4　例 6-1 图(单位：kN/m)

解：(1)求各特征点的竖向应力。

$$\sigma_{za}=q=20(\text{kPa})$$

$$\sigma_{zb}=q+\gamma h_1=20+18\times 6=128(\text{kPa})$$

$$\sigma_{zc}=q+\gamma h_1+\gamma h_2=128+9.2\times 4=164.8(\text{kPa})$$

(2) 求各特征点的土压力强度。

查表 6-1：$\xi=0.25$，则

$$p_{0a}=\xi\sigma_{za}=0.25\times 20=5.0(\text{kPa})$$

$$p_{0b}=\xi\sigma_{zb}=0.25\times 128=32.0(\text{kPa})$$

$$p_{0c}=\xi\sigma_{zc}=0.25\times 164.8=41.2(\text{kPa})$$

c 点静水压力：$p_{wc}=\gamma_w h_w=9.8\times4=39.2(\text{kPa})$。

按计算结果绘 p_0 及 p_w 分布图见图 6-4。

(3)求 E_0 及 E_w。

把 p_0 分布图分为四块（如图 6-4 所示的矩形或三角形），分别求其面积，总和后即得 E_0：

$$E_{01}=p_{01}h_1=5.0\times6=30.0(\text{kN/m})$$

$$E_{02}=\frac{1}{2}(p_{0b}-p_{0a})h_1=\frac{1}{2}\times(32.0-5.0)\times6=81.0(\text{kN/m})$$

$$E_{03}=p_{0b}h_2=32.0\times4=128.0(\text{kN/m})$$

$$E_{04}=\frac{1}{2}(p_{0c}-p_{0b})h_2=\frac{1}{2}\times(41.2-32.0)\times4=18.4(\text{kN/m})$$

$$E_0=E_{01}+E_{02}+E_{03}+E_{04}=30.0+81.0+128.0+18.4=257.4(\text{kN/m})$$

$$E_w=\frac{1}{2}p_{wc}h_w=\frac{1}{2}\times39.2\times4=78.4(\text{kN/m})$$

(4) 求 E_0 和 E_w 的作用点位置。

$$z_{0c}=\frac{\sum E_{0i}gz_i}{\sum E_{0i}}=\frac{E_{01}\left(h_2+\frac{h_1}{2}\right)+E_{02}\left(h_2+\frac{h_1}{3}\right)+E_{03}\frac{h_2}{2}+E_{04}g\frac{h_2}{3}}{E_0}$$

$$=\frac{30.0\times\left(4+\frac{6}{2}\right)+81.0\times\left(4+\frac{6}{3}\right)+128.0\times\frac{4}{2}+18.4\times\frac{4}{3}}{257.4}$$

$$=3.794(\text{m})$$

$$z_{wc}=\frac{h_w}{3}=1.333(\text{m})$$

第三节　朗金土压力计算

朗金于 1857 年提出了土压力理论，虽然不够完善，但计算简单，在一定条件下还比较准确，所以目前仍被广泛应用。

朗金土压力理论是从分析挡土结构物后面土体内部因自重产生的应力状态入手，去研究土压力的。

如图 6-5(a)所示，在半无限土体中取一竖直切面 AB，因竖直面（是对称面）和水平面上均无剪应力，故 AB 面上深度 z 处的单元土体上的竖向应力 σ_z 和水平应力 σ_x 均为主应力。当土体处于弹性平衡状态时，$\sigma_z=\gamma z$，$\sigma_x=\xi\gamma z$，其应力圆如图 6-5(d)中的 MN_1 所示，与土的抗剪强度线不相交。在 σ_z 不变的条件下，若 σ_x 逐渐减小，到土体达到极限平衡时，其应力圆将与抗剪强度线相切，如图 6-5(d)中的 MN_2 所示，σ_z 和 σ_x 分别为最大及最小主应力，称为朗金主动极限平衡状态，土体中产生的两组滑动面与水平面成夹角 $\left(45°+\frac{\varphi}{2}\right)$，如图 6-5(b)所示。在 σ_z 不变的条件下，若 σ_x 不断增大，在土体达到极限平衡时,其应力圆将与抗剪强度线相切,如图 6-5(d)中的 MN_3 所示,但 σ_z 为最小主应力,σ_x 为最大主应力,称为朗金被动极限平衡状态,土体中产生的两组滑动面与水平面成夹角 $\left(45^\circ-\dfrac{\varphi}{2}\right)$,如图 6-5(c)所示。

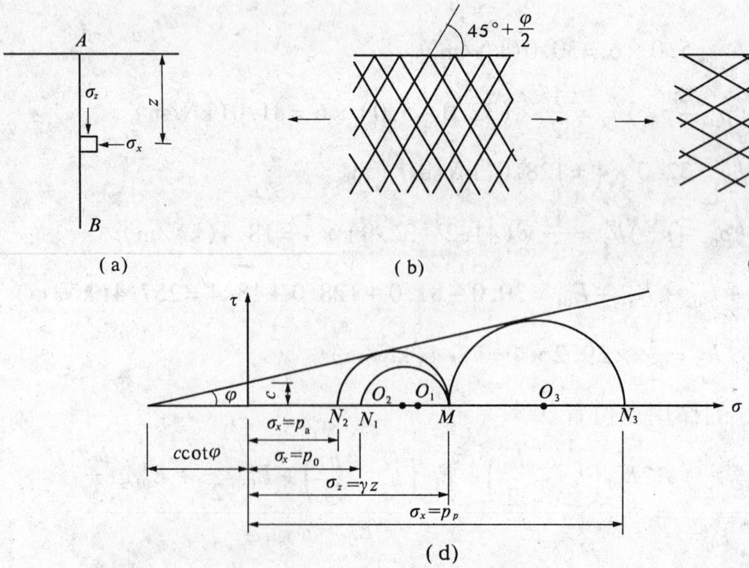

图 6-5　朗金极限平衡状态

朗金假定:把半无限土体中的任一竖直面(如图 6-5(a)所示)中的 AB,换成一个光滑(无摩擦)的挡土墙墙背,当墙体位移使墙后土体达到主动或被动极限平衡状态时,墙背上的土压力强度等于相应状态下的水平应力 σ_x。注意,这里介绍的朗金土压力公式只适用于墙背竖直、光滑(墙背与土体间摩擦力不计)、墙后填土表面水平且与墙顶齐平的情况。

一、主动土压力计算

由上述分析可知,当土体推动墙发生位移,土体达到主动极限平衡状态时,$\sigma_x=\sigma_3=p_a$,$\sigma_z=\sigma_1=\gamma z$,根据极限平衡条件可得出深度 z 处的土压力强度为

$$\left.\begin{aligned} p_a &= \sigma_z\tan^2\left(45^\circ-\frac{\varphi}{2}\right)-2c\tan\left(45^\circ-\frac{\varphi}{2}\right) \\ \text{或}\quad p_a &= \sigma_z m^2-2cm \end{aligned}\right\} \tag{6-3}$$

式中　p_a——主动土压力强度,kPa;

σ_z——深度 z 处的竖向应力,kPa;

φ——土体的内摩擦角,°;

c——土的黏聚力,kPa;

m——土压力系数,$m=\tan\left(45^\circ-\dfrac{\varphi}{2}\right)$,也可查表 6-2。

对于砂性土，$c=0$，$p_a=\sigma_z m^2=\gamma z m^2$，$p_a$ 与 z 成正比例，其分布图为三角形，其分布图如图 6-6(b)所示。作用于每延米挡土墙上的主动土压力合力 E_a(kN/m)等于该三角形的面积，即

$$E_a = \frac{1}{2}(\gamma H m^2)H = \frac{1}{2}\gamma H^2 m^2 \tag{6-4}$$

E_a 的方向水平（指向挡土墙墙背），合力通过分布图的形心，即作用点离墙脚的高度为 $z_c=\dfrac{H}{3}$。

对于黏性土($c\neq 0$)，当 $z=0$ 时，$\sigma_z=\gamma z=0$，$p_a=-2cm$；$z=H$ 时，$\sigma_z=\gamma H$，$p_a=\gamma H m^2-2cm$，其分布图见图 6-6(c)。设 $p_a=0$ 处的深度为 z_0，由式(6-3)得 $z_0=\dfrac{2c}{\gamma m}$。由于墙背与土体间不可能有拉应力，故计算土压力时，这部分应略去不计。因此，作用于每延米挡土墙上的主动土压力 E_a 等于分布图中压力部分三角形的面积，即

$$\begin{aligned} E_a &= \frac{1}{2}(\gamma H m^2 - 2cm)(H - z_0) \\ &= \frac{1}{2}\gamma H^2 m^2 - 2Hcm + \frac{2c^2}{\gamma} \end{aligned} \tag{6-5}$$

E_a 的方向水平（指向挡土墙墙背），通过分布图形心，即作用点离墙脚的高度为$\dfrac{H-z_0}{3}$。

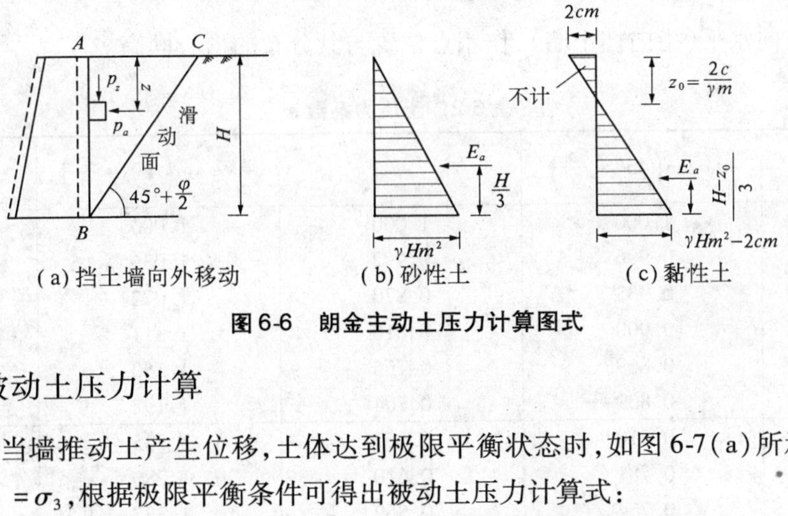

(a) 挡土墙向外移动　　(b) 砂性土　　(c) 黏性土

图 6-6　朗金主动土压力计算图式

二、被动土压力计算

同理，当墙推动土产生位移，土体达到极限平衡状态时，如图 6-7(a)所示，$p_p=\sigma_x=\sigma_1$，$\sigma_z=\gamma z=\sigma_3$，根据极限平衡条件可得出被动土压力计算式：

$$\left.\begin{aligned} p_p &= \sigma_z \tan^2\left(45° + \frac{\varphi}{2}\right) + 2c\tan\left(45° + \frac{\varphi}{2}\right) \\ \text{或}\quad p_p &= \sigma_z \frac{1}{m^2} + 2c\frac{1}{m} \end{aligned}\right\} \tag{6-6}$$

式中　p_p——被动土压力强度，kPa；

$\frac{1}{m}$——$\frac{1}{m}=\tan\left(45°+\frac{\varphi}{2}\right)$，也可按 φ 值查表 6-2；

其他符号意义同前。

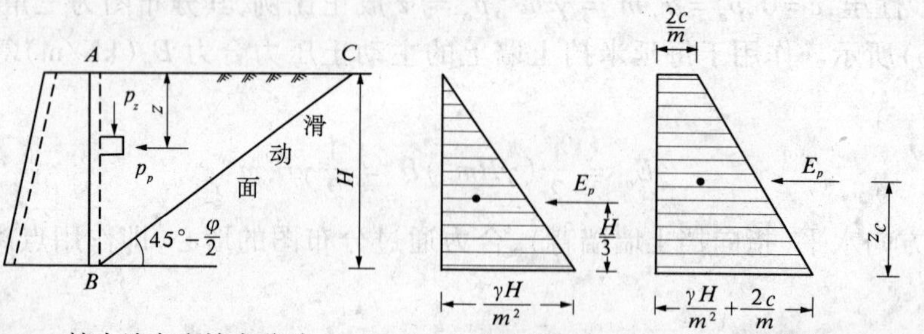

图 6-7　朗金被动土压力计算图式

对于砂性土，$c=0$，$p_p=\sigma_z\frac{1}{m^2}=\frac{\gamma z}{m^2}$，$p_p$ 与 z 成正比例，其分布图为三角形，如图 6-7(b)所示。作用于每延米挡土墙上的合力 E_p 等于该三角形的面积，即

$$E_p=\frac{1}{2}\frac{\gamma H}{m^2}H=\frac{\gamma H^2}{2m^2} \tag{6-7}$$

对于黏性土($c\neq0$)，当 $z=0$ 时，$\sigma_z=0$，$p_p=\frac{2c}{m}$；$\sigma_z=\gamma H$，$p_p=\frac{\gamma H}{m^2}+\frac{2c}{m}$，其分布图形为梯形，如图 6-7(c) 所示。作用于每延米挡土墙上的合力 E_p 等于该梯形分布图的面积，即

$$E_p=\frac{\gamma H^2}{2m^2}+\frac{2cH}{m} \tag{6-8}$$

E_p 的方向水平(指向挡土墙)，作用点位置与其分布的形心同高。

表 6-2　土压力系数 m

φ(°)	$m=\tan\left(45°-\frac{\varphi}{2}\right)$	m^2	$\frac{1}{m}=\tan\left(45°+\frac{\varphi}{2}\right)$	$\frac{1}{m^2}$
0	1.000	1.000	1.000	1.000
2	0.996	0.992	1.036	1.073
4	0.933	0.870	1.072	1.149
6	0.900	0.810	1.111	1.234
8	0.869	0.755	1.150	1.323
10	0.839	0.704	1.192	1.421
12	0.810	0.657	1.235	1.525
14	0.781	0.610	1.280	1.638
16	0.754	0.569	1.327	1.761
18	0.727	0.528	1.376	1.893
20	0.700	0.490	1.428	2.039
22	0.675	0.455	1.483	2.199
24	0.649	0.423	1.540	2.372
26	0.625	0.391	1.600	2.560
28	0.601	0.361	1.664	2.769
30	0.577	0.333	1.732	3.000

续表 6-2

φ(°)	$m=\tan\left(45°-\frac{\varphi}{2}\right)$	m^2	$\frac{1}{m}=\tan\left(45°+\frac{\varphi}{2}\right)$	$\frac{1}{m^2}$
32	0.554	0.307	1.804	3.254
34	0.532	0.283	1.881	3.538
36	0.510	0.260	1.963	3.853
38	0.488	0.238	2.050	4.303
40	0.466	0.217	2.145	4.601
42	0.445	0.198	2.246	5.045
44	0.424	0.180	2.356	5.551
46	0.404	0.163	2.475	6.126
48	0.384	0.147	2.605	6.786
50	0.364	0.132	2.747	7.546

三、不同情况下的土压力计算

(一)填土表面作用有连续均布荷载时

当填土表面作用有连续均布荷载 q 时,如图 6-8(a)所示,深度 z 处的竖向应力为$\sigma_z = q + \gamma z$,代入式(6-3)得:

$$p_a = \sigma_z m^2 - 2cm = (q+\gamma z)m^2 - 2cm$$

对于砂性土($c=0$),当 $z=0$ 时 $p_a = qm^2$;当 $z=H$ 时 $p_a=(q+\gamma H)m^2$,其土压力分布图为梯形,如图 6-8(b)所示。

对于黏性土($c\neq 0$),当 $z=0$ 时,$p_a = qm^2 - 2cm$,若 $qm^2 > 2cm$,则 $p_a > 0$,p_a 分布图为梯形;若 $qm^2 \leqslant 2cm$,则 $p_a \leqslant 0$,p_a 分布图为三角形,如图 6-8(c)所示,负值部分仍不计。

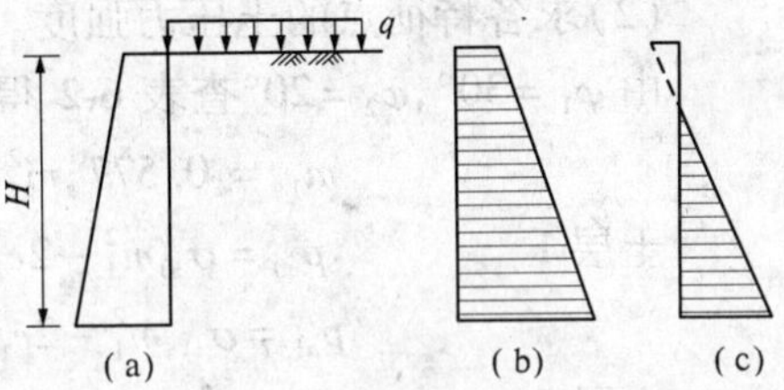

图 6-8 填土上有超载时的土压力计算

(二)填土分层时

当填土有两层或两层以上时(如图 6-9 所示),可分层计算其土压力。上部土层产生的土压力仍按前述方法计算:

$$p_{a0} = -2c_1 m_1$$

$$p_{a1} = \sigma_{z1} m_1^2 - 2c_1 m_1 = \gamma_1 h_1 m_1^2 - 2c_1 m_1$$

分布图如图 6-9(b)所示。

下部土层产生的土压力,计算时可把上部土层作为均布荷载 $q=\sigma_{z1}=\gamma_1 h_1$,这时$\sigma_{z2} = \gamma_1 h_1 + \gamma_2 h_2$,计算方法仍然不变:

$$p_{a1} = \sigma_{z1} m_2^2 - 2c_2 m_2 = \gamma_1 h_1 m_2^2 - 2c_2 m_2$$

$$p_{a2} = \sigma_{z2} m_2^2 - 2c_2 g m_2 = (\gamma_1 h_1 + \gamma_2 h_2) m_2^2 - 2c_2 m_2$$

分布图如图 6-9(c)所示。图 6-9(b)与图 6-9(c)合起来即为整个挡土墙所承受的土压力分布图,如图 6-9(d)所示。求出图 6-9(d)的面积即得合力 E_a,E_a 作用点高度 z_c 与分布图形心同高。

（三）填土中有地下水时

当填土中有地下水时，地下水位处可看做土层分界面，水位以下土的容重采用浮容重 γ'，土压力计算方法同上，只是应注意计算静水压力。

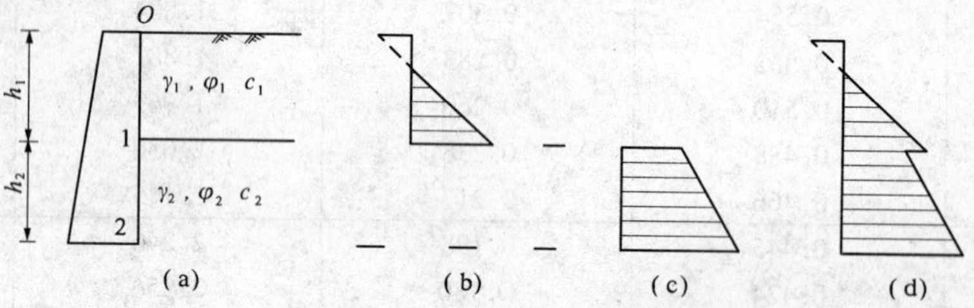

图6-9 成层土的主动土压力计算

【例6-2】 作用于填土面上的荷载和各层土的厚度及物理力学性质指标见图6-10，求作用于图中挡土墙上的主动土压力。

解：(1)求各特征点的竖向应力。

$$\sigma_{z0} = q = 10(\text{kPa})$$

$$\sigma_{z1} = q + \gamma_1 h_1 = 10 + 18 \times 2 = 46(\text{kPa})$$

$$\sigma_{z2} = q + \gamma_1 h_1 + \gamma_2 h_2 = 46 + 19 \times 3 = 103(\text{kPa})$$

(2)求各特征点的土压力强度。

由 $\varphi_1 = 30°$，$\varphi_2 = 20°$查表6-2得：

$$m_1 = 0.577, m_1^2 = 0.333, m_2 = 0.70, m_2^2 = 0.49$$

土层1 $\quad p_{a0} = \sigma_{z0} m_1^2 - 2c_1 m_1 = 10 \times 0.333 - 0 = 3.3(\text{kPa})$

$$p_{a1} = \sigma_{z1} m_1^2 - 2c_1 m_1 = 46 \times 0.333 - 0 = 15.3(\text{kPa})$$

土层2 $\quad p_{a1} = \sigma_{z1} m_2^2 - 2c_2 m_2 = 46 \times 0.49 - 2 \times 10 \times 0.7 = 8.5(\text{kPa})$

$$p_{a2} = \sigma_{z2} m_2^2 - 2c_2 m_2 = 103 \times 0.49 - 2 \times 10 \times 0.7 = 36.5(\text{kPa})$$

按计算结果绘出 p_a 分布图(图6-10)。

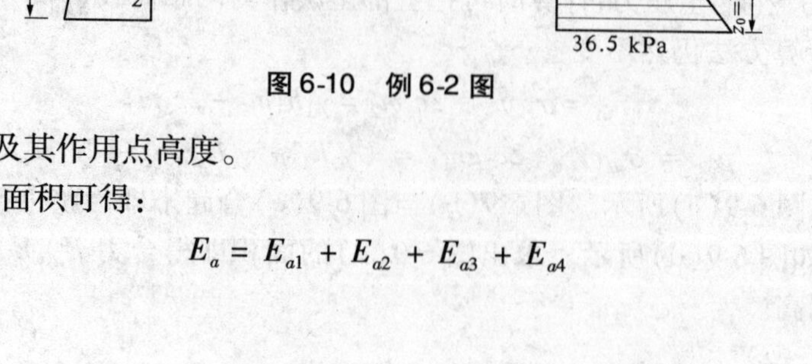

图6-10 例6-2图

(3)求 E_a 值及其作用点高度。

由 P_a 分布图面积可得：

$$E_a = E_{a1} + E_{a2} + E_{a3} + E_{a4}$$

$$= 3.3 \times 2 + \frac{(15.3 - 3.3) \times 2}{2} + 8.5 \times 3 + \frac{(36.5 - 8.5) \times 3}{2}$$

$$= 6.6 + 12.0 + 25.5 + 42.0 = 86.1(\text{kN/m})$$

E_a 作用点高度

$$z_0 = \frac{\sum E_{ai} z_i}{\sum E_{ai}} = \frac{6.6 \times \left(3 + \frac{2}{2}\right) + 12.0 \times \left(3 + \frac{2}{3}\right) + 25.5 \times \frac{3}{2} + 42.0 \times \frac{3}{3}}{86.1}$$

$$= 1.75(\text{m})$$

【例 6-3】 挡土墙及填土情况如图 6-11 所示，其中 γ_1 为天然容重，γ_2 为饱和容重，求主动土压力及静水压力。

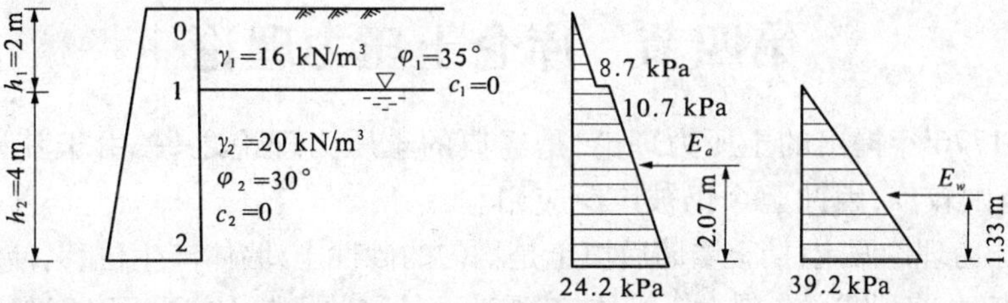

图 6-11 例 6-3 图

解：(1)求 σ_z。

$$\sigma_{z0} = 0$$

$$\sigma_{z1} = \gamma_1 h_1 = 16 \times 2 = 32.0(\text{kPa})$$

$$\sigma_{z2} = \gamma_1 h_1 + \gamma_2' h_2 = 16 \times 2 + (20 - 9.8) \times 4 = 72.8(\text{kPa})$$

(2)求 P_a 并绘出其分布图。

由 $\varphi_1 = 35°$，$\varphi_2 = 30°$查表 6-2 得：

$$m_1^2 = 0.271, m_2^2 = 0.333$$

土层 1 $\quad p_{a0} = \sigma_{z0} m_1^2 = 0$

$$p_{a1} = \sigma_{z1} m_1^2 = 32 \times 0.271 = 8.7(\text{kPa})$$

土层 2 $\quad p_{a1} = \sigma_{z1} m_2^2 = 32 \times 0.333 = 10.7(\text{kPa})$

$$p_{a2} = \sigma_{z2} m_2^2 = 72.8 \times 0.333 = 24.2(\text{kPa})$$

墙脚处水压力： $p_w = \gamma_w h_w = 9.8 \times 4 = 39.2(\text{kPa})$

按计算结果绘出 p_a 及 p_w 分布图见图 6-11。

(3)求 E_a、E_w 及其作用点高度。

$$E_a = E_{a1} + E_{a2} + E_{a3} = \frac{8.7 \times 2}{2} + 10.7 \times 4 + \frac{(24.2 - 10.7) \times 4}{2}$$

$$= 8.7 + 42.8 + 27.0 = 78.5(\text{kN/m})$$

$$z_{ca} = \frac{\sum E_{ai} z_i}{\sum E_{ai}} = \frac{8.7 \times \left(4 + \frac{2}{3}\right) + 42.8 \times \frac{4}{2} + 27.0 \times \frac{4}{3}}{8.7 + 42.8 + 27.0} = 2.07(\text{m})$$

$$E_w = \frac{39.2 \times 4}{2} = 78.4(\text{kN/m})$$

$$z_{cw} = \frac{h_w}{3} = \frac{4}{3} = 1.33(\text{m})$$

挡土墙承受的总压力为

$$E_a + E_w = 78.5 + 78.4 = 156.9(\text{kN/m})$$

合力作用点距墙脚的高度为

$$z_c = \frac{78.5 \times 2.07 + 78.4 \times 1.33}{78.5 + 78.4} = 1.70(\text{m})$$

此例中土压力和水压力几乎各占一半,可见挡土墙中采取排水措施十分重要。

第四节　库仑土压力理论

库仑在1776年提出的土压力理论,是经典的土压力理论之一,由于其计算原理比较简明,适用范围较广,因此至今仍被广泛应用。

库仑土压力理论假定:挡土墙墙后填土是均匀的砂性土;墙体产生位移,使墙后填土达到极限平衡状态时,将形成一个滑动土楔体;其滑动面是通过墙脚 A 的平面 AC(如图6-12所示);假定滑动土楔体 ABC 是一个刚体。根据 ABC 静力平衡条件,可解出墙背上的土压力。

一、主动土压力计算

如图6-12(a)所示,墙背向前(背离填土)移动一定值时,墙后填土处于主动极限平衡状态,形成滑动面 AB 和 AC。因此,在 AB、AC 面上均产生摩阻力,以阻止土楔体下滑。此时作用于土楔体上的力有:土楔体自重 G、墙背 AB 面的反力 Q 和 AC 面的反力 R。G 通过 $\triangle ABC$ 的形心,方向垂直向下;Q 与 AB 面的法线成 δ 角(δ 是墙背与土体间的摩擦角),Q 与水平面夹角为 $\alpha+\delta$;R 与 AC 面的法线成 φ 角(φ 为土的内摩擦角),AC 面与竖直面成 θ 角,所以 R 与竖直面夹角为 $90°-\theta-\varphi$。根据力的平衡原理可知:G、Q、R 三个力应交于一点,且应组成闭合的力三角形,如图6-12(b)所示。在力三角形中:

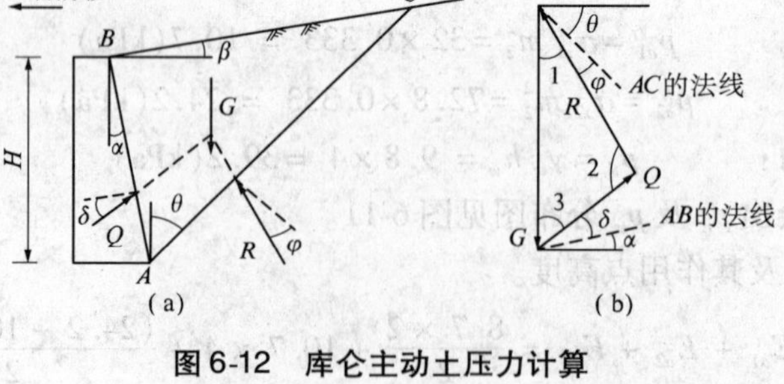

图6-12　库仑主动土压力计算

$\angle 1 = 90° - \theta - \varphi$,$\angle 2 = \theta + \varphi + \alpha + \delta$,$\angle 3 = 90° - \alpha - \delta$。由正弦定律得

$$Q = G\frac{\sin(90° - \varphi - \theta)}{\sin(\theta + \varphi + \alpha + \delta)} = G\frac{\cos(\varphi + \theta)}{\sin(\theta + \varphi + \alpha + \delta)} \tag{6-9}$$

设 $\triangle ABC$ 的底为 AC、高为 h,则每米长度的土楔体自重为

$$G=\frac{1}{2}ACh\gamma$$

$$\frac{AC}{AB}=\frac{\sin(90°-\alpha+\beta)}{\sin[180°-(90°-\alpha+\beta)-(\alpha+\theta)]}=\frac{\sin(90°-\alpha+\beta)}{\sin(90°-\theta-\beta)}=\frac{\cos(\alpha-\beta)}{\cos(\theta+\beta)}$$

$$AC=AB\frac{\cos(\alpha-\beta)}{\cos(\theta+\beta)}=H\sec\alpha\frac{\cos(\alpha-\beta)}{\cos(\theta+\beta)}$$

$$h=AB\sin(\alpha+\theta)=H\sec\alpha\sin(\alpha+\theta)$$

$$G=\frac{1}{2}\gamma H^2\sec^2\alpha\cos(\alpha-\beta)\frac{\sin(\alpha+\theta)}{\cos(\theta+\beta)}$$

将 G 代入式(6-9)得：

$$Q=\frac{1}{2}\gamma H^2\sec^2\alpha\cos(\alpha-\beta)\frac{\sin(\theta+\alpha)\cos(\theta+\varphi)}{\cos(\theta+\beta)\sin(\varphi+\theta+\delta+\alpha)} \tag{6-10}$$

在上式中，α、β、φ、δ 均为常数，Q 仅随 θ 变化，θ 为滑裂面与竖直面的夹角，称为破裂角。当 $\theta=-\alpha$ 时，$G=0$，即 $Q=0$；当 $\theta=90°-\varphi$ 时，R 与 G 重合，则 $Q=0$。因此，θ 在 $-\alpha$ 与 $90°-\varphi$ 之间变化时，Q 将有一个极大值，这个极大值 Q_{max} 即所求的主动土压力 E_a（E_a 与 Q 是作用力与反作用力）。

计算 Q_{max} 时，令 $\frac{dQ}{d\theta}=0$，可求得破裂角 θ 的计算式为

$$\tan(\theta+\beta)=-\tan(\omega-\beta)+\sqrt{[\tan(\omega-\beta)+\cot(\varphi-\beta)][\tan(\omega-\beta)-\tan(\alpha-\beta)]} \tag{6-11}$$

式中 $$\omega=\alpha+\delta+\varphi$$

将式(6-11)代入式(6-10)得：

$$E_a=Q_{max}=\frac{1}{2}\gamma H^2\mu_\alpha \tag{6-12}$$

其中 $$\mu_\alpha=\frac{\cos^2(\varphi-\alpha)}{\cos^2\alpha\cos(\alpha+\delta)\left[1+\sqrt{\frac{\sin(\delta+\varphi)\sin(\varphi-\beta)}{\cos(\delta+\alpha)\cos(\alpha-\beta)}}\right]^2} \tag{6-13}$$

式中 μ_α——库仑主动土压力系数，当 $\beta=0$ 时可查表6-3；

γ——墙后填土的容重，kN/m^3；

H——挡土墙高度，m；

φ——填土的内摩擦角，(°)；

δ——墙背与土体之间的摩擦角，(°)；

α——墙背与竖直面间的夹角，(°)，墙背俯斜时为正值，仰斜时为负值；

β——填土面与水平面间的夹角，(°)。

当 $\beta=0$、$\alpha=0$、$\delta=0$ 时，$\mu_\alpha=\left(45°-\frac{\varphi}{2}\right)=m^2$，可见在这种特定条件下，库仑公式与朗金公式计算结果是相同的。

由式(6-12)可以看出，库仑主动土压力 E_a 是墙高 H 的二次函数，故主动土压力强度

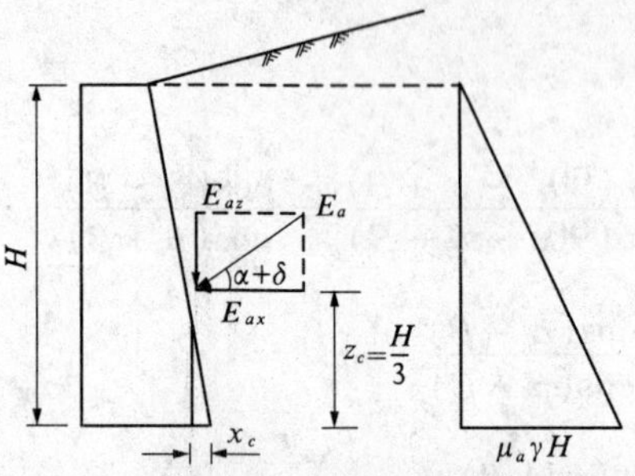

图6-13 主动土压力

p_a 是沿墙高按直线规律分布的，如图 6-13 所示。合力 E_a 的作用点距墙脚的高度即 p_a 分布图形心的高度，即 $z_c = \dfrac{H}{3}$；其作用线方向与墙背法线成 δ 角，与水平面成 $\alpha+\delta$ 角。

E_a 可分解为水平向和竖向两个分量：

$$E_{ax} = E_a\cos(\alpha+\delta) = \frac{1}{2}\gamma H^2\mu_\alpha\cos(\alpha+\delta) \tag{6-14}$$

表6-3 β = 0 时的库仑主动土压力的系数 μ_α

墙背坡度		墙背与填土的摩擦角 δ(°)	主动土压力系数 μ_α					
			土的内摩擦角 φ(°)					
			20	25	30	35	40	45
仰斜式挡土墙	1∶0.33 (α = 18°26′)	$\frac{1}{2}\varphi$	0.598	0.523	0.459	0.402	0.353	0.307
		$\frac{2}{3}\varphi$	0.594	0.522	0.461	0.408	0.362	0.321
	1∶0.29 (α = 16°10′)	$\frac{1}{2}\varphi$	0.572	0.498	0.433	0.376	0.327	0.283
		$\frac{2}{3}\varphi$	0.569	0.496	0.435	0.381	0.334	0.295
	1∶0.25 (α = 14°02′)	$\frac{1}{2}\varphi$	0.556	0.479	0.414	0.358	0.309	0.265
		$\frac{2}{3}\varphi$	0.550	0.477	0.414	0.361	0.313	0.277
	1∶0.20 (α = 11°19′)	$\frac{1}{2}\varphi$	0.532	0.455	0.390	0.334	0.285	0.241
		$\frac{2}{3}\varphi$	0.525	0.452	0.389	0.336	0.289	0.249
俯斜式挡土墙	1∶0.29 (α = 16°10′)	$\frac{1}{2}\varphi$	0.351	0.269	0.203	0.150	0.110	0.077
		$\frac{2}{3}\varphi$	0.340	0.260	0.190	0.147	0.108	0.076
	1∶0.25 (α = 14°02′)	$\frac{1}{2}\varphi$	0.363	0.279	0.241	0.161	0.119	0.086
		$\frac{2}{3}\varphi$	0.352	0.271	0.208	0.157	0.117	0.085
	1∶0.20 (α = 11°19′)	$\frac{1}{2}\varphi$	0.377	0.295	0.229	0.176	0.133	0.098
		$\frac{2}{3}\varphi$	0.366	0.237	0.223	0.173	0.132	0.098
竖直墙背挡土墙	1∶0 (α = 0)	$\frac{1}{2}\varphi$	0.446	0.368	0.301	0.247	0.198	0.160
		$\frac{2}{3}\varphi$	0.439	0.361	0.297	0.245	0.199	0.162

$$E_{az} = E_a\sin(\alpha+\delta) = \frac{1}{2}\gamma H^2\mu_\alpha\sin(\alpha+\delta) \tag{6-15}$$

其中 E_{az} 至墙脚的水平距离为 $x_c = z_c \cdot \tan\alpha$。

二、被动土压力计算

若挡土墙在外力下推向填土，当墙后土体达到极限平衡状态时，如图 6-14 所示，墙后填土中出现滑裂面 AC，土楔体将沿 AB、AC 面向上滑动，因此在 AB、AC 面上作用于土楔体的摩阻力均向下（与主动极限平衡时的方向相反），根据 G、Q、R 三力平衡条件，可推导出被动土压力公式：

$$E_p = \frac{1}{2}\gamma H^2 \mu_p$$

其中：

$$\mu_p = \frac{\cos^2(\varphi+\alpha)}{\cos^2\alpha\cos(\alpha-\delta)\left[1-\sqrt{\dfrac{\sin(\varphi+\delta)\sin(\varphi+\beta)}{\cos(\alpha-\delta)\cos(\alpha-\beta)}}\right]^2} \tag{6-16}$$

式中　μ_p——库仑被动土压力系数；

其他符号意义同前。

库仑被动土压力强度沿墙高的分布也呈三角形，如图 6-14（c）所示，合力作用点距离墙脚的高度也为 $\frac{H}{3}$。

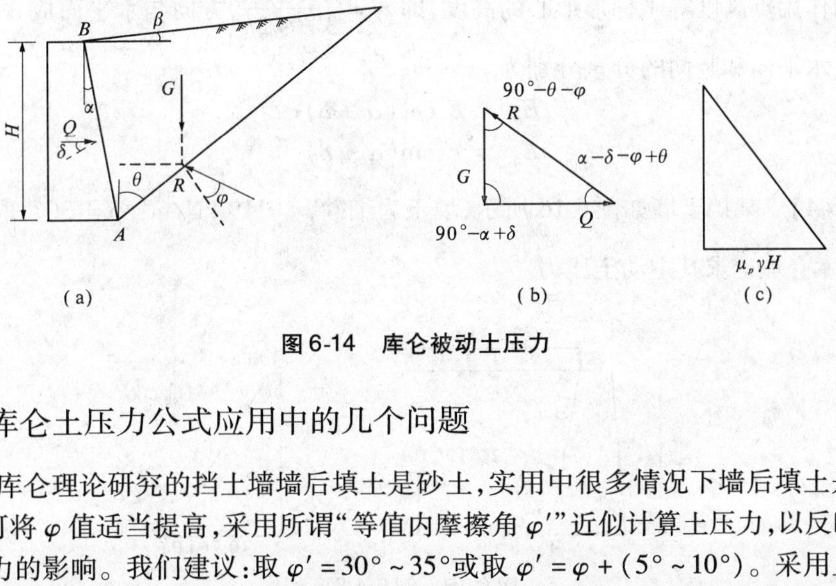

图 6-14　库仑被动土压力

三、库仑土压力公式应用中的几个问题

由于库仑理论研究的挡土墙墙后填土是砂土，实用中很多情况下墙后填土是非砂性土，这时可将 φ 值适当提高，采用所谓"等值内摩擦角 φ'"近似计算土压力，以反映黏聚力 c 对土压力的影响。我们建议：取 $\varphi' = 30° \sim 35°$ 或取 $\varphi' = \varphi + (5° \sim 10°)$。采用上述换算内摩擦角，对于矮挡土墙是偏于安全的，对于高挡土墙有时偏于危险。因此，对于高挡土墙，应按墙高酌情降低换算内摩擦角 φ' 的数值。

库仑主动土压力公式所算得的结果，一般情况下都比较接近实际情况，且计算简便，适应范围又较广泛。因此，目前铁路、公路桥涵设计规范都推荐采用库仑公式计算主动土压力。但库仑被动土压力计算结果常常偏大，δ 值愈大，偏差也愈大，偏于危险，所以实践中一般不用库仑被动土压力公式。

四、填土面上有荷载时库仑公式的应用

（一）有连续均布荷载作用时

挡土墙后的土体表面常作用有不同形式的荷载，这些荷载将使作用在墙背上的土压力增大。当填土面上有连续均布荷载 q 作用时（如图6-15所示），$\sigma_z = q + \gamma z$，$p_a = \mu_\alpha \sigma_z$ 仍按前述方法及步骤计算，绘出 p_a 分布图，求出分布图面积即得土压力合力 E_a。

实际应用中常用厚度为 h、容重 γ 与填土相同的等代土层来代替 $q = \gamma h$，于是等代土层的厚度 $h = \dfrac{q}{\gamma}$，同时设想墙背为 AB'，因而可求绘出三角形的土压力强度分布图。但 BB' 段墙背是虚设的，高度 h 范围内的侧压力不应计算，因此作用于墙背 AB 上的土压力，应为实际墙高 H 范围内的梯形面积，即

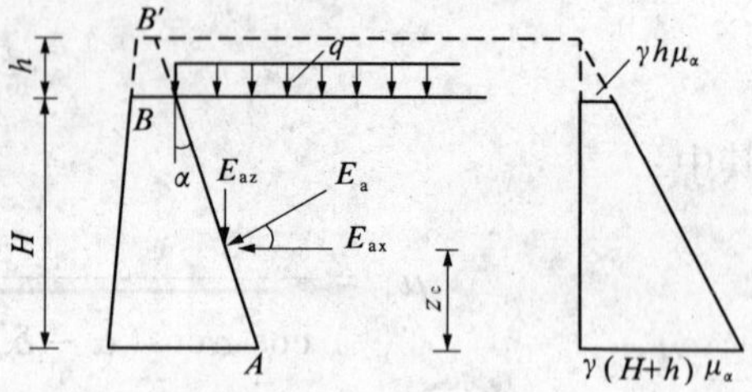

图6-15　填土上有均布荷载的库仑土压力

$$E_a = \frac{H}{2}[\mu_\alpha \gamma h + \mu_\alpha \gamma (H + h)]$$

所以
$$E_a = \frac{1}{2}\mu_\alpha \gamma H(H + 2h) \tag{6-17}$$

E_a 的作用点高度等于梯形形心的高度，即 $z_c = \dfrac{H}{3}\dfrac{H+3h}{H+2h}$，方向与水平面成 $\alpha + \delta$ 角。

E_a 在水平向和竖向的分量分别为

$$E_{zx} = E_a \cos(\alpha + \delta) \tag{6-18}$$
$$E_{az} = E_a \sin(\alpha + \delta) \tag{6-19}$$

【例6-4】　某挡土墙如图6-16所示，填土为细砂，$\gamma = 19\ \text{kN/m}^3$，$\varphi = 30°$，取 $\delta = \dfrac{\varphi}{2} = 15°$，试按库仑理论求其主动土压力。

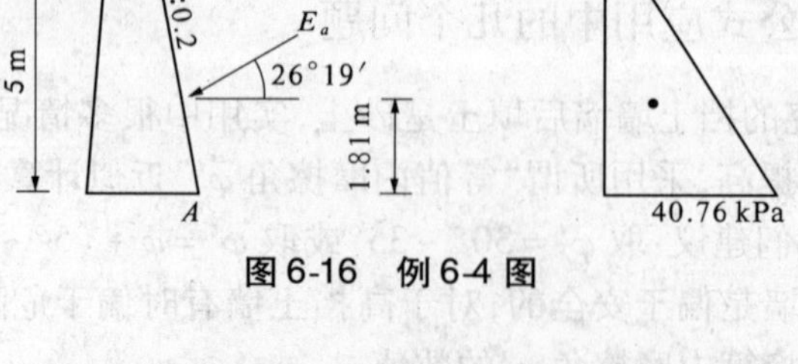

图6-16　例6-4图

解：方法一：

$$\sigma_{zB} = q = 9.5(\text{kPa})$$
$$\sigma_{zA} = q + \gamma h = 9.5 + 19 \times 5 = 104.5(\text{kPa})$$

由 $\varphi = 30°$，$\alpha = 11°19'$ 查表6-3得：

$$\mu_\alpha = 0.390$$

$$p_{aB} = \mu_\alpha \sigma_{zB} = 0.390 \times 9.5 = 3.71(\text{kPa})$$

$$p_{aA} = \mu_\alpha \sigma_{zA} = 0.390 \times 104.5 = 40.76(\text{kPa})$$

p_a 分布图见图 6-16。

$$E_a = E_{a1} + E_{a2} = 3.71 \times 5 + \frac{1}{2} \times (40.76 - 3.71) \times 5$$

$$= 18.6 + 92.6 = 111.2(\text{kN/m})$$

$$z_c = \frac{\sum E_{ai} z_{ai}}{\sum E_{ai}} = \frac{18.6 \times \frac{5}{2} + 92.6 \times \frac{5}{3}}{111.2} = 1.81(\text{m})$$

E_a 与水平面间的夹角为 $\alpha + \delta = 11°19' + 15° = 26°19'$。

$$E_{ax} = E_a \cos(\alpha + \delta) = 111.2 \times \cos 26°19' = 99.7(\text{kN/m})$$

$$E_{az} = E_a \sin(\alpha + \delta) = 111.2 \times \sin 26°19' = 49.3(\text{kN/m})$$

方法二：

$$h = \frac{q}{\gamma} = \frac{9.5}{19} = 0.5(\text{m})$$

由 $\varphi = 30°, \alpha = 11°19'$ 查表 6-3 得：$\mu_\alpha = 0.390$。

$$E_a = \frac{1}{2} \mu_\alpha \gamma H (H + 2h) = \frac{1}{2} \times 0.390 \times 19 \times 5 \times (5 + 2 \times 0.5)$$

$$= 111.2(\text{kN/m})$$

$$z_c = \frac{H}{3} \frac{H + 3h}{H + 2h} = \frac{5}{3} \times \frac{5 + 3 \times 0.5}{5 + 2 \times 0.5} = 1.81(\text{m})$$

E_a 与水平面间夹角及 E_{ax}、E_{az} 同方法一。

（二）有车辆荷载作用时

当填土面上有车辆荷载时，一般先把滑动土楔体范围内的车辆荷载换算成均布荷载 q（或等代土层厚度 h）再按库仑主动土压力公式计算。

设 l_0 为滑动土楔体长度（见图 6-17），B 为桥台的计算宽度或挡墙的计算长度，$\sum G$ 为布置在 $B \times l_0$ 面积内的车辆轮重之和，γ 为填土容重，则等效均布荷载 q 为

$$q = \frac{\sum G}{B l_0} = \gamma h \qquad (6\text{-}20)$$

即

$$h = \frac{q}{\gamma} = \frac{\sum G}{\gamma B l_0} \qquad (6\text{-}21)$$

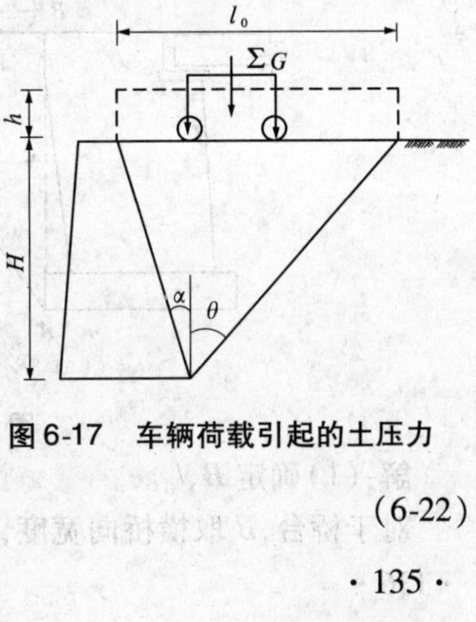

图 6-17　车辆荷载引起的土压力

桥台的计算宽度或挡土墙的计算长度 B，应符合以下规定：

（1）桥台的计算宽度为桥台的横桥向全宽；

（2）挡土墙的计算长度按下列公式计算但不应超过挡土墙的分段长度：

$$B = 13 + H \tan 30° \qquad (6\text{-}22)$$

式中　H——挡土墙高度,m,对于墙顶以上有填土的挡土墙,为墙顶填土厚度的 2 倍加墙高。

由图 6-18 知,滑动土楔体长度 l_0 计算式为:

$$l_0 = H(\tan\theta + \tan\alpha)$$

式中　α——墙背倾角,墙背竖直时 $\alpha = 0$,俯斜墙背(见图 6-18(a))α 为正值,仰斜墙背(见图 6-18(b))α 为负值;

θ——滑裂面与竖直面间的夹角,当填土面水平时,以 $\beta = 0$ 代入式(6-11)得:

$$\tan\theta = -\tan(\varphi + \alpha + \delta) + \sqrt{[\cot\varphi + \tan(\varphi + \alpha + \delta)][\tan(\varphi + \alpha + \delta) - \tan\alpha]}$$

当墙背为仰斜时,式中 α 以负值代入。

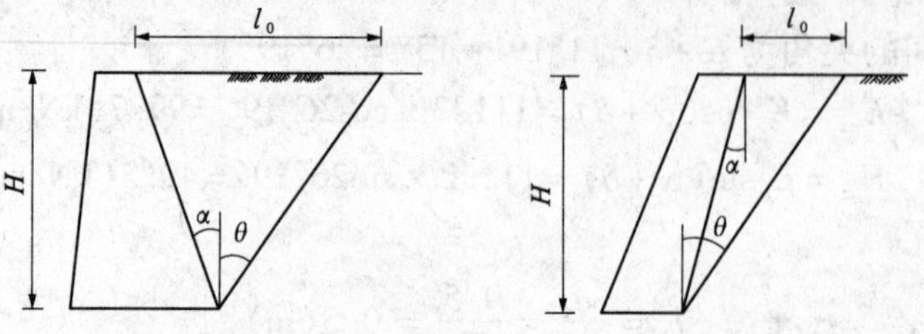

图 6-18　滑动土楔体长度 l_0

计算挡土墙土压力时,填土面上汽车荷载的布置规定为:

纵向:当 B 取用挡土墙分段长度时,应为分段长度内所能布置的轮载之和;当 B 取用车辆荷载的扩散长度时,为车辆荷载标准值。

横向:滑动土楔体长度 l_0 范围内可能布置的车轮。车辆外侧车轮中线距路面(或硬路肩)或安全带边缘的距离为 0.5 m。

【例 6-5】　某公路梁桥桥台如图 6-19 所示,桥台宽度为 8.5 m。汽车荷载为公路-Ⅱ级,土容重 $\gamma = 18\ \text{kN/m}^3$,$\varphi = 35°$,$c = 0$,填土与墙背间的摩擦角 $\delta = \frac{2}{3}\varphi$,桥台高 $H = 8.0$ m,求作用于台背(AB)上的主动土压力。

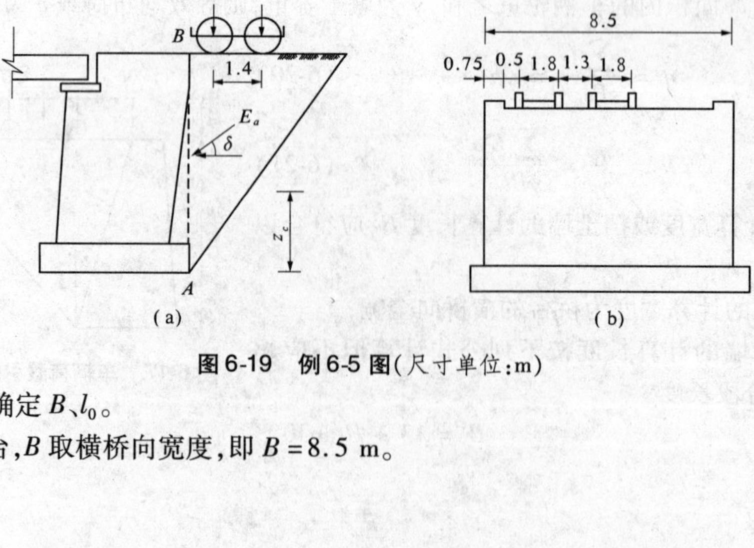

图 6-19　例 6-5 图(尺寸单位:m)

解:(1)确定 B、l_0。

对于桥台,B 取横桥向宽度,即 $B = 8.5$ m。

把 AB 作为台背，$\alpha=0$；填土面水平，$\beta=0$；$\delta=\frac{2}{3}\varphi=23.33°$，代入式(6-11)，有：

$$\begin{aligned}\tan\theta &= -\tan(\varphi+\delta)+\sqrt{[\cot\varphi+\tan(\varphi+\delta)]\tan(\varphi+\delta)}\\ &= -\tan(35°+23.33°)+\sqrt{[\cot35°+\tan(35°+23.33°)]\tan(35°+23.33°)}\\ &= -1.62+2.22=0.60\end{aligned}$$

$$l_0=H\tan\theta=8\times0.6=4.8(\text{m})$$

(2)求等代土层厚度 h。

对于桥台 l_0 为纵向，B 为横向。

由图6-19(a)可见，纵向 l_0 范围内可布置两排后轮，从图6-19(b)可见，横向范围内可布置两列汽车；$B\times l_0$ 范围内可布置的车轮总重为：

$$\sum G=2\times(140+140)=560(\text{kN})$$

$$h=\frac{\sum G}{\gamma Bl_0}=\frac{560}{18\times8.5\times4.8}=0.763(\text{m})$$

(3)求主动土压力。

根据规范要求，采用库仑公式计算主动土压力。由 $\varphi=35°$、$\delta=\frac{2}{3}\varphi$、$\alpha=0$ 查表6-3 得 $\mu_\alpha=0.245$，则

$$\begin{aligned}E_a &= \frac{1}{2}\gamma H(H+2h)\mu_\alpha=\frac{1}{2}\times18\times8\times(8+2\times0.763)\times0.245\\ &= 168.0(\text{kN/m})\end{aligned}$$

E_a 与水平面的夹角为23.33°，E_a 的作用点离台脚的高度为：

$$z_c=\frac{H}{3}\times\frac{H+3h}{H+2h}=\frac{8}{3}\times\frac{8+3\times0.763}{8+2\times0.763}=\frac{8}{3}\times\frac{10.289}{9.526}=2.880(\text{m})$$

作用于整个桥台上的主动土压力为 $B\times E_a=8.5\times168.0=1\ 428.0(\text{kN})$

【例6-6】 如图6-20所示挡土墙，分段长度为10 m，墙高 $H=6$ m，填土容重 $\gamma=18\ \text{kN/m}^3$，$\varphi=35°$，$c=0$，$\alpha=14°$，墙背与土之间的摩擦角 $\delta=\frac{2}{3}\varphi$，设计荷载为公路－Ⅱ级，求挡土墙承受的主动土压力。

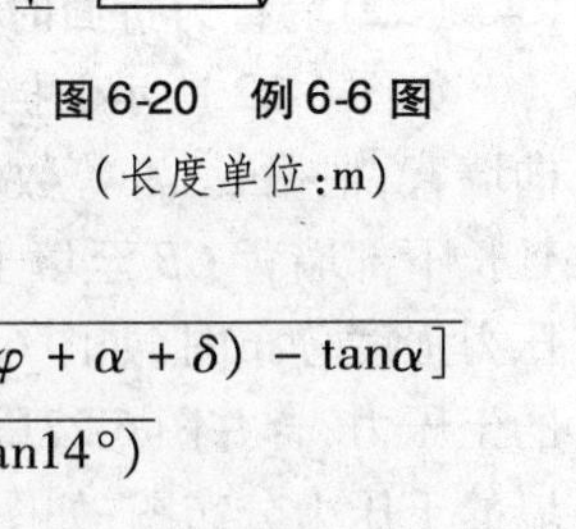

图6-20 例6-6图

(长度单位：m)

解：(1)确定 B、l_0。

挡土墙计算长度取挡土墙分段长度10 m，即 $B=10$ m；$\delta=\frac{2}{3}\varphi=23.33°$。

$$\varphi+\alpha+\delta=35°+14°+23.33°=72.33°$$

$$\begin{aligned}\tan\theta &= -\tan(\varphi+\alpha+\delta)+\sqrt{[\cot\varphi+\tan(\varphi+\alpha+\delta)][\tan(\varphi+\alpha+\delta)-\tan\alpha]}\\ &= -\tan72.33°+\sqrt{(\cot35°+\tan72.33°)(\tan72.33°-\tan14°)}\\ &= 0.49\end{aligned}$$

$$l_0 = H(\tan\alpha + \tan\theta) = 6 \times (\tan 14° + 0.49) = 4.44(\text{m})$$

(2)荷载布置。

纵向:可布置四排车轴,即 $120 \times 2 + 140 \times 2 = 520(\text{kN})$。

横向:$l_0 = 4.44$ m,如图 6-20 所示,能布置三排车轮(即一行半车队)。

所以
$$\sum G = 520 \times 1.5 = 780(\text{kN})$$

(3)求等代土层厚度 h。

$$h = \frac{\sum G}{\gamma B l_0} = \frac{780}{18 \times 10 \times 4.44} = 0.976(\text{m})$$

(4)计算主动土压力。

由 $\varphi = 35°$、$\delta = \frac{2}{3}\varphi$、$\alpha = 14°$查表 6-3,得 $\mu_\alpha = 0.361$,则

$$E_\alpha = \frac{1}{2}\gamma H(H + 2h)\mu_\alpha = \frac{1}{2} \times 18 \times 6 \times (6 + 2 \times 0.976) \times 0.361$$
$$= 155.0(\text{kN/m})$$

作用点离墙脚高

$$z_c = \frac{H}{3} \times \frac{H + 3h}{H + 2h} = \frac{6}{3} \times \frac{6 + 3 \times 0.976}{6 + 2 \times 0.976} = 2.245(\text{m})$$

E_a 与水平面夹角为

$$\alpha + \delta = 14° + 23.33° = 37.33°$$

五、其他条件下的库仑公式应用

前面介绍了填土面为一水平或倾斜平面、墙背为一竖直或不竖直的平面等边界条件较为简单时的库仑土压力的计算方法。在工程实践中,还常遇到其他情况的挡土墙:如墙背为折面或阶梯形、填土表面不是一个平面、填土由多层土组成等较复杂的情况,下面简单介绍一下这些情况下库仑土压力的简化近似计算方法。

(一)阶梯形墙背

如图 6-21 所示的挡土墙,可先假定墙背为竖直面 AC'上的主动土压力 E_a,其作用点高度仍假设为$\frac{H}{3}$,方向假定平行于填土表面;然后再计算填土 CBC'部分的土体自重 G,取 G 与 E_a 的合力作为作用于墙背上的主动土压力。

(二)墙背为折面时

如图 6-22 所示的挡土墙,若两段墙背倾斜相差不超过 10°,可先将 AB 段墙背视为单向墙背,根据 α_1、β 等数值绘出 AB 段的主动土压力强度分布图,如图 6-22(a)所示;然后延长下部墙背 CB 至填土面交于 A'看做假想墙背,按 α_2、β 等数值绘出 $A'C$ 面上的主动土压力强度分布图,如图 6-22(b)所示;图 6-22(b)中的梯形 $bdec'$是作用在挡土墙 BC 段上的土压力,合并图 6-22(a)中的三角形 abc 和图 6-22(b)中的梯形 $bdec'$,即可得到该挡土墙的土压力分布图,如图 6-22(c)所示,然后由两段分布图面积求出作用于两段墙上的主动土压力(注意:作用于两段墙背上的主动土压力方向不同),最后合成之。

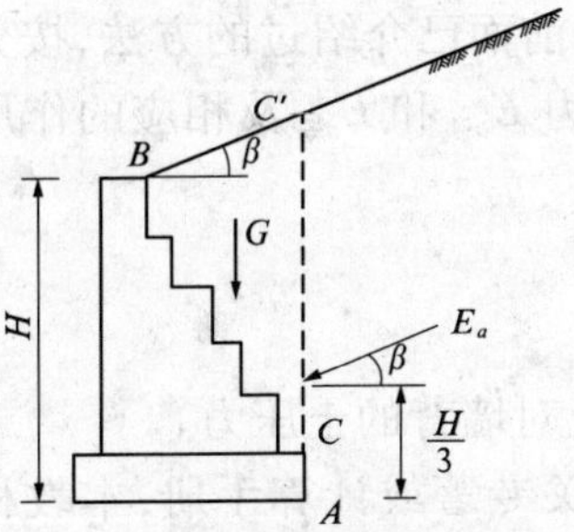

图 6-21　阶梯形墙背后的土压力计算

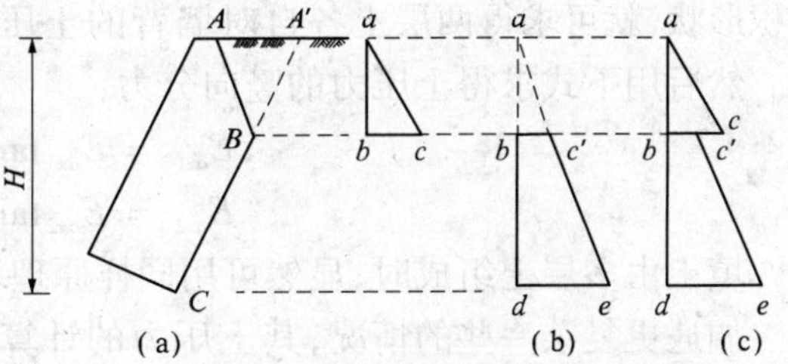

图 6-22　墙背为折面时的土压力计算

（三）填土表面为折面时

如图 6-23 所示的挡土墙，可由填土面倾角为 β，求出 $\mu_{\alpha1}$ 及其土压力强度分布图如图 6-23（a）所示，而后按虚设墙背 $A'B$ 及填土面为水平，再求出 $\mu_{\alpha2}$ 及其土压力强度分布图如图 6-23（b）所示。设深度 z_1 处两种方法求出的土压力强度相等，则由 $\gamma z_1\mu_{\alpha1}=\gamma(z_1+h)\mu_{\alpha2}$ 可得 $z_1=\frac{\mu_{\alpha2}}{\mu_{\alpha1}-\mu_{\alpha2}}h$。图 6-23（a）中 z_1 以上的三角形 abc 和图 6-23（b）中 z_1 以下的梯形 $bcde$，合并成图 6-23（c），即为该挡土墙承受的土压力分布图。求出图 6-23（c）的面积和形心高度即为该挡土墙承受的土压力 E_a 及合力作用点高度 z_c。

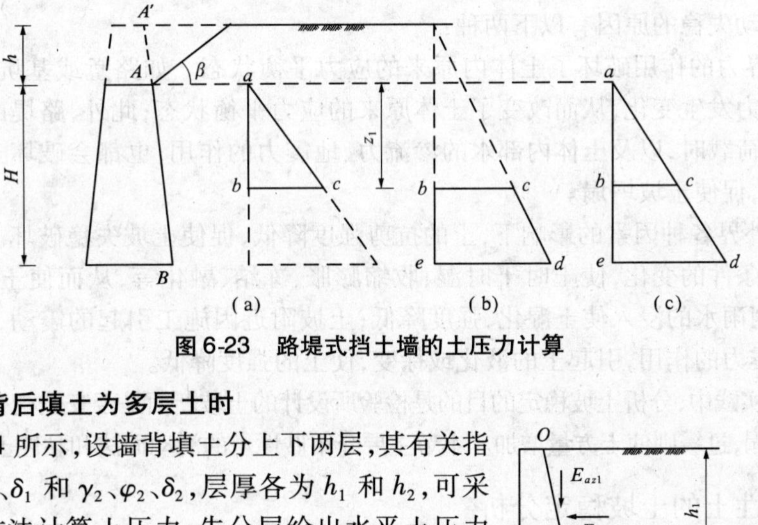

图 6-23　路堤式挡土墙的土压力计算

（四）墙背后填土为多层土时

如图 6-24 所示，设墙背填土分上下两层，其有关指标各为 γ_1、φ_1、δ_1 和 γ_2、φ_2、δ_2，层厚各为 h_1 和 h_2，可采用如下简化方法计算土压力：先分层绘出水平土压力强度分布图，由分布图面积求出两层的 E_{ax} 及相应的作用点位置，再求出两土层的 E_{ax} 即可。

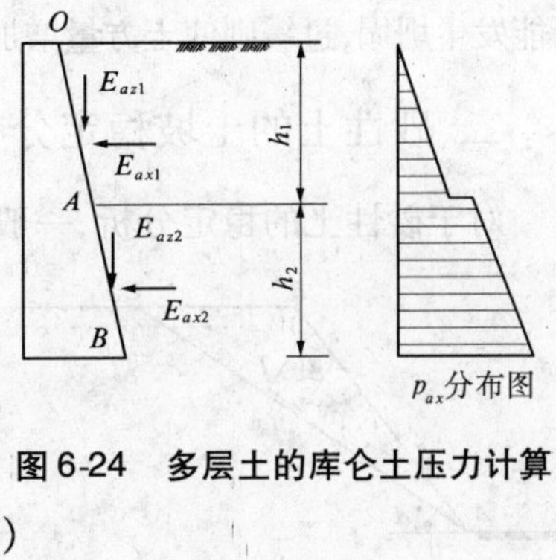

图 6-24　多层土的库仑土压力计算

如 O、A、B 三点处的水平土压力强度为：

O 点　　$p_{axo}=0$

A 点　　$p_{axA1}=\gamma_1 h_1\mu_{\alpha1}\cos(\alpha+\delta_1)$

$$p_{axA2}=\gamma_1 h_1\mu_{\alpha2}\cos(\alpha+\delta_2)$$

B 点　　$p_{axB}=(\gamma_1 h_1+\gamma_2 h_2)\mu_{\alpha2}\cos(\alpha+\delta_2)$

由以上几点土压力强度值绘出 p_{ax} 分布图，这样，利用前面已介绍过的方法，按分布图面积形状，就可求得两层土各自对墙背的土压力水平分力 E_{ax1} 和 E_{ax2} 及相应的作用点位置。然后用下式求得土压力的竖向分力：

$$E_{az1} = E_{ax1}\tan(\alpha + \delta_1)$$
$$E_{az2} = E_{ax2}\tan(\alpha + \delta_2)$$

填土由多层土组成时，显然可用同样原理求得各层土对墙背的土压力。

如遇更复杂一些的情况，其土压力的计算可参考有关专著或计算手册，本教材不再赘述。

第五节　土坡稳定分析

在道路桥梁工程中常常遇到路堑、路堤或基坑开挖时的边坡稳定性问题。如图 6-25 所示，在土体重力的作用下，可能发生边坡失稳破坏，也即土体 *ABCDEA* 沿着土中某一滑动面 *AED* 向下滑动而破坏。由此可见，当土坡内某一滑动面上作用的滑动力达到土的抗剪强度时，土坡即发生滑动破坏。

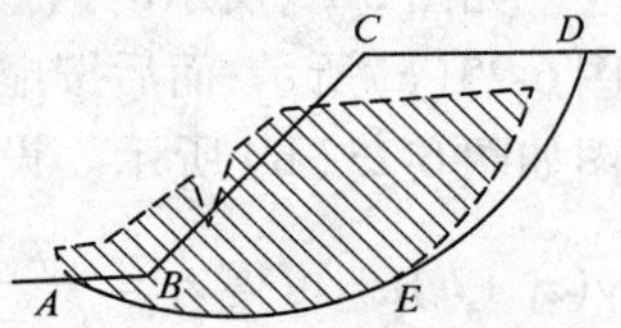

图 6-25　土坡滑动破坏

一、土坡滑动失稳的原因

土坡滑动失稳的原因有以下两种：

(1)外界力的作用破坏了土体内原来的应力平衡状态。如路堑或基坑的开挖，是由于自身的重力发生变化，从而改变了土体原来的应力平衡状态；此外，路堤的填筑或土坡面上作用外荷载时，以及土体内部水的渗流力、地震力的作用，也都会破坏土体原有的应力平衡状态，促使土坡坍塌。

(2)在外界各种因素的影响下，土的抗剪强度降低，促使土坡失稳破坏。如由于外界气候等自然条件的变化，使土时干时湿、收缩膨胀、冻结、融化等，从而使土变松，强度降低；土坡内因雨水的浸入使土湿化，强度降低；土坡附近因施工引起的震动，如打桩、爆破等，以及地震力的作用，引起土的液化或徐变，使土的强度降低。

在工程实践中，分析土坡稳定的目的是检验所设计的土坡断面是否安全与合理，边坡过陡可能发生坍塌，过缓则使土方量增加。本节主要介绍砂性土的滑动面法和黏性土的条分法。

二、砂性土的土坡稳定分析

对于砂性土的稳定分析，一般均假定滑动面是平面，如图 6-26 所示，已知土坡高度为 H，坡角为 β，土的容重为 γ，土的抗剪强度 $\tau_f = \sigma_f\tan\varphi$。若假定滑动面是通过坡角 A 的平面 AC，AC 的倾角为 α，则可计算滑动土体 ABC 沿 AC 面上滑动的稳定安全系数 K 值。

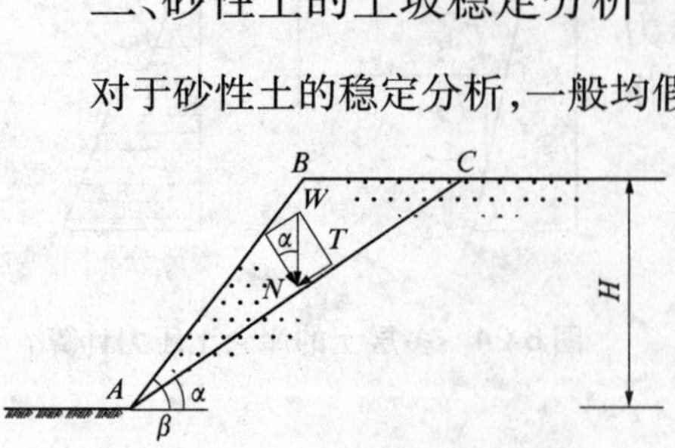

图 6-26　砂性土的土坡稳定计算

沿土坡长度方向截取单位长度土坡，作为平面应变问题分析。已知滑动土体 ABC 的重力为：

$$W = \gamma S_{\Delta ABC}$$

W 在滑动面 AC 上的法向分力 N 及正应力 σ 为：

$$N = W\cos\alpha$$

$$\sigma = \frac{N}{AC} = \frac{W\cos\alpha}{AC}$$

W 在滑动面 AC 上的切向分力 T 及剪应力 τ：

$$T = W\sin\alpha$$

$$\tau = \frac{T}{AC} = \frac{W\sin\alpha}{AC}$$

土坡的滑动安全系数为：

$$K = \frac{\tau_f}{\tau} = \frac{\sigma\tan\varphi}{\tau} = \frac{\frac{W\cos\alpha}{AC}}{\frac{W\sin\alpha}{AC}}\tan\varphi = \frac{\tan\varphi}{\tan\alpha} \tag{6-23}$$

由式(6-23)可见，当 $\alpha = \beta$ 时滑动稳定安全系数最小，也即土坡面上的一层土是最容易滑动的。因此，砂性土的土坡稳定安全系数为：

$$K = \frac{\tan\varphi}{\tan\beta} \tag{6-24}$$

一般要求 $K > 1.25 \sim 1.30$。

三、黏性土的土坡稳定分析

黏性土的抗剪强度由内摩擦力和黏聚力组成，由于黏聚力的存在，黏性土坡不会像无黏性土土坡一样。均质的黏性土土坡在失稳时，其滑动面常常是曲面，通常可近似地假定为圆弧滑动面。圆弧滑动面的形式一般有以下三种：

(1)圆弧滑动面通过坡角 B 点(见图 6-27(a))，称为坡脚圆。

(2)圆弧滑动面通过坡面上 E 点(见图 6-27(b))，称为坡面圆。

(3)圆弧滑动面通过坡脚以外的 A 点(见图 6-27(c))，称为中点圆。

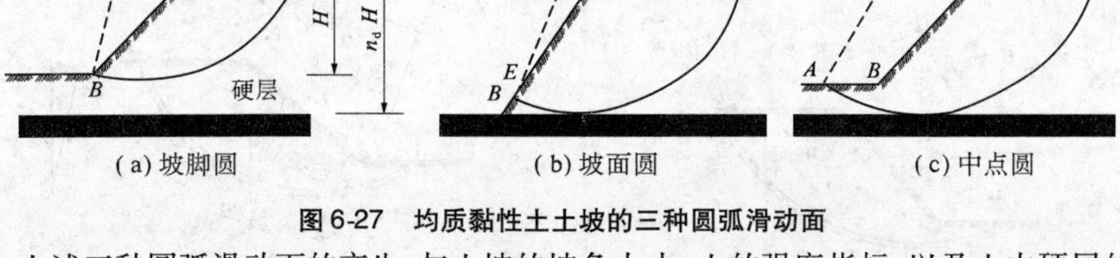

(a) 坡脚圆　　(b) 坡面圆　　(c) 中点圆

图 6-27　均质黏性土土坡的三种圆弧滑动面

上述三种圆弧滑动面的产生，与土坡的坡角大小、土的强度指标，以及土中硬层的位置等因素有关。

土坡稳定分析时采用圆弧滑动面首先是由彼德森(K. E. Petteson)于 1916 年提出的，此后费伦纽斯(W. Fellenius)和泰勒(D. W. Taylor)分别在 1927、1948 年做了研究和改进。他们提出的分析方法可以分为两种：

第一种方法是称为土坡圆弧滑动体的整体稳定分析法，主要适用于均质简单土坡，所谓简单土坡是指土坡上、下两个土面是水平的，坡面 BC 是一平面，如图 6-28 所示。

第二种方法是称为土坡稳定的条分法，条分法对非均质土坡、土坡外形复杂、土坡部分浸在水中时均适用。

（一）土坡圆弧滑动面的整体稳定分析

1. 基本概念

图 6-28 所示为均质简单土坡，若可能的圆弧滑动面为 AD，其圆心为 O，半径为 R，分析时在土坡长度方向截取单位长，按平面问题分析。滑动土体 $ABCD$ 的重力为 W，它是促使土坡滑动的力；沿着滑动面 AD 上分布的土的抗剪强度 τ_f 是抵抗土坡滑动的力。将滑动力 W 及抗滑力 τ_f 分别对圆心 O 取矩，得滑动力矩 M_s 及稳定力矩 M_r 为：

$$M_s = Wa \tag{6-25}$$

$$M_r = \tau_f \widehat{L} R \tag{6-26}$$

式中 W——滑动体 $ABCDA$ 的重力，kN；

a——W 对 O 点的力臂，m；

τ_f——土的抗剪强度，按库仑定律 $\tau_f = \sigma\tan\varphi + c$ 计算，kPa；

$\widehat{L}$——滑动圆弧 AD 的长度，m；

R——滑动圆弧面的半径，m。

土坡滑动的稳定安全系数 K 也可以用稳定力矩 M_r 与滑动力矩 M_s 的比值表示，即

$$K = \frac{M_r}{M_s} = \frac{\tau_f \widehat{L} R}{Wa} \tag{6-27}$$

由于土的抗剪强度沿滑动面 AD 上的分布是不均匀的，因此直接按式（6-27）计算土坡的稳定安全系数有一定的误差。

2. 摩擦圆法

摩擦圆法由泰勒提出，他认为如图 6-29 所示滑动面 $\widehat{AD}$ 上的抵抗力包括土的摩阻力及黏聚力两部分，它们的合力分别为 F 及 C。假定滑动面上的摩阻力首先得到发挥，然后才由土的黏聚力补充。下面分别讨论作用在滑动土体 $ABCDA$ 上的 3 个力：

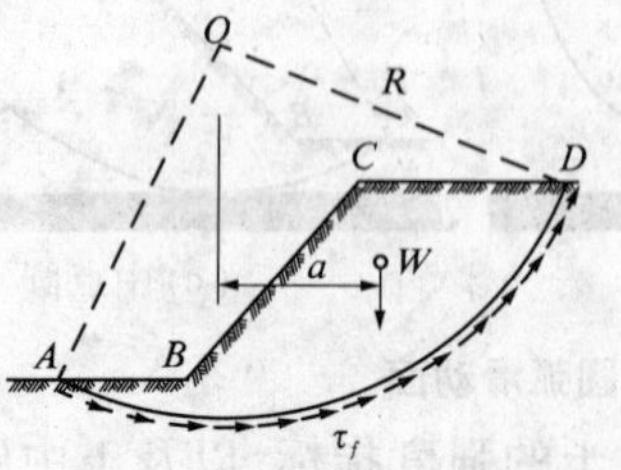

图 6-28 土坡的整体稳定分析

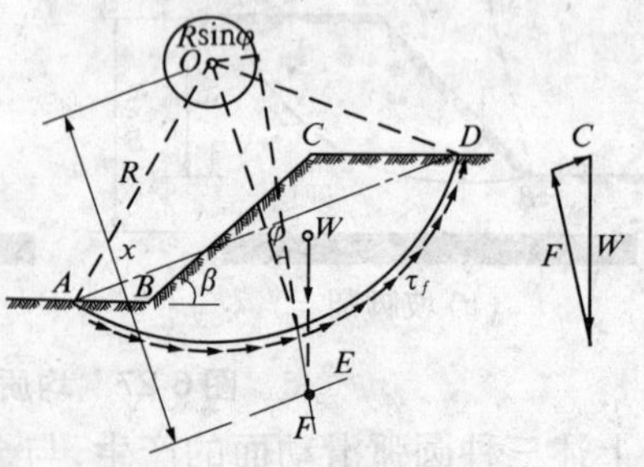

图 6-29 摩擦圆法

第一个力是滑动土体的重力 W，它等于滑动土体 $ABCDA$ 的面积与土的容重的乘积，其作用点的位置在滑动土体面积的形心。因此，W 的大小和作用线都是已知的。

第二个力是作用在滑动面 AD 上黏聚力的合力 C。为了维持土坡的稳定，沿滑动面 AD

上分布的需要发挥的黏聚力为 c_1，可以求得黏聚力的合力 C 及其对圆心的力臂 x 分别为：

$$\left.\begin{aligned} C &= c_1 \widehat{AD} \\ x &= \frac{\widehat{AD}}{\overline{AD}} R \end{aligned}\right\} \tag{6-28}$$

式中　$\widehat{AD}$、$\overline{AD}$——AD 的弧长和弦长。

所以 C 的作用线是已知的，但其大小未知（因为 c_1 是未知值）。

第三个力是作用在滑动面 AD 上的法向力及摩擦力的合力，用 F 表示。泰勒假定 F 的作用线与圆弧$\widehat{AD}$的法线成 φ 角，也即 F 与圆心 O 处半径为 $R\sin\varphi$ 的圆（称摩擦圆）相切，同时 F 还一定通过 W 与 C 的交点。因此，F 的作用线是已知的，其大小未知。

根据滑动土体 $ABCDA$ 上的 3 个作用力 W、F、C 的静力平衡条件，可以从图 6-29 所示的力三角形中求得 C 值，由式(6-28)可求得维持土体平衡时滑动面上所需要发挥的黏聚力 c_1 值。这时土体的稳定安全系数 K 为：

$$K = \frac{c}{c_1} \tag{6-29}$$

式中　c——土的实际黏聚力。

上述计算中，滑动面 AD 是任意假定的，因此需要试算许多个可能的滑动面。相应于最小稳定安全系数 $K_{\min}$ 的滑动面才是最危险的滑动面。$K_{\min}$ 值必须满足规定数值。由此可以看出，土坡稳定分析的计算工作量是很大的。因此，费伦纽斯和泰勒对均质简单土坡做了大量的分析计算工作，提出了确定最危险滑动面圆心的经验方法，以及计算土坡稳定安全系数的图表。

3. 费伦纽斯确定最危险滑动面圆心的方法

(1) 土的内摩擦角 $\varphi=0$ 时。费伦纽斯提出当土的内摩擦角 $\varphi=0$ 时，土坡的最危险圆弧滑动面通过坡脚，其圆心为 D 点，如图 6-30 所示。D 点是由坡脚 B 及坡顶 C 分别作 BD 和 CD 线的交点，BD 和 CD 线分别与坡面及水平面成 β_1、β_2 角。β_1、β_2 角与土坡坡角 β 有关，可由表 6-4 查得。

(2) 土的内摩擦角 $\varphi>0$ 时。费伦纽斯提出这时最危险滑动面也通过坡脚，其圆心在 ED 的延长线上，见图 6-30。E 点的位置距坡脚 B 点的水平距离为 $4.5H$。φ 值越大，圆心越向外移。计算时从 D 点向外延伸取几个试算圆心 O_1、O_2、…，分别求得其相应的滑动安全系数 K_1、K_2、…，绘 K 值曲线可得到最小安全系数值 $K_{\min}$，其相应的圆心 O_m 即为最危险滑动面的圆心。

实际上土坡的最危险滑动面圆心位置有时并不一定在 ED 的延长线上，而可能在其左右附近，因此圆心 O_m 可能并不是最危险滑动面的圆心，这时可以通过 O_m 点作 DE 线的垂线 FG，在 FG 上取几个试算滑动面的圆心 O'_1、O'_2、…，求得其相应的滑动稳定安全系数 K'_1、K'_2、…，绘得 K' 值曲线，相应于 $K'_{\min}$ 值的圆心 O 才是最危险滑动面的圆心。

从上述可见，根据费伦纽斯提出的方法，虽然可以把最危险滑动面的圆心位置缩小到一定范围，但其试算工作量还是很大的。泰勒对此作了进一步的研究，提出了确定均质简单土坡稳定安全系数的图表。

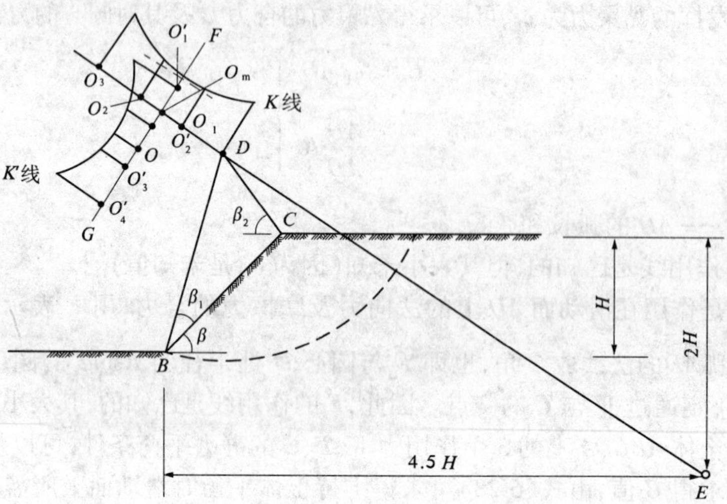

图 6-30　确定最危险滑动面圆心的位置

表 6-4　β_1 及 β_2 数值表

土坡坡度(竖直:水平)	坡角 β	β_1	β_2
1:0.58	60°	29°	40°
1:1	45°	28°	37°
1:1.5	33°41′	26°	35°
1:2	26°34′	25°	35°
1:3	18°26′	25°	35°
1:4	14°02′	25°	37°
1:5	11°19′	25°	37°

4. *泰勒确定最危险滑动面圆心的方法*

泰勒认为圆弧滑动面的 3 种形式同土的内摩擦角值 φ、坡角 β 以及硬层埋藏深度等因素有关。泰勒经过大量计算分析后提出：

(1)当 $\varphi > 3°$ 时，滑动面为坡脚圆，其最危险滑动面圆心位置，可根据 φ 及 β 角值，从图 6-31 中的曲线查得 θ 及 α 值作图求得。

(2)当 $\varphi = 0°$ 且 $\beta > 53°$ 时，滑动面也是坡脚圆，其最危险滑动面圆心位置，同样可从图 6-31 中查得 θ 及 α 值作图求得。

(3)当 $\varphi = 0°$ 且 $\beta < 53°$ 时，滑动面可能是中点圆，也有可能是坡脚圆或坡面圆，它取决于硬层的埋藏深度。当土体高度为 H，硬层的埋藏深度为 $n_d H$，如图 6-32(a)所示。若滑动面为中点圆，则圆心位置在坡面中点 M 的铅直线上，且与硬层相切，见图 6-32(a)，滑动面与土面的交点为 A，A 点距坡脚 B 的距离为 $n_x H$，n_x 值可根据 n_d 及 β 值由图 6-32(b)查得。若硬层埋藏较浅，则滑动面可能是坡脚圆或坡面圆，其圆心位置需通过试算确定。

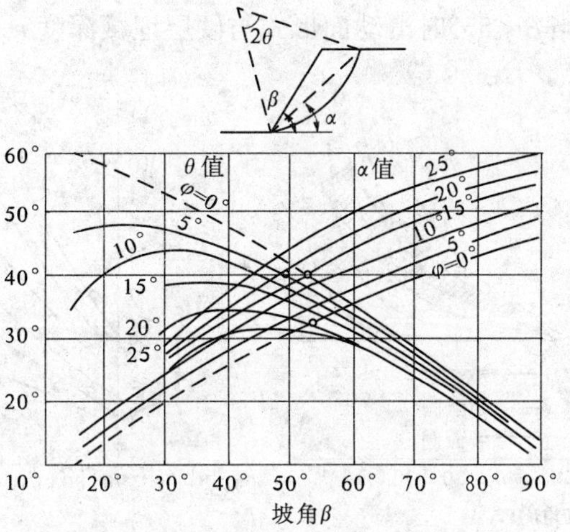

图 6-31　按泰勒方法确定最危险滑动面圆心

（$\varphi>3°$或$\varphi=0°$且$\beta>53°$时）

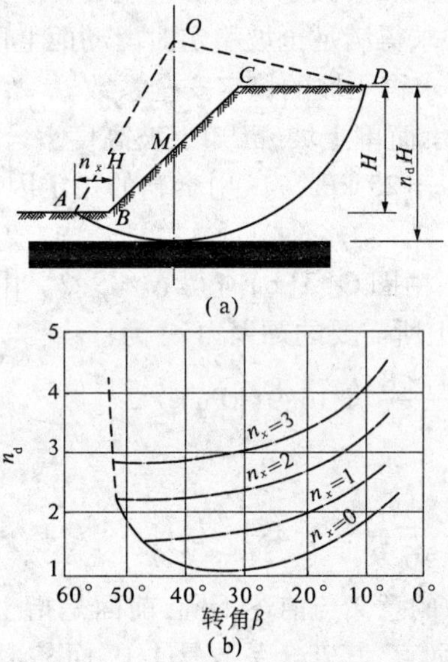

(a)　(b)

图 6-32　按泰勒方法确定最危险滑动面圆心位置

（$\varphi=0°$且$\beta<53°$时）

泰勒提出在土坡稳定分析中共有 5 个计算参数，即土的容重 γ、土坡高度 H、坡角 β 以及土的抗剪强度指标 c、φ，若知道其中 4 个参数就可以求出第五个参数。为了简化计算，泰勒把三个参数 c、γ、H 组成一个新的参数 N_s，称为稳定因数，即

$$N_s=\frac{\gamma H}{c} \tag{6-30}$$

通过大量计算可以得到 N_s 与 φ 及 β 的关系曲线，见图 6-33。在图 6-33（a）中给出 $\varphi=0°$时稳定因数 N_s 与 β 的关系曲线。在图 6-33（b）中给出 $\varphi>0°$时 N_s 与 β 的关系曲

线，从图中可以看到，当 $\beta<53°$ 时滑动面形式与硬层埋藏深度 $n_d H$ 值有关。

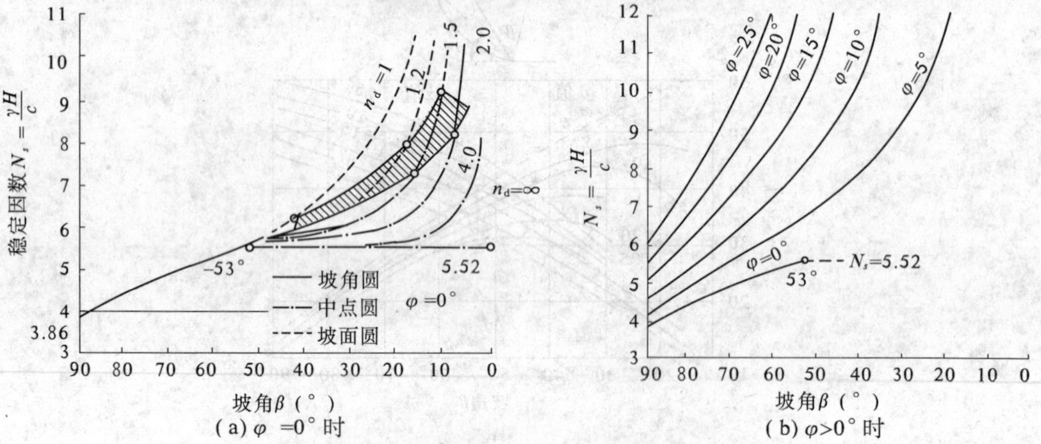

图 6-33　泰勒的稳定因数 N_s 与坡角 β 的关系

泰勒分析简单土坡的稳定性时，假定滑动面上土的摩阻力首先得到充分发挥，然后才由土的黏聚力补充。因此，在求得满足土坡稳定时滑动面上所需要的黏聚力 c_1 后与土的实际黏聚力 c 进行比较，即可求得土坡的稳定安全系数。

【例 6-7】　如图 6-34 所示简单土坡，已知土坡高度 $H=8$ m，坡角 $\beta=45°$，土的性质为：$\gamma=19.4\ \text{kN/m}^3$，$\varphi=10°$，$c=25$ kPa。试用泰勒的稳定因数曲线计算土坡的稳定安全系数。

解：当 $\varphi=10°$，$\beta=45°$时，由图 6-33(b)查得 $N_s=9.2$。由式(6-30)可求得此时滑动面上所需要的黏聚力 c_1 为：

$$c_1=\frac{\gamma H}{N_s}=\frac{19.4\times 8}{9.2}=16.9(\text{kPa})$$

土坡稳定安全系数 K 为：

$$K=\frac{c}{c_1}=\frac{25}{16.9}=1.48$$

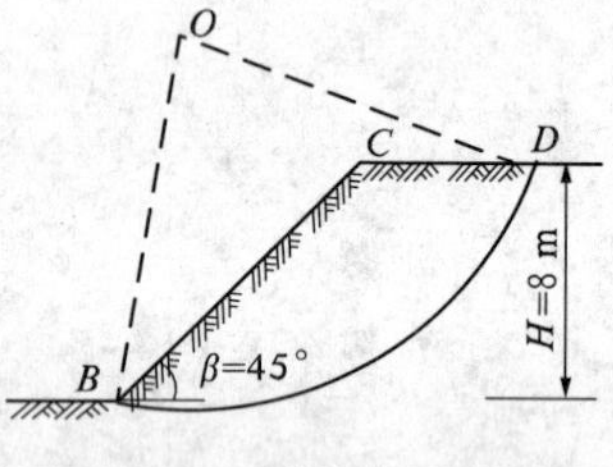

图 6-34　例 6-7 图

应该看到，上述安全系数的意义与前述不同，前面是指土的抗剪强度与剪应力之比。在本例中对土的内摩擦角 φ 而言，其安全系数是 1.0，而黏聚力 c 的安全系数是 1.48，两者不一致。若要求 c、φ 值具有相同的安全系数，则需采用试算法确定。

（二）土坡圆弧滑动面的条分法稳定分析

从前面分析知道，由于圆弧滑动面上各点的法向应力不同，因此土的抗剪强度各点也不相同，这样就不能直接应用式(6-27)计算土坡稳定安全系数。费伦纽斯提出的条分法是解决这一问题的基本方法，至今仍得到广泛应用。

1. 基本原理

如图 6-35 所示土坡，取单位长度土坡按平面问题计算。设可能滑动面是一圆弧 AD，圆心为 O，半径为 R。将滑动土体 $ABCDA$ 分成许多竖向土条，土条的宽度一般可取 $b=0.1R$，任一土条 i 上的作用力包括（见图 6-35）：

土条的重力 W_i，其大小、作用点位置及方向均为已知。

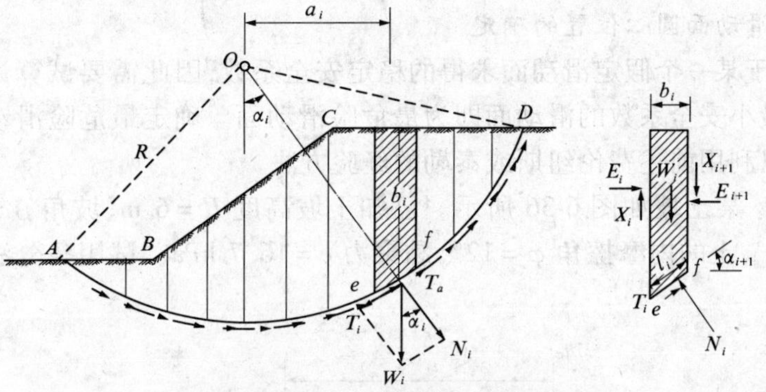

图 6-35　条分法计算土坡稳定

滑动面 ef 上的法向力 N_i 及切向反力 T_i，假定 N_i、T_i 作用在滑动面 ef 的中点，它们的大小均未知。

土条两侧的法向力 E_i、E_{i+1} 及竖向剪切力 X_i、X_{i+1}，其中 E_i 和 X_i 可由前一个土条的平衡条件求得，而 E_{i+1} 和 X_{i+1} 的大小未知，E_{i+1} 的作用点位置也未知。

由此可以看到，作用在土条 i 的作用力中有 5 个未知数，但只能建立 3 个平衡方程，故为静不定问题。为了求得 N_i、T_i 值，必须对土条两侧作用力的大小和位置作适当的假定。费伦纽斯的条分法是不考虑土条两侧的作用力，也即假设 E_i 和 X_i 的合力等于 E_{i+1} 和 X_{i+1} 的合力，同时它们的作用线也重合，因此土条两侧的作用力相互抵消。这时土条 i 仅有作用力 W_i、N_i 及 T_i，根据平衡条件可得滑动面 ef 上土的抗剪强度为：

$$N_i = W_i\cos\alpha_i$$

$$T_i = W_i\sin\alpha_i$$

式中　α_i——土条 i 滑动面的法线（亦即半径）与竖直线的夹角。

土条 i 上的作用力对圆心 O 产生的滑动力矩 M_s 及稳定力矩 M_r 分别为：

$$M_s = T_iR = W_iR\sin\alpha_i$$

$$M_r = \tau_{fi}l_iR = (W_i\cos\alpha_i\tan\varphi_i + c_il_i)R$$

式中　l_i——土条 i 滑动面 ef 的弧长；

c_i、φ_i——滑动面上的黏聚力及内摩擦角。

整个土坡相应于滑动面为 AD 时的稳定系数为：

$$K = \frac{M_r}{M_s} = \frac{R\sum_{i=1}^{n}(W_i\cos\alpha_i\tan\varphi_i + c_il_i)}{R\sum_{i=1}^{n}W_i\sin\alpha_i} \tag{6-31}$$

对于均质土坡，$c_i = c$、$\varphi_i = \varphi$，则得：

$$K = \frac{M_r}{M_s} = \frac{\tan\varphi\sum_{i=1}^{n}W_i\cos\alpha_i + c\hat{L}}{\sum_{i=1}^{n}W_i\sin\alpha_i} \tag{6-32}$$

式中　$\hat{L}$——滑动面 AD 的弧长；

n——土条分条数。

2. 最危险滑动面圆心位置的确定

上面是对于某一个假定滑动面求得的稳定安全系数，因此需要试算许多个可能的滑动面，相应于最小安全系数的滑动面即为最危险滑动面。确定最危险滑动面圆心位置的方法，同样可以利用前述费伦纽斯或泰勒的经验方法。

【例 6-8】 某土坡如图 6-36 所示。已知土坡高度 $H=6$ m、坡角 $\beta=55°$，土的容重 $\gamma=18.6$ kN/m^3，土的内摩擦角 $\varphi=12°$，黏聚力 $c=16.7$ kPa。试用条分法验算土坡的稳定安全系数。

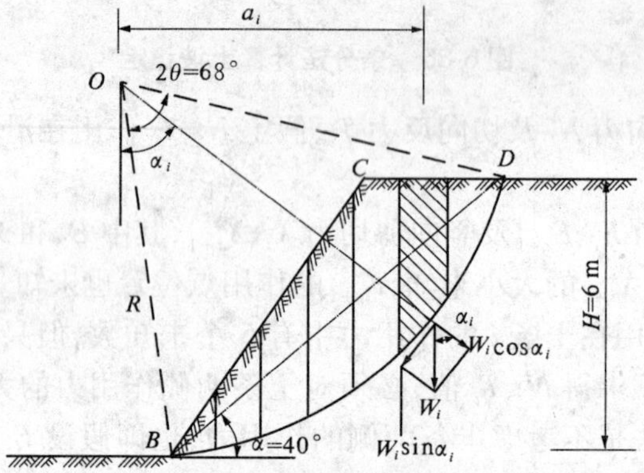

图 6-36 例 6-8 图

解：(1) 按比例绘出土坡的剖面图（见图 6-36）。按泰勒的经验方法确定最危险滑动面圆心位置。当 $\varphi=12°$、$\beta=55°$ 时，土坡的滑动面是坡脚圆，其最危险滑动面圆心的位置，可从图 6-31 中的曲线得到 $\alpha=40°$、$\theta=34°$，由此作图求得圆心 O。

(2) 将滑动土体 $BCDB$ 划分成竖直土条。滑动圆弧 BD 的水平投影长度为 $H\cot\alpha=6\times\cot40°=7.15$(m)，把滑动土体划分成 7 个土条，从坡脚 B 开始编号，把 1 ~ 6 条的宽度 b 均取为 1 m，而余下第 7 条的宽度则为 1.15 m。

(3) 计算各土条滑动面中点与圆心的连线同竖直线的夹角 α_i 值。可按下式计算：

$$\sin\alpha_i=\frac{a_i}{R}$$

$$R=\frac{d}{2\sin\theta}=\frac{H}{2\sin\alpha\sin\theta}=\frac{6}{2\times\sin40°\sin34°}=8.35(\text{m})$$

式中 a_i——土条 i 的滑动面中点与圆心 O 的水平距离；

R——圆弧滑动面 BD 的半径；

d——BD 弦的长度；

θ、α——求圆心位置时的参数，其意义见图 6-31。

将求得的各土条值列于表 6-5 中。

(4) 从图中量取各土条的中心高度 h_i，计算各土条的重力 $W_i=\gamma b_i h_i$ 及 $W_i\sin\alpha_i$、$W_i\cos\alpha_i$ 值，将结果列于表 6-5 中。

(5) 计算滑动面圆弧长度 $\hat{L}$。

$$\hat{L} = \frac{\pi}{180} \times 2\theta R = \frac{2 \times \pi \times 34 \times 8.35}{180} = 9.91(\text{m})$$

(6)按式(6-32)计算土坡的稳定安全系数K。

$$K = \frac{\tan\varphi \sum_{i=1}^{7} W_i \cos\alpha_i + c\hat{L}}{\sum_{i=1}^{7} W_i \sin\alpha_i} = \frac{258.63 \times \tan 12° + 16.7 \times 9.91}{186.61} = 1.18$$

表 6-5　土坡稳定计算结果

土条编号	土条宽度 b_i(m)	土条中心高 h_i(m)	土条重力 W_i(kN)	α_i (°)	$W_i\sin\alpha_i$ (kN)	$W_i\cos\alpha_i$ (kN)	$\hat{L}$ (m)
1	1	0.60	11.16	9.5	1.84	11.00	
2	1	1.80	33.48	16.5	9.51	32.10	
3	1	2.85	53.01	23.8	21.39	48.50	
4	1	3.75	69.75	31.8	36.56	59.41	
5	1	4.10	76.26	40.1	49.12	58.33	
6	1	3.05	56.73	49.8	43.33	36.62	
7	1.15	1.50	27.90	63.0	24.86	12.67	
合计					186.61	258.63	9.91

复习思考题

6-1　静止土压力、主动土压力及被动土压力的概念是什么？

6-2　朗金土压力理论与库仑土压力理论的基本原理有何异同处？

6-3　挡土结构物的位移及变形对土压力有什么影响？

6-4　土坡失稳的原因有哪些？

6-5　理解条分法的基本原理及计算步骤。

6-6　已知填土的$\gamma = 20$ kN/m^3，$\varphi = 28°$，墙与土之间$\delta = 0°$，墙背垂直，填土水平，墙高6 m，求静止、主动、被动土压力。

6-7　某挡土墙，高4 m，墙背垂直光滑，墙后填土水平，填土为黏性土，$\gamma = 18$ kN/m^3，$\varphi = 36°$，$c = 10$ kPa，求作用在墙上的主动土压力和被动土压力。

6-8　挡土墙如图6-37所示。$\alpha = 15°$，$\beta = 0°$，墙后填土为非黏性均质同性土（即$c = 0$），$\varphi = 15°$，$\gamma = 18$ kN/m^3，求主动土压力p_a并绘出土压力沿墙高的分布图。

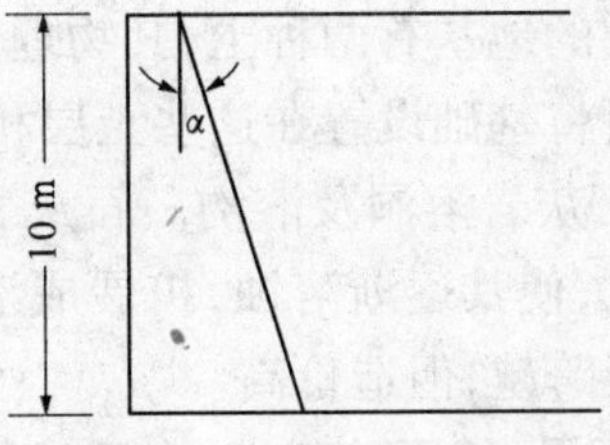

图6-37　题6-8图

第七章　基础工程概述

本章重点

(1)基础工程的设计原则和类型。

(2)基础埋置深度的确定方法。

(3)作用于基础上的荷载及其组合。

第一节　基础设计原则

一、收集资料

基础设计应收集的有关资料如下。

(1)线路:包括线路等级,几股道,桥在平面上或坡道上,桥在直线或曲线上等。

(2)地形:桥梁中线处的河床纵断面,水流方向、水流与线路方向关系,是正交还是斜交等。

(3)水文:桥址处的水文情况,如设计水位、低水位、施工水位、流速、流量,墩位处的一般冲刷深度与局部冲刷深度等。

(4)工程地质资料:桥址处的地质柱状图,图上应标明各岩土层的厚度及物理力学性质、土中有无大孤石、岩面标高与其倾斜度及基岩中有无断层、溶洞、破裂带。

(5)桥跨与墩台构造形式:桥跨结构的类型、跨度、梁高、支座形式、墩台类型与尺寸等。

(6)施工力量:施工单位的人力、物力、技术水平等。

(7)当地情况:建筑材料可供使用状况,地方交通,生活用水、生产用水与电力供应情况。

二、基础位置

(1)基础不应设置在软硬不均匀的地基上,软硬不均匀土层是由于河床冲刷和沉积反复交替形成的,如果一个基础的地基有两种土,其物理力学性质不同、压缩性有差异,容易引起基础的不均匀沉降,不可将基础设置在这些土层相交处。

(2)墩台位置应尽量避开石灰岩溶洞及溶沟。石灰岩和其他可溶岩类遇有常年侵蚀性渗流时,流水沿岩石裂隙侵入,使其逐渐溶蚀,扩展成溶槽、溶沟或溶洞,应避开。无法避开的可采用钢筋混凝土梁、板跨越,但造价高。

(3)墩台位置应尽量避开断层、挤压破碎带,由于地层受到力的作用,形成的断层、挤压破碎带对墩台的稳定不利,因此应避免把墩台基础置于断层、挤压破碎带上。

(4)在陡峭山坡上修建墩台时,应注意桥基的稳定。岩体稳定与岩面、节理、断层面有关,岩质山坡坡脚易受河流的冲刷,使桥基失去稳定性,因此在陡峭山坡上修建墩台时,应注意桥基岩体的稳定性。

(5)靠近陡峭岩壁下河槽处的桥墩,应尽量避免基础穿经水下河床的山坡落石堆积层。在这种地层中若采用明挖基础或沉井基础,抽水将会十分困难;若采用钻孔桩基础,则钻进效率很低,易发生塌孔和卡钻现象。

(6)在岩面倾斜且抽水困难的地基上,不宜采用明挖基础和沉井基础。因为明挖基础和沉井基础遇岩面倾斜的地基,势必造成大量的开挖,给施工带来很大困难。

(7)在黄土地区,建于沟谷岸坡上的墩台应尽量避开陷穴和暗洞。

(8)在寒冷地区设计桥涵基础时,应考虑地基土的冻胀性。

三、基础设计检算项目

建筑物的基础设计,应与上部建筑配合,并做到确保基础具备足够的强度、刚度与稳定性,还要考虑耐久性,检算项目如下:

(1)地基强度。基底压力要小于地基土的容许承载力,地基为岩石的基础当基底合力偏心距超出界面核心半径时,仅按受压区计算基底最大压力。软弱下卧层的承载力要满足要求。

(2)偏心。偏心距要满足要求。

(3)稳定性。保证建筑物有足够的稳定性,即检算基底倾覆稳定性和滑动稳定性。

(4)基础沉降。基础沉降要满足要求。

(5)墩台顶水平位移。验算墩台顶弹性水平位移。

(6)基础本身强度。基础本身强度要满足要求。

第二节　地基与基础分类

地基可以分为天然地基和人工地基。直接修筑基础的天然地层称为天然地基;如天然地层土质过于软弱或有不良的工程地质问题,则需要经过人工加固或处理后才能修筑基础,这种地基称为人工地基。在一般情况下,应尽量采用天然地基。

基础的类型,可按基础的刚度、埋置深度、构造形式及施工方法来分类。目的在于了解各种类型基础的特点,以便在设计时,根据具体情况合理地加以应用。

一、按基础的刚度分类

根据受力后基础的变形情况,基础分为刚性和柔性基础,如图7-1所示。受力后,不发生挠曲变形的基础称为刚性基础,一般可用抗弯、拉强度较差的圬工材料(如浆砌块石、片石混凝土等)做成。这种基础不需要钢材,造价较低,但圬工体积较大,且支撑面积受一定限制(见图7-1(a));容许发生较大挠曲变形的基础称为柔性基础或弹性基础,通

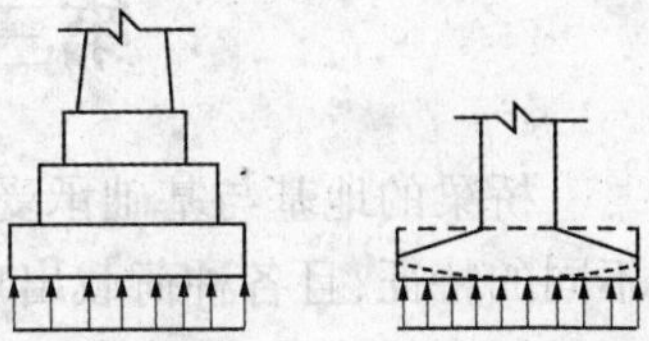

(a)刚性基础　(b)柔性基础

图7-1　基础按刚度分类

常需用钢筋混凝土做成。由于钢筋可以承受较大的弯拉应力和剪应力，所以当地基承载力较小时采用这种基础可以有较大的支承面积（见图 7-1(b)）。

在桥梁工程中，一般情况下多采用刚性基础。

二、按埋置深度分类

按基础埋置深度分为两类，即埋置深度小于 5 m 为浅基础，埋置深度大于 5 m 为深基础。当浅层岩土层承载力较大时，可采用埋深较小的浅基础。浅基础施工方便，通常采用明挖法从地面开挖基坑后，直接在基坑底面砌筑、浇筑基础，是桥梁基础首选方案。如果浅层岩土层性质较差，承载力不能满足要求，须将基础埋置于较深的良好岩土层上，采用深基础。深基础设计和施工较复杂，但具有良好的适应性和抗震性，因此现在高速公路上也普遍应用。常见的形式有沉井、管柱和桩基础。

三、按构造形式分类

对桥梁基础来说，按构造形式可归纳为实体式和桩柱式两类。当整个基础都由圬工材料筑成时，称为实体式基础。其特点是基础整体性好，自重较大，所以对地基承载力要求也较高，如图 7-2(a)所示；由多个基桩或小型管桩组成，并用承台连结成为整体的基础，称为桩柱式基础，如图 7-2(b)所示，这种基础较实体式基础圬工体积小，自重较轻，对地基强度的要求相对较低，桩柱本身一般要用钢筋混凝土制成。

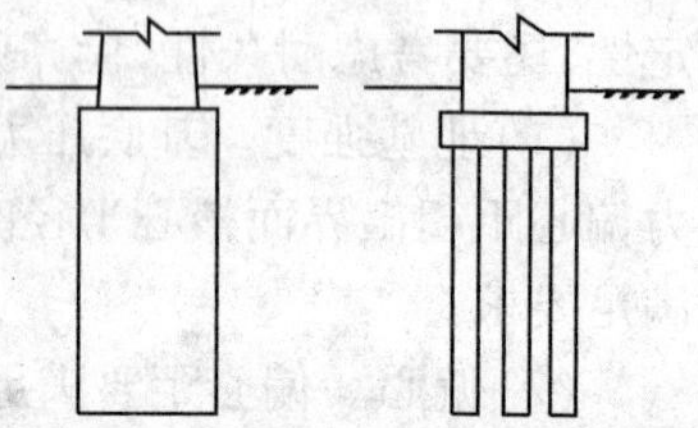

(a) 实体式基础　　(b) 桩柱式基础

图 7-2　基础按构造形式分类

四、按施工方法进行分类

按施工方法分为明挖法、沉井、沉箱、沉桩、沉管灌注桩、就地钻(挖)孔灌注桩等。明挖法最为简单，但只适用于浅基础，其他方法均适用于深基础。

五、按基础的材料分类

按基础的材料分为混凝土基础、钢筋混凝土基础、钢结构基础、砌石基础、木结构基础。目前，我国公路构造物基础大多采用混凝土或钢筋混凝土结构，少部分采用钢结构。在石料丰富地区，按照因地制宜、就地取材的原则，也常采用砌石基础。只有在特殊情况下（如抢修、林区便桥），才采用临时的木结构。

第三节　作用于基础上的荷载

桥梁的地基与基础承受着整个建筑物的自重及所传递的各种荷载，这些荷载有各自不同的特征，且各种荷载出现的几率、作用时间也不相同，因此须将作用荷载按几率和作用时间进行分类，并将实际与可能同时出现的作用荷载组合起来，从而确定设计时的计算荷载。

一、荷载(作用)分类与计算

为了便于设计时使用,将作用于桥梁及道路构造物上的各种荷载,根据其性质分为永久荷载、可变荷载和偶然荷载三类。

(一)永久荷载

又称恒载,指在设计使用期间,其值不随时间变化,或其变化值与平均值相比可忽略不计的荷载。

(二)可变荷载

在设计使用期内,其量值和作用位置随时间变化,且其变化值和平均值相比不可忽略的荷载。按其对桥涵结构的影响程度,又可分为基本可变荷载(活载)和其他可变荷载。

(三)偶然荷载

在设计使用期内不一定出现,但一旦出现,其值很大且持续时间很短的荷载。

以上各种荷载及其计算方法在《公路桥涵设计通用规范》(JTG D60—2004)中作了具体规定,见表7-1。

表7-1　荷载(作用)分类表

编号	荷载(作用)分类	荷载名称
1	永久荷载(作用)	结构重力(包括结构附加重力)
2		预加力
3		土的重力
4		土侧压力
5		混凝土收缩及徐变作用
6		水的浮力
7		基础变位作用
8	可变荷载(作用)	汽车荷载
9		汽车冲击力
10		汽车离心力
11		汽车引起的土侧压力
12		人群荷载
13		汽车制动力
14		风荷载
15		流水压力
16		冰压力
17		温度(均匀温度和梯度温度)作用
18		支座摩阻力
19	偶然荷载(作用)	地震作用
20		船舶或漂流物的撞击作用
21		汽车撞击作用

对于水下的土中结构物和地基土的浮力计算,是一个至今还存在不同意见的问题。从安全角度出发,基础工程设计时对浮力的计算可做如下处理:

(1)置于透水性地基上的桥梁墩台基础,当验算稳定性时应考虑设计水位的浮力;当计算基底应力时,仅考虑低水位(包括地下水和地表水)时的浮力,或不考虑水浮力。

(2)基础埋入或嵌入不透水性地基(密实黏土地基、较完整的岩石地基)时,可不考虑水的浮力。

(3)当不能肯定地基是否透水时,应以透水和不透水两种情况与其他荷载组合,取其最不利者。

(4)作用于桩基础承台地面的浮力,应考虑全部底面积,但桩嵌入岩层并灌注混凝土者,在计算承台底面浮力时,应扣除桩的截面积。

二、荷载组合原则

按照各种荷载特性及出现几率的不同,在设计计算时应考虑将各种可能出现的荷载加以组合,一般有以下几种。

组合Ⅰ:由恒载中的一种或几种与活载(平挂车或履带车除外)中的一种或几种组合。如该组合中不包括混凝土收缩、徐变及水的浮力引起的影响力,习惯上也称为主要组合。

组合Ⅱ:由恒载中的一种或几种与活载(平挂车或履带车除外)中的一种或几种以及其他可变载荷中的一种相组合。

设计弯桥,当离心力与制动力组合时,制动力仅按70%计算。

组合Ⅲ:由平板挂车或履带车与结构重力、预应力、土的重力及土的侧压力中的一种或几种相组合。

组合Ⅳ:由恒载中的一种或几种与活载(平挂车或履带车除外)中的一种或几种以及偶然荷载中的船只或漂流物撞击力相结合。

组合Ⅴ:施工阶段验算荷载组合,包括可能出现的施工荷载如结构重力、脚手架、材料机具、人群、风力以及拱桥的单向推力等。

组合Ⅵ:结构重力、预应力、土重及土侧压力的一种或几种与地震力的结合。

组合Ⅱ~Ⅵ,习惯上也称为附加组合。当组合Ⅰ中包括混凝土收缩、徐变及水浮力引起的荷载效应时,也称为附加组合。因为附加组合中考虑的荷载同时出现的几率比主要组合小些,设计时不必要求过大的安全储备,所以当按容许应力法计算时,设计规范在取安全系数时均比主要组合小些,地基容许承载力也允许提高一定数值。

为使设计比较合理,切合实际情况,在荷载的组合中,有些荷载不需同时考虑,详见表7-2。

表7-2 可变荷载(作用)不同组合值

编号	荷载(作用)名称	不与该作用同时参与组合的作用编号
13	汽车制动力	15,16,18
15	流水压力	13,16
16	冰压力	13,15
18	支座摩阻力	13

除表 7-2 外，地震力、船只或漂浮物撞击力、施工荷载三者不同时考虑，它与恒载、可变荷载的组合方法，各种抗震规范都有具体规定。

对一定的验算项目，应按实际与可能情况从中选取最不利的荷载组合。几种组合之间不容易判断究竟哪个最不利，在这种情况下几种组合就要同时验算。

此外，许多荷载都可分为纵桥向和横桥向，因此一般需按此两个方向进行地基和基础的验算，并考虑其最不利荷载组合，比较出最不利者来控制设计。但对于大多数桥梁基础，往往以纵向验算来控制设计，因为通常纵向水平力较大，而纵桥向尺寸又比横桥向尺寸小，明显处于不利地位。

当横向水平力（风力、船只撞击力、冰压力）较大时，只进行横桥向验算。

另外，在进行具体验算时，需将各种荷载组合的合力简化到基础底面形心处，用竖向力、水平力和力矩表示，如图 7-3 中的 N、H 和 M。

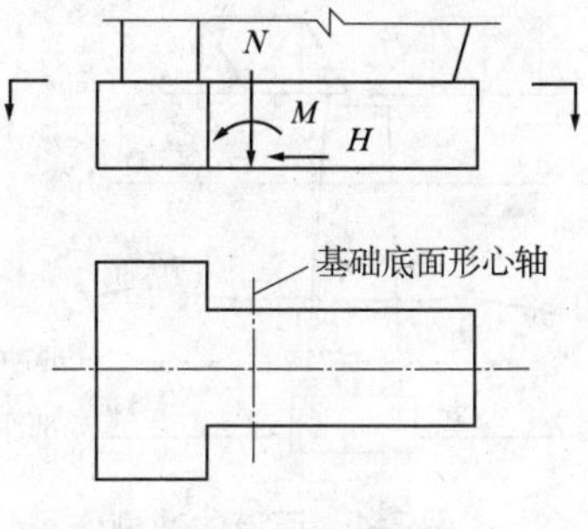

图 7-3　荷载简化

第四节　基础埋置深度的选择

确定基础的埋置深度是地基基础设计中的重要步骤，它涉及建筑物建成后的牢固、稳定及正常使用问题。基础的埋置深度，对于受水流冲刷的基础，由一般冲刷线算起至基础底面的距离；不受水流冲刷者，由天然地面算起至基础底面的距离；位于挖方内的基础，由开挖后地面算起至基础底面的距离。在确定基础埋置深度时，必须考虑把基础设置在变形较小而强度又比较大的持力层上，以保证地基强度满足要求，而且不致产生较大的沉降或沉降差。此外还要使基础有足够的埋置深度，以保证基础的稳定性，确保基础的安全。还必须综合考虑地基的地质和地形条件、河流的冲刷强度、当地的冻结深度、上部结构形式以及保证持力层所需的最小埋深和施工技术条件、造价等因素。对于某一具体工程来说，往往是其中一二种因素起决定性作用，所以在设计时必须从实际出发，抓住主要矛盾进行分析研究，确定合理的埋置深度。

一、地基的地质条件

地质条件是确定基础埋置深度的重要因素之一，覆盖土层较薄（包括风化岩层）的岩石地基，一般应清除覆盖土和风化层后，将基础直接修建在风化岩面上。如岩石的风化层很厚，难以全部清除，基础放在风化层中的埋置深度应根据其风化程度、冲刷深度及相应的容许承载力来确定。如岩石表面倾斜，不得将基础的一部分置于岩层上而另一部分置于土层上，以防基础因不均匀沉降而发生倾斜甚至断裂。在陡峭山坡上修建桥台时，还应注意岩体的稳定性。

当基础埋置在非岩石地基上，如受压层范围内为均质土，基础埋置深度除满足冲刷、冻胀等要求外，可根据荷载大小，由地基土的承载能力和沉降特性来确定（同时考虑基础需要的最小埋深）；当地质条件较复杂，如地层为多层土组成等，或对大中型桥梁及其他建筑物基础来说,持力层的选定应通过较详细计算或方案比较后确定。

二、河流的冲刷深度

在有河流的河床上修建基础时,要考虑洪水对基础下地基土的冲刷作用,洪水水流越急、流量越大,洪水的冲刷越大。整个河床面被洪水冲刷后要下降,这叫一般冲刷,被冲下去的深度叫做一般冲刷深度。同时,桥墩的阻水作用使洪水在桥墩周围冲出一个深坑,如图7-4所示,这叫局部冲刷。

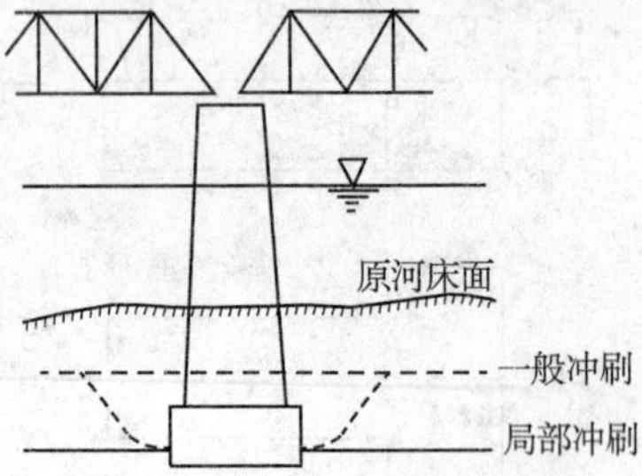

图7-4 河流的冲刷作用

因此,在有冲刷的河流中,为了防止桥梁墩、台基础四周和基础下土层被水流淘空冲走以至倒塌,基础必须埋置在设计洪水的最大冲刷线以下不小于1 m。特别是在山区和丘陵地区的河流,更应注意考虑季节性洪水的冲刷作用。

基础在设计洪水冲刷总深度以下的最小埋置深度不应是一个定值,它与河床底层的抗冲刷能力、计算设计流量的可靠性、选用计算冲刷深度的方法、桥梁的重要性和破坏后恢复的难易程度等因素有关。因此,对于大、中桥基础的基底在设计洪水冲刷总深度以下的最小埋置深度安全值,建议根据桥梁大小、技术的复杂性和重要性,参照表7-3采用。

表7-3 考虑冲刷时大、中桥梁基础基底最小埋置深度安全值

冲刷总深度(m)		0	<3	≥3	≥8	≥15	≥20
安全值(m)	技术复杂、修复困难的特大桥及其他重要大桥	1.5	2.0	2.5	3.0	3.5	4.0
	一般桥梁	1.0	1.5	2.0	2.5	3.0	3.5

注:①冲刷总深度,即一般冲刷(减去水深)加局部冲刷深度,由河床面算起。

②表列数值为最小值,如水文资料不足,且河床为变迁性、游荡性等不稳定河段,安全值应适当加大。

③建于抗冲刷能力强的岩石上的基础,不受表7-3数值限制。

在计算冲刷深度时,尚应考虑其他可能产生的不利因素,修筑在覆盖土层较薄的岩石地基上、河床冲刷又较严重的大桥桥墩基础,基础应置于新鲜岩面或弱风化层中并有足够埋深,以保证其稳定性。也可用锚固等措施,使基础与岩层能连成整体,以保证整个基础的稳定性。如风化层较厚,在满足冲刷深度要求下,一般桥梁的基础可设置在风化层内,此时地基各项条件均按非岩石考虑。

三、当地的冻结深度

当墩台基底设置在不冻胀土层中,基底埋深可不受冻深的限制。在寒冷地区,应考虑由于季节性河流的冰冻和融化对地基土引起的冻胀影响。

产生冻胀的原因是冬季气温下降,当地面下一定深度内土的温度达到冰冻温度时,土中孔隙水分开始冻结,体积增大,使土体产生一定的膨胀。对于冻胀性土,如土温在较长时间内保持在冻结温度以下,水分能从未冻结土层不断向冻结区迁移,引起地基的冻胀和

隆起，这些都可能使基础遭到破坏。为了保证建筑物不受地基土季节性冻胀的影响，除地基为非冻胀性土外，基础底面应埋置在天然最大冻结线以下一定深度。《公路桥涵地基基础设计规范》(JTJ 024—85)规定：当上部结构为超静定结构时，基底应埋置在最深冻结线以下不小于0.25 m；对静定结构的基础，一般也按此要求，但在冻结较深地区，为了减少基础埋深，有些类别的冻土经计算后也可将基底置于最大冻结线以上。当墩台基础设置在季节性冻胀土层中时，基底的最小埋置深度可按下式确定：

$$h = Z_0 m_t - h_d \tag{7-1}$$

式中 h——基础最小埋置深度，m，对于弱冻胀土和冻胀土的基底埋深，也可根据标准冻深值 Z_0 从图7-5查得；

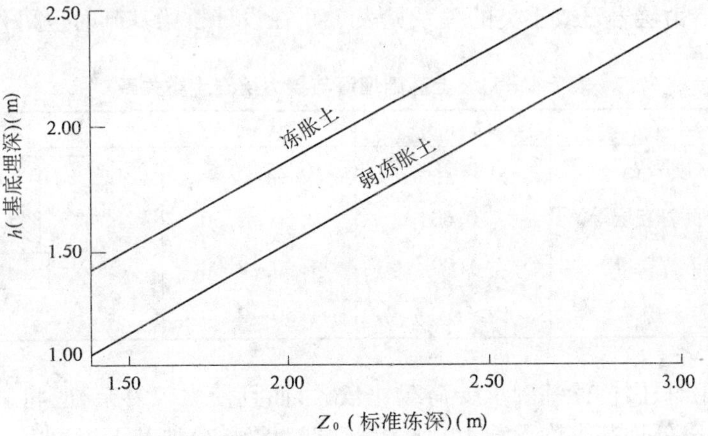

图7-5　基底埋置深度与标准冻结深度关系图

Z_0——标准冻深，m，可采用地表无积雪和草皮等覆盖条件下多年实测最大冻深的平均值，当无实测资料时，可参照标准冻深线图，结合实地调查确定，也可根据当地气象观测资料按下式估算：$Z_0 = 0.28\sqrt{\sum T + 7} - 0.5$，$\sum T$ 为低于0°C 的月平均气温的累积值(取连续10年以上的年平均值)，以正号代入；

m_t——标准冻深修正系数，可取1.15；

h_d——基底下容许残留冻土层厚度，m，当为弱冻胀土时 $h_d = 0.24Z_0 + 0.31$，当为冻胀土时，$h_d = 0.22Z_0$，当为强冻胀土和特强冻胀土时，$h_d = 0$。

涵洞基础设置在季节冻土地基上时，出入口和自两端洞口向内各2 m 范围内涵身基底的埋置深度可按式(7-1)计算确定。涵洞中间部分的基础埋深，可根据地区施工经验确定。严寒地区，当涵洞中间部分基础的埋深与洞口埋深相差较大时，其连接处应设置过渡段。冻结较深地区，也可采用将基底至冻结线处的地基土换填为粗颗粒土(包括碎石土、砾砂、粗砂、中砂，但其中粉黏粒含量≤15%，或粒径小于0.1 mm 的颗粒≤25%)的措施。

四、上部结构形式

桥梁上部结构的形式不同，对基础产生的位移要求也不同，对中小跨度简支梁来说这项因素对确定基础的埋置深度影响不大，但对超静定结构即使基础发生较小的不均匀沉降也会使上部结构内力产生一定变化。例如对拱桥桥台，为了减小可能的水平位移和沉降差值,有时需将基础设置在埋藏较深的坚实土层上。

五、当地的地形条件

当墩台、挡土墙等结构位于较陡的土坡上,在确定基础埋深时,还应考虑土坡连同结构物基础一起滑动的稳定性。由于在确定地基容许承载力时,一般是按照地面为水平的情况确定的,因而当地基为倾斜土坡时,应结合实际情况,予以适当折减并采取以下措施。

若基础位于较陡的岩体上,可将基础做成台阶形,但要注意岩体的稳定性。基础前缘至岩层坡面间必须留有适当的安全距离,其数值与持力层岩石(或土)的类别及斜坡坡度等因素有关。根据挡土墙设计要求,基层前缘至斜坡面间的安全距离 l 及基础嵌入地基中的深度 h 与持力层岩石或土类的关系见表 7-4,在设计桥梁基础时也可作为参考。

表 7-4　斜坡上基础埋深与持力层岩土类关系

持力层岩土类	h(m)	l(m)	示意图
较完整的坚硬岩石	0.25	0.25 ~ 0.5	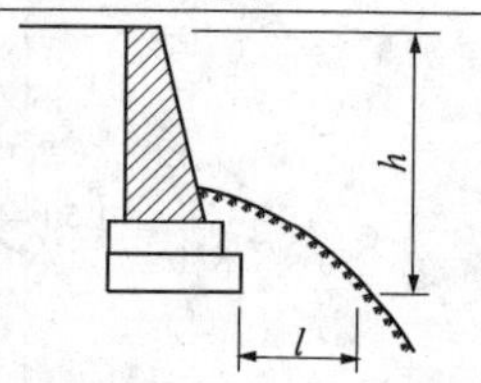
一般岩石(如砂页岩互层等)	0.60	0.60 ~ 1.50	
松软岩石(如千枚岩等)	1.00	1.00 ~ 2.00	
砂、砾石及土层	≥1.00	1.50 ~ 2.50	

但具体应用时,因桥梁基础承受荷载比较大,而且受力较复杂,应将表中 l 列值适当增大,必要时应降低地基容许承载力,以防止临近边缘部分地基下沉过大。

六、保证持力层稳定所需的最小埋置深度

地表土在温度和湿度影响下,会产生一定的风化作用,其性质是不稳定的。加上人类和动物的活动以及植物的生长作用,也会破坏地表土层的结构,影响其强度和稳定,所以一般地表土不宜作为持力层。为了保证地基和基础的稳定性,基础的埋置深度(除岩石地基外)应在天然地面或无冲刷河底以下不小于 1 m。小桥、涵洞的基础底面,如河床上有铺砌层时,宜设置在铺砌层顶面以下 1 m。

除此以外,墩台基础顶面不宜高于最低水位;如地面高于最低水位且不受冲刷时,则不宜高于地面。还应考虑相邻建筑物的影响,如新建筑物基础比原有建筑物基础深,则施工挖土有可能影响原有基础的稳定。施工技术条件(施工设备、排水条件、支撑要求等)及经济分析等对基础埋深也有一定影响,这些因素也应考虑。

复习思考题

7-1　基础设计需要收集的资料包括哪些内容?

7-2　基础位置的确定应注意的问题有哪些方面?

7-3　基础设计需要检算的内容有哪些?

7-4　地基有哪两种形式?

7-5　基础按刚度分为哪些类型？

7-6　基础按埋置深度分为哪些类型？

7-7　基础按施工方法分为哪些类型？

7-8　作用于基础上的荷载按性质分为哪三类？

7-9　基础设计时对浮力做了哪些处理？

7-10　荷载组合有哪些形式？

7-11　确定基础埋深时如何考虑地质条件？

7-12　河流的冲刷对确定基础的埋置深度有什么影响？

7-13　考虑土的冻结时如何确定基础的最小埋深？

7-14　地形条件对基础埋深有什么影响？

7-15　为什么基础需要最小的埋置深度？

第八章　天然地基上刚性浅基础

本章重点

(1)扩大基础构造要求和验算方法。

(2)刚性扩大基础的设计与计算。

(3)浅基础施工的主要工序和内容。

在建筑的设计和施工中,地基和基础的设计占有很重要的地位,它对建筑物的安全使用和工程造价有着很大的影响。地基基础设计必须根据上部结构条件(建筑物的用途和安全等级、建筑布置、上部结构类型等),结合考虑其他方面的需求(工期、施工条件、造价和节约资源等)合理选择地基基础方案,因地制宜,精心设计,以确保建筑物和构筑物的安全与正常使用。如果地基内部是良好的土层或者上部有较厚的良好土层能承受基础传来的全部荷载,一般将基础直接做在天然土层上,这种地基叫做天然地基。天然地基上的浅基础,结构比较简单,最为经济,如能满足要求,宜优先选用。

浅基础设计时,只考虑基础底面以下土的承载力,不考虑基础底面以上土的抗剪强度对地基承载力的作用,还忽略了基础侧面与土之间的摩擦阻力,故在条件适宜时应是首先考虑采用的基础设计形式。

第一节　刚性浅基础的构造

对桥梁墩台基础来说,可归纳为实体式基础和桩柱式基础两类,当整个基础都由圬工材料筑成时,称为实体式基础,它多属刚性基础,基础整体性好,但自重较大,所以对地基承载力要求较高。由单根或多根基桩支撑盖梁及上部结构的基础,称桩柱式基础。这种基础比其他深基础能省很多圬工材料,整个基础的重量也较轻,且可把荷载传递或分散到深层土中,因此对地基强度的要求比实体基础要低一些。

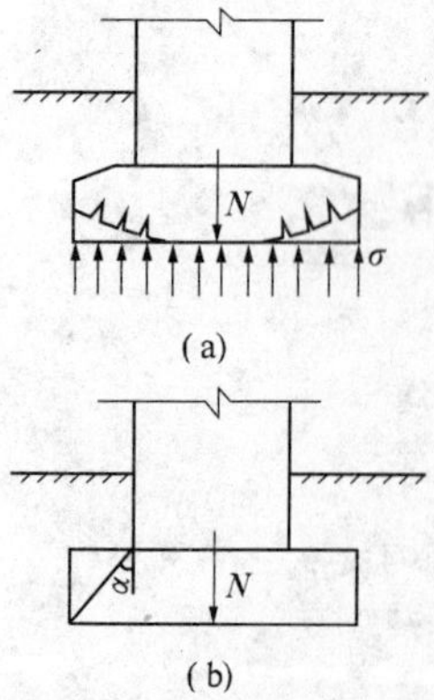

图 8-1　基础挠曲变形

由于桥梁墩台的体积一般比较庞大,故其基础常用大块实体基础形式,采用块石或混凝土等圬工材料做成。基础平面形状常为矩形,基础平面尺寸,一般均较墩台底面扩大,每边扩大的尺寸最小为 0.2 ~0.5 m,视土质、基础厚度、埋置深度及施工方法而定。当基础底面为满足地基强度要求需要扩大时,则基础将悬出墩台身外,这样在地基反力作用下,基础的悬出部分将受挠曲产生拉应力(如图 8-1 所示)。

从墩台底部外缘到基础底面外缘的连线与竖线的夹角,称为基础扩展角。为了保证刚性基础本身有足够的强度和刚度，常限制扩展角 α 不超过一定的极限值，该扩展角的极限值常称为基础的刚性角，用 α_{max} 表示，它与基础所采用的材料有关，对各种圬工材料的刚性角作如下经验规定：

(1)砖、片石、块石、粗料石砌体，当用5号以下砂浆砌筑时，$\alpha_{max} \leqslant 30°$；

(2)砖、片石、块石、粗料石砌体，当用5号以上砂浆砌筑时，$\alpha_{max} \leqslant 35°$；

(3)混凝土浇筑时 $\alpha_{max} \leqslant 40° \sim 45°$。

所以，必须使基础的扩展角 $\alpha \leqslant \alpha_{max}$，这样基础底面的最大尺寸应为：

$$b_{max} = b_0 + 2H\tan\alpha_{max} \tag{8-1}$$

式中　H——基础的总高度。

在设计刚性基础底面尺寸时，凡满足 $\alpha \leqslant \alpha_{max}$，即可认为基础刚度很大，它在荷载作用下的挠曲变形很小，不会受拉开裂破坏，基础本身强度可得到充分保证，可不予验证。若 $\alpha > \alpha_{max}$，则就不是刚性基础，一般称为柔性基础，应验证基础的弯曲拉应力和剪应力强度，并设置必要的钢筋。

台阶形基础，可以减少基础自重，节省材料，施工立模砌筑也比较方便，故采用较多。对于桥梁墩台基础，当基础高度 H 较大时，一般可分为2~3级等高的台阶，每一台阶高度 $h_i = 1 \sim 1.5$ m，小桥有时可减小为0.6 m；台阶宽度 c_i 通常可取与襟边宽 c_1 相同。襟边宽 c_1 是指在基础顶面边缘到同侧墩台底部边缘的距离，其作用是考虑到基础施工时工作条件较差，留有襟边后可作调整余地；另外也便于墩台施工时作为模板支架的支撑点。因此，襟边大小须视施工情况而定，一般可取0.2~1.0 m。基础顶面一般置于地面或最大冲刷线以下不小于0.15 m，有利于保护基础，防止加大冲刷。

第二节　浅基础的设计计算

根据工程设计原则，任何建筑物在保证满足使用和质量要求的前提下，总希望首先选用结构简单、施工方便而又造价低廉的方案。桥梁墩台基础中简单的方案，就是天然地基上的浅基础。与其他类型相比，其设计计算内容自然也要简单一些。

桥梁墩台扩大刚性浅基础的设计计算一般步骤和内容为：

(1)初步确定基础埋置深度；

(2)初步拟定基础尺寸；

(3)地基与基础的验算，内容包括基础应力计算、地基强度验算、基底偏心；

(4)基础的沉降及稳定性验算。

一、基础尺寸的拟定

基础类型、材料及埋置深度按有关要求初步拟定后，按本节要求拟定基础尺寸。刚性浅基础的尺寸拟定包括基础的高度、平面尺寸和立面尺寸。

基础高度，一般要考虑墩台身结构型式、荷载大小、基础材料等因素。基底标高应按基础埋深的要求确定。水中基础顶面一般不高于最低水位，在季节性流水的河流或旱地上的桥梁墩台基础，则不宜高出地面，以防碰坏。这样，基础厚度可按上述要求所确定的基础底面和顶面标高求得。在一般情况下,大、中桥墩、台混凝土基础厚度在 1. 0 ~ 2. 0 m。

基础的平面尺寸应根据墩、台身底面形状而确定。虽然墩、台身底面形状以固端形居多,但考虑到施工的方便,基础平面仍采用矩形。基础底面长、宽尺寸与基础高度关系如下:

长度(横桥向) $$a = l + 2H\tan\alpha_{max} \tag{8-2}$$

宽度(顺桥向) $$b = d + 2H\tan\alpha_{max} \tag{8-3}$$

式中 l——墩、台身底截面长度,m;

d——墩、台身底截面宽度,m;

H——基础高度,m;

α_{max}——墩台身底截面边缘至基础边缘线与垂线间的夹角。

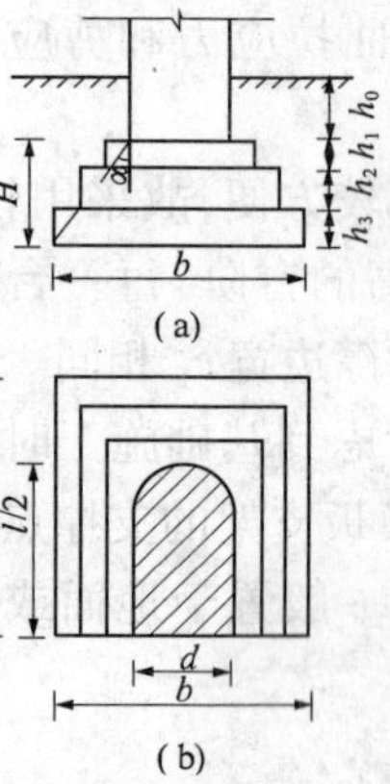

图 8-2 基础立面、平面图

基础的立面形式应力求简单,主要考虑既便于施工,又能节省圬工材料,一般做成矩形或台阶形(如图 8-2 所示)。在确定基础立面尺寸时,只需定出两方面的尺寸:一是确定襟边宽和台阶宽度(两者宜取同宽,即 $c_i = c_1$),墩、台基础的襟边最小值为0. 2 ~ 0. 5 m;二是基础台阶厚度 h_i,当基础较厚时(超过 1 m),可将基础做成台阶形,每层台阶厚度通常为 $h_i = 1.0 \sim 1.5$ m(各台阶宜做成等厚)。

所拟定的基础尺寸,应是在可能的最不利荷载组合的条件下,能保证基础本身有足够的结构强度,并能使地基与基础的承载力和稳定性均能满足规定要求,并且是经济合理的。

二、地基与基础的验算

基础埋置深度和尺寸初步拟定后,是否符合各项设计要求,还必须通过具体验算加以确认。应根据最不利荷载组合,计算基底压力,然后进行地基强度、地基的沉降以及基础的合力偏心距和稳定性的验算。

(一)持力层地基强度验算

持力层是指直接与基底相接触的土层,持力层强度验算的目的是保证基底压应力不超过地基的承载能力,以保证持力层地基强度不发生破坏。具体要求是:

$$\sigma_{max} \leqslant K[\sigma] \tag{8-4}$$

式中 K——承载力提高系数;

$[\sigma]$——地基容许承载力,确定方法见第五章第四节;

σ_{max}——基底最大压应力。

当基础底面为 $a \times b$ 的矩形,合力偏心距不超出截面核心($\rho = \frac{b}{6}$)时,按式(8-5)计算基础底面压应力。

$$\frac{\sigma_{max}}{\sigma_{min}} = \frac{N}{F} \pm \frac{M}{W} \tag{8-5}$$

式中 N——作用于基础底面形心上的竖向合力；

M——作用于基础底面形心上的力矩。

上式适用于合力偏心距 $e_0 = \frac{M}{N} \leqslant \rho$ 的情况，其中 $F = ab$，$W = \frac{ab^2}{6}$。

对设置在基岩上的墩台基础，当基底合力偏心距超出核心半径（$e_0 > \rho$）时，仅按受压计算基底最大压应力，不考虑基底承受拉力，当墩台基底为矩形时，最大压应力按式(8-6)计算：

$$\sigma_{max} = \frac{2N}{3\left(\frac{b}{2} - e_0\right)a} \tag{8-6}$$

对于公路桥梁，通常基础横向长度比顺桥向宽度大得多，同时上部结构在横桥向布置常是对称的，故一般由顺桥向控制基底应力计算。但对通航河流或河流中有漂流物时，应计算船舶撞击或漂流物撞击力在横桥向产生的基底应力，并与顺桥向基底应力比较，取其大者控制设计。

在曲线上的桥梁，除顺桥向引起的力矩 M_x 外，尚有离心力（横桥向水平力）在横桥向产生的力矩 M_y；若桥面上活载考虑横向分布的偏心作用，则偏心竖向力对基底两个方向中心轴均有偏心距（见图 8-3），并产生偏心距 $M_x = Ne_x$，$M_y = Ne_y$。因此，对于曲线桥，计算基底应力时，应按下式计算：

$$\frac{\sigma_{max}}{\sigma_{min}} = \frac{N}{F} \pm \frac{M_x}{W_x} \pm \frac{M_y}{W_y} \leqslant [\sigma] \tag{8-7}$$

式中 M_x、M_y——外力对地基顺桥向中心轴和横桥向中心轴之力矩；

W_x、W_y——基底对 x、y 轴之截面模量。

对式(8-5)和式(8-7)中的 N 值及 M（或 M_x、M_y）值，应按能产生最大竖向力 N_{max} 的最不利荷载组合与此相对应的 M 值和能产生最大力矩 M_{max} 时的最不利荷载组合与此相对应的 N 值，分别进行基底应力计算，取其大者控制设计。但当桥台填土高度大于 5 m 时，规范规定还要考虑桥台后填土荷载对基底应力的影响。如图 8-4 所示，即 $H_1 \geqslant 5$ m 时，还应计入填土对桥台基底（或桩尖平面）处的附加压应力，按下式计算：

$$\sigma'_1 = \alpha_1 \gamma_1 H_1 \tag{8-8}$$

对埋置桥台，应按下式加算由台前锥体对基底处前边缘引起的附加压应力：

$$\sigma'_2 = \alpha_2 \gamma_2 H_2 \tag{8-9}$$

式(8-8)和式(8-9)及图 8-4 中：

p_1——台背路基填土产生的土压力，kPa；

p_2——台前锥体产生的土压力，kPa；

γ_1——路基填土的天然容重，kN/m³；

γ_2——锥体填土的天然容重，kN/m³；

H_1——台背路基填土的高度，m；

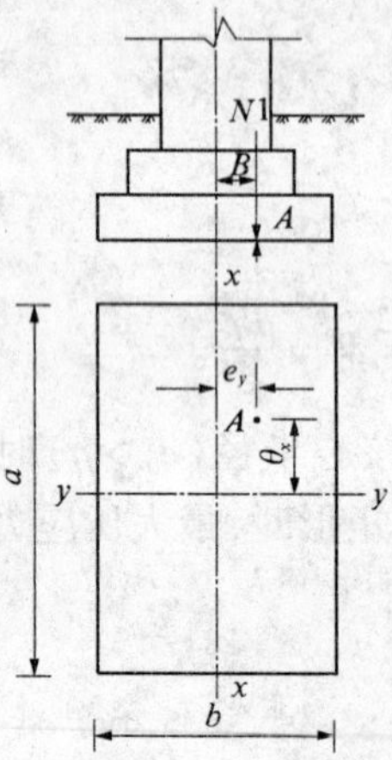

图 8-3　偏心竖直力作用在任意点

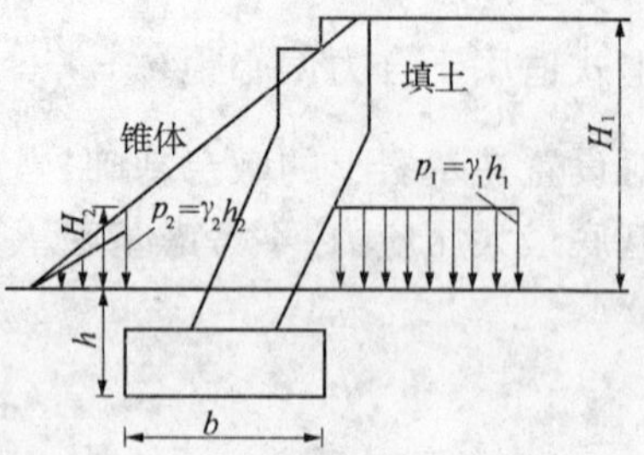

图 8-4　台背填土对基底的附加压应力

H_2——基础底面前边缘上的锥体高度,m;

b——基础的宽度,m;

h——厚地面到基底的深度,m;

α_1、α_2——附加竖向压应力系数,见表 8-1、表 8-2。

表 8-1　系数 α_1

基础埋置深度 h(m)	填土高度 H_1(m)	系数 α_1(对于桥台边缘)			
		后边缘	前边缘(基底平面的基础宽度为 b)		
			5 m	10 m	15 m
5	5	0.44	0.07	0.01	0
	10	0.47	0.09	0.02	0
	20	0.48	0.11	0.04	0.01
10	5	0.33	0.13	0.05	0.02
	10	0.40	0.17	0.06	0.02
	20	0.45	0.19	0.08	0.03
15	5	0.26	0.15	0.08	0.04
	10	0.33	0.19	0.10	0.05
	20	0.41	0.24	0.14	0.07
20	5	0.20	0.13	0.08	0.04
	10	0.28	0.18	0.10	0.06
	20	0.37	0.24	0.16	0.09
25	5	0.17	0.12	0.08	0.05
	10	0.24	0.17	0.12	0.08
	20	0.33	0.24	0.17	0.10
30	5	0.15	0.11	0.08	0.06
	10	0.21	0.16	0.12	0.08
	20	0.31	0.24	0.18	0.12

注:路基断面按黏土路堤考虑。

表 8-2　系数 α_2

基础埋置深度 h（m）	系数 α_2（台背路基填土高度为 H_1）		基础埋置深度 h（m）	系数 α_2（台背路基填土高度为 H_1）	
	10 m	20 m		10 m	20 m
5	0.4	0.5	20	0.1	0.2
10	0.3	0.4	25	0	0.1
15	0.2	0.3	30	0	0

（二）软弱下卧层承载力验算

持力层下的土层均为下卧层。当所有下卧层强度均大于持力层时，只要持力层强度足够，整个地基强度肯定不会有问题。但当地基以下存在强度小于持力层的土层，即软弱下卧层时，即使持力层强度已够，还不能确保软弱下卧层不出问题。因此，当地基中存在软弱下卧层时，还应验算其强度。验算要求作用在软弱下卧层顶面中心处的自重应力和附加应力总和不应大于该处地基土的容许承载力。

软弱下卧层顶面的总应力参照图 8-5 可按下式计算：

$$\sigma_{h+z} = \gamma_1(h+z) + \alpha_c(\sigma - \gamma_2 h) \tag{8-10}$$

式中　γ_1——深度 $h+z$ 范围内各土层的换算容重，kN/m^3；

h——基础的埋置深度，由天然地面或原河底算起，m；

z——基础底面至软弱下卧层的深度，m；

α_c——应力系数，见第三章第四节；

σ——基础底面压应力，kPa，当 $\frac{z}{b}>1$ 时，采用基底平均压应力，即 $\sigma=\frac{N}{F}$，当 $\frac{z}{b}\leq 1$ 时，采用距最大压应力点 $\frac{b}{3}\sim\frac{b}{4}$ 处的应力（b 为矩形基底的宽度），见图 8-6；

γ_2——深度 h 范围内土层的换算容重，kN/ m^3。

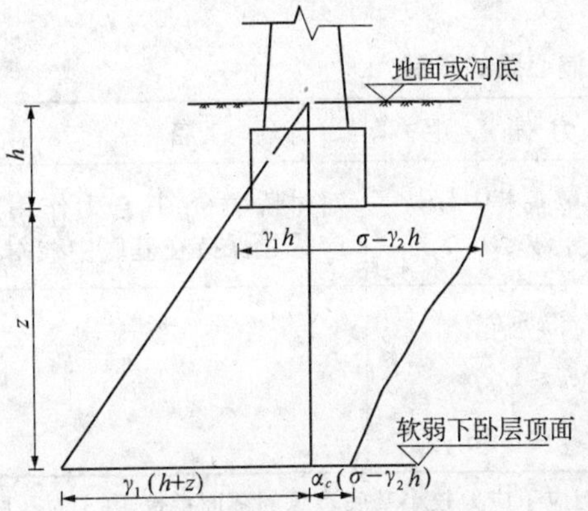

图 8-5　软弱下卧层顶面应力

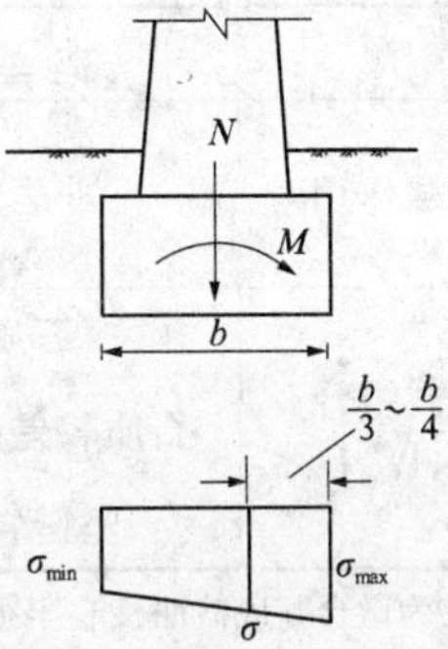

图 8-6　基底压应力 σ

软弱下卧层的容许承载力 $[\sigma]_{h+z}$ 可参照规范的方法，按下式计算：

$$[\sigma]_{h+z} = [\sigma_0] + k_1\gamma_1(b-2) + k_2\gamma_2(h+z-3) + 10h_w \tag{8-11}$$

式中　$[\sigma_0]$——当基础宽度 $b \leqslant 2$ m，埋置深度 $h \leqslant 3$ m 时，地基土的基本容许承载力，kPa；

b——基础底面短边宽度（或直径），当 $b > 10$ m 时按 $b = 10$ m 计，当 $b < 2$ m 时按 $b = 2$ m 计；

h——基础的埋置深度，m，对于受水流冲刷的基础，由一般冲刷线算起，不受水流冲刷者，由天然地面算起，位于挖方内的基础，由开挖后地面算起，当 $h < 3$ m 时，取 $h = 3$ m；

γ_1——基底下持力层土的天然容重，如持力层在水面以下且为透水者，应采用浮容重，kN/m^3；

γ_2——基底以上土的容重，kN/m^3，对水面以上的土用天然容重，对水面以下的土，当持力层土不透水时，不论基底以上的土是否透水一律用饱和容重，如持力层土透水，则一律用浮容重，当基底以上由多层土组成时，按换算容重 $\gamma_2 = \dfrac{\sum \gamma_i h_i}{\sum h_i}$ 计算，其中 γ_i、h_i 分别为基底以上各层土的容重和厚度；

k_1、k_2——随基础宽度和埋置深度的修正系数，按持力层土类查表 5-7；

h_w——平均常水位到一般冲刷线的深度，m，对水中基础，当持力层土不透水时，考虑此项修正，虽为水中基础，但若持力层透水，则不计此项。

验算要求：

$$\sigma_{h+z} \leqslant K[\sigma]_{h+z} \tag{8-12}$$

式中　K——容许承载力提高系数，见第五章第四节。

（三）基底偏心距验算

从基底压力偏心受压计算公式可知，基底合力偏心距越大，基底压应力的最大值和最小值相差越大，基础越易发生较大的不均匀沉降，致使墩台倾斜，这对建筑物必将造成不利影响，故在计算中应对基底合力偏心距 e_0 加以控制。《公路桥涵地基与基础设计规范》规定 e_0 的控制值见表 8-3。

表 8-3　墩台基础合力偏心距的限制

荷载情况	地基条件	合力偏心距	备注
墩台仅受恒载作用时	非岩石地基	桥墩 $e_0 \leqslant 0.1\rho$ 桥台 $e_0 \leqslant 0.75\rho$	对拱桥墩台，其合力作用点应尽量保持在基底中线附近
墩台受荷载组合Ⅱ、Ⅲ、Ⅳ	石质地基	$e_0 \leqslant \rho$	
	石质较差的岩石地基	$e_0 \leqslant 1.2\rho$	
	坚密岩石地基	$e_0 \leqslant 1.5\rho$	

注：①表中 ρ 为墩台基底截面核心半径：$\rho = W/A$，式中 W 为相应于应力较小基底边缘的截面抵抗矩，A 为基底截面积。

②表中 e_0 为基底以上外力合力作用点对基底重心轴的偏心距：$e_0 = M/N$，式中 M 为作用于墩台的水平力和竖直力对基底重心轴的弯矩，N 为作用在基底的合力的竖向分力。

③建筑在岩石地基上的单向推力墩，当满足强度和稳定性需求时，合力偏心距不受限制。

由于合力偏心距 $e_0 = M/N$，M 越大，N 值越小，e_0 将越大。所以对该项验算来说，应选取 M 值大、N 值小的荷载组合为最不利的荷载组合。

（四）基础稳定性验算

当基础承受较大的偏心力矩和水平推力时，均可能引起墩台连同基础的倾覆和滑动，为避免这一现象的发生，必须进行在最大偏心荷载作用下，基础的倾覆和滑动稳定性验算。通常以纵向为验算控制方向。

1. 抗倾覆稳定性

墩台基础的倾覆稳定性可用倾覆稳定性系数 K_0 来表示。如图 8-7 所示，假定基础将绕基底最大受压边缘转动，那么力矩 M 是倾覆因素，N 是抵抗倾覆的稳定因素，应保证抗倾覆力矩（即稳定力矩）大于倾覆力矩，并且有足够的安全度。倾覆稳定系数可按下式计算：

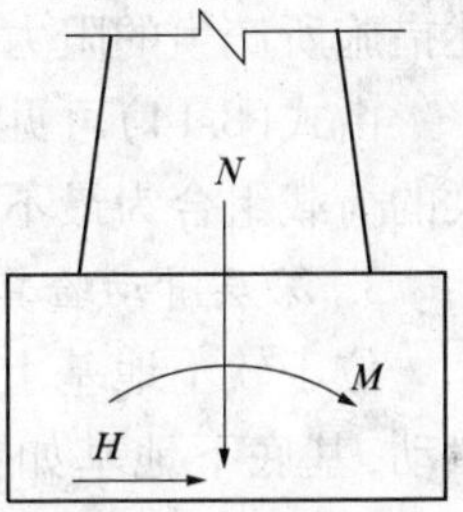

图 8-7　倾覆稳定性验算

$$K_0 = \frac{N\gamma}{M} = \frac{N\gamma}{Ne_0} = \frac{\gamma}{e_0} \tag{8-13}$$

式中　γ——基底截面形心至最大受压边缘的距离；

e_0——合力的竖向合力对基底截面形心的偏心距。

要求 K_0 值不小于规范的规定值，见表 8-4。由式(8-13)可见，e_0 越大，K_0 越小，对倾覆稳定越不利，所以最不利荷载组合的原则与验算合力偏心距时相同。

表 8-4　抗倾覆和抗滑动的稳定系数

荷载情况	验算项目	稳定系数	备注
荷载组合Ⅰ	抗倾覆	1.5	荷载组合Ⅰ，如包括由混凝土收缩、徐变和水的浮力引起的效应，则应采用荷载组合Ⅱ时的稳定系数
	抗滑移	1.3	
荷载组合Ⅱ、Ⅲ、Ⅳ	抗倾覆 抗滑移	1.3	
荷载组合Ⅴ	抗倾覆 抗滑移	1.2	

2. 抗滑动力稳定性

验算基础在水平推力作用下，是否会产生沿基底滑动。图 8-7 中 H 为滑动力，基底与地基土之间的摩擦力为抗滑力。基础抗滑动的安全度大小可采用抗滑力和水平推力的比值 K_c 来表示，可按下式计算：

$$K_c = \frac{Nf}{H} \tag{8-14}$$

式中　N——竖向力总和；

H——水平力总和；

f——基底与地基之间的摩擦系数，当缺少资料时，可查表 8-5。

表 8-5　基底摩擦系数 f

地基土分类	f	地基土分类	f
软塑黏土($1 > I_L \geqslant 0.5$)	0.25	碎石类土	0.5
硬塑黏土($0.5 > I_L \geqslant 0$)	0.30	软质岩石	0.40 ~ 0.60
亚砂土、亚黏土、半硬性黏土($I_L \leqslant 0$)	0.30 ~ 0.40	硬质岩石	0.60 ~ 0.70
砂类土	0.40		

当基础采取了抗滑措施时,在抗滑动验算中,除考虑基底摩擦阻力外,并应考虑由上述措施所产生的阻力。

由式(8-14)可见,N 越小,H 越大,则 K_c 小,越不利,所以对本项验算时应选取 N 小 H 大的荷载组合为最不利荷载组合。

3. 深层滑动验算

位于软土地基上较高的桥台有可能沿滑裂曲面滑动,基底下地基如在不深处有软弱夹层,在台后土推力作用下,基础也有可能沿软弱夹层土的层面滑动(如图 8-8 所示),这种滑动称为深层滑动。这时需另行验算其稳定性,其验算方法可参照路基土坡稳定验算的原理进行,但应计入桥台所受的外荷载及桥台或挡土墙和基础重量的影响。

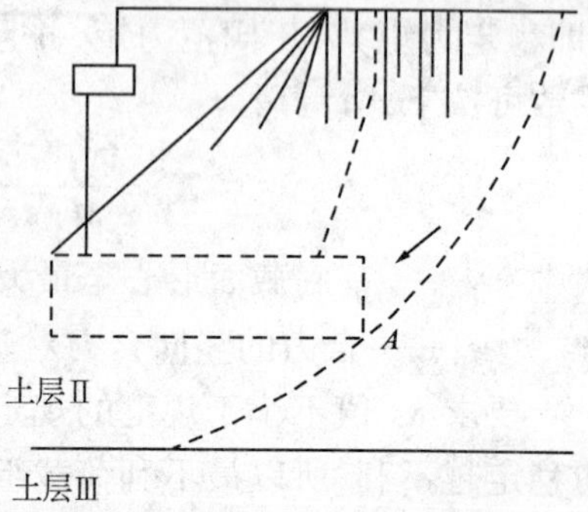

图 8-8　基础沿软弱夹层土的层面滑动

一般墩台基础出现这种滑动现象的可能性很小,所以通常可以不进行这项验算。

(五)基础的沉降验算

基础的沉降验算包括沉降量、相邻基础沉降差、基础由于地基不均匀沉降而发生的倾斜等。

基础的沉降主要是地基由竖直荷载作用下土层的压缩变形引起的。沉降量过大将影响结构物的正常使用和安全,应加以限制。在确定一般土质的地基容许承载力时,已考虑这一变形的因素,所以修建在一般土质条件下的中、小型桥梁的基础,只要满足了地基的强度要求,就可不进行沉降计算。但对于下列情况,则必须验算基础的沉降,使其不大于规定的容许值:

(1)修建在地质情况复杂、地层分布不均或强度较小的软黏土地基及湿陷性黄土上的基础;

(2)修建在非岩石地基上的拱桥、连续梁桥等超静定结构的基础;

(3)对于跨线桥、跨线渡槽要保证桥(或槽)下净空高度时;

(4)当相邻基础下地基土强度有显著不同或相邻跨度相差悬殊而必须考虑其沉降差时。

在设计时,为了防止由于偏心荷载使同一基础两侧产生较大的不均匀沉降,而导致结构物倾斜和造成墩、台顶面发生过大的水平位移等后果,在设计时,对于较低的墩、台可用限制基础上合力偏心距的方法来解决;对于结构物较高、土质又较差或上部为超静定结构时,则须验算基础的倾斜,从而保证墩、台顶面的水平位移控制在容许范围以内:

$$\Delta = l\tan\theta + \delta_0 \leqslant [\Delta] \tag{8-15}$$

式中 Δ——墩(台)顶面水平位移,m;

l——自基础底面至墩(台)顶的高度,m;

θ——基础底面的转角,$\tan\theta = \dfrac{s_1 - s_2}{b}$,$s_1$、$s_2$ 分别为基础两侧边缘中心处按分层总和法求得的沉降量,b 为验算截面的底面宽度;

δ_0——在水平力和弯矩作用下,墩(台)本身的弹性挠曲变形在墩(台)顶所引起的水平位移,m;

$[\Delta]$——根据上部结构要求,规范规定的容许水平位移值:$[\Delta] = 0.005\sqrt{L}$,m,L 为相邻墩、台间最小跨径长度,跨径小于 25 m 时以 25 m 计算。

第三节　扩大基础计算实例

一、设计资料

(一)上部结构

20 m 预应力钢筋混凝土空心板,桥面净宽为 $8 + 2 \times 0.5$ m。

(二)下部结构

混凝土重力式桥墩。

(三)设计荷载

公路－Ⅱ级,人群荷载为 3.0 kN/m^2。

(四)地质资料

(1)地质柱状图见图 8-9。

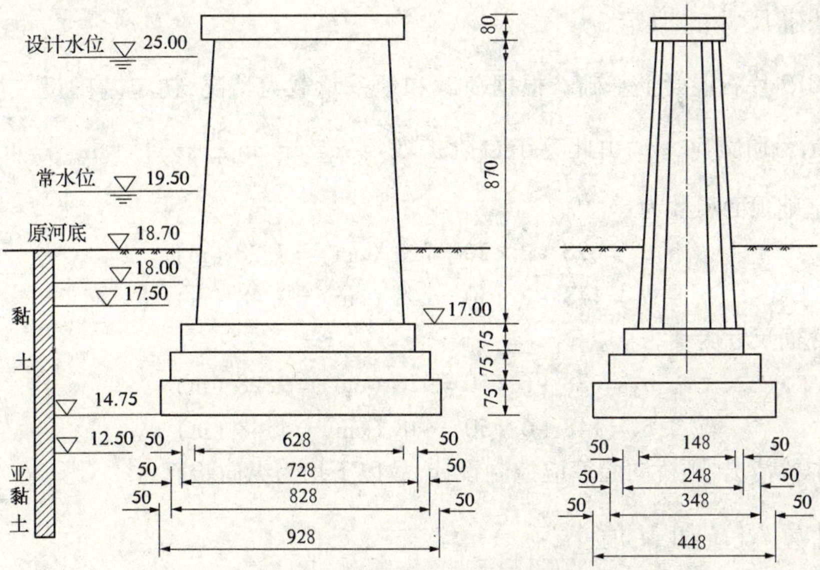

图 8-9　设计算例(尺寸单位:cm)

(2)地基土的物理性质指标见表8-6。

表8-6　地基土物理性质指标

层次	土名	$\gamma(\text{kN/m}^3)$	G_s	$\omega(\%)$	$\omega_L(\%)$	$\omega_P(\%)$	e
1	黏土	19.8	2.74	22.0	33.9	10.1	0.656
2	亚黏土	17.9	2.72	33.1	36.0	19.8	0.984

(五)水文资料

设计水位标高25.0 m,常水位标高19.5 m,一般冲刷线标高17.5 m。

(六)其他

桥梁处于公路直线段上,无冰冻,风压为50×0.01 kPa,拟在枯水季节施工。

二、设计任务

设计桥的中墩基础。

三、确定基础埋置深度

从地质条件看,表层黏土厚度约6 m,其液性指数 $I_L=\dfrac{\omega-\omega_P}{\omega_L-\omega_P}=0.5$,$e=0.656$,查表5-3得容许承载力$[\sigma_0]=312$ kPa,对公路-Ⅱ级荷载而言,土质不坏,可作为持力层。考虑黏土$I_L=0.5$,可视为不透水,常水位时水深仅0.8 m,可采用土围堰明挖法修筑扩大浅基础。因此,初定基础底面设在局部冲刷线以下2.75 m处,标高为17.5－2.75＝14.75 m。

四、基础尺寸的拟定

选用C15片石混凝土基础。根据荷载和地基承载力情况,初定基础设三层台阶,每层厚75 cm,台阶宽50 cm,由此算出台阶扩展角 $\alpha=\arctan\dfrac{50}{75}=34°<\alpha_{\max}=40°$,符合要求。于是基础顶面尺寸为:

$$a_1=628+2\times50=728\ (\text{cm})=7.28\ (\text{m})$$
$$b_1=148+2\times50=248\ (\text{cm})=2.48\ (\text{m})$$

基础底面尺寸为:

$$a_2=628+6\times50=928\ (\text{cm})=9.28\ (\text{m})$$
$$b_2=148+6\times50=448\ (\text{cm})=4.48\ (\text{m})$$

根据本桥情况,顺桥向验算应控制设计,故以下均为纵向验算。

五、计算N、H和M值

计算各种荷载组合下作用于基础底面形心处的N、H和M值。

六、合力偏心距验算

由合力偏心距 $e_0=\dfrac{M}{N}$，对照表 8-7 中所列的荷载组合情况，较容易看出最不利的荷载组合应为表 8-7 中序号 2 中的组合ⅡB，其 $M=2111\ \text{kN}\cdot\text{m}$ 属最大，而 $N=8\ 108\ \text{kN}$ 比组合ⅡA 中的 N 大得不多。

表 8-7　各种荷载组合下作用于基础底面形心处的 N、H 和 M 值

序号	荷载组合情况	作用于基底形心处的力和力矩		
		N (kN)	H (kN)	M (kN·m)
1	用于验算地基强度			
	荷载组合Ⅰ			
	A:恒载+双孔车辆+双孔人群	9 333	0	3
	B:恒载+单孔车辆+单孔人群	8 108	0	204
	荷载组合Ⅱ			
	A:恒载+双孔车辆+双孔人群+ 双孔制动力+ 常水位时风力	9 333	203	1 909
	B:恒载+单孔车辆+单孔人群+ 单孔制动力+ 常水位时风力	8 108	203	2 111
2	用于验算基础偏心距和稳定性			
	荷载组合Ⅰ			
	恒载+单孔车辆+单孔人群+设计水位时浮力	6 946	0	204
	荷载组合Ⅱ			
	A:恒载+单孔车辆+单孔人群+ 单孔制动力+设计水位时风力+设计水位时浮力	6 946	183	2 041
	B:恒载+单孔车辆+单孔人群+单孔制动力+常水位时风力+常水位时浮力	7 541	203	2 111
3	恒载+常水位时浮力	7 840	0	0

基础底面面积：

$$F=4.48\times9.28=41.57(\text{m}^2)$$

截面抵抗矩：

$$W=\frac{1}{6}\times9.28\times4.48^2=31.04\ (\text{m}^3)$$

所以

$$\rho=\frac{W}{F}=\frac{31.04}{41.57}=0.747\ (\text{m})$$

由表 8-8 计算结果可见均符合要求。

表 8-8　合力偏心距计算

序号	荷载情况	N(kN)	M(kN·m)	$e_0=\dfrac{M}{N}$(m)	要 求
2	组合ⅡB	8 108	2 111	0.260	$e_0\leqslant\rho$
3	恒载(永久荷载)	7 840	0	0	$e_0\leqslant0.1\rho$

七、地基强度验算

(一)持力层强度

按地质资料,采用规范方法,先求得修正后持力层的容许承载力,由式(8-12)有:

$$[\sigma]=[\sigma_0]+k_1\gamma_1(b-2)+k_2\gamma_2(h-3)+10h_w$$

持力层为黏土,查得$[\sigma_0]=312$ kPa,由 $I_L=0.5$ 查表 5-3 得 $k_1=0$,故无宽度修正;由于$h=3.25$ m(从一般冲刷线算起),持力层为塑态黏土,可视为不透水,故可考虑埋深及水深修正,$h_w=19.5-18.0=1.5$ (m),于是:

$$[\sigma]=312+19.8\times1.5\times0.25+10\times1.5=334(\text{kPa})$$

对于荷载组合Ⅱ来说,容许承载力提高系数 $K=1.25$。

按表 8-7 序号 1 的荷载组合Ⅱ情况 B,$e_0=\dfrac{M}{N}=\dfrac{2\ 111}{8\ 108}=0.26$ (m),$\dfrac{W}{F}=\rho=0.747$ m,$e_0\leqslant\rho$,故基底应力为:

$$\left.\begin{matrix}\sigma_{\max}\\ \sigma_{\min}\end{matrix}\right\}=\frac{N}{F}\pm\frac{M}{W}=\frac{8\ 108}{41.57}\pm\frac{2\ 111}{31.04}=\begin{matrix}263\\127\end{matrix}(\text{kPa})$$

各种荷载组合下的基底应力列表计算于表 8-9 中。

表 8-9　各种荷载组合下的基底应力值

荷载情况		N(kN)	M(kN·m)	$\frac{N}{F}$(kPa)	$\frac{M}{W}$(kPa)	$\sigma_{\max}$(kPa)	$\sigma_{\min}$(kPa)
组合Ⅰ	A	9 333	3	225	0	225	224
	B	8 108	204	195	7	202	188
组合Ⅱ	A	9 333	1 909	225	62	286	263
	B	8 108	2 111	195	68	263	127

从计算结果可以看出,对组合Ⅰ而言,是最不利组合,但与 B 比较,并不明显,故两种情况都要计算;对组合Ⅱ而言,ⅡA 最不利,但与ⅡB 比较也不明显。

表 8-9 中 $\sigma_{\max}$均小于$[\sigma]=334$ kPa,肯定符合要求,故持力层强度足够。

(二)软弱下卧层强度

下卧层为亚黏土,由 $I_L=\dfrac{33.1-19.8}{36.0-19.8}=0.82$,$e=0.984$,查表 5-3 得$[\sigma_0]=140$ kPa,小于持力层$[\sigma_0]=312$ kPa,故为软弱下卧层。

由 $I_L>0.5$ 查表 5-7 得 $k_1=0$,$k_2=1.5$,又持力层不透水,可计入水深修正,故软弱下卧层的容许承载力为:

$$\begin{aligned}[\sigma]_{h+z}&=[\sigma_0]+k_1\gamma_1(b-2)+k_2\gamma_2(h+z-3)+10h_w\\&=140+0+1.5\times20.1\times(3.25+3-3)+10\times1.5\\&=253(\text{kPa})\end{aligned}$$

上式中,由于持力层不透水,γ_2 采用黏土层的饱和容重值,即

$$\gamma_2 = \gamma_f = \frac{G_s + e}{1 + e}\gamma_w = \frac{2.74 + 0.656}{1.656} \times 9.81 = 20.1(\text{kN/m}^3)$$

下卧层顶面应力为：$\sigma_{h+z} = \gamma_1(h+z) + \alpha_c(\sigma - \gamma_2 h)$，其中 h 应从河底算起，故 $h = 18.7 - 14.75 = 3.95$ (m)，$(h+z)$ 和 h 范围内均为黏土，计算时用其天然容重，故 $\gamma_1 = \gamma_2 = 19.8$ kN/m^3。因为 $\frac{z}{b} = \frac{2.25}{4.48} = 0.725 < 1$，取 $\sigma = \frac{\overline{\sigma} + \sigma_{max}}{2}$。

组合ⅠA 时：$\sigma = 225$ kPa，由 $\frac{a}{b} = \frac{9.28}{4.48} = 2.07$，查表 3-4 经内插得 $\alpha_c = 0.646$，故：

$$\sigma_{h+z} = 19.8 \times (3.95 + 3) + 0.646 \times (225 - 19.8 \times 3.95) = 232.4(\text{kPa})。$$

对组合Ⅰ，$\sigma_{h+z} < [\sigma]_{h+z}$，故符合要求。

组合ⅡA 时：$\sigma = \frac{225 + 286}{2} = 255.5$，有

$$\sigma_{h+z} = 19.8 \times (3.95 + 3) + 0.646 \times (255.5 - 19.8 \times 3.95) = 252.2\ (\text{kPa})$$

组合Ⅱ $\sigma_{h+z} < K[\sigma]_{h+z}$，故符合要求。

八、基础稳定性

（一）抗倾覆稳定性

$K_0 = \frac{y}{e_0}$，其中 $y = \frac{b}{2} = 2.24$ m，$e_0 = \frac{M}{N}$，取不利荷载组合，K_0 计算见表 8-10。结果符合要求。

表 8-10　K_0 计算

不利荷载组合	N(kN)	M(kN·m)	e_0(m)	K_0	要求最小稳定系数
组合Ⅰ	6 946	204	0.029	77.2	1.3
组合Ⅱ	7 541	2 111	0.280	8	1.3

（二）抗滑动稳定性

$K_c = \frac{Nf}{H}$，其中黏土 $I_L = 0.5$，属软塑态，查表 8-5 得 $f = 0.25$，K_c 列表计算见表 8-11。K_c 很大，满足要求。

表 8-11　K_c 计算

不利荷载组合		N(kN)	H(kN)	Nf(kN)	K_c	要求最小稳定系数
组合Ⅱ	A	6 946	183	1 737	9.5	1.3
	B	7 541	203	1 885	9.3	1.3

九、地基变形

本桥为静定梁桥，跨径不大，且地基土质良好，可不必计算沉降。

第四节　刚性扩大浅基础施工

刚性扩大浅基础的施工，一般常采用明挖法，其施工顺序和主要工作包括基础定位放样、基坑的开挖、坑壁支撑、基坑排水、基坑检验和基底土的处理、基础砌筑及基坑的回填。下面分别介绍旱地上浅基础和水中浅基础施工应采取的防水措施两个方面。

一、旱地上浅基础的施工

（一）基础的定位放样

基础的定位放样就是根据设计图纸上的墩、台基础的位置和尺寸将其在施工现场的地面上标定下来。定位工作可分为垂直定位和水平定位两个方面。垂直定位是定出墩台基础各部分的标高，可借助于施工现场的水准基点进行；水平定位是定出基础在平面上的位置，如图 8-10 所示。由于定位桩随着基坑的开挖，必将被挖去，所以还必须在基坑位置以外不受施工影响的地方，钉立定位桩的护桩，以备在施工中能随时检查基坑和基础的位置是否正确；而基坑外围，通常可用龙门板固定或在地面上用石灰线标出。

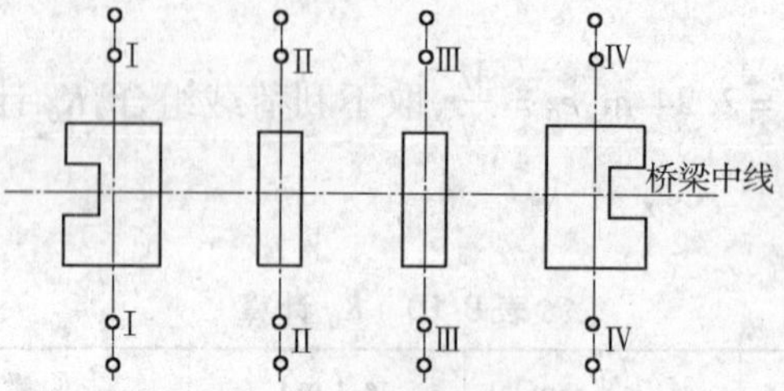

图 8-10　基础定位放样

（二）基坑的开挖

基坑底面的形状，必须与基础底面形状相适应。基坑的深度视基础埋置深度而定。基坑大小应满足基础施工的要求，对渗水的土质基坑，一般按基底的平面尺寸，每边增宽 0.5 ~ 1.0 m，以便在基底外设置排水沟、集水坑和基础模板。但对无水且土质密实的基坑，如不设基础模板，则可按基底的平面尺寸开挖。

基坑开挖断面是否设置坑壁围护结构，可视土的类别性质、基坑暴露时间长短、地下水位的高低以及施工场地大小等因素而定。

1. 不设围护的基坑

当坑壁不设围护时，可采取敞坡开挖，施工比较简单，可将坑壁挖成竖直或斜坡形。竖直坑壁只有在岩石地基或基坑不深又无地下水的黏性土地基中采用。在一般土质条件下开挖基坑时，应采用放坡开挖的方法，如图 8-11 所示。在基坑深度不超过 5 m、地基土质湿度正常、开挖暴露时间不超过 15 天的情况下可参照表 8-12 选定基坑坡度。

基坑底面应满足基础施工的要求，对渗水的土质基坑，一般应按基底的平面尺寸，每边增宽 0.5 ~ 1.0 m，以便在基底外设置排水沟、集水坑和基础模板。为保证坑壁边坡稳定，当基坑深度较大时，应在边坡中段加设宽为 0.5 ~ 1.0 m 的平台（见图 8-11）。坑顶周围必要时应挖排水沟，以免地面水流入坑内。当基坑顶缘有动载时，顶缘与动载之间至少应留 1 m 宽的护道。

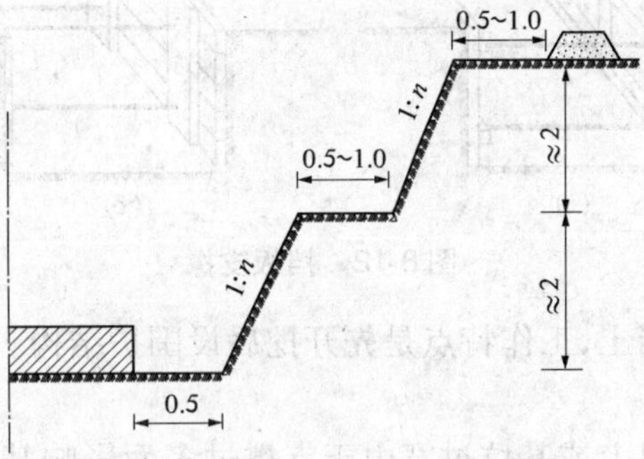

图 8-11　基坑放坡开挖(尺寸单位:m)

表 8-12　基坑坑壁坡度

坑壁土类别	坑壁坡度		
	基坑顶缘无荷载	基坑顶缘有荷载	基坑顶缘有动载
砂类土	1:1	1:1.25	1:1.5
碎卵石类土	1:0.75	1:1	1:1.25
亚砂土	1:0.67	1:0.75	1:1
亚黏土、黏土	1:0.33	1:0.5	1:0.75
板软岩	1:0.25	1:0.33	1:0.67
软质岩	1:0	1:0.1	1:0.25
硬质岩	1:0	1:0	1:0

注:挖基经过不同土层时，边坡可分层决定，并酌情设置平台。

2. 坑壁有围护的基坑

当基坑较深、土质条件较差、地下水影响较大或放坡开挖对邻近建筑有影响时，应对坑壁进行围护。

基坑围护结构作为加固坑壁的临时性措施，有以下几种。

1)挡板支撑

这种围护结构适用于开挖面积不大、地下水位较低、挖基深度较浅的基坑。根据具体情况，挡板可垂直设置(见图 8-12(a))或水平横放(见图 8-12(b))。挡板支撑由立木、横枋、顶撑及衬板组成，衬板厚度为 4 ~6 cm，为便于挖基运土，顶撑应设在同一垂直面内。

基坑开挖时，若基壁土质密实，不会随挖随坍，可将基坑一次挖到设计标高，然后沿着坑壁竖向撑以衬板，再在衬板上压以横木，中间用顶撑撑住。如图 8-12(a)所示。

若坑壁土质较差，或所挖基坑较深，坑壁土有随挖随坍可能时，则可用水平衬板支撑，分层开挖，随挖随撑。如图 8-12(b)所示。

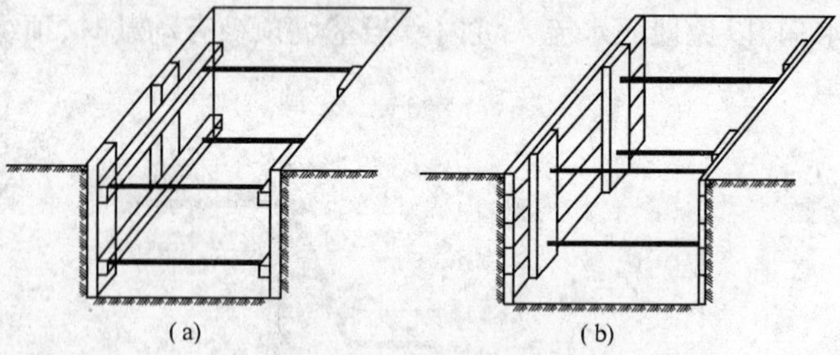

图 8-12 挡板支撑

挡板支撑的作用是挡土，工作特点是先开挖后设围护结构。

2）钢木结合支撑

当基坑深度在 3 m 以上或基坑过宽由于支撑过多而影响基坑出土时，可沿基坑周围每隔 1 ~1.5 m 打入一根工字钢或钢轨至坑底面以下 1 ~1.5 m，并以钢拉杆把型钢上端锚固于锚桩上，随着基坑下挖设置水平衬板，并在型钢与衬板之间用木楔塞紧，如图 8-13 所示。

3）板桩支撑

板桩是在基坑开挖前先垂直打入土中至坑底以下一定深度，然后边挖边设支撑。开挖基坑的过程始终是在板桩支护下进行。当基坑较深时，可待基坑挖至一定深度后，再在板桩上部加设横向支撑或设置锚桩，以增强板桩的稳定性。

板桩常用的材料有木、钢、钢筋混凝土三种。

木板桩的施工如图 8-14 所示，其程序是先沿基坑外侧打入导桩，再在导桩上用螺栓装上两条水平导木，用来固定板桩位置，板桩插在导木之间。按一定顺序方向，逐根将板

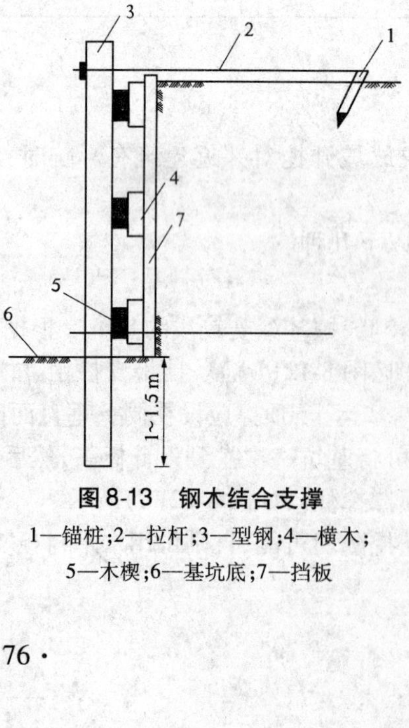

图 8-13 钢木结合支撑

1—锚桩；2—拉杆；3—型钢；4—横木；5—木楔；6—基坑底；7—挡板

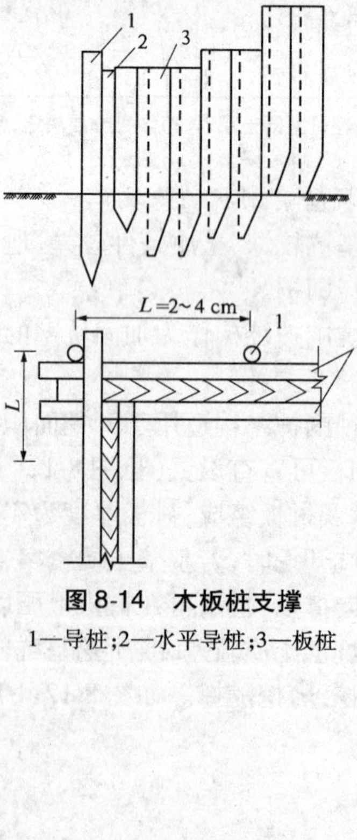

图 8-14 木板桩支撑

1—导桩；2—水平导桩；3—板桩

桩沉入土中。导桩的入土深度视基坑深度而定，桩尖至少沉入基坑地面以下 2 m。插打板桩常从角上开始，应注意板桩榫舌和桩尖斜面应朝向前进方向，使相邻板桩在沉桩过程中能互相挤紧，若斜面方向搞错，则相邻板桩下端将出现缝隙，不能有效地隔水，一般木板桩上端常用铁箍保护，以免在打桩时打坏桩头，当土中含有小石快等硬物时，桩尖应装上铁桩靴。

铁板桩的优点在于强度大，能穿过坚硬的松土层、碎卵石类土和风化岩层，锁口连接紧密、不易漏水，且能承受锁上拉力，并可焊接接长，能重复使用。端面形式较多，可适应不同的基坑形状要求。

钢筋混凝土板桩优点是耐久性好，缺点是制作复杂、重量大，运输和施工不便，所以除大桥的深基础外，一般中小桥梁工程不采用。

4）混凝土护壁

适用于深度较大的各种圆形基坑。在基坑口先设置预制或就地浇制的混凝土护筒。护筒长 1 ~ 2 m，护筒厚度视基坑直径大小和土质情况而定，一般为 10 ~ 40 mm，护筒以下的坑壁采用喷射或现浇混凝土，一般是随挖随喷，直至坑底。

（1）喷射混凝土护壁。采用掺有速凝剂的混凝土浆用喷射器向坑壁喷射时，喷射的混凝土能早期与坑壁形成具有一定强度的支护层。喷射混凝土的厚度，主要取决于地质条件、渗水量、基坑面大小及开挖深度等因素，可参考表 8-13 选定。基坑较大、较深时取较大值，一般为 5 ~ 8 cm。开挖基坑与喷射混凝土均分节进行，每节高 0.5 ~ 1.5 m。

表 8-13　混凝土喷层厚度　（单位：cm）

土质条件	渗水情况		
	无水基坑	有少量渗水基坑	有大量渗水基坑
粉砂、流沙、淤泥	10 ~ 15	15	15 ~ 20 加较多小木桩及塞草袋
亚砂土	5 ~ 8	8 ~ 10	
亚黏土	3 ~ 5	5 ~ 8	
卵碎石	3 ~ 5	5 ~ 8	
砂加卵石	3 ~ 5	5 ~ 8	8 ~ 10

对极易坍塌的流沙、淤泥层，仅用喷护混凝土往往不足以稳定坑壁。遇此情况，可先在坑壁上打入小木桩或在打好成排的木桩上编制竹篱，在有大量流沙之处塞以草袋，然后喷射 15 ~ 20 cm 的混凝土，即可防止坍塌。

对于无水或少水的坑壁，每层高度范围内，喷射混凝土应由下部向上部循环进行，这样对少量渗水的土层，一经喷护即能安全止水；对涌水的坑壁，喷射混凝土应由上而下循环进行，以保证新喷的混凝土不致被水冲坏。

（2）现浇混凝土护壁。逐层开挖的深度，视坑壁土质稳定情况而定，一般不超过 2 m。其施工程序是逐层下挖、立模、浇筑混凝土。模板上部留有浇筑窗口，混凝土先通过窗口内往下浇筑，当混凝土浇至窗口下缘后，再用压灌混凝土的办法，灌满窗口以上的部分。

混凝土中应掺入早强剂,浇筑厚度为 10 cm 左右。

(三)基坑排水

当基坑坑底位于地下水位以下时,基坑开挖时坑内便有积水,为了便于基础施工,并保证施工质量,必须在基坑内进行排水。排水的方法一般有表面排水法及人工降低地下水位法两种。

1. 表面排水法

它是施工中应用最普遍的排水法。方法是在基坑边角处设集水坑,以汇集渗入基坑的水,然后用机械将水排走。要求排水能力大于基坑的渗水量。因此,施工前必须对基坑的渗水量进行估计,以便正确拟定排水措施、配足排水设备。

1)渗水量的估算

基坑渗水量的大小与土的渗水性、基坑内外的水头差、基坑坑壁围护结构的种类及基坑渗水面积等因素有关。估算渗水量的方法有两种,一种是通过抽水试验,另一种是利用经验公式估算。前一种方法是在工地的试坑或钻孔中,进行直接的抽水试验,其所得的数据比较可靠,但试验费事,而且要在工地现场进行。后一种方法简便,但估算结果准确性差。

经验公式可以反映出土的透水性、基坑的渗水面积、坑壁的围护形式等因素对渗水量的影响。

对于放坡开挖的基坑(如图 8-15 所示),基坑渗水量可用下式估算:

$$Q = q_1F_1 + q_2F_2$$

式中 q_1、q_2——基坑底面和侧面的单位渗水量,见表 8-14 和表 8-15;

F_1、F_2——基坑底面和侧面的渗水面积,m^2。

对于有板桩围护的基坑(如图 8-16 所示),可用下式估算渗水量:

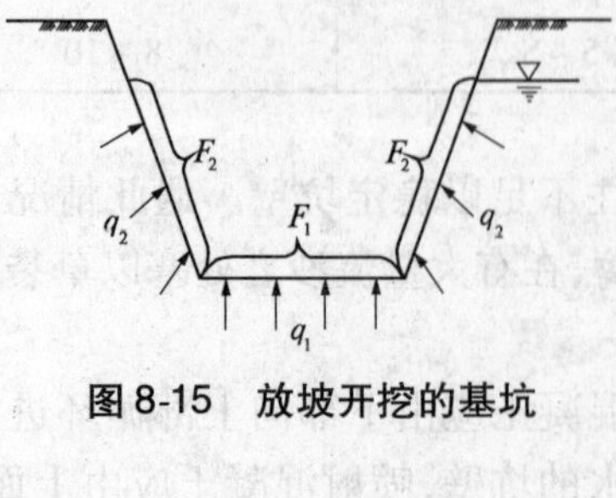

图 8-15 放坡开挖的基坑

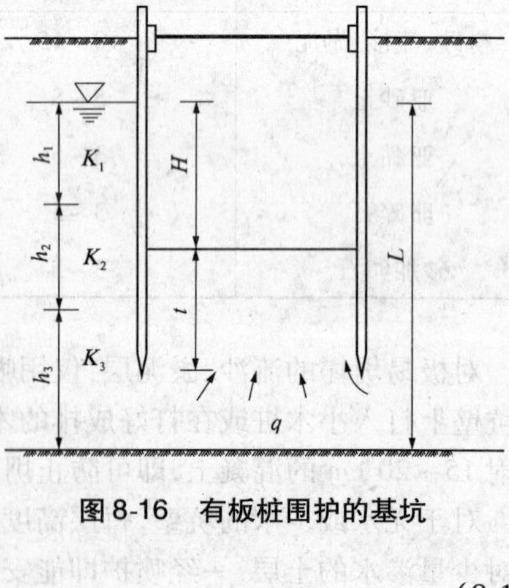

图 8-16 有板桩围护的基坑

$$Q = KUHq \tag{8-16}$$

式中 K——土的透水系数,见表 8-16,如基坑范围内为多层土,则取其平均值,$K_{平均} = \dfrac{\sum k_ih_i}{\sum h_i}$;

U——基坑周长，m；

H——水头差，m；

q——单位渗水量，见表 8-14 及表 8-15。

表 8-14 基坑底面单位渗水量 q_1

土质类别	土的特征及粒径	q_1 ($m^3/(h \cdot m^2)$)
细粒砂土及黑土层，松软亚黏土	天然含水量<20%，砂土粒径在 0.05 mm 以下	0.14~0.18
有裂缝的碎岩层及较密实的黏性土	黏土层有透水孔道	0.15~0.25
细粒砂，紧密的砾石	细砂粒径在 0.05~0.25 mm，砾石土孔隙在 20% 以下	0.16~0.32
中砂及砂砾层	砂粒径在 0.25~1.0 mm 或砾石含量<30%，平均最大粒径在 10 mm 以下	0.24~0.80
粗砂及砂砾层	砂粒径在 1.0~2.5 mm，砾石含量 30%~70%，平均最大粒径在 150 mm 以下	0.8~3.0
粗砂及大砾石、卵石层	砂粒径≥2.0 mm，砾石、大漂石含量≥30%，个别泉眼直径<50 mm，总面积<0.07 m^2	2.0~4.0
砾石、卵石并带有泉眼或砂砾带有较大泉眼	石料平均粒径 50~200 mm 或有个别大孤石在 0.5 m^2 以下，泉眼直径<300 mm，总面积<0.15 m^2	4.0~8.0
砾石、卵石、粗砂，泉眼很多		>8.0

表 8-15 基坑侧面单位渗水量 q_2

基坑或围堰种类	q_2 ($m^3/(h \cdot m^2)$)
放坡土质基坑	按表 8-14 同类土渗水量 20%~30% 计
土围堰或草袋围堰	同上
木板桩围堰	按表 8-14 同类土渗水量 10%~20% 计
钢板桩围堰	按表 8-14 同类土渗水量 5% 计
就地取材制成的围堰	按表 8-14 同类土渗水量 15%~30% 计

表 8-16 土的渗透系数参考值

名称	K(m/d)	名称	K(m/d)
黏土	<0.005	匀质中砂	35~50
亚黏土	0.005~0.1	粗砂	20~50
轻亚黏土	0.1~0.15	圆砾	50~100
黄土	0.25~0.5	卵石	100~500
粉砂	0.5~1.0	稍有裂隙的岩石	20~60
细砂	1.0~5.0	裂隙多的岩石	>60
中砂	5.0~20.0		

2）排水机具的选用

选用什么排水机具，应视基坑内渗水量的大小和当地具体情况而定。当渗水量很小时，可用人工排水或小型水泵抽水。当渗水量较大时，一般用电动或内燃发动机的离心式抽水机。要求水泵总排水能力为(1.5～2.0)Q，这是因为排水过程中，机械有可能发生故障，应有备用的水泵。抽水机安装应根据基坑深度、水深及吸程大小，分别安装在坑顶、坑中护坡道或活动脚手架上。坑深大于吸程加扬程时，可用多台水泵串联或采用高压水泵。表面排水法，除有严重流沙的基坑中不宜采用外，一般情况下均可采用。

如果估计到用表面排水法有可能发生严重流沙现象，除可以选用机械水中挖土方法外，也可考虑采用轻型井点法排水。

2. 轻型井点法

此法适用于旱地上土质为透水性较大的粉砂、细砂和亚砂土地基，它能有效地防止用表面排水法时可能发生的流沙现象。这种方法主要是利用"下降漏斗"降低地下水位，基坑开挖前在基坑四周打入若干根井管。井管下端1.5 m左右为滤管，上面钻有若干直径约2 mm的滤水孔，各个井管用集水管连接，并不断抽水，使地下水位下降。开挖基坑时，只要井点不断抽水，就可使基坑始终处于无水状态。

井点排水时，水位的降低值与井点系统总抽水量有关。正式抽水前，应试行抽水一段时间，以检查抽水机与整个井管系统的接头是否良好。

井点排水时，应注意下列事项：

(1)降低成层土中地下水位时，应尽可能将滤管埋设在透水性较好的土层中。

(2)对整个井点系统应加强检查和维护，保证不间断地抽水。

(3)在水位降低的范围内应设置水位观测孔，其数量视工程情况而定。

(4)应考虑到水位降低区域内的建筑物可能产生的附加沉降，并做好沉降观测，必要时应采取防护措施。

(四)基坑的检验与处理

基坑挖好后，必须按规定检查基坑是否符合设计要求，其内容包括：

(1)基坑底面的平面位置、尺寸和标高是否与原设计相符。

(2)直观检查地基土质与设计资料是否相符，如不相符，应取样做土质分析试验，同时由施工单位及时会同设计、监理等有关单位共同研究处理办法，并加以实施。

(3)在地质特别复杂且土质不良，属下列情况之一时，应进行荷载试验，对大、中型桥梁，若有可能应同时做土工试验，以便与荷载试验核对：①强烈风化岩石；②松砂($D_r \leq 0.33$)地基；③软黏性土($I_L > 1.0$)；④$e > 0.7$的亚砂土，$e > 1.0$的亚黏土及$e > 1.1$的黏土；⑤含大量有机质的砂或黏土；⑥含大量杂质的填筑土(如瓦片、碎砖等)。

基底检验合格后，还应按不同地质情况，作如下处理：

(1)对碎石土或砂土，其承重面经过修理平整后，在基础施工前应先铺一层2 cm厚的水泥砂浆，当坑底渗水不能彻底排干时，应将水引至基础外排水沟；在水稳定性较好的土质中，可在基底上铺一层25～30 cm厚的片石或碎石，然后在地基上浇砌基础，以免影响基础圬工的质量。

(2)在黏性土层上的基础,修整承重面时,应按其天然状态铲平,不得用回填土夯实的办法处理。修整妥善后应在短时间内浇筑基础,不得暴露太久。

(3)对未风化的岩层,应先将岩层面上的松散石块、淤泥、苔藓等清除干净,若岩层倾斜,应将岩面凿平,为防止基础滑动,可采取必要的锚固措施,以加强基础与岩层之间的连接。

(4)对软硬不均匀地层,应挖除土质软的部分,使基础全部支承在硬土上,以避免基础发生不均匀下沉或倾斜。

(5)对软弱地基可按具体情况采取人工加固措施,见第十一章。

(五)基础的浇筑及基坑的回填

基础浇筑一般都在排水条件下进行,只有当渗水量很大,排水很困难时,才采用水下灌注混凝土的方法。排水砌筑时,应防止水浸圬工。此外还应注意:

(1)石砌基础在砌筑中应使石块大面朝下,外圈块石必须坐浆,要求丁顺相间,以加强石块之间的连接。

(2)混凝土基础的浇筑,应在终凝后才允许浸水,不浸水部分仍需养生。

基础浇砌完成后,应检查质量和各部分尺寸是否符合设计要求,如无问题,即可选土质较好的土回填基坑,回填土需分层夯实,层厚约为 30 cm。

二、水中基坑开挖时的围堰工程

对于处于河流中的桥梁墩台基础,在开挖基坑之前,必须首先在基坑外围设置一道封闭的临时挡水结构物,这种挡水结构物称为围堰。围堰修筑好后,即排水开挖基坑,或在静水条件下进行水下开挖基坑,并继续下一步工序,这些施工内容与旱地上的浅基础施工基本相同。

围堰所用的材料和形式根据当地水文、地质条件、材料来源及基础形式而定,但不论哪种材料和形式的围堰,均需注意下列要求:

(1)堰顶标高至少应高出施工期间可能出现的最高水位 0.5 m 以上。

(2)围堰平面形状与基础平面形状相符,围堰的迎水面应做成流线型,以利于减小水流阻力。

(3)堰内面积应满足坑壁放坡和基础施工的要求,一般不应超过流水断面的 30%。

(4)围堰断面应满足本身强度和稳定性的要求。

下面介绍几种常用的围堰构造、适用条件和施工要求。

(一)土围堰

土围堰(见图 8-17)适用于水深不超过 2 m,流速小于 0.5 m/s,河床土质为不透水或透水甚微的河道中。在修筑前应将河底杂物清理干净以防漏水。修筑时应从上游开始,至下游合龙。

堰顶宽一般为 1 ~ 2 m,视施工场面需要而定,堰外侧边坡视填土在水中的自然坡度而定,一般为 1:2 ~ 1:3,堰内边坡一般为 1:1.5 ~ 1:1,坡脚距基坑边缘距离根据河床土质及基坑深度而定,但不得小于 1 m。当用砂土填筑时,需在外坡侧面用黏土覆盖或设黏土填心墙,但筑堰的土最好用黏土或亚黏土。为防止水流对围堰外侧的冲刷,可在外坡面用草皮、柴排、草袋加以防护。

(二)土袋围堰

用草袋、麻袋、玻璃纤维袋等装土码叠而成的围堰统称土袋围堰(见图8-18)。当水深不超过3.5 m,流速小于2.0 m/s时采用土袋围堰。堰顶宽一般为1~2 m,有黏土心墙时为2~2.5 m;堰外坡视水深及流速而定,一般为1:1~1:0.5,堰内坡一般为1:0.5~1:0.2,内坡脚距基坑边缘不小于1 m。袋装松散黏土,装土量为袋容量的1/2~2/3,袋口缝合。如用砂土装袋,堰身中间必须夯填黏土心墙,以防围堰渗漏。

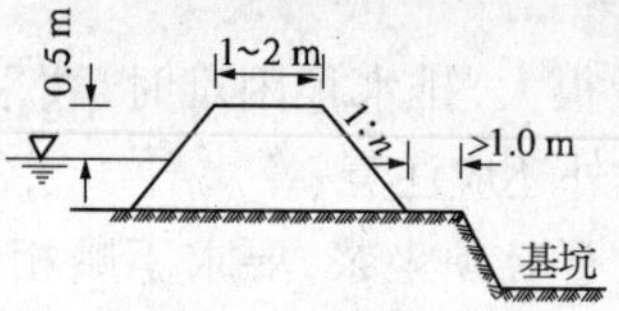

图8-17 土围堰

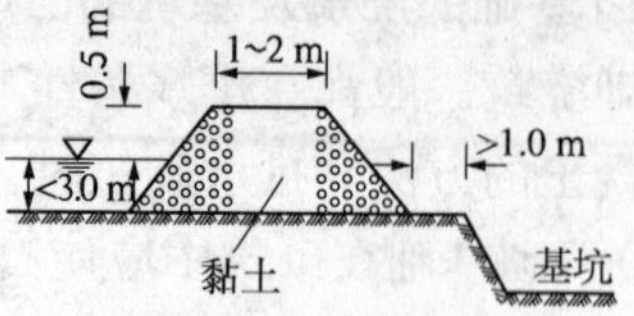

图8-18 土袋围堰

以上两种围堰均利用自重维持其稳定,故又称重力式围堰,它主要是挡地面水。如河床土质为粉砂或细砂,则在排水开挖基坑时,可能会引起流沙现象,所以就不宜用这类围堰,而要考虑板桩围堰。其中木板围堰因耗用木材多,防水效果不好而不提倡采用。钢筋混凝土板桩围堰,目前我国使用不多,下面只介绍钢板桩围堰。

(三)钢板桩围堰

钢板桩围堰适用于砂类土、碎卵石类土、硬黏性土和风化岩等地层,它具有材料强度高、防水性能好、穿透土层能力强、堵水面积最小,并可重复使用的优点。因此,当水深超过5 m或土质较硬时,可选用这种围堰。

当钢板桩围堰较高且水深较大时,常用围囹(即以钢或钢木构成的框架)作为板桩定位和支撑。先在岸上或驳船上拼装好围囹,托运至基础位置定位后,在围囹中插打定位桩(见图8-19)使围囹挂在定位桩上,即可在围囹四周的导桩间插打钢板桩。在插打时应先从上游打起,以策安全。根据起吊能力,尽可能将二三十块钢板桩预先拼焊在一起,逐组或逐块插打到稳定的深度(2~3 m),待全部板桩插打完毕后再依次打到设计标高。钢板桩达到设计标高时,桩顶的平面位置偏差,在水上打桩时不得大于20 cm,在陆上打桩时不得大于10 cm。

(四)套箱围堰

套箱围堰适用于埋置不深的水中基础(见图8-20)。

套箱是一种无底的围套,内设木、钢支撑组成支架。木板套箱在支架外面钉装两层企口板,用油灰捻缝以防漏水;钢套箱则设焊接或铆合成的钢板外壁。

木套箱采用浮运就位,然后加重下沉。钢套箱则要用船运起吊就位下沉。下沉套箱前,应清除河床覆盖层并整平岩层。套箱沉至河底后,宜在箱脚外填以黏土或用土袋抛填护脚。

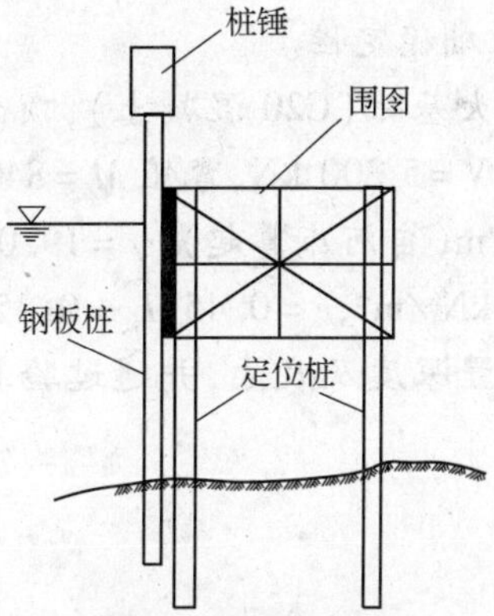

图 8-19　钢板桩围堰

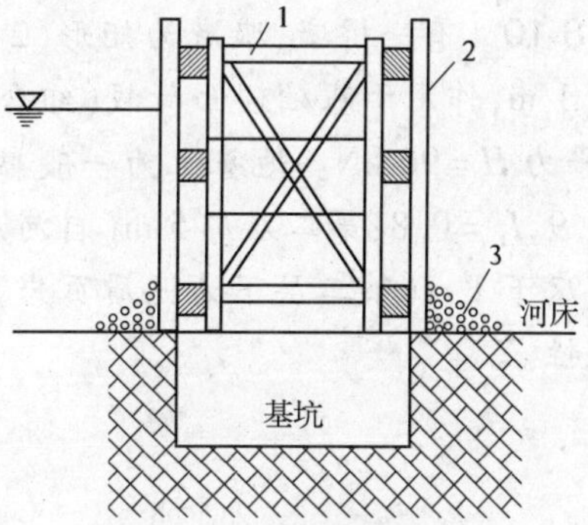

图 8-20　套箱围堰

1—套箱支架;2—套箱外壁;3—土袋护脚

复习思考题

8-1　天然地基上刚性浅基础设计计算包括哪些步骤和内容?

8-2　确定基础埋置深度应考虑哪些因素?基础埋置深度对地基承载力、沉降有什么影响?

8-3　刚性扩大基础为什么要验算基底合力偏心距?

8-4　当桥台台背填土高度大于 5 m 时,如何考虑填土荷载对桥台基础底面应力的影响?

8-5　地基(基础)沉降计算包括哪些步骤?在什么情况下应验算桥梁基础的沉降?

8-6　围堰的作用是什么?设置围堰有哪些基本要求?

8-7　基底检验与处理要注意些什么问题?

8-8　基础浇筑和基坑回填要注意哪些问题?

8-9　某桥墩为混凝土实体墩刚性扩大基础,控制设计的荷载组合为:支座反力 840 kN 及 930 kN;桥墩及基础自重 5 480 kN;设计水位以下墩身及基础浮力 1 200 kN;制动力 84 kN;墩帽与墩身风力分别为 2.1 kN 和 16.8 kN。结构尺寸及地质、水文资料见图 8-21(基底宽 3.1 m、长 9.9 m)。

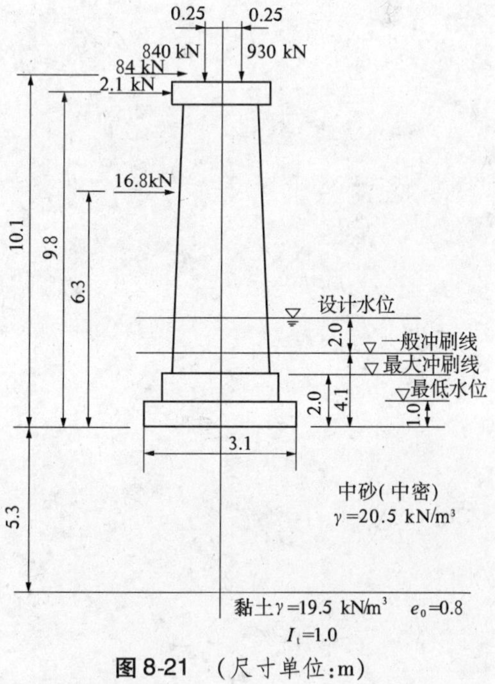

图 8-21　(尺寸单位:m)

要求验算:①地基承载力;②基底合力偏心距;③基础稳定性。

8-10 有一桥墩,墩底为矩形(2 m×8 m),刚性扩大基础(C20 混凝土),顶面设在河床下 1 m,作用于基础顶面荷载(组合Ⅱ):轴心垂直力 $N=5\ 200$ kN,弯矩 $M=840$ kN·m,水平力 $H=96$ kN。地基土为一般黏性土,第一层厚 2 m(自河床算起),$\gamma=19.0$ kN/m^3,$e=0.9$,$I_L=0.8$;第二层厚 5 m(自河床算起),$\gamma=19.5$ kN/m^3,$e=0.45$,$I_L=0.35$,低水位在河床下 1 m(第二层下为泥质页岩)。请确定基础埋置深度及尺寸,并通过验算说明其合理性。

第九章　桩基础

本章重点

(1)桩基础的组成分类和桩构造。

(2)钻孔灌注桩基础施工工序和方法。

(3)规范法确定单桩轴向容许承载力。

第一节　桩基础的组成、作用及适用条件

天然地基上的浅基础一般造价低，施工简单，因此在公路桥梁工程中应尽量采用。当上部结构荷载较大或地基浅层土质不良，采用浅基础无法满足结构物对地基强度、变形和稳定性方面的要求时，往往需要采用深基础。其中桩基础是常用的一种。

桩基础是由埋于地基土中的若干根桩及将所有桩连成一个整体的承台两部分所组成的一种基础型式。如图 9-1 所示：桩身可以全部或部分埋入地基土中，当桩身外露在地面上较高时，在桩之间还应加横系梁，以加强各桩之间的横向联系。若干根桩在平面排列上可成为一排或几排，所有桩的顶部由承台连成一整体。在承台上再修筑墩(台)及上部结构。桩可以先预制好，再将其运至现场沉入土中；也可以就地钻孔(或人工挖孔)，然后在孔中置入钢筋骨架再浇灌混凝土而成桩。

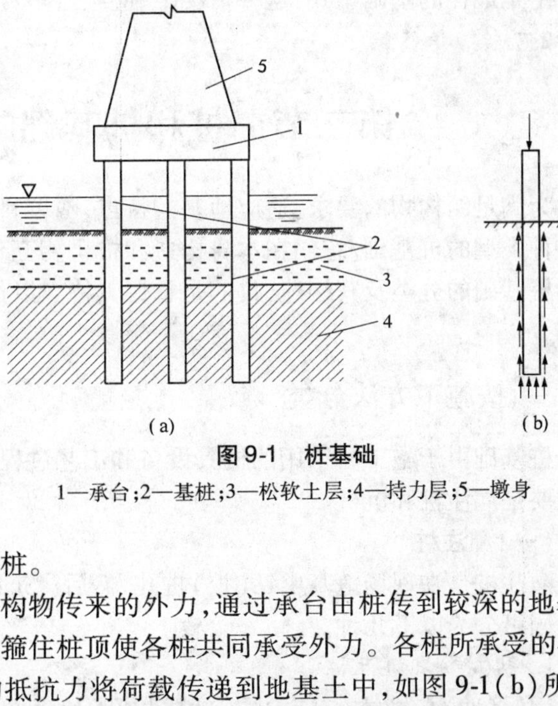

图 9-1　桩基础

1—承台；2—基桩；3—松软土层；4—持力层；5—墩身

桩基础的作用是将承台及以上结构物传来的外力，通过承台由桩传到较深的地基持力层中去。承台将外力传递给各桩并箍住桩顶使各桩共同承受外力。各桩所承受的荷载由桩通过桩侧土的摩阻力及桩端土的抵抗力将荷载传递到地基土中，如图 9-1(b)所示。桩基础如设计正确，施工得当，具有承载力高、稳定性好、沉降量小而均匀等特点。在深水河道中，桩基础可以借桩群穿过水流将荷载传到地基中，避免(或减少)水下工程，简化施工设备和技术要求，加快施工速度并改善劳动条件。当地基浅层土质不良时，它能穿越浅层土发挥地基深层土承载力作用，以满足桥梁上部结构物荷载的要求。近代在桩基础的类型、沉桩机具和施工工艺以及桩基础理论和设计计算方面都有了很大的发展，不仅便于

机械化施工和工厂化生产，而且能以不同类型的桩基础和施工方法适应不同的水文地质条件、荷载性质和上部桩基础结构特征。下列条件下更适用桩基础：

(1)荷载较大，地基上部土层软弱，适宜的地基持力层位置较深，采用浅基础或人工地基在技术上、经济上不合理时。

(2)河床冲刷较大，河道不稳定或冲刷深度不易计算正确，如采用浅基础施工困难或不能保证基础安全时。

(3)当地基计算沉降过大或结构物对不均匀沉降敏感时，采用桩基础穿过松软(高压缩性)土层，将荷载传到较坚实(低压缩性)土层，减少结构物沉降并使沉降较均匀。另外桩基础还能增强结构物的抗震能力。

(4)当施工水位或地下水位较高时。

以上情况也可以采用其他型式的深基础，但桩基础由于具有耗用材料少、自重轻、施工简便等优点，往往是优先考虑的深基础方案。总之，采用浅基础无法满足结构物对地基强度、变形和稳定性方面的要求或不经济时，常采用桩基础。

当上层软弱土层很厚，桩底不能达到坚实土层时，就需要用较多、较长的桩来传递荷载，这时的桩基础稳定性较差，沉降量也较大；当覆盖层很薄时，桩的稳定性也有问题，就不一定是最佳的基础型式，这种情况下，应经过多方面的技术经济比较和研究，确定合理可行的方案。

第二节　桩和桩基础的类型与构造

为满足结构物的要求，适应地基的特点，随着科学技术的发展，在工程实践中已形成了各种类型的桩基础，它们在本身构造和桩土相互作用性能上都具有各自的特点。学习桩和桩基础的分类及其构造，目的是掌握其特点以便设计和施工时更好地发挥桩基础的作用。

一、按施工方法分类

桩基础由于施工时采用的机具设备和工艺过程的不同，桩的施工方法和种类很多，通常主要是灌注桩和沉桩。

(一)灌注桩

灌注桩是在现场地基中钻(挖)桩孔，然后浇筑钢筋混凝土而成的桩。根据施工方法的不同可分为以下几种。

1. 钻(挖)孔灌注桩

用钻(冲)孔机械在土体中先钻成桩孔，然后在孔内放入钢筋骨架，灌注桩身混凝土而成钻孔灌注桩，最后在桩顶浇筑承台(或盖梁)，称为钻孔灌注桩基础。它的特点是施工设备简单、操作方便，适用于各种砂性土、黏性土，也适用于碎、卵石类土层和岩层。但对于淤泥及可能发生流沙或有承压水的地基，施工较为困难，易发生塌孔或埋钻等情况。一般钻孔灌注桩入土深度由几米至上百米。

依靠人工(用部分机械配合)在地基中挖出桩孔，然后与钻孔桩一样灌注混凝土成桩称为挖孔灌注桩。它的特点是不受设备和地形限制,施工简单。但只适用于无水或渗水量小的地层,对可能发生流沙或含厚的软黏土层地基施工较困难,需要加强孔壁支撑确保安全。

2. 沉管灌注桩

沉管灌注桩是指采用锤击或振动的方法把带有钢筋混凝土的桩尖或带有活瓣式桩尖(沉管时桩尖闭合,拔管时活瓣张开)的钢套管沉入土层中成孔,然后在套管内放置钢筋笼,边灌注混凝土边拔套管而形成的灌注桩,也可将钢套管打入土中挤土成孔后,在套管中灌注混凝土并拔出套管成桩。它适用于黏性土、砂性土、砂土地基。由于采用了套管,可以避免钻孔灌注桩施工中可能产生的流沙、坍孔的危害和由泥浆护壁所带来的排渣等弊病。但桩的直径较小,常在0.6 m以下,桩长常在20 m以下。在软黏土中,由于沉管的挤压作用对邻桩有挤压影响,且挤压时产生的孔隙水压力易使拔管时出现混凝土桩缩颈现象。

3. 爆扩桩

爆扩桩是指就地成孔后,用炸药爆炸扩大孔底、浇灌混凝土而成的桩。这种桩扩大了桩底与地基土的接触面积,提高了桩的承载能力。爆扩桩宜用于持力层较浅的情况,以在黏土中成型并支承在坚硬密实土层上为最理想的采用条件。

4. 多极扩盘桩

在灌注桩施工过程中,利用特定的机械设备在钻孔的一定部位使孔径扩大,在桩身局部形成几个凸出的灌注桩,也有的是在桩身设置一定数量的分支,或者将这些分支合并形成扩大盘,这类桩统称为多极扩盘桩,如图9-2所示。在多极扩盘桩中,由于桩径增大使桩侧表面积增加,有些桩在施工过程中还会对桩周土产生挤密,这都会使桩侧阻力增大;同时各扩孔段还形成一个个小的"桩端",这些"桩端"的作用使桩的端承力得到提高,在两者的共同作用下,多极扩盘桩的承载力得到显著提高。根据试验结果,多极扩盘桩每立方米混凝土承载力的标准值为同等条件下普通混凝土灌注桩的2倍多。桩的承载力一般可比普通的钻孔灌注桩提高50%~80%,有的甚至可以高达100%~150%。因而其在提高桩基承载力、减少沉降、增加桩基安全性、降低工程造价和缩短工期等方面都取得了显著效果。

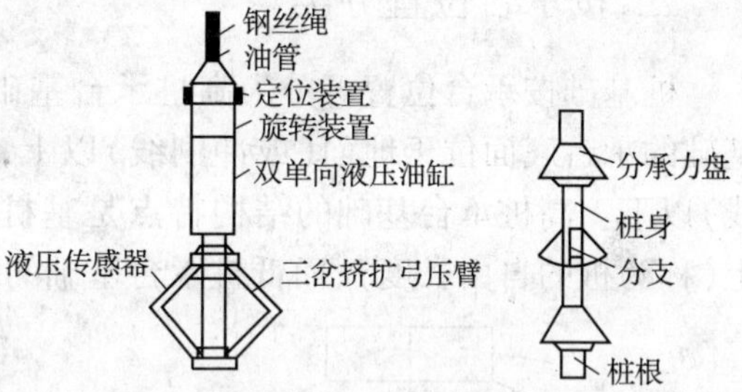

图9-2　多极扩盘桩

(二)沉桩基础

《公路桥涵地基与基础设计规范》(JTJ 024—85)将打入桩及振动下沉桩均称为沉桩基础。按不同的沉桩方式可分为下列几种。

1. 打入桩(锤击桩)

打入桩是通过锤击(或以高压射水辅助)将各种预先制好的桩(主要是钢筋混凝土实心桩或管桩)打入地基内达到所需要的深度而成为桩基础。一般适用于桩径较小(直径在0.60 m以下),地基土质为砂性土、黏性土、粉土、细砂以及松散的不含大卵石或漂石的碎卵石类土质。

2. 静力压桩

在软塑性土质中也可以用重力将桩压入土中，这称为静力压桩。这种压桩施工方法免除了锤击打入的振动影响，是在软土地区，特别是在不允许有强烈振动的条件下建造桩基的一种适用的施工方法。

3. 振动下沉桩

振动下沉桩是将大功率的振动打桩机安装在桩顶，利用振动力以减少土对桩的阻力，使桩沉入土体中。通常适用于桩径较大、土的抗剪强度振动时有较大降低的砂土等地基。

（三）管柱基础

将预制好的大直径（直径 1 ~5 m）钢筋混凝土或预应力钢筋混凝土管柱（实质上是一种巨型的管柱，每节长度根据施工条件决定，一般采用 4 m、8 m 或 10 m，接头用法兰盘和螺栓连接），用大型的振动沉桩锤，沿导向结构将桩垂直向下振动，下沉到基岩（一般以高压射水和吸泥机配合帮助下沉），然后在管柱内钻岩成孔，下放钢筋骨架笼，灌注混凝土，将管柱与岩层牢固连接形成管柱基础，如图 9-3 所示。管柱基础可以在深水及各种覆盖层条件下进行，没有水下作业和不受季节限制，但施工需要振动沉桩锤、凿岩机、起重设备等大型机具，动力要求也高，在一般公路桥梁中很少采用。

二、按承台位置分类

桩基础按承台位置可分为高桩承台基础和低桩承台基础，如图 9-4 所示。高桩承台基础的承台底面位于地面（或冲刷线）以上，低桩承台基础的承台底面位于地面（或冲刷线）以下。高桩承台基础的结构特点是基桩部分桩身埋入土中，部分桩身外露在地面以上（称为桩的自由长度）；而低桩承台基础的基桩则全部埋入土中（桩的自由长度为零）。

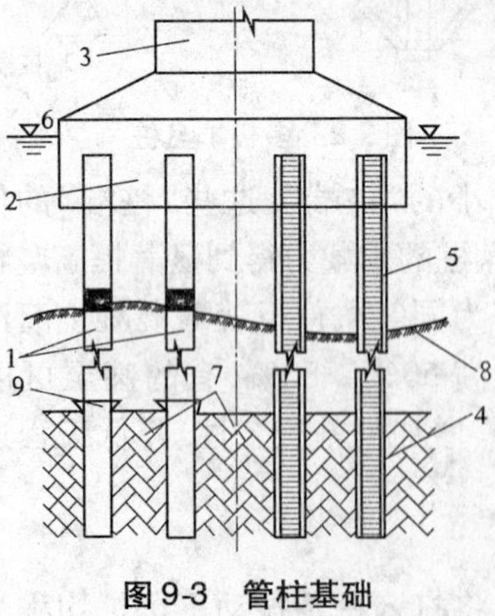

图 9-3　管柱基础

1—管柱；2—承台；3—墩身；4—嵌固于岩层；5—钢筋骨架；6—低水位；7—岩层；8—覆盖层；9—钢管靴

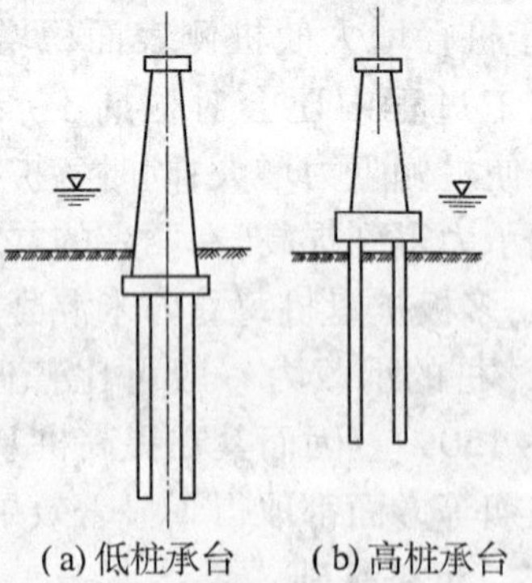

（a）低桩承台　　（b）高桩承台

图 9-4　高桩承台和低桩承台

高桩承台基础由于承台位置较高或在施工水位以上，可减少墩台圬工数量，避免或减少水下作业，施工较为方便。高桩承台在水平力作用下，由于承台及基桩露出地面的一段自由长度周围无土体来共同承受水平外力，基桩的受力情况较为不利，桩身内力和位移都将大于在同样水平外力作用下的低桩承台,在稳定性方面低桩承台也较高桩承台要好。

随着科学技术的不断发展,由于大直径钻孔灌注桩的采用,桩的刚度、强度都较大,因而高桩承台在桥梁基础工程中也得到广泛应用。

三、按基础的受力条件分类

根据桩的受力条件基桩可分为以下几种。

(一)柱桩与摩擦桩

一根埋在土中的桩,在承受轴向荷载后,桩四周的土与桩侧间将产生摩擦力,同时桩尖处的土对桩还存在桩尖反力。因此,作用在桩上的轴向荷载应与桩侧摩擦阻力与桩尖反力之和相平衡,这称为摩擦桩,如图 9-5(b)所示。当桩尖支承在坚硬的岩层上时,如图 9-5(a)所示,荷载主要通过桩身直接传到桩尖下的岩层中去,这时桩侧摩擦阻力相对桩尖反力很小,可忽略不计,这种桩称为柱桩或支承桩。柱桩承载力较大,较安全可靠,基础沉降也小,但如岩层埋置很深,就需要采用摩擦桩。由于柱桩和摩擦桩在土中的工作条件不同,它们与土共同作用特点也就不一样,因此在设计计算时所采用的方法和有关参数也不一样。

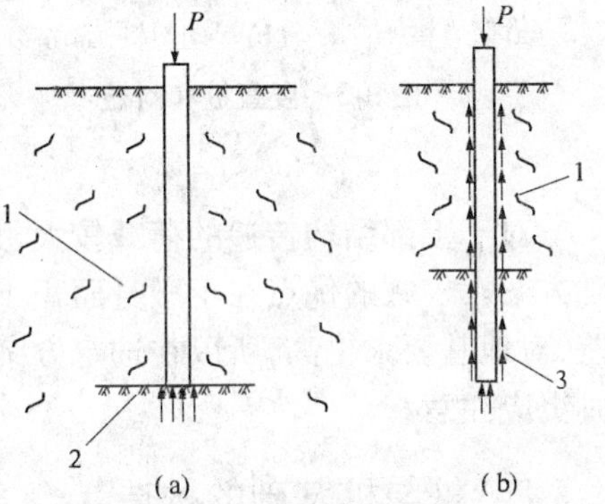

图 9-5　柱桩与摩擦桩

1—软弱土层;2—岩层或硬土层;
3—中等土层

(二)竖直桩与斜桩

按桩轴方向可分为竖直桩、单向斜桩和多向斜桩等,如图 9-6 所示。在桩基础中是否需要设置斜桩,确定怎样的斜度,应根据荷载的具体情况而定。一般结构物基础承受的水平力常较竖直力小得多,且现已广泛采用的大直径钻(挖)孔灌注桩具有一定的抗弯和抗剪强度,因此桩基础常全部采用竖直桩。拱桥墩台等结构物的桩基础往往需设斜桩以承受上部结构传来的较大水平推力,减小桩身弯矩、剪力和整个基础的侧向位移。斜桩的桩轴线与竖直线所成倾斜角的正切不宜小于 1/8,否则斜桩的作用就不大,且施工斜度误差将显著地影响桩的受力情况。目前为了适应拱台推力,有些拱台基础已采用倾斜角大于 45°的斜桩。

(三)桩墩

桩墩是通过在地基中成孔后灌注混凝土形成的大口径断面柱形深基础,即以单个桩墩代替群桩及承台。桩墩基础低端可支于基岩上,也可嵌入基岩或较坚硬土层之中,分为端承桩墩和摩擦桩墩两种,如图 9-7 所示。

桩墩一般为直柱形,在桩墩底土较坚硬的情况下,为使桩墩底承受较大的荷载,也可将桩墩底端尺寸扩大而做成扩底桩墩。桩墩断面形状常为圆形,桩身材料一般为钢筋混凝土,当桩墩受力很大时也可用钢套筒或钢核桩墩(见图 9-7)。桩墩的受力分析与基桩相类似,但由于桩墩断面尺寸较大而具有较高的竖向承载力和可承受较大的水平荷载。对于扩底桩墩还具有抵抗较大上拔力的能力。

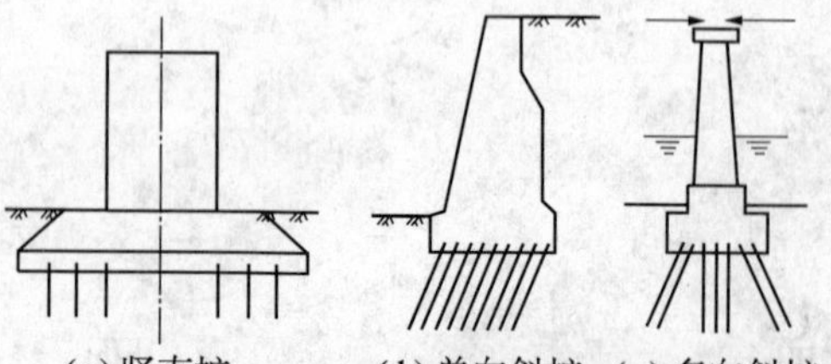

(a) 竖直桩　(b) 单向斜桩　(c) 多向斜桩

图 9-6　竖直桩和斜桩

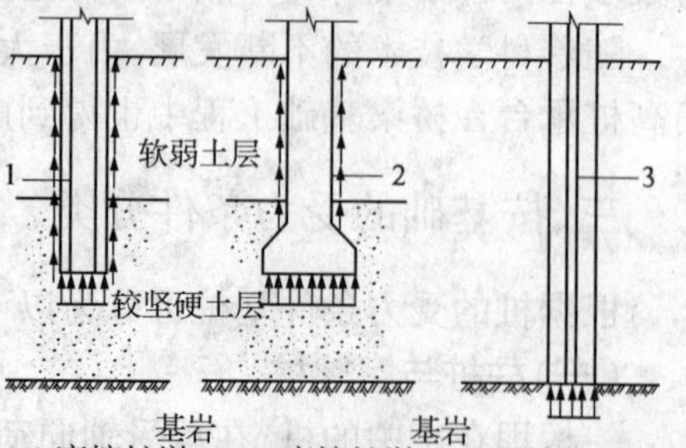

(a) 摩擦桩墩　(b) 摩擦桩墩　(c) 端承桩墩

图 9-7　桩墩

1—钢筋;2—钢套筒;3—钢核

对于上部结构传递的荷载较大,且要求基础墩身面积较小时的情况,可考虑桩墩深基础方案。桩墩的优点在于墩身面积小、美观、施工方便、经济,但它受力大、纵向稳定性较差,对地基要求也高,所以在选定方案时,尤其在受较大撞击力的桥梁中应用此类型桥墩时更应注意。

四、桩与桩基础的构造

不同材料修筑的不同类型的桩基础具有不同的构造特点,为了保证桩的质量和桩基础的正常工作能力,在设计桩基础时首先应满足其构造的基本要求。现将目前国内桥梁工程中最常用到的桩与桩基础的构造特点及要求简述如下。

(一)基桩的构造

1. 就地灌注钢筋混凝土桩

钻(挖)孔桩是采用就地灌注的钢筋混凝土桩,桩身常为实心断面,混凝土强度等级不低于 C20,对仅承受竖直力的桩基础可用 C15(但水下混凝土仍不应低于 C20)。钻孔桩设计直径一般为 0.80 ~1.50 m,挖孔桩的直径或最小边宽度不宜小于 1.20 m。桩内钢筋应根据桩身弯矩分布情况分段配筋,短摩擦桩和柱桩也可按桩身最大弯矩通长均匀配筋,当按内力计算桩身不需要配筋时,应在桩顶 3 ~5 m 内设置构造钢筋。为了保证钢筋骨架有一定的刚性,便于吊装及保证主筋受力后的纵向稳定,主筋不宜过细过小(直径不宜小于 14 mm),每根桩不宜少于 8 根,主筋净距不宜小于 8 cm,保护层厚度不宜小于 5 cm,主筋若需焊接,焊接长度应符合规定:双面缝大于 5 d(d 为钢筋直径),单面缝大于 10 d。箍筋应适当加强,箍筋直径一般不小于 8 mm,中距为 20 ~40 cm。对于直径较大的桩或较长的钢筋骨架,可在钢筋骨架上每隔 2.0 ~2.5 m 设置一道加劲箍筋(直径为 14 ~18 mm),如图 9-8 所示。钻(挖)

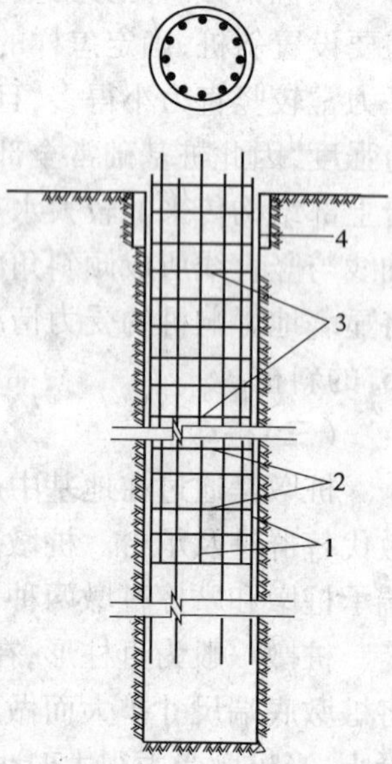

图 9-8　就地灌注钢筋混凝土桩

1—主筋;2—箍筋;3—加强筋;4—护筒

孔桩的柱桩根据桩底受力情况如需要嵌入岩层，嵌入深度应计算确定，且不得小于0.5 m。为了进一步发挥材料的潜力，节约水泥用量，大直径的空心钢筋混凝土就地灌注桩是今后发展的方向，目前有一些工程已经采用。

2. 预制桩

沉桩（打入桩和振动下沉桩）采用预制的钢筋混凝土桩，有实心的圆桩和方桩（少数为矩形桩），有空心的管桩，另外还有管柱（用于管柱基础）。钢筋混凝土方桩可以就地灌注预制。通常方桩横断面为20 cm×20 cm～50 cm×50 cm，桩身混凝土强度等级不低于C25，桩身配筋应考虑制造、运输、施工和使用各阶段的受力要求。主筋一般为12～25 mm，主筋净距不小于5 cm；箍筋直径为6～8 mm，其间距一般不大于40 cm（在两端处间距宜减小，一般为5 cm）。桩顶处，为了承受直接的锤击应设钢筋网加固，为了便于吊运，应预设吊环，一般由直径为20～25 mm的圆钢制成，如图9-9所示。

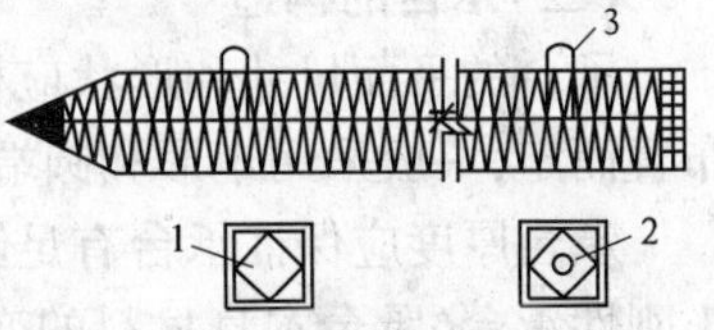

图9-9 预制钢筋混凝土方桩

1—实心方桩；2—实心圆桩；3—吊环

管柱由预制工厂以离心式旋转机生产，有普通钢筋混凝土或预应力钢筋混凝土两种，直径为400、550 mm，管壁厚80 mm，混凝土强度等级为C25～C40，每节管柱两端装有连接钢盘（法兰盘）以供接长。管柱实质上是一种大直径薄壁钢筋混凝土圆管节，在工厂分节制成，施工时逐节用螺栓接长，它的组成部分是法兰盘、主钢筋、螺旋筋，管壁混凝土不低于C25，厚为100～140 mm，最下端的管柱具有钢刃脚，用薄钢板制成。常采用的管柱直径为1.50～5.80 m，由钢筋混凝土或预应力钢筋混凝土制成，管柱入土深度大于25 m时，一般采用预应力钢筋混凝土管柱。

预制钢筋混凝土桩柱的分节长度应根据施工条件确定，并应尽量减少接头数量。接头强度不应低于桩身强度，并有一定的刚度，以减少锤振能量的损失。接头法兰盘的平面尺寸不得突出管壁之外。

3. 木桩

在盛产木材地区修筑或抢修桥梁以及建造施工便桥时，可采用木桩，它是用挺直杉木或松木做成，桩径（梢头）一般为140～260 mm，桩长为4～8 m。木桩桩顶应加设铁箍，以保护桩顶不被打裂，桩尖削成棱锥形，常加铁桩靴，以便打入，如图9-10所示。

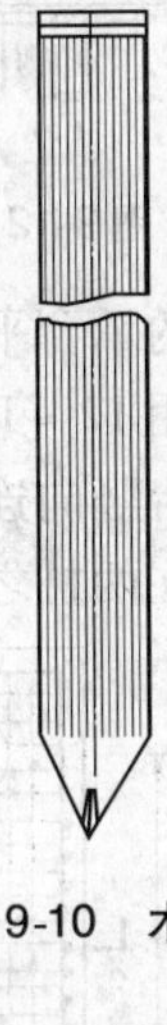

图9-10 木桩

（二）桩的布置和间距

桩基础内基桩的布置应根据荷载、地基土质、基桩承载力等决定，采用大直径钻孔灌注桩的中小型桥梁常用单排式（柱桩式墩台），如图9-11（a）所示；在大型桥梁或水平推力较大时，则采用多排式（行列式或梅花式），如图9-11（b）、（c）所示。

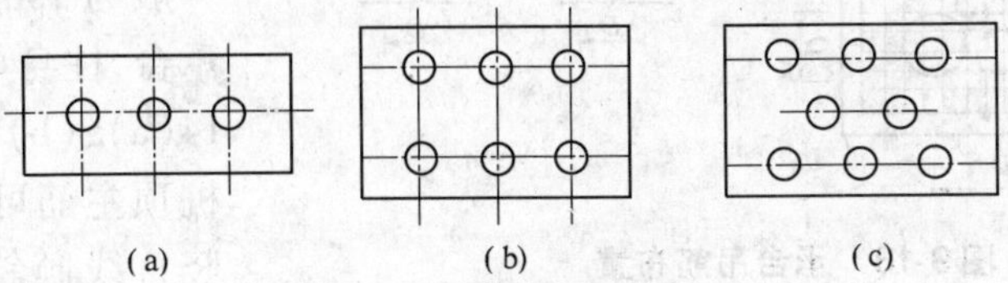

图9-11 桩的平面布置

考虑桩与桩侧土的共同工作条件和施工需要，钻（挖）孔桩的摩擦桩中心距不得小于2.5倍成孔直径，支撑或嵌固在岩层上的柱桩不得小于2.0倍的成孔直径（矩形桩为边长，下同），桩的最大中心距一般也不超过5~6倍桩径。打入桩的中心距不应小于桩径（或边长）的3倍，在软土地区还需适当增加。管柱的中心距一般为管柱外径的2.5~3.0倍（摩擦桩）或2.0倍（柱桩）。

如设有斜桩，桩的中心距在桩底处不应小于桩径的3.0倍，在承台底面不小于桩径的1.5倍；若是用振动法沉入砂土内的桩，在桩尖处的中心距不应小于桩径的4.0倍。

为了避免承台边缘距桩身过近而发生破裂，边桩外侧在承台边缘的距离，对于桩径小于或等于1 m的桩不应小于0.5倍桩径且不小于250 mm；对于桩径大于1 m的桩不应小于0.3倍桩径且不小于500 mm。

（三）承台的构造

承台的平面尺寸和形状应根据上部结构（墩台身）底部尺寸和形状以及基桩的平面布置而定，一般采用矩形和圆端形。

承台厚度应保证承台有足够的强度和刚度，公路桥梁墩台多采用钢筋混凝土或混凝土刚性承台（承台本身材料的变形远小于其位移），其厚度宜为桩直径的1.0~2.0倍，且不小于1.5 m。混凝土强度等级为C15以上。对于盖梁式承台和柱式墩台、空心墩台的承台应验算承台强度并设置必要的钢筋，承台厚度可不受上述限制。当桩中心距不大于3倍桩直径时，承台受力钢筋应均匀布置于全宽度内；当桩中心距大于3倍桩直径时，受力钢筋应均匀布置于距桩中心1.5倍桩直径范围内，在此范围以外应布置配筋率不小于0.1%的构造钢筋。承台的顶面和侧面应设置表层钢筋网，每个面在两个方向的截面面积，均不小于每米400 mm^2，钢筋间距不应大于400 mm。在桩身顶端的承台平面内应设置一层钢筋网，横纵方向每平方米用量1 200~1 500 mm^2，钢筋直径采用12~16 mm，钢筋网在越过桩顶钢筋处不应截断，并应与桩顶主筋连接（见图9-12）。承台竖向连系钢筋，其直径不应小于16 mm。承台的桩中距等于或大于桩直径的3倍时，宜在两桩之间距桩中心各1倍桩直径的中间区段内设置吊筋，如图9-13所示，其直径不应小于12 mm，间距不应大于200 mm。

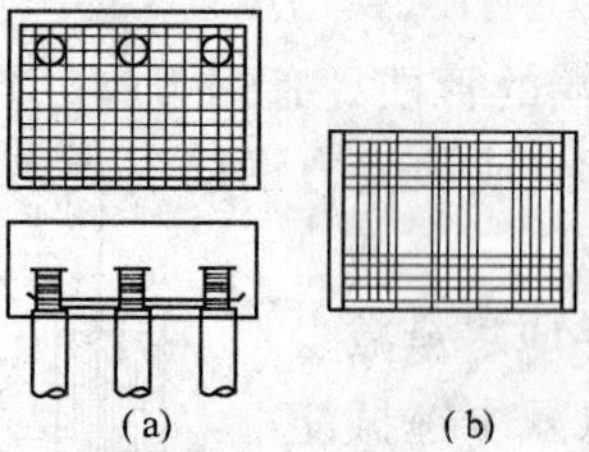

图9-12　承台底钢筋网

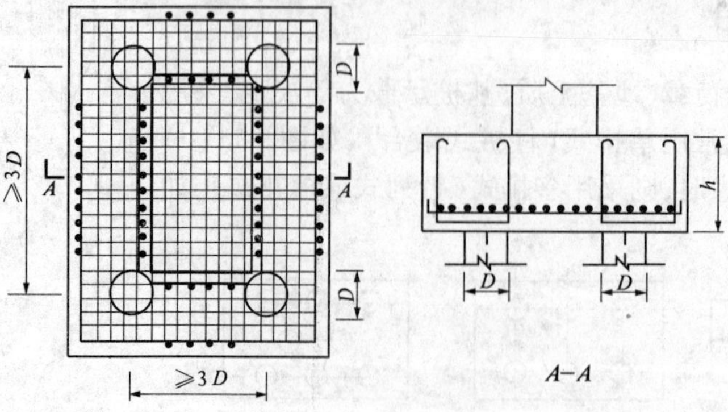

图9-13　承台吊筋布置

桩和承台的连接，钻（挖）孔灌注桩现都采取将桩顶主筋伸入承台，桩身伸入承台长度一般为150~200 mm（盖梁式承台，柱身可不伸入），如图9-14（a）、（b）所示。伸入承台的桩顶主筋可做成喇叭形，约与竖直线倾斜15°；若受构造限制，主筋也可不做成喇叭形。伸入承台的钢筋应符合结构规范的锚固长度，一般应不小于600 mm，并设箍筋。对于不受轴向拉力的打入桩可不破桩头，将桩直接埋入承台内，如图9-14(c)所示。桩顶直接埋入承台的长度，对于普通钢筋混凝土桩及预应力混凝土桩，当桩径(或边长)小于0.6 m时不应小于2倍桩径或边长；当桩径在0.6～1.2 m时，不应小于1.2 m；当桩径大于1.2 m时，埋入长度不应小于桩径。

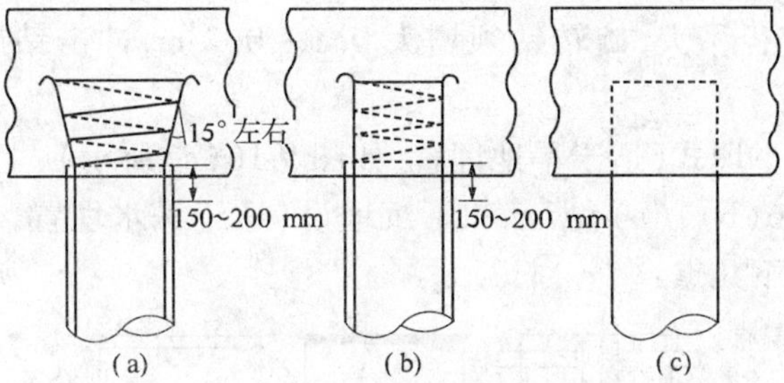

图9-14　桩和承台的连接

在桩之间如为了加强横向联系设有横系梁时，横系梁一般认为不直接承受外力，可不作内力计算，按横截面的0.1%配置构造钢筋。横系梁高度一般不小于桩径的0.8倍，横系梁宽度一般不小于桩径的0.6倍，墩(台)身与承台边缘的襟边尺寸一般按刚性角要求确定。当边桩中心位于墩(台)身底面以外时，应验算承台襟边的强度。

第三节　桩基础的施工

我国目前常用的施工方法有钻孔灌注法、挖孔灌注法和预制沉桩法等，下面以钻孔灌注法为主介绍桩基础施工。

桩基础施工前应根据已定出的墩台纵横中心轴线直接定出桩基础轴线和各基桩桩位，并设置好固定桩标志或控制桩，以便施工时随时校核。

一、钻孔灌注桩的施工

钻孔灌注桩施工应根据土质、桩径大小、入土深度和机具设备等条件选用适当的钻具和钻孔方法，以保证能顺利达到预计孔深；然后清孔、吊放钢筋笼、灌注水下混凝土。目前我国常使用的有旋转钻、冲击钻和冲抓钻三种类型。为稳固孔壁，采用孔口埋设护筒和在孔内灌入黏土泥浆，并使孔内液面高出孔外水位，以在孔内形成向外的静压力而起到护壁、固壁的作用。现按施工顺序介绍其主要工序如下。

(一)准备工作

1. 准备场地

施工前应将场地平整好，以便安装钻架进行钻孔。当墩台位于无水岸滩时，钻架位置处应整平夯实，清除杂物，挖换软土；场地有浅水时，宜采用土或草袋围堰筑岛；当场地为深水或陡坡时，可用木桩或钢筋混凝土桩搭设支架，安装施工平台支承钻机(架)；深水中在水流较平稳时，也可将施工平台架设在浮船上，就位锚固稳定后在水上钻孔。水中支架的结构强度、刚度和船只的浮力、稳定都应事前进行验算。

2. 埋置护筒

护筒的作用是:①固定钻孔位置;②开始钻孔时对钻头起导向作用;③护孔口防止孔口土层坍塌;④隔离孔内孔外表层水,并保持钻孔内水位高出施工水位,以产生足够的静水压力稳固孔壁。因此,埋置护筒要求稳固、准确,护筒制作要求坚固、耐用、不易变形、不漏水、装卸方便和能重复使用。一般用木材、薄钢板或钢筋混凝土制成,如图 9-15 所示。护筒内径应比钻头直径稍大,旋转钻须增大 0.1 ~ 0.2 m,冲击钻或冲抓钻增大 0.2 ~ 0.3 m。

护筒埋设可采用下埋式(适于旱地埋置,如图 9-16(a)所示)、上埋式(适于旱地或浅水筑岛埋置,如图 9-16(b)、(c))所示和下沉埋设(适于深水埋置,如图 9-16(d)所示)。埋置护筒时应注意以下几点:

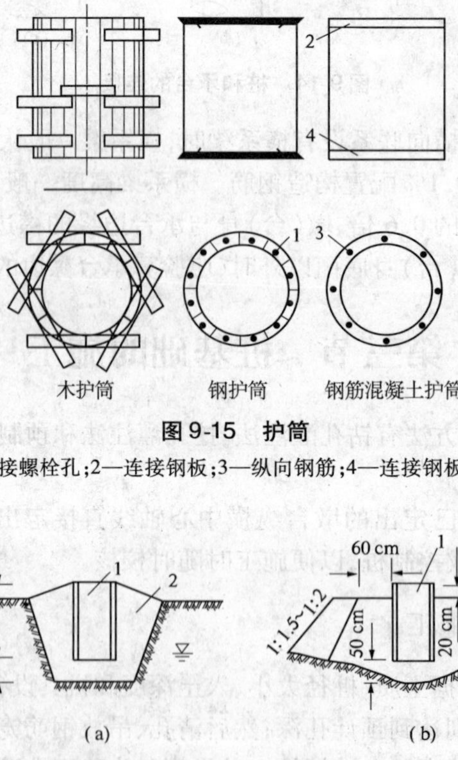

图 9-15 护筒

1—连接螺栓孔;2—连接钢板;3—纵向钢筋;4—连接钢板或刃脚

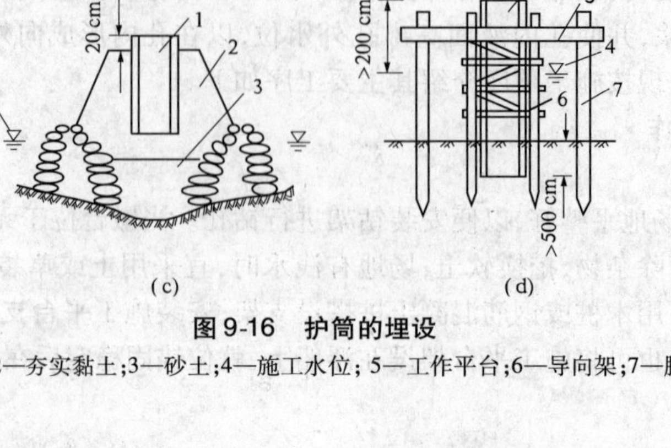

图 9-16 护筒的埋设

1—护筒;2—夯实黏土;3—砂土;4—施工水位; 5—工作平台;6—导向架;7—脚手架

(1)护筒平面位置应埋设正确,偏差不宜大于 50 mm。

(2)护筒顶标高应高出地下水位和施工最高水位 1.5 ~2.0 m。无水地层钻孔因护壁顶部设有溢浆口,筒顶也应高出地面 0.2 ~0.3 m。

(3)护筒底应低于施工最低水位(一般低于 0.1 ~0.3 m 即可)。深水下沉埋设的护筒应沿导向架借自重、射水、振动或锤击等方法将护筒下沉至稳定深度,入土深度黏性土应达到 0.5 ~1 m,砂性土则为 3 ~4 m。

(4)下埋式及上埋式护筒挖坑不宜太大(一般比护筒直径大 0.1 ~0.6 m),护筒四周应夯填密实的黏土,护筒应埋置在稳固的黏土层中,否则应换填黏土并密实,其厚度一般为 0.50 m。

3. 制备泥浆

泥浆在钻孔中的作用是:在孔内产生较大的静水压力,可防止坍孔;泥浆向孔外土层渗漏,孔壁表面形成一层胶泥,具有护壁作用;同时将孔内外水流切断,能稳定孔内水位;泥浆比重大,具有挟带钻渣作用,利于钻渣的排出。因此,在钻孔过程中,孔内应保持一定稠度的泥浆,一般比重以 1.1 ~1.3 为宜,在冲击钻进大卵石层时可用 1.4 以上、黏度为 10 ~25 s、含砂率小于 6% 的泥浆。在较好的黏性土层中钻孔,也可灌入清水,使钻孔时孔内自造泥浆,达到固壁效果。调制泥浆的黏土塑性指数不宜小于 15。

4. 安装钻机或钻架

钻架是钻孔、吊放钢筋笼、灌注混凝土的支架。我国生产的定型旋转钻机和冲击钻机都附有定型钻架,其他还有木制的和钢制的四脚钻架(见图 9-17)、三脚架或人字扒杆。

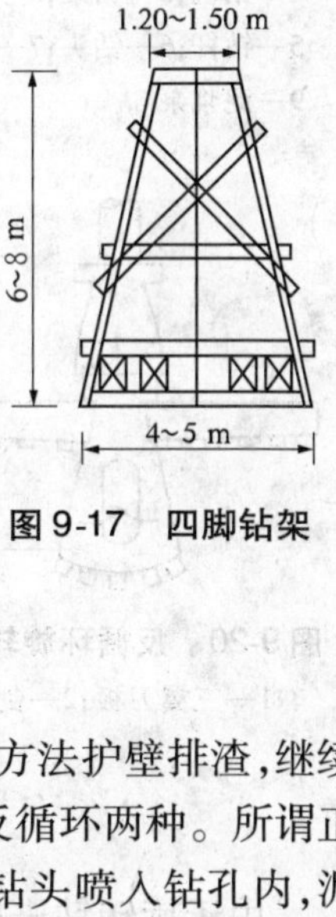

图 9-17　四脚钻架

在钻孔过程中,成孔中心必须对准桩位中心,钻机(架)必须保持平稳,不发生位移、倾斜和沉陷。钻机(架)安装就位时,应详细测量,底座应用枕木垫实塞紧,顶端应用缆风绳固定平稳,并在钻进过程中经常检查。

(二)钻孔

1. 钻孔方法和钻具

1)旋转钻进成孔

利用钻具的旋转切削土体钻进,并在钻进的同时采用循环泥浆的方法护壁排渣,继续钻进成孔。我国现用旋转钻机按泥浆循环的程序不同分为正循环与反循环两种。所谓正循环是在钻进的同时,泥浆泵将泥浆压进泥浆笼头,通过钻杆中心从钻头喷入钻孔内,泥浆挟带钻渣沿钻孔上升,从护筒顶部排浆孔排出至沉淀池,钻渣在此沉淀而泥浆仍进入泥浆池循环使用,如图 9-18 所示。

反循环与正循环程序相反,将泥浆从钻头的钻杆下口吸进,通过钻杆中心排出到沉淀池,泥浆沉淀后再循环使用。反循环钻机的钻进及排渣效率较高,但在接长钻杆时装卸较麻烦,如钻渣粒超过钻杆内径(一般为 120 mm)易堵塞管路,不宜采用。我国定型生产的旋转钻机在转盘、钻架、动力设备等方面均配套定型,钻头的构造根据土质采用各种形式。

正循环旋转钻机有鱼尾锥(见图 9-19(a))、圆柱形钻头(见图 9-19(b))、刺猬钻头

（见图 9-19（c））等，常用的反循环钻头为三翼空心钻（见图 9-20）。旋转钻孔过去采用简易的机具施工，只配置必要的钻架（见图 9-17 所示的钢制或木制钻架）、钻杆、卷扬机和钻头，用人工推钻或机动旋转钻机，钻头一般用大锅锥（见图 9-21）。钻孔时旋转锥钻削土入锅，然后提锥出渣，再放锥入孔继续钻进，效率较低，现很少采用。此外，现在也采用更轻便、高效的潜水电钻，如图 9-22 所示，钻孔时钻头旋转刀刃切土，并在端部喷出高速水流冲刷土体，以水力排渣，钻头的旋转电动机及变速装置均被封后安装在钻头与钻杆之间。

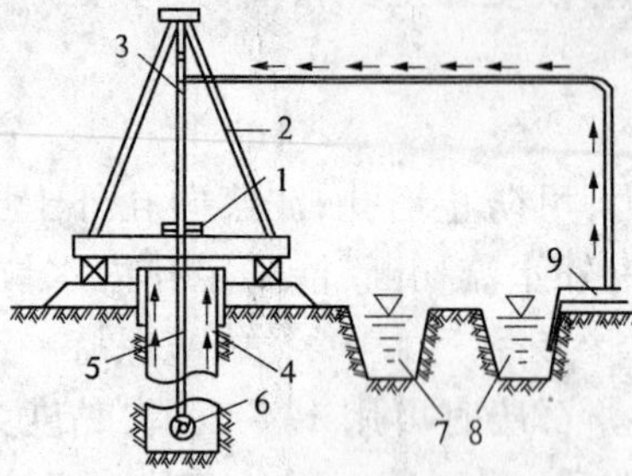

图 9-18　正循环旋转钻孔

1—钻机；2—钻架；3—泥浆笼头；4—护筒；
5—钻杆；6—钻头；7—沉淀池；8—泥浆池；
9—泥浆泵

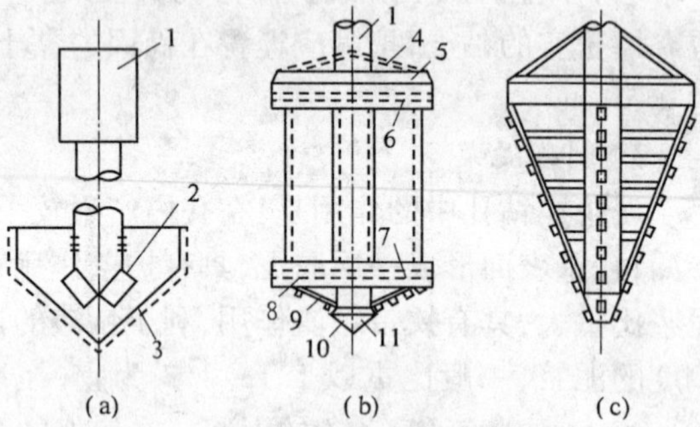

图 9-19　正循环旋转钻头

1—钻杆；2—出浆口；3—刀刃；4—斜撑；
5—斜挡板；6—上腰围；7—下腰围；8—耐磨合金钢；
9—刮板；10—超前钻；11—出浆口

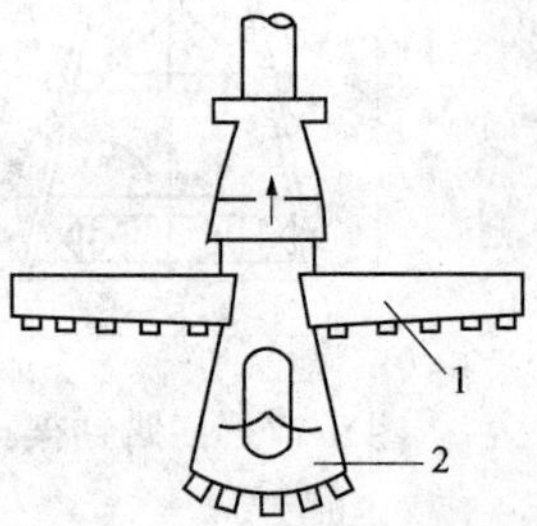

图 9-20　反循环旋转钻头

1—三翼刀板；2—剑尖

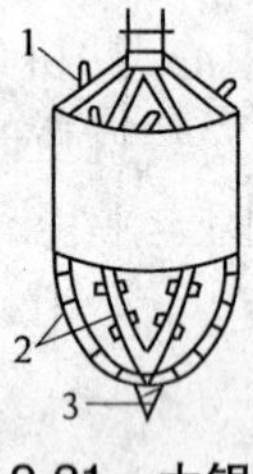

图 9-21　大锅锥

1—扩孔刀；2—切泥刀刃；3—钻尖

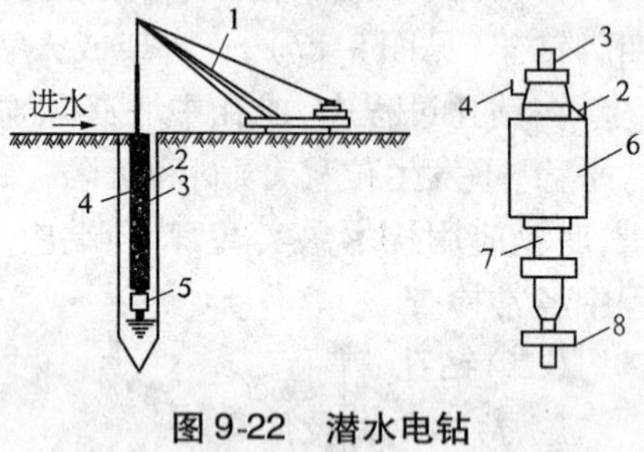

图 9-22　潜水电钻

1—钻机架；2—电缆；3—钻杆；
4—进水高压水管；5—潜水电钻头；6—密封电动机；7—密封变速箱；8—钻头母体

由于旋转钻进成孔的施工方法受到机具和动力的限制，适用于较细、软的土层，如各种塑性状态的黏性土、砂土、夹少量粒径小于 100～200 mm 的砂粒卵石土层，在软岩中也可以使用。这种钻孔方法的深度可达 100 mm 以上。

2）冲击钻进成孔

利用钻锥（重为 10～35 kN）不断地提锥、落锥反复冲击孔底土层，把土层中泥、砂、石块挤向四壁或打成碎渣，钻渣悬浮于泥浆中，利用掏渣筒取出，重复上述过程冲击钻进成孔。主要采用的机具有定型的冲击式钻机（包括钻架、动力、起重装置等）、冲击钻头、转向装置和掏渣筒等，也可用 30～50 kN 带离合器的卷扬机配合钢、木钻架及动力组成简易冲击机。

钻头一般是整体铸钢做成的实体钻锥，钻刃为十字形，采用高强度耐磨钢材做成，底刃最好不完全平直，以加大单位长度上的压重，如图 9-23 所示（图中 $\beta = 70° \sim 90°$，$\varphi = 270° \sim 290°$）。冲击时钻头应有足够的重量、适当的冲程和冲击频率，以使它有足够的能量将岩块打碎。

冲锥每冲击一次旋转一个角度，才能得到圆形的钻孔，因此在钻头和提升钢丝绳连接处应有转向装置，常用的有合金套或转向环，以保证冲锥的转动，也避免了钢丝绳打结扭断。掏渣筒是用以掏取孔内钻渣的工具，如图 9-24 所示，用厚 30 mm 左右钢板制作，下面碗形阀门应与渣筒密合以防止漏水漏浆。

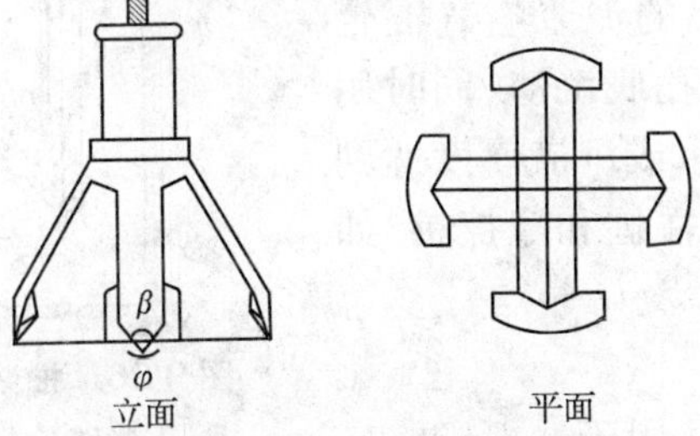

图 9-23　冲击钻锥

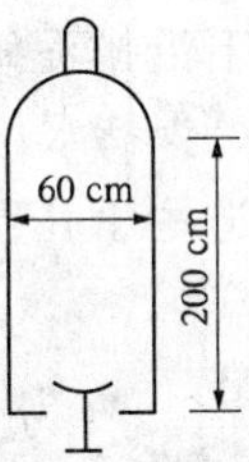

图 9-24　掏渣筒

冲击钻孔适用于含有漂卵石、大块石的土层及岩层，也能用于其他土层。成孔深度一般不宜大于 50 m。

3）冲抓钻进成孔

用兼有冲击和抓土作用的抓土瓣，通过钻架，由卷扬机操纵，靠冲锥自重（重为 10 ~ 20 kN）冲下使抓土瓣锥尖张开插入土层，然后由卷扬机提升锥头收拢抓土瓣将土抓出，弃土后继续冲抓钻进而成孔。

钻锥常采用四瓣或六瓣冲抓锥，其构造如图 9-25 所示。当收紧外套钢丝绳松内套钢丝绳时，内套在自重作用下相对外套下坠，便使锥瓣张开插入土中。

冲抓成孔用于较松或紧密黏性土、砂性土及夹有碎卵石的砂砾土层，成孔深度一般小于 30 m。

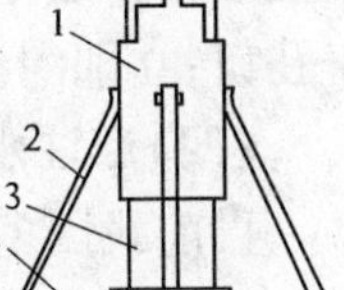

图 9-25　冲抓锥

1—外套；2—连杆；3—内套；4—支撑杆；5—叶瓣；6—锥头

2. 钻孔注意事项

在钻孔过程中应防止坍孔、孔形扭歪或孔斜，钻孔漏水、钻杆折断，甚至把钻头埋住或掉进孔内等事故，因此钻孔时应注意下列事项：

（1）在钻孔过程中，始终要保持孔内外既定的水位差和泥浆浓度，以起到护壁固壁作用，防止坍孔。若发现有漏水（漏浆）现象，应查找原因并及时处理；如为护筒本身漏水或因护筒埋置太浅而发生漏水，应堵塞漏洞或用黏土在护壁周围夯实加固，或重埋护筒；若因孔壁土质松散，泥浆加固孔壁作用较差，应在孔内重新回填黏土，待沉淀后再钻进，以加强泥浆护壁。

(2)在钻孔过程中,应根据土质等情况控制钻进速度,调整泥浆稠度,以防止坍孔及钻孔偏斜、卡钻和旋转钻机负荷超载等情况发生。

(3)钻孔宜一气呵成,不宜中途停钻,以避免坍孔,若坍孔严重应回填重钻。

(4)钻孔过程中应加强对桩位、成孔情况的检查工作。终孔时应对桩位、孔径、形状、深度、倾斜度及孔底土质等情况进行检验,合格后立即清孔、吊放钢筋笼,灌注混凝土。

(三)清孔及吊装钢筋笼架

清孔的目的是除去孔底沉淀的钻渣和泥浆,以保证灌注的钢筋混凝土质量,保证桩的承载力。清孔的方法有以下几种。

1. 抽浆清孔

用空气吸泥机吸出含钻渣的泥浆而达到清孔。由风管将压缩空气输进排泥管,使泥浆形成密度较小的泥浆空气混合物,在水柱压力下沿排泥管向外排出泥浆和孔底沉渣,同时用水泵向孔内注水,保持水位不变直至喷出清水或沉渣厚度达到设计要求为止,适用于孔壁不易坍塌的各种柱桩和摩擦桩,如图9-26所示。

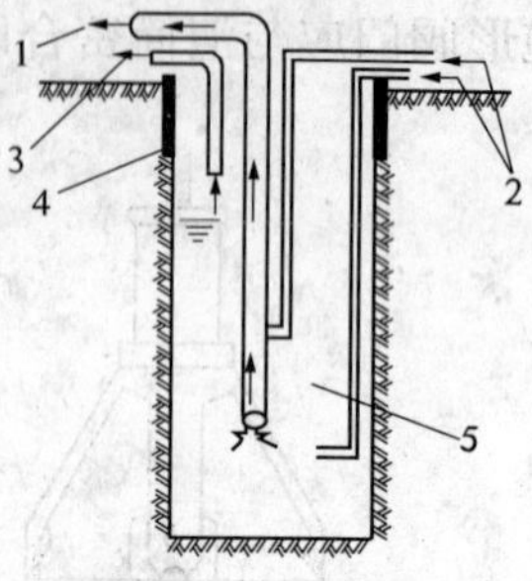

图9-26 抽浆清孔

1—泥浆砂石渣喷出;
2—通入压缩空气;
3—注入清水;4—护筒;
5—孔底沉积物

2. 掏渣清孔

用掏渣筒或大锅锥掏清孔内粗粒钻渣,适用于冲抓、冲击、简便旋转成孔的摩擦桩。

3. 换浆清孔

正、反循环旋转钻机可在钻孔完成后不停钻、不进尺,继续循环换浆清渣,直至达到清理泥浆的要求,适用于各类土层的摩擦桩。

清孔应达到的要求:浇筑混凝土前孔底 500 mm 以内的泥浆比重应小于 1.25、含砂率≤8%、黏度≤28 s。

钻孔桩的钢筋应按设计要求预先焊成钢筋骨架,整体或分段就位,吊入钻孔。钢筋骨架吊放前应检查孔底深度是否符合设计要求;孔壁有无妨碍骨架吊放和正确吊入的情况。钢筋骨架吊装可利用钻架或另立扒杆进行。吊放时应避免骨架碰撞孔壁,并保证骨架外混凝土保护层厚度,应随时校正骨架位置。钢筋骨架达到设计标高后,即将骨架牢固定位于孔口,立即灌注混凝土。

(四)灌注水下混凝土

目前我国多采用直升导管法灌注水下混凝土。

1. 灌注方法及有关设备

导管法的施工过程如图9-27 所示。将导管居中插入到离孔底0.30~0.40 m(不能插入孔底沉积的泥浆中),导管上口接漏斗,在接口处设隔水栓,以隔绝混凝土与导管内水的接触。在漏斗中储备足够数量的混凝土后,放开隔水栓,储备的混凝土连同隔水栓向孔底猛落,这时孔内水位骤涨外溢,说明混凝土已灌入孔内。若落下足够数量的混凝土,则将导管内水全部压出,并使导管下口埋入孔内混凝土内 1~1.5 m 深,保证钻孔内的水不可能重新流入导管。随着混凝土不断通过漏斗、导管灌入钻孔,钻孔内初期灌注的混凝土及其上面的水或泥浆不断被顶托升高,相应地不断提升导管和拆除导管,这时应保持导管的埋入深度为 2 ~4 m，最大不宜大于 4 m，拆除导管时间不超过 15 min，直至钻孔灌入混凝土完毕。

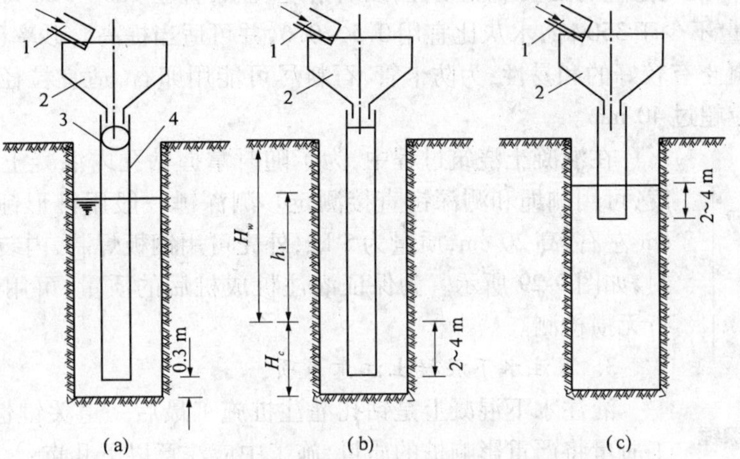

图 9-27　灌入水下混凝土

1—通混凝土储料槽；2—漏斗；3—隔水栓；4—导管

导管是内径 0.20 ~0.40 m 的钢管，壁厚 3 ~4 m，每节长度为 1 ~2 m，最下面一节导管应较长，一般为 3 ~4 m。导管两端用法兰盘及螺栓连接，并垫橡皮圈以保证接头不漏水（如图 9-27 所示），导管内壁应光滑，内径大小一致，连接牢固，在压力下不漏水。隔水栓过去常用直径较导管内径小 20 ~30 m 的木球、混凝土球、砂袋等，以粗铁丝悬挂在导管上口或接近水面处，木球隔水栓如图 9-28 所示，要求能在管内滑动自如、不卡管，现在也有在漏斗与导管接头处设置活门或铁抽板等。

为了首批灌注的混凝土数量能保证将导管内水全部压出并满足导管初次埋入深度的需要，应计算漏斗应有的最小容量，从而确定漏斗尺寸的大小。漏斗和储料槽最小容量（m^3）为（见图 9-27（b））

$$V = h_1 \times \frac{\pi d^2}{4} + H_c \times \frac{\pi D^2}{4} \tag{9-1}$$

式中　H_c——导管初次埋深加开始时导管底隔孔底的间距，m；

h_1——孔内混凝土高度达 H_c 时，导管内混凝土柱为与导管外水压平衡所需要高度，m，按下式计算：$h_1 = H_w\gamma_w/\gamma_c$，其中 γ_w、γ_c 为孔内泥浆、混凝土容重；

H_w——孔内水面到混凝土面的高度，m；

d、D——导管、桩孔直径，m；

其余符号意义见图 9-27。

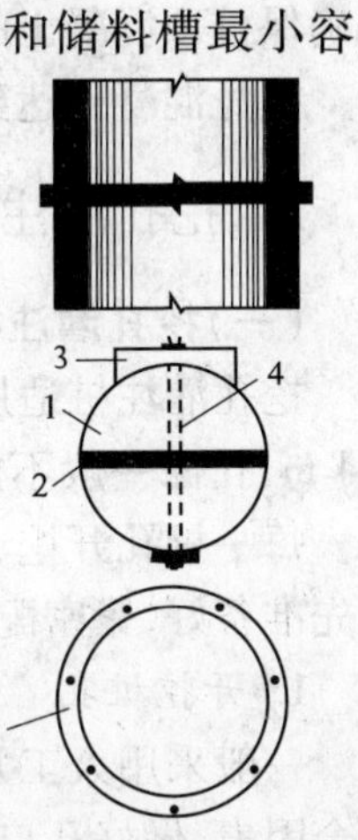

图 9-28　导管接头及木球

1—木球；2—帆布或橡皮垫；3—导向架；4—螺栓；5—法兰盘

漏斗顶端应比桩顶（桩顶在水面以下是应比水面）高出至少 3 m，以保证灌注混凝土最后阶段时，管内混凝土重能满足顶托管外混凝土及其上水压或泥浆重量的需要。

2. 对混凝土材料的要求

为了保证水下灌注混凝土的质量，混凝土的配合比按设计强度的混凝土标号提高20%进行设计；混凝土应有必要的流动性，以坍落度表示，宜在180～220 mm范围内；每1 m^3 混凝土用量不少于350 kg，水灰比宜用0.5～0.6，并可适当提高含砂率（宜采用40%～50%），使混凝土有较好的和易性；为防卡管，石料尽可能用卵石，适宜粒径为5～30 mm，最大粒径不应超过40 mm。

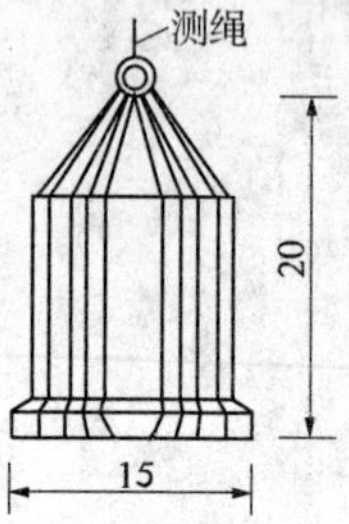

图9-29 测深锤
（尺寸单位：cm）

在混凝土浇筑过程中，为了随时掌握钻孔内混凝土顶面的实际高度，可用测绳和测深锤直接测定。测深锤一般用锥形锤，锤底直径15 cm左右，高20 cm，质量为5 kg，外壳可用钢板焊制，内装铁砂配重后密封，如图9-29所示。为保证灌注桩成桩后的质量，可用超声波法等进行无损检测。

3. 灌注水下混凝土注意事项

灌注水下混凝上是钻孔灌注桩施工最后一道关键性的工序，其施工质量将严重影响桩的质量，施工中应注意以下几点：

（1）混凝土拌和必须均匀，尽可能缩短运输距离和减少颠簸，防止混凝土离析而发生卡管事故。

（2）灌注混凝土必须连续作业，一气呵成，避免任何原因的中断灌注，因此混凝土的搅拌和运输设备应满足连续作业的要求，孔内混凝土上升到接近钢筋笼架被混凝土顶起。

（3）在灌注过程中，要随时测量和记录孔内混凝土灌注标高和导管入孔长度，以控制和保证导管埋入孔内混凝土有适当的深度，防止导管提升过猛管底提离混凝土面，或埋入过浅而使导管内进水造成断桩夹泥；也要防止导管埋入过深而造成导管内混凝土压不出或导管被混凝土埋住而不能提升，导致中止浇灌而断桩。

（4）灌注的桩顶标高应比设计值预加一定的高度，此范围内的浮浆和混凝土应凿除，以确保桩顶混凝土的质量，预加高度一般为0.5 m，深桩应酌情增加。

桩身混凝土达到设计强度要求后，按规定检查灌注桩后方可灌注系梁或承台。

二、挖孔灌注桩的施工和沉管灌注桩的施工

（一）挖孔灌注桩的施工

挖孔灌注桩适用于无水或少水的较密实的各类土层中，桩的直径（或边长）不宜小于1.4 m，孔深一般不宜超过20 m，挖孔桩施工，必须在保证安全的前提下不间断地快速进行。每一桩孔开挖、提升出土、排水、支撑、立模板、吊装钢筋骨架、灌注混凝土等作业都应事先准备好，紧密配合。

1. 开挖桩孔

一般采用人工开挖桩孔，开挖之前应清除现场四周及山坡悬石、浮土等，排除一切不安全因素，做好孔口四周临时围护和排水设备。孔口应采取措施防止土石掉入孔内，并安排好排土提升设备（卷扬机或木绞车等），布置好弃土通道，必要时孔口应搭雨棚。

挖孔过程中要随时检查桩孔尺寸和平面位置，防止误差过大。注意施工安全，下孔人员必须配戴安全帽和安全绳，提取土渣的机具必须经常检查。孔深超过10 m时，应经常

检查孔内二氧化碳浓度，如超过0.3%应增加通风措施。孔内如用爆破施工，采用浅眼爆破法，且在炮眼附近要加强支护，以防止震动孔壁。桩孔较深时，应采用电引爆，爆破后应通风排烟，经检查孔内无毒后施工人员方可下孔继续开挖。

2. 护壁和支撑

挖孔桩开挖过程中，开挖和护壁两个工序必须连续作业，以确保孔壁不坍。应根据地质与水文条件、材料来源等情况因地制宜选择支撑及护壁方法。孔桩较深、土质较差、出水量较大或遇流沙等情况时，宜采用就地灌注混凝土护壁，如图9-30(a)所示，每下挖1～2 m灌注一次，随挖随支。护壁厚度一般采用0.15～0.20 m，混凝土为C15～C20，必要时可配置少量的钢筋，也可采用下沉预制钢筋混凝土圆管护壁。如土质较松软而渗水量不大，可考虑用木材作框架式支撑或在木框架后面铺架木板作支撑，如图9-30(b)所示。木框架或木框架与木板间应用扒钉钉牢，木板后面也应与土面塞紧，如土质情况尚好、渗水不大，也可用荆条、竹笆作护壁，随挖随护壁，以保证挖土安全进行。

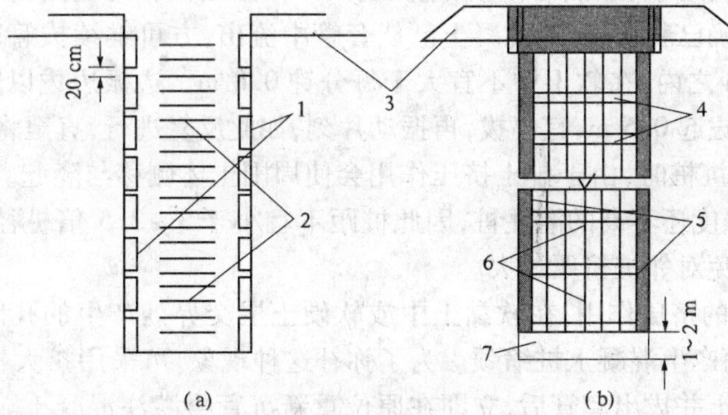

图9-30 护壁和支撑

1—就地灌注混凝土护壁；2—固定在护壁上供人上下用的钢筋；3—孔口围护；4—木框架支撑；5—支撑木板(满铺或间隔铺)；6—木框架间支撑；7—不设支撑地段

3. 排水

孔内如渗水量不大，可采用人工排水(手摇木绞车或小卷扬机配合提升)；如渗水量较大，可用高扬程抽水机或抽水机吊入孔内抽水。若同一墩台有几个桩孔同时施工，可以安排一孔超前开挖，使地下水集中在一孔排除。

4. 吊装钢筋骨架及灌注桩身混凝土

孔挖到设计深度时，应检查和处理孔底、孔壁。清除孔壁及孔底浮土，孔底必须平整，符合设计条件及尺寸，以保证桩身混凝土与孔壁及孔底密贴，受力均匀。吊装钢筋骨架和灌注水下混凝土的有关方法及注意事项与钻孔灌注桩基本相同。

挖孔桩在挖孔过深(超过15～20 m)，或孔壁土质易于坍塌，或渗水量较大的情况下，应慎重考虑，避免不安全事故发生。

(二)沉管灌注桩的施工

沉管灌注桩可采用锤击打桩设备沉管，也可采用振动打桩设备沉管，其施工过程如图9-31所示。

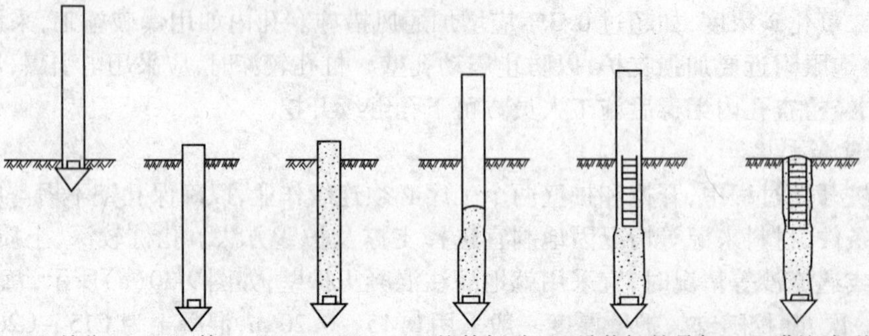

图9-31　沉管灌注桩施工过程

施工中应注意下列事项：

(1)套管开始沉入土中，应保持位置正确，如有偏斜或倾斜应立即纠正。

(2)拔管时应先振后拔，满灌慢拔，边振边拔。在开始拔管时应测得桩靴活瓣确已张开，或钢筋混凝土确已脱离，灌入混凝土已从套管中流出，方可继续拔管。拔管速度宜控制在每分钟1.5 m之内，在软土中不宜大于每分钟0.8 m。边振边拔以防管内混凝土被吸上来而缩颈，每拔起0.5 m，宜停拔，再振动片刻，如此反复进行，直至将套管全部拔出。

(3)在软土中沉桩时，由于排土挤压作用会使周围土体侧移与隆起，有可能挤断邻近已完成但混凝土强度还不高的灌注桩，因此桩距不宜小于3～3.5倍桩径，宜采用间隔跳打的施工方法，避免对邻桩挤压过大。

(4)由于沉管的挤压作用，在软黏土中或软硬土层交界处产生的孔隙水压力较大或侧压力大小不一而产生混凝土桩缩颈。为了弥补这种现象，可采用扩大桩径的“复打”措施，即在灌注混凝土并拔出套管后，立即在原位重新沉管再灌注混凝土。复打后的桩，其横截面积增大，承载力提高，但其造价也相应增加，对邻近桩的挤压也大。

三、预制沉桩的施工

(一)桩的预制

钢筋混凝土预制桩分实心桩和空心管桩两种。钢筋混凝土空心管桩制作工艺较复杂，一般采用离心成型法在预制厂制造。实心桩可在预制厂制造，但当工地附近没有预制厂时，从远处工厂将桩运往工地往往不经济，宜在工地选择合适的场地进行预制。这时要注意：①场地布置要紧凑，尽量靠近打桩地点，但地势要考虑到防止被洪水所淹；②地基要平整密实，并应铺设混凝土地坪或专设桩台；③制桩材料的进场路线与成桩运往打桩地点的路线，不应互受干扰。

预制桩的混凝土必须连续，一次浇制完成，宜用机械搅拌和振捣，以确保桩的质量。桩上应标明编号、制作日期，并填写制桩记录。桩的混凝土强度大于设计强度的70%时，方可吊运；达到设计标号时方可使用。

(二)桩的吊运

预制的钢筋混凝土桩由预制场地吊运到桩架内，在起吊、运输、堆放时，都应该按照设计计算的吊点位置起吊(一般吊点应在桩内预埋直径20～25 mm的钢筋吊环，或以油漆在桩身标明)，否则桩身受力情况与计算不符，可能引起桩身混凝土开裂。

预制钢筋混凝土桩主筋是沿桩长设计内力配置的，吊运时吊点位置常根据吊点处由桩产生的负弯矩与吊点间由桩重产生的正弯矩相等原则确定，这样较为经济。一般的桩在吊运时，采用两个吊点，如桩长为 L，吊点离每端距离为 $0.207L$，如图 9-32(a)所示；插桩时为单点起吊，为了使桩内正、负弯矩相等，可将吊点设在 $0.293L$ 处，如图 9-32(b)所示；如桩长不超过 10 m，也可利用 $0.207L$ 吊点。吊运较长的桩，为减少内力，节省钢筋，采用三点或四点起吊，吊点的布置如图 9-32(c)所示。根据相应的弯矩值，即可进行桩身配筋，或验算其吊运时的强度。

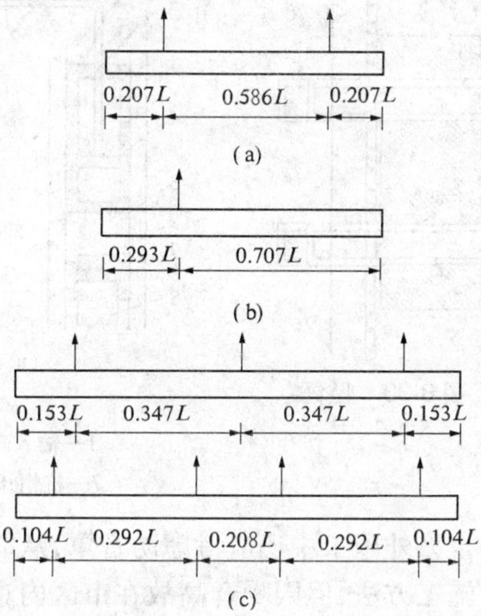

图 9-32　吊点布置

(三)预制桩的施工方法

1. 打入法

打入法是靠桩锤的冲击能量将桩打入土中，因此桩径不能太大(在一般土质中桩径不大于 0.6 m)，桩的入土深度也不宜太深(在一般土质中不超过 40 m)，否则打桩设备要求较高，而打桩效率很差。打入桩所用的基桩主要为预制的钢筋混凝土桩或预应力钢筋混凝土桩。打入桩常用的设备是桩锤和桩架。此外，还有射水装置、桩帽和送桩等辅助设备。

1)桩锤

常用的桩锤有坠锤、单动汽锤、双动汽锤、柴油锤及液压汽垫锤等几种。坠锤是最简单的桩锤，它是由铸铁或其他材料做成的锥形或柱形重块，重 2 ~ 20 kN，用绳索或钢丝绳通过吊钩由人力或卷扬机沿桩架导杆提升 1 ~ 2 m，然后使锤自由落下锤击桩顶，如图9-33所示。此法打桩效率低，每分钟仅能打数次，但设备较简单，适用于小型工程中打木桩或小直径的钢筋混凝土预制桩。

单动汽锤、双动汽锤是利用蒸汽或压缩空气将桩锤在桩架内顶起下落锤击基桩，单动汽锤如图 9-34(a)所示，锤重 10 ~ 100 kN，每分钟冲击 20 ~ 40 次，冲程 1.5 m 左右；双动汽锤重 3 ~ 10 kN，每分钟冲击 100 ~ 300 次，冲程数百毫米，打桩效率高。单动汽锤适用于打钢桩和钢筋混凝土实心桩，双动汽锤冲击频率高，一次冲击动能较小，适用于打较轻的的钢筋混凝土桩或钢板桩，它除了打桩还可以拔桩。

柴油锤实际上是一个柴油汽缸，工作原理同柴油机，利用柴油在汽缸内压缩发热点燃而爆炸将汽缸沿导向杆顶起，下落时锤击桩顶，如图 9-34(b)所示。柴油锤不需要汽锤那样笨重的桩架和动力设备，但冲击能量较低，国内常用的各种锤重 6 ~ 35 kN，每分钟冲击 50 ~ 60 次，冲程 1 m 左右，常用来打较轻型的钢筋混凝土桩。国内少数工程采用重型柴油锤，锤重达 70 kN，可打钢桩或钢筋混凝土桩。

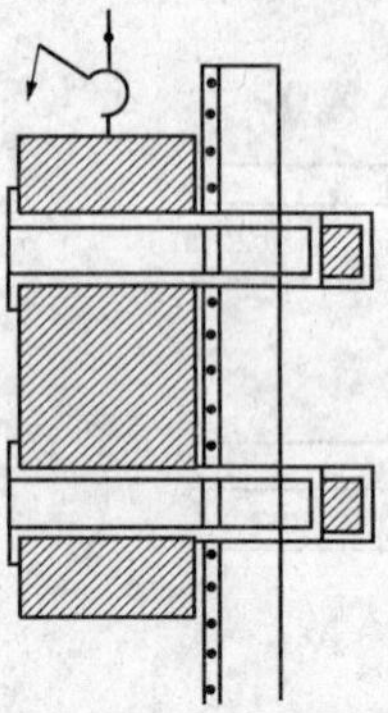

图 9-33　坠锤

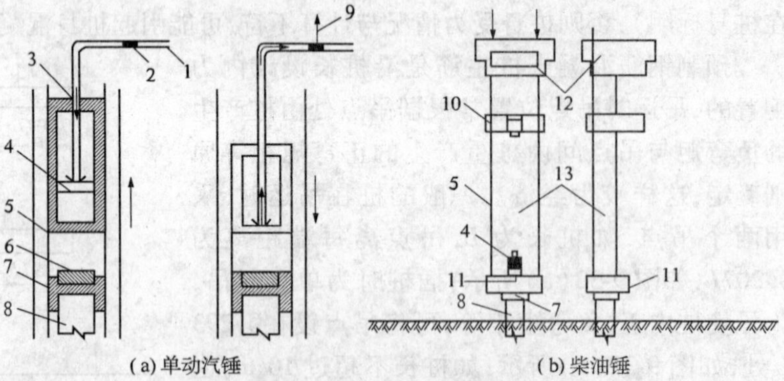

图 9-34　单动汽锤和柴油锤

1—输入高压蒸汽；2—汽阀；3—外壳；4—活塞；5—导向杆；6—垫木；7—桩帽；8—桩；9—排气；10—外缸体；11—油泵；12—顶帽；13—导杆

另外施工中还应考虑防音罩，从能准确地获得桩的承载力看，锤击法是一种较为优越的施工方法，但因噪音高故在市区内难以采用。防音罩是为了防止噪音，用它将整个柴油锤包裹起来，可达到防止噪音扩散和油烟发散的目的。

打入桩施工时，应适当选择桩锤重量，桩锤过轻桩难以打下，效率太低，还可能将桩头打坏，所以一般认为应重锤轻打，但桩锤过重，则各机具、动力设备都需加大，不经济。锤重与桩重比值一般不宜小于表 9-1 的参考数值。

表 9-1　锤重与桩重的比值

桩类别	单动汽锤		双动汽锤		柴油锤		坠锤	
	硬土	软土	硬土	软土	硬土	软土	硬土	软土
钢筋混凝土桩	1.4	0.4	1.8	0.6	1.5	1.0	1.5	0.35
木桩	3.0	2.0	2.5	1.5	3.5	2.5	4.0	2.0
钢桩	2.0	0.7	2.5	1.5	2.5	2.0	2.0	1.0

2）桩架

桩架的作用是装吊桩锤、插桩、打桩、控制桩锤的上下方向，由导杆（又称龙门，控制锤和桩在打桩时的上下和打入方向）、起吊设备（滑轮、绞车、动力设备等）、撑架（支撑导杆）及底盘（承托以上设备）等组成。桩架在结构上必须有足够的强度、刚度和稳定性，保证在打桩过程中的动力作用下桩架不会发生位移和变位。桩架的高度应保证桩吊立就位时的需要及锤击的必要冲程。

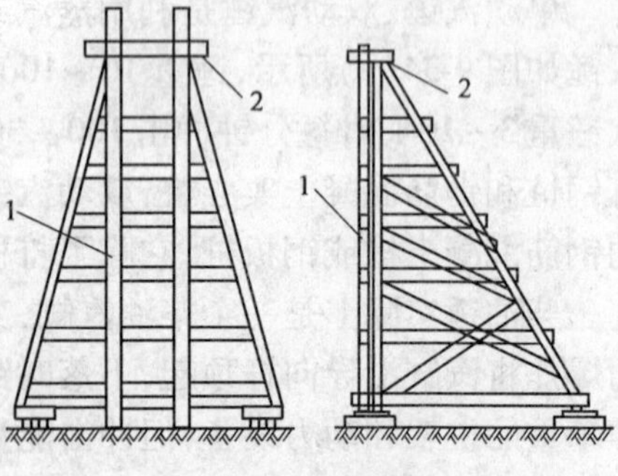

图 9-35　桩架

1—导杆；2—风缆

常用的桩架有木桩架和钢桩架，如图 9-35 所示的木桩架，只适用于坠锤或小型的单动汽锤。柴油锤本身带有钢制桩架，由型钢装成。桩移动时可在底盘托板下面垫上滚筒，或用轮子和钢轨等方式，利用动力装置牵引移动。

钢制万能打桩架的底盘带有转台和车轮（下面铺设钢轨），撑架可以调整导向杆的斜度，因此它能沿轨道移动，能在水平面作360°旋转，也能打斜桩，施工很方便，但桩架本身笨重，拆装、运输较困难。

在水中的墩台桩基，应先打好水中支架桩（小型的钢筋混凝土桩和木桩），上面搭设打桩工作平台，当水中墩台较多或河水较深时，也可采用船上打桩架施工。

3）射水装置

在锤击沉桩的过程中，如下沉遇到困难，可用射水方法助沉，因为利用高压水流通过射水管冲刷桩尖或桩侧的土，可减小桩的下沉阻力，从而提高桩的下沉效率。如图9-36为设置于管桩中的射水装置，高压水流由高压水泵提供。

4）桩帽与送桩

桩帽的作用是直接承受锤击、保护桩顶，并保证锤击力作用于桩的断面中心。因此，要求桩帽构造坚固，桩帽尺寸与锤底、桩顶及导向杆相吻合，顶面与底面均平整且与中心轴线垂直，还应设耳环以便吊起。桩帽上部为由硬木制成的垫木，下部套在桩顶，桩帽与桩顶间宜填麻袋或草垫等缓冲物，如图9-34所示。

送桩构造如图9-37所示，可用硬木、钢或钢筋混凝土制成。当桩顶位于水下地面以下或打桩机位置较高时，可用一定长度的送桩套连在桩顶上，就可使桩顶沉到设计标高。送桩长度应按实际需要确定，为施工方便，应多备几根不同长度的送桩。

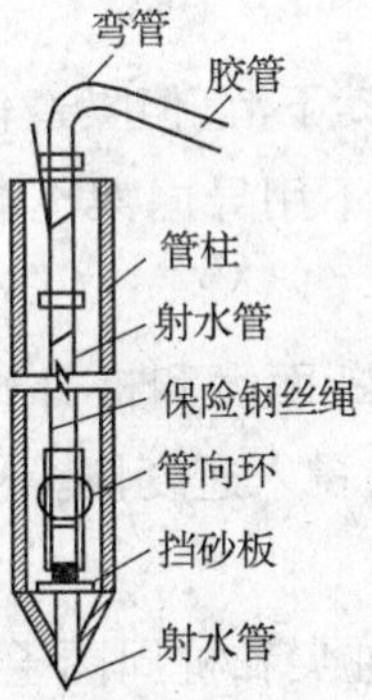

图9-36 管桩中的射水装置

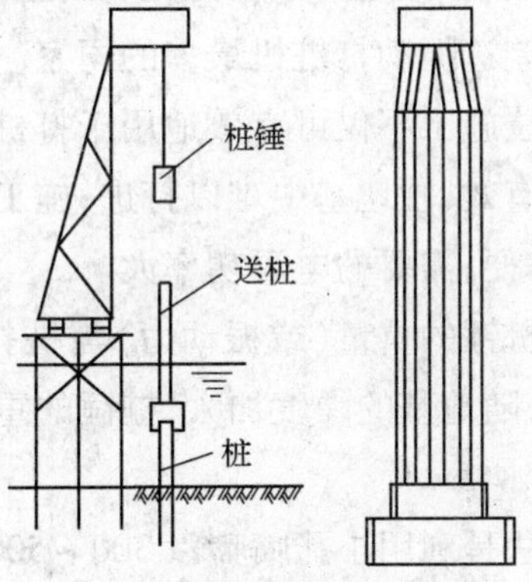

图9-37 送桩

5）打桩过程注意事项

（1）为了避免或减轻打桩时由于土的挤压，使后打的桩打入困难或先打入的桩被挤而发生移动，打桩的顺序应由基础的一端向另一端进行，当桩基础平面尺寸较大时，也可由中间向两端进行。

（2）在打桩前，应检查锤的上下活动中心线与桩的中心线是否一致，锤的重心与桩中心线是否一致，桩位是否正确，桩的垂直度或倾斜度是否符合设计要求，打桩架是否安置牢固平稳。桩顶应采用桩帽、桩垫保护，以免打裂。

（3）桩开始打入时，应轻击慢打，每次的锤击能不宜过大，随着桩的打入，逐渐增大锤击的冲击能量。

（4）在打桩过程中，随着桩入土深度的增加，每次锤击的贯入度将随之减小，它在一定程度上能反映出桩的承载能力，因此在打桩时，应记录好桩的贯入度，作为桩是否达到设计要求的一个参考数据。对于特大桥梁和地质复杂的大、中桥，打桩工程开始前应进行试桩和静载试验，以确定基桩的入土深度及贯入度，保证基桩具有设计的承载能力。

（5）打桩过程中应随时注意观测打入情况，防止基桩的偏移，并填写好打桩记录。打桩时往往会因桩锤重量配备不妥、锤提升高度不当或地质情况的变化而发生以下情况：桩身突然倾斜；锤击时锤严重回弹；桩的贯入度突然变化；或桩头破损、桩身产生裂缝等。此时应暂停打桩，查明原因，采取措施（如用射水沉桩法配合锤击、改变打桩设备、加固桩身等）后方可继续施工。

打桩完毕验收合格后，方可灌注承台。

2. 振动法

振动法是用振动打桩机（振动桩锤）将桩打入土中的施工方法。其原理是由振动打桩机使桩产生上下方向的振动，在清除桩与周围土层间摩擦力的同时使桩尖周围土松动，从而使桩贯入或拔出。

桥梁基础采用管柱基础时，直径大，重量也大，特别适宜用振动方式沉桩。振动法沉桩的主要设备是振动打桩机，它由苏联在20世纪40年代首创。1954年我国武汉长江大桥首次应用，在修建南京长江大桥时已经发展到激振力为500 t的振动打桩机。现在日本是世界上制造振动打桩机最多的国家。

振动法施工不仅可有效地用于打桩，也可用以拔桩；虽然振动下沉，但噪音较小；在砂性土中最有效，硬地基中难以打进；施工速度快；不会损坏桩头；不用导向架也能打进，移位、操作方便；需要的电源功率大。

振动桩锤的重量（或振动力）与桩打进能力的关系是：桩的断面大和桩身长者，桩锤重量应大；随地基的硬度加大，桩锤的重量应增大；振动力大则桩贯入速度快。

3. 射水法

射水法是利用小孔喷嘴以300～500 kPa的压力喷射水，使桩尖和桩周围土松动的同时，桩受自重作用而下沉的方法。它极少单独使用，常与锤击和振动法联合使用。当射水沉桩到距设计标高尚差1～1.5 m时，停止射水，用锤击或振动恢复其承载力。这种施工方法对黏性土、砂性土都适用，在细砂土层中特别有效。

射水沉桩的特点是对较小尺寸的桩不会损坏，施工时噪音和振动极小。

4. 压入法

压入法是在软土地基中，用液压千斤顶或桩头加重物以施加顶进力将桩压入土层中的施工方法。其特点为：施工时产生的噪音和振动较小；桩头不易损坏；桩在贯入时相当于给桩做静载试验，故可准确知道桩的承载力；压入法不仅可用于竖直桩，而且可用于斜桩和木桩，但机械的拼装移动等均需要较多的时间。

四、桩基础施工中常见事故预防及处理措施

(一)灌注桩施工中常见事故预防及处理措施

灌注桩施工常见事故是坍孔和桩中夹泥及断裂。此外还可能出现弯孔、斜孔、缩孔、梅花孔、卡钻和掉钻等现象,也应预防,万一出现这些情况,均应及时处理,现分述如下。

1. 坍孔

1)现象

在钻孔和清孔过程中,常会发生坍孔,特别是砂性土地基。其迹象是内孔水位骤然降落,并冒细密水泡,长时间钻进深度小,钻机负荷显著增加,甚至锥头运转不起来。

2)原因分析

(1)护筒埋置太浅,周围封填不密实而漏水。

(2)操作不当,如提升钻头。冲击(抓)锥或掏渣筒倾倒或放钢筋骨架时碰撞孔壁。

(3)泥浆稠度小,起不到护壁作用。

(4)泥浆水位高度不够,对孔壁压力小。

(5)向孔内加水时流速过大,直接冲刷孔壁。

(6)在松软砂层中钻进,进尺太快。

3)预防与处理措施

(1)孔口坍塌时,可拆除护筒,回填钻孔,重新埋设护筒再钻。

(2)轻度坍孔,可加大泥浆相对密度和提高水位。

(3)严重坍孔,用黏土凝膏(或纤维素)投入,待孔壁稳定后采用低速钻进。

(4)汛期或潮汐地区水位变化大时,应采取升高护筒、增加水头或用虹吸管等措施保证水头相对稳定。

(5)提升钻头、下钢筋笼架保持垂直,尽量不要碰撞孔壁。

(6)在松软砂层钻进时,应控制进尺速度,且用泥浆护壁。

(7)坍塌情况不严重时,可回填至坍孔位置以上 1 ~2 m,加大泥浆比重继续钻进。

(8)遇流沙坍孔情况严重,可用砂夹黏土或小砾石夹黏土,甚至块片石加水泥回填,再行钻进。

2. 钻孔偏斜

1)现象

在钻孔过程中要经常用检孔器吊入孔内检查。检孔器可用较粗钢筋焊成圆笼状,其外径等于桩的设计孔径,长为直径的 4 ~6 倍。当检孔器不能沉到已钻的深度或发现钻杆倾斜、吊绳偏移护筒中心,或锥头上提困难、转动不灵等情况,应考虑可能发生弯孔、缩孔和梅花孔等现象,如图 9-38 所示。

2)原因分析

(1)桩架不稳,钻杆导架不垂直,钻机磨耗,部件松动。

(2)上层软硬不均,致使钻头受力不均。

(3)钻孔中遇有较大孤石或探头石。

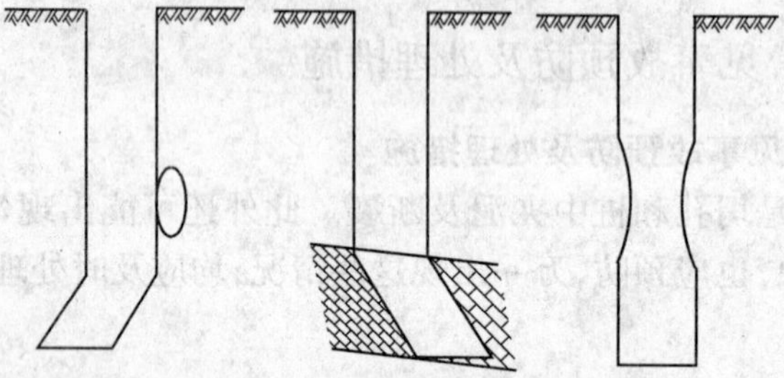

图 9-38 钻孔偏斜现象

(4)扩孔较大处,钻头摆偏向一方。

(5)钻杆弯曲,接头不正。

3)预防与处理措施

(1)将桩架重新安装牢固,并对导架进行水平和垂直校正,检修钻孔设备。

(2)偏斜过大时,填入石子、黏土,重新钻进,控制钻速,慢速提升、下降,往复扫孔纠正。

(3)如有探头石,宜用钻机钻透,用冲孔机时用低锤击密,把石打碎,基岩倾斜时,可用混凝土填平,待凝固后再钻。

3. 卡钻

1)原因分析

(1)孔内出现梅花孔、探头石、缩孔等未及时处理。

(2)钻头被坍孔落下的石块或误入孔内的大工具卡住。

(3)入孔较深的钢护筒倾斜或下端被钻头撞击严重变形。

(4)钻头尺寸不统一,焊补的钻头过大。

(5)下钻头太猛,或吊绳太长,使钻头倾斜卡在孔壁上。

2)预防与处理措施

(1)对于能向下活动的上卡可用上下提升法,即上下提动钻头时,将钢丝绳左右拔移、旋转。

(2)上卡时还可用小钻头冲击法。

(3)对于下卡和不能运动的上卡,可采用强提法,即除用钻机上卷扬机提拉外,还采用滑车组、杠杆、千斤顶等设备强提。

4. 掉钻

1)原因分析

(1)卡钻时强提强拉、操作不当,使钢丝绳或钻杆疲劳断裂。

(2)钻杆接头不良或滑丝。

(3)马达接线错误,使不应反转的钻机反转,钻杆松脱。

2)预防与处理措施

(1)卡钻时应设有保护绳子才准强提,严防钻头空打。

(2)经常检查钻具、钻杆、钢丝绳和连结装置。

(3)掉钻后可采用打捞叉、打捞钩、打捞活套、偏钩和钻锥平钩等工具打捞。

5. 桩中夹泥或断裂

1)原因分析

(1)在灌注水下混凝土时,如导管提升过快,以致其下口拔离桩孔中的混凝土面,则将使桩中夹泥。

(2)当一个桩孔未能保证混凝土的连续浇筑,两次浇筑之间的时间相隔较长时,由于土中混凝土表面已凝固,而使桩身在该处断裂。

2)预防与处理措施

拔起导管,在已灌注的混凝土中钻一个较小直径的钻孔,并另插一个较小的钢筋笼,重新用导管灌注混凝土,如图9-39所示。

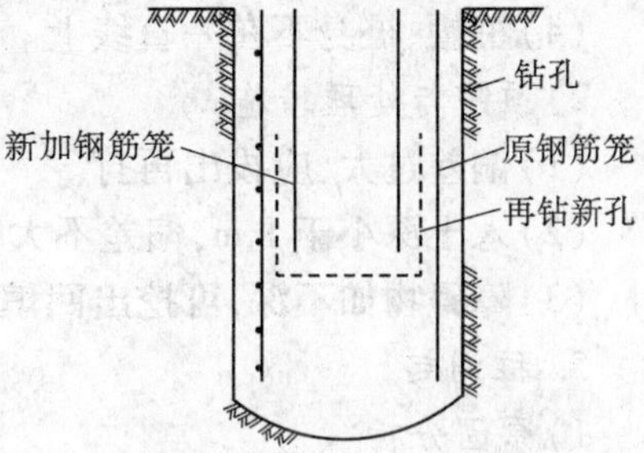

图9-39 断桩的补救措施

(二)预制桩施工中常见事故预防及处理措施

1. 桩顶破损

1)原因分析

(1)桩顶部分混凝土质量差,强度低。

(2)锤击偏心,即桩顶面与桩轴线不垂直,锤与桩面不垂直。

(3)未安装桩帽或帽内无缓冲垫,或缓冲垫功能不良没有及时调换。

(4)遇坚硬土层,或中途停歇后土质恢复阻力增大,用重锤猛打所致。

2)预防及处理措施

(1)加强桩预制、装、运的管理,确保桩的质量要求。

(2)施工中及时纠正桩位,使锤击力顺桩轴方向。

(3)采用合适桩帽,并及时调换缓冲垫。

(4)正确选用合适桩锤,且施工时每桩要一气呵成。

2. 桩身破裂

1)原因分析

(1)桩质量不符合设计要求。

(2)装卸中吊装时吊点或支点不符合规定,悬臂过长或中跨过多。

(3)打桩时,桩的自由长度过大,产生较大纵向挠曲和振动。

(4)锤击或振动过甚。

2)预防及处理措施

(1)加强预制、装、运的管理。

(2)木桩可用8号镀锌铁丝捆绕加强。

(3)混凝土桩当破裂位于水上部位时,用钢夹箍夹螺栓拉紧焊接补强加固,水中部位时用套筒横板浇注混凝土加固补强。

(4)适当减小桩锤落距或降低锤击频率。

3. 桩身扭转或位移

1)原因分析

桩尖制造不对称,或桩身有弯曲。

2）预防与处理措施

用棍撬、慢锤低击纠正；偏心不大，可不处理。

4. 桩身倾斜或位移

1）原因分析

（1）桩头不平，桩尖倾斜过大。

（2）桩接头破坏。

（3）一侧遇石块等障碍物，土层有陡的倾斜角。

（4）桩帽、桩身不在一直线上。

2）预防与处理措施

（1）偏差过大，应拔出再打。

（2）入土深小于 1 m，偏差不大时，可利用木架顶正，再慢锤打入。

（3）障碍物如不深，可挖出回填后再继续沉桩。

5. 桩涌起

1）原因分析

在较厚软土上或遇流沙现象。

2）预防及处理措施

应选择涌起量较大桩做静载试验，如合格可不再复打，如不合格，进行复打或重打。

6. 桩急剧下沉，有时随着发生倾斜或位移

1）原因分析

（1）遇软土层、土洞。

（2）接头破裂或桩间劈裂。

（3）桩身弯曲或有严重的横向裂缝。

（4）锤过高，接桩不垂直。

2）预防及处理措施

（1）应暂停沉桩查明情况，再决定处理措施。

（2）如不能查明，可将桩拔起，检查改正重打，或在靠近原桩位作补桩处理。

7. 桩贯入度突然减小

1）原因分析

（1）桩由软土层进入硬土层。

（2）桩尖遇到石块等障碍物。

2）预防及处理措施

（1）查明原因，不能硬打。

（2）改用能量较大桩锤。

（3）配合射水沉桩。

8. 桩不易沉入或达不到设计标高

1）原因分析

（1）遇旧埋设物、坚硬土夹层或砂夹层。

（2）打桩间歇时间过长，摩阻力增大。

(3)定错桩位。

2)预防及处理措施

(1)遇障碍或硬土层,用钻孔机钻透后再复打。

(2)根据地质资料正确确定桩长,如确实已达到要求,可将桩头截除。

9. 桩身跳动,桩锤回弹

1)原因分析

(1)桩尖遇障碍物如树根或硬土层。

(2)桩身过曲,接桩过长。

(3)锤过高。

(4)冻土地区沉桩困难。

2)预防及处理措施

(1)检查原因,穿过或避开障碍物。

(2)如入土不深,应将桩拔起避开或换桩重打。

(3)应先将冻土挖除或解冻后进行。如用电热解冻,应先切断电源后沉桩。

五、深水桩、斜桩和长桩施工要点

(一)深水钻孔桩的施工

1. 深水钻孔桩施工方法

在深水中进行钻孔桩施工,其方法主要有搭设支架法、船上钻孔法、钢板桩围堰法、浮动薄壳沉井法和木排钻孔法等,其中前面两种较为常用。

1)搭设支架法

在深水中墩(台)的位置,打若干根露出水面的木桩或钢筋混凝土桩作为支架桩,将各桩通过支架连接起来,并在桩顶设置纵、横梁及木板,在水面上造成一个工作平台。在平台上搭设吊装和钻孔钻机,安装钻机并埋设护筒后,就可进行钻孔施工。吊钢筋笼骨架和灌注水下混凝土的工作也在工作平台上进行,甚至可将工作平台作为承台和墩身的模板支撑,完成整个水中桥墩的施工。

2)船上钻孔法

用船只拼装钻孔施工工作平台,常在较深水位处施工。

(1)钻船的拼装:钻船大小应根据水流情况、工作平台尺寸和需要的载重决定。按钻架和钻孔操作要求定好两只船的间距后,用钢丝绳绕过船底将两船连成整体,在船上搭工作台,安装钻架,即可将船浮运至墩位处施工。

(2)钻船定位:钻船在墩位处前后左右四个方向都应抛锚定位。在流速较大和有风浪的河流,上游方向应增设两道主锚,以免钻船受水流和风的影响产生位移。先抛设主锚再设其他锚,用仪器观测、指挥逐步定位。钻船定位后,每天应有专人负责检查位置。在有潮汐和通航的河流上,应根据它们的影响随时检查校核船位。钻机安装在钻船工作平台上操作,其方法基本与岸滩上钻孔相同。

(3)埋设护筒:护筒的埋设与孔位处的地质情况和水深条件有关,在土质地基中将护筒压入土中,各节护筒接头要垫好橡皮圈防止漏水;在岩面覆盖层不深的地基中钻孔时,用抓斗清除覆盖层后设置护筒，护筒的两半和上下节均用螺栓连接，接缝都加橡皮或油毛毡。以上两种情况护筒内顶面都应高出施工水位0.5 m。

2. 深水钻孔桩混凝土的灌注

深水钻孔桩一般采用高承台方式，河底以下的混凝土与岸滩上水下混凝土施工相同，不再重述，河底以上的桩身和承台因位于水中，故另外需要一些辅助措施，其主要辅助施工方法如下。

(1)水中桩身模板的设置：用钻孔前埋设的钢筋混凝土护筒作为水中模板，在护筒内灌注混凝土出水面，护筒作为桩的一部分，不再拆除，水中桩身与河底下的桩身不同直径。为了节省护筒，避免水中桩身与河底下桩身不同直径的缺点，使深水桩既节省混凝土数量，又是同一直径，可采用如下方法处理：钢筋混凝土护筒内放篾笼作内模；钢护筒内设木模；钢护筒内壁贴油毛毡并涂油。

(2)混凝土拌和站的设置：灌注水中钻孔桩混凝土，一般设水上混凝土工厂，并将拌和船靠近灌注平台，使拌制的混凝土迅速地灌注到孔内，避免混凝土在运输中砂石离析。如果墩台距岸边不远或岸边水浅不便设置拌和船，可在岸上设拌和站，搭便桥运送混凝土。

(二)斜桩的施工

斜桩选用反循环钻机钻斜孔，其许多工序与直孔施工相同，所不同的只是斜度设置方法。钻斜孔时除采用斜钻架外，也可用竖直钻架调整成不同的斜度。钻斜孔时钻头与钻直孔相同，钻杆为了防止扭断，在每节钻杆两端焊加筋钢板。为了保证按要求的斜度钻进，钻杆外周设一个长1.5～2.5 m的导向筒。钻机操作方法与钻直孔相同，钻进慢坍孔机会增多，故钻杆转速一般为18～28 r/min。

钢筋骨架在斜孔内会向孔的前壁陷进，所以就位时应有导向设备，且骨架的主筋末端处宜焊一圈箍筋，以利它沿导向架下滑至设计位置。导管下放时应注意控制位置，可采用钢筋笼骨架上设置弧形托或在导管上设导向器使导管准确地到达灌注位置，然后按直桩混凝土灌注方法进行混凝土的灌注。斜孔钻孔桩施工应严格控制斜孔的偏差，防止坍孔。严格检查斜钻孔桩的施工质量。

(三)长桩的施工

现代常常需要修建大跨径桥梁，为了适应现代桥梁承载力的要求，钻孔桩的长度和直径方面有了新的发展，施工使用长桩方案与沉井、管柱基础方案比较，有结构简单、经济、施工快速方便等特点，但长桩施工较困难，由于钻孔过程时间较长，出现事故的几率相对增大，且灌注混凝土的数量较大，对施工技术要求严格，所以施工前必须有充分的准备，加强技术和质量方面的岗位责任制，确保长桩施工质量。

长桩施工工序和一般钻孔桩施工相同，操作方法也大致相同。但它的施工工艺要求高，故长桩施工中，对钻孔机械的选择、灌注水下混凝土设备的设置应特别注意，关键是在保证质量的前提下如何提高速度问题。如施工水位较深可按深水桩基础处理。

1. 钻孔机械的选择

长桩多在普通土质中因冲刷较深、设计荷载较大而被采用。所以，采用正、反循环钻机造孔最为合适，它的钻进速度比冲击、冲抓法快，使用效果也比较好。

2. 钻杆的选择

钻杆是由钻头传递动力并进行钻进的主要受力部件，钻机虽然是定型产品，但它的钻杆不一定符合长桩施工使用，故有时施工单位需要自己配置钻杆。一般来说钻杆的受力状态是比较复杂的，上部受拉，下部受压，同时还存在受弯和受扭作用，选择钻杆时应对上述三种受力情况同时加以考虑。

3. 泥浆泵的选择

泥浆泵选择的要点是确定需要的流量和泵压。对大直径的钻孔来说，流量是主要因素，如果流量不足，钻进效果不仅降低，而且还会发生故障，长桩施工中泵压也是应该验算的一个因素。

4. 长桩施工注意事项

长桩钻孔时使用旋转钻机，施工上大致与旋转钻孔桩操作相同，施工中值得注意的问题如下：选择较好的钻头形式，要求它钻进速度快，导向性能好，使之加快施工进度并避免斜孔现象；保持钻孔的垂直度；减少孔底沉淀层厚度；在硬土层采用扩孔的方法钻进，先用小孔径的钻头钻进，后用大孔径的钻头扩钻，这样不但减轻钻机负荷，而且减少钻具的激烈跳动，提高钻孔正常运转率；长桩水下大数量的混凝土应快速灌注，做好各项准备工作，一气呵成；检查钻机平面位置、地质情况、孔径、桩的垂直度、孔底沉淀层厚度以及桩长度。

第四节　单桩容许承载力的确定

桩基础是由若干根基桩所组成的，在设计桩基础时，首先应从分析单桩入手，确定单桩容许承载力，然后结合桩基础的结构和构造型式进行基桩受力分析计算，从而确定基础的承载力。

单桩容许承载力是指单桩在外荷载作用下，桩土共同作用，地基土和桩本身的强度与稳定性均能得到保证，且变形在容许范围之内桩所能承受的荷载。一般情况下，桩受到轴向力、横轴向力及弯矩作用，因此需分别研究和确定单桩的轴向容许承载力、横轴向容许承载力和容许弯矩，但通常桩主要承受轴向力，所以本节主要研究桩的轴向容许承载力的确定，简要介绍桩的横轴向容许承载力及负摩阻力问题。

一、单桩轴向容许承载力的确定

桩的轴向容许承载力确定的方法有静载试验法、经验公式（规范法）、理论公式、静力触探法、动力公式或波动方程，以及按桩身材料确定单桩容许承载力等方法。

（一）静载试验确定单桩容许承载力

静载试验法即在现场对一根沉入设计深度的桩在桩顶逐级施加轴向荷载，直至桩达到破坏状态为止，并在试验过程中测量每级荷载下的桩顶沉降，根据沉降与荷载及时间的关系，分析确定单桩轴向容许承载力。

静载试验可在现场做试桩或利用基础中已筑好的基桩进行。为了保证其可靠性，试桩数目应不少于基桩总数的 2%，且不应少于 2 根；试桩的施工方法以及试桩材料和尺寸、入土深度均应与设计桩相同。

1. 试验装置

锚桩法试验装置是常用的一种加荷装置，主要由锚桩、横梁和油压千斤顶组成，如图9-40所示。

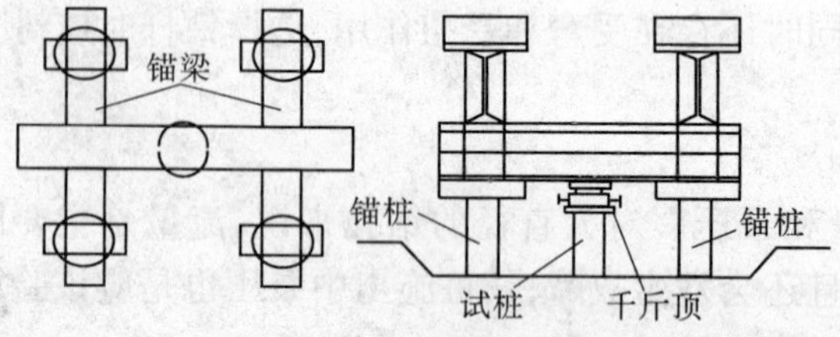

图9-40 锚桩法试验装置

锚桩可根据情况布设4～6根，锚桩的入土深度等于或大于试桩的入土深度。锚桩与试桩的间距应大于试桩桩径的3倍，以减小对试桩的影响。桩顶沉降常用百分表或位移计量测。

观测装置的固定点（如基准桩）应与试、锚桩保持适当的距离，参阅表9-2。

表9-2 观测装置的固定点与试桩、锚桩的最小距离

锚桩数目	观测装置的固定点与试桩、锚桩的最小距离（m）	
	与试桩	与锚桩
4	2.4	1.6
6	1.7	1.0

2. 测试方法

试桩加载应分级进行，每级荷载为极限荷载预估值的1/10～1/15；有时也采用递变加载方式，开始阶段每级荷载取极限荷载预估值的1/2.5～1/5，终了阶段取1/10～1/15。

测读沉降时间，在每级加荷后的第一小时内，每隔15 min测读一次，以后每隔30 min测读一次，至沉降稳定为止。沉降稳定的标准，通常规定为：对砂性土为30 min内不超过0.1 mm；对黏性土为1 h内不超过0.1 mm。待沉降稳定后，方可施加下一级荷载。循此加载观测，直至桩达到破坏状态，终止试验。

当出现下列情况之一时，一般认为桩已达到破坏状态，所相应施加的荷载即为破坏荷载：

(1)桩的沉降量突然增大，总沉降量大于40 mm，且本级荷载下的沉降量为前一级荷载下沉降量的5倍以上。

(2)总位移量大于或等于40 mm，本级荷载加上后24 h桩的沉降未趋稳定。

3. 极限荷载和轴向容许承载力的确定

破坏荷载求得以后，可将其前一级荷载作为极限荷载 P_j，则容许承载力为：

$$[P]=\frac{P_j}{K} \tag{9-2}$$

式中 $[P]$——单桩轴向受压容许承载力，kN；

P_j——极限荷载，kN；

K——安全系数，一般取2。

对于大碎石类、密实砂类土及硬黏性土，总沉降量值小于40 mm，但荷载已大于或等于设计荷载与设计规定的安全系数乘积时，可取终止加载时的总荷载为极限荷载。

在确定试桩的破坏荷载的标准方面现在还存在着分歧意见，因为上述破坏活动标准虽然也符合桩开始破坏时将发生剧烈的或不停止的下沉这一概念，但却人为地统一规定了以某个沉降值或沉降速率作为破坏标准，实际上对处于各种土层中的桩，在破坏荷载下的沉降量及沉降速率是不相同的。因此，比较准确的确定桩极限荷载的方法，应当根据试验测得资料所作成的试桩曲线来分析，分析试桩曲线的方法很多，下面仅介绍由静载试验绘制的 $P—S$ 曲线（也称为压力—沉降曲线）上，以曲线出现明显下弯转折点所对应的荷载作为极限荷载，如图 9-41（a）所示。这是因为当荷载超过极限荷载后，桩底下土达到破坏阶段发生大量塑性变形，引起桩发生较大的或较长时间仍不停止的沉降，所以在 $P—S$ 曲线上呈现出明显的下弯转折点。但有时 $P—S$ 曲线的转折点不明显，此时极限荷载就难以确定，需借助其他方法辅助判定，例如绘制各级荷载下的沉降—时间（$S—\lg t$）曲线（见图 9-41（b））或用对数坐标绘制 $\lg P—\lg S$ 曲线，可能使转折点显得明确些。

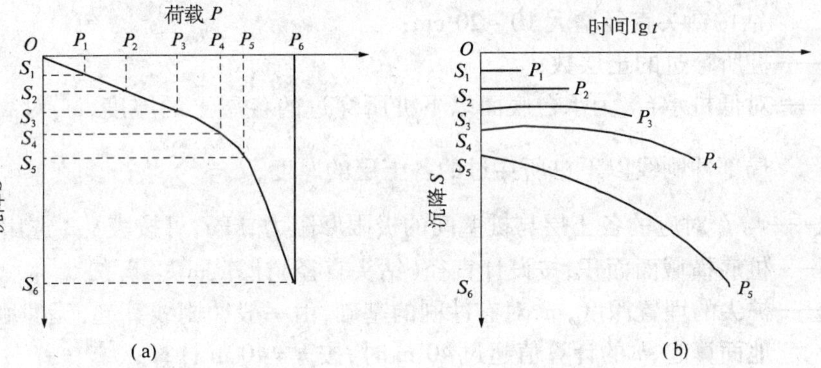

图 9-41　单桩荷载—沉降（$P—S$）曲线、沉降—时间（$S—\lg t$）曲线

采用静载试验法确定单桩容许承载力是比较符合实际情况的，也是较可靠的方法，但需要较多的人力、物力和较长的试验时间，工程投资较大，因此一般只在大型、重要工程或地质复杂的桩基工程中做这种试验。配合其他测试设备，它还可较直接了解桩土的关系，因此也是桩基础研究分析常采用的试验方法。

（二）按经验公式（规范法）确定单桩轴向容许承载力

我国现行各种设计规范都规定了以经验公式计算单桩轴向容许承载力的方法。这是一种较简便的方法，规范根据大量的静载试验资料，经过理论分析和统计整理，给出了不同类型的桩，按土的类别、状态、埋置深度等条件下有关土的阻力的经验系数和数据，列出了公式。下面介绍《公路桥涵地基与基础设计规范》（JTJ 024—85）推荐的确定单桩容许承载力的经验公式，这种方法具有一定理论根据和实践基础，可在一般桥梁基础设计中直接应用。

1. 摩擦桩

对于摩擦桩，由土对桩侧摩阻力和桩尖承载力两部分构成，所以单桩轴向容许承载力的经验公式采用下列基本形式：

$$\text{单桩轴向容许承载力} = \frac{\text{极限桩侧摩阻力} + \text{极限桩尖承载力}}{\text{安全系数}} \tag{9-3}$$

由于沉桩与灌注桩的施工方法和埋在土中的条件不同，由试验所得的桩侧摩阻力和桩尖承载力的数据也不同，所以计算式也有所区别，分述如下。

1）钻（挖）孔灌注桩

$$[P] = \frac{1}{2}U\sum_{i=1}^{n} l_i\tau_i + \lambda m_0 A\{[\sigma_0] + k_2\gamma_2(h-3)\} \tag{9-4}$$

式中 $[P]$——单桩轴向受压容许承载力，kN，当用表 9-3 中 τ_i 值计算时，在局部冲刷线以下桩身自重的1/2应作为外力考虑，当计算荷载取荷载组合Ⅱ（或Ⅲ、Ⅳ、Ⅴ）时容许承载力可提高25%（即 $1.25[P]$），荷载组合Ⅰ中如有收缩、徐变或水浮力的荷载效应，也应同样提高；

U——桩的周长，m，按成孔直径计算，当无试验资料时，成孔直径可按下列规定采用：回转钻按钻头直径增大3～5 cm，冲击钻按钻头直径增大5～10 cm，冲抓钻按钻头直径增大10～20 cm；

n——桩所穿过的土层数；

l_i——对低桩承台，为承台底面以下桩所穿过的各层土的厚度，m，对高桩承台，为局部冲刷线以下桩所穿过的各土层的厚度，$l = \sum_{i=1}^{n} l_i$；

τ_i——与 l_i 对应的各土层与桩壁间的极限摩阻力，kPa，可按表 9-3 选用；

A——桩底横截面面积，按设计直径（钻头直径）计算，m^2；

h——桩尖的埋置深度，m，对有冲刷的基础，由一般冲刷线算起，无冲刷处，由天然地面算起，h 的计算值超过 40 m 时，按 $h=40$ m 计算；

k_2——地基承载力的深度修正系数，可按桩尖处持力层土确定；

γ_2——桩尖以上土的容重，kN/m^3，如在水面以下，且持力层不透水，则不论桩尖以上土的透水性如何，一律用饱和容重，如持力层透水，应一律用浮容重，当桩尖以上土由多层土组成时，应采用换算容重；

$[\sigma_0]$——桩尖处土的容许承载力，kPa；

m_0——清底系数，按表 9-4 选用，表中 t、d 为桩底沉淀土厚度和桩的直径，设计时宜限制 $t/d \leqslant 0.4$，不得已才可采用 $0.4 < t/d \leqslant 0.6$；

λ——考虑桩入土深度影响的修正系数，见表 9-5。

2）预制沉桩

$$[P] = \frac{1}{2}\left(U\sum \alpha_i l_i \tau_i + \alpha A \sigma_R\right) \tag{9-5}$$

式中 $[P]$——单桩轴向受压容许承载力，kN，当作用荷载为荷载组合Ⅱ（或Ⅲ、Ⅳ、Ⅴ）时，可提高25%；

τ_i——与 l_i 对应的各土层与桩壁间的极限摩阻力，kPa，按表 9-6 选用；

σ_R——桩尖处土的极限承载力，kPa，可按表 9-7 选用；

α_i、α——振动沉桩对 τ_i 和 σ_R 的影响系数，按表 9-8 采用，对锤击沉桩其值均取 1.0。

表 9-3 钻孔桩桩周土的极限摩阻力 τ_i 值

土类	τ_i(kPa)	土类	τ_i(kPa)
回填的中密炉渣、粉煤灰	40~60	硬塑($0 \leq I_L < 0.5$)亚黏土、亚砂土	55~85
流塑($I_L \geq 1$)黏土、亚黏土、亚砂土	20~30	粉砂、细砂	35~55
软塑($0.5 \leq I_L < 1$)黏土	30~50	中砂	40~60
硬塑($0 \leq I_L < 0.5$)黏土	50~80	粗砂、砾砂	60~140
硬黏土($I_L < 0$)	80~120	砾石(圆砾、角砾)	120~180
软塑(($0.5 \leq I_L < 1$)亚砂土、亚黏土	35~55	碎石、卵石	160~400

注:①漂石、块石(含量占40%~50%,粒径一般为300~400 mm)可按600 kPa采用;
②砂土可根据密实度选用其大值或小值;
③圆砾、角砾、碎石和卵石可根据密实度及填充料选用其大值或小值;
④挖孔桩的 τ_i 值可参照本表采用。

表 9-4 m_0 值

t/d	0.6~0.3	0.3~0.1
m_0	0.25~0.70	0.70~1.0

表 9-5 λ 值

桩底土的情况	h/d		
	4~20	20~25	>25
透水性土	0.7	0.70~0.85	0.85
不透水性土	0.65	0.65~0.72	0.72

表 9-6 锤击沉桩桩侧土的极限摩阻力 τ_i

土类	状态	τ_i(kPa)	土类	状态	τ_i(kPa)
黏性土	$1 \leq I_L \leq 1.5$	15~30	粉细砂	稍松	20~35
	$0.75 \leq I_L < 1$	30~45		中密	35~65
	$0.5 \leq I_L < 0.75$	45~60		密实	65~80
	$0.25 \leq I_L < 0.5$	60~75	中砂	中密	55~75
	$0 \leq I_L < 0.25$	75~85		密实	75~90
	$I_L < 0$	85~95	粗砂	中密	70~90
				密实	90~105

注:表中土的液性指数 I_L 是按76 g平衡锥测定的数值。

表 9-7 锤击沉桩桩尖处的极限承载力 σ_R 值

土类	状态	σ_R(kPa)		
黏性土	$I_L \geqslant 1$	1 000		
	$0.65 \leqslant I_L < 1$	1 600		
	$0.35 \leqslant I_L < 0.65$	2 200		
	$I_L < 0.35$	3 000		
		桩尖进入持力层的相对深度		
		$1 > h'/d$	$4 > h'/d \geqslant 1$	$h'/d \geqslant 4$
粉砂	中密	2 500	3 000	3 500
	密实	5 000	6 000	7 000
细砂	中密	3 000	3 500	4 000
	密实	5 500	6 500	7 500
中、粗砂	中密	3 500	4 000	4 500
	密实	6 000	7 000	8 000
圆砾石	中密	4 000	4 500	5 000
	密实	7 000	8 000	9 000

注:表中 h'为桩尖进入持力层的深度(不包括桩靴),d 为桩的直径或边长。

表 9-8 振动沉桩影响系数 α_i、α 值

桩径或边宽 d(m)	黏土	亚黏土	亚砂土	砂土
$d \leqslant 0.8$	0.6	0.7	0.9	1.1
$0.8 < d \leqslant 2.0$	0.6	0.7	0.9	1.0
$d > 2.0$	0.5	0.6	0.7	0.9

2. 柱桩(支承桩)

支承在基岩上或嵌入基岩内的灌注桩、沉桩及管桩单桩轴向受压容许承载力决定于桩底处岩石的强度与嵌入基岩的深度,按下式计算:

$$[P] = (c_1 A + c_2 U h) R_a \tag{9-6}$$

式中 $[P]$——单桩轴向受压容许承载力,kN,当计算荷载为荷载组合Ⅱ(或Ⅲ、Ⅳ、Ⅴ)时,可提高25%;

R_a——天然湿度的岩石单轴极限抗压强度,kPa,试件直径为 7 ~ 10 cm,高度与直径相等;

h——桩嵌入基岩深度,m,不包括风化层;

U——桩嵌入基岩部分的横截面周长,m,对钻孔桩和管桩按设计直径计算;

A——桩底横截面面积,m^2,对钻孔桩和管桩按设计直径计算;

c_1、c_2——无量纲系数,根据清孔情况、岩石破碎程度等因素,按表 9-9 采用。

表 9-9　c_1、c_2 值

条件	c_1	c_2
良好的	0.6	0.05
一般的	0.5	0.04
较差的	0.4	0.03

注：①对钻孔桩，表值可降低 20% 采用；

②$h \leq 0.5$ m 时，c_1 采用表列数值的 0.75 倍，$c_2 = 0$。

【例 9-1】 某桥台基础采用钻孔灌注桩基础，设计桩径 1.20 m，采用冲抓锥成孔，桩穿过土层情况如图 9-42 所示，桩长 $L = 20$ m，试按土的阻力求单桩轴向承载力。

解：$$[P] = \frac{1}{2}U\sum l_i\tau_i + \lambda m_0 A\{[\sigma_0] + k_2\gamma_2(h-3)\}$$

桩的设计直径 $d = 1.2$ m，取冲抓锥，成孔直径 $d = 1.2 + 0.1 = 1.3$ (m)，则 $U = \pi \times 1.3 = 4.08$ (m)，$A = \frac{\pi \times 1.2^2}{4} = 1.13$ (m^2)。

桩穿过各土层厚：$l_1 = 10$ m，$l_2 = 10$ m，桩侧土的极限摩阻力查表 9-3；淤泥 $I_L = 1.1 > 1$，处于流塑状态，取 $\tau_i = 28$ kPa；黏土 $I_L = 0.3$，属硬塑状态，取 $\tau_2 = 73$ kPa；$[\sigma_0]$ 按 $I_L = 0.3$，$e = 0.75$ 的黏土查表 5-3 得 $[\sigma_0] = 305$ kPa，$k_2 = 2.5$，桩尖埋置深度应从一般冲刷线算起，先假定桩尖埋深为 20 m。清底系数按一般要求，限制 $t/d = 0.4$，查表 9-4经内插得 $m_0 = 0.55$；$h/d = 16.7$，桩底土不透水，查表 9-5 得 $\lambda = 0.65$，于是：

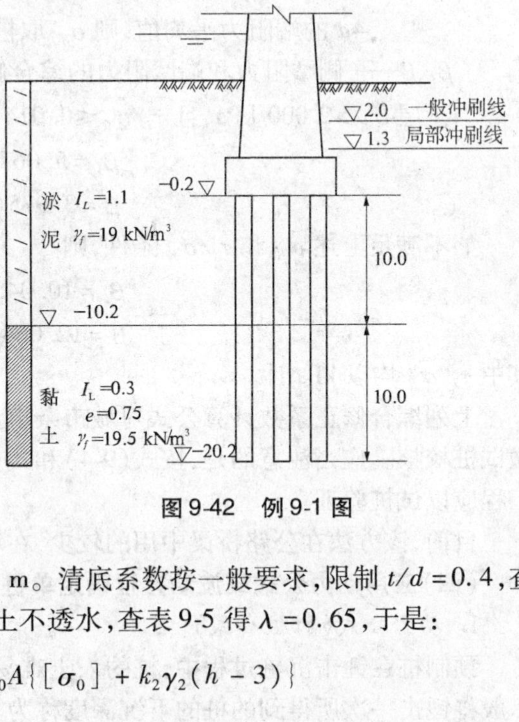

图 9-42　例 9-1 图

$$\begin{aligned}[P] &= \frac{1}{2}U\sum l_i\tau_i + \lambda m_0 A\{[\sigma_0] + k_2\gamma_2(h-3)\} \\ &= \frac{1}{2} \times 4.08 \times (10 \times 28 + 10 \times 73) + 0.65 \times 0.55 \times 1.13 \times [305 + \\ &\quad 2.5 \times \frac{10 \times 19 + 10 \times 19.5}{10 + 10} \times (21.5 - 3.0)] \\ &= 2\,543.28\text{(kN)}\end{aligned}$$

由于各种理论公式所作假设条件的局限性以及土质、地质条件的复杂多变性，按这些理论公式计算的结果往往与实际情况相差很远，且各理论公式所计算结果彼此也相差颇大，因此这种方法尚待进一步研究完善，故本教材不再详细介绍。

（三）静力触探法确定单桩容许承载力

静力触探是借用静力触探仪的探头贯入土中时受到土的阻力以反映土层强度的方法，普遍认为这是确定桩的轴向容许承载力很有发展前途的方法。其优点主要是：①设备简单，可现场进行测试，比取土样进行室内试验工效更高；②有利于合理选择持力层；③工作机理与桩相似。但它的工作性能和实际单桩工作性能仍有所不同，所以触探仪所测得的端阻和局部极限摩阻值，需经适当修正后，才能作为实际单桩的桩尖承载力和桩侧摩阻力。《公路桥涵地基与基础设计规范》(JTJ 024—85)规定：沉桩当采用静力触探试验测定时，单桩轴向承载力可用式(9-7)计算：

$$[P] = \frac{1}{2}[U \cdot \sum \alpha_i \beta_i l_i \bar{\tau}_i + \alpha\beta A \bar{\sigma}_R] \tag{9-7}$$

式中 $\bar{\tau}_i$——桩侧第 i 层土的静力触探测得的平均局部侧摩阻，kPa，当 $\tau < 5$ kPa 时，采用 5 kPa；

$\bar{\sigma}_R$——桩尖(不包括桩靴)标高以上和以下各 $4d$(d 为直径或边长)范围内静力触探端阻力的平均值，若桩尖以上 $4d$ 范围内的端阻力平均值大于桩底以下 $4d$ 的端阻力平均值，则 $\bar{\sigma}_R$ 取桩底以下 $4d$ 的端阻力平均值，kPa；

β_i、β——侧摩阻力和端摩阻力的综合修正系数，其值按下面判别标准选用计算：

当土层 $\bar{\sigma}_R > 2\ 000$ kPa，且 $\bar{\tau}_i/\bar{\sigma}_R \leqslant 0.014$ 时

$$\beta_i = 5.067(\bar{\tau}_i)^{-0.45}$$

$$\beta = 3.975(\bar{\sigma}_R)^{-0.25}$$

如不满足上述 $\bar{\sigma}_R$ 和 $\bar{\tau}_i/\bar{\sigma}_R$ 条件，则

$$\beta_i = 10.045(\bar{\tau}_i)^{-0.55}$$

$$\beta = 12.064(\bar{\sigma}_R)^{-0.35}$$

其中 $\bar{\tau}_i$、$\bar{\sigma}_R$ 均以 kPa 计。

上列综合修正系数计算公式对城市杂填土条件下的短桩不适用；用于黄土地基时，应做试桩校核。应当注意的是，按式(9-4)和式(9-5)计算的单桩轴向容许承载力对于重要工程应以试桩验证。

目前，该方法在公路桥梁中用的较少，在城市建筑工程中应用较为普遍。

(四)应用动力公式或波动方程确定单桩容许承载力

1. *动力公式(打桩公式)*

预制桩在锤击沉桩过程中，桩的入土难易程度可以反映土对桩阻力的大小。施工中一般将锤击一次所得到的桩的下沉深度称为贯入度。当桩刚插入土中时，往往不加锤击，只靠桩的自重就可下沉数米。开始锤击时，每次所得的贯入度较大；随着桩入土深度的增加，桩的贯入度将逐渐减小。如打桩方法、桩身和入土深度都相同，则在硬土中所得的贯入度要比在软土中所得的贯入度小。这说明贯入度越小，土对桩的阻力就越大，桩的承载力就越大；反之则桩的承载力就越小。可见贯入度与桩的承载力间存在一定的关系，一般把这种关系的表达式称为动力公式或打桩公式。

根据不同的假设条件，可得出不同的计算公式，目前还没有一种普遍认可的计算公式，规范中也未认可此种方法，故本教材不再详细介绍。

需要注意的是，桩打入土中后，经过一段时间的间歇，再打时其贯入度往往会有变化，一般在具有触变性的软黏土中，常为 $e_2 < e_1$(e_1 为原贯入度，e_2 为复打贯入度)，因为这种土受到连续锤击扰动，强度会降低，时隔几天，强度又有恢复，故复打时显出桩的承载力较

高。而在中密以上的稍湿砂土中，却出现相反情况，显出复打时的承载力反而有所降低。普遍认为复打所得的贯入度更能反映实际土的阻力，也即认为复打结果更符合桩的实际工作情况，所以应以复打取得的贯入度为准。但施工中不必每根桩都复打，而是取少数桩进行复打，并取这些桩的 e_1 与 e_2 的平均值，然后进行贯入度修正即可。

2. *波动方程法*

波动方程法是将打桩锤击看成杆件的撞击应力波传递问题来研究。随着计算机技术的高速发展，运用波动方程的方法分析打桩时的整个力学过程，可用来分析打桩应力，研究和改进桩锤的打桩能力与垫层材料等。用于承载力的确定目前还不成熟，尚需进一步实践研究。

（五）考虑桩身材料确定单桩轴向容许承载力

钢筋混凝土桩承受的轴向压力，由桩内钢筋和混凝土共同承担。作为压杆，除考虑材料强度外，还应考虑纵向挠曲的稳定性。当桩配有普通箍筋时，其轴向容许承载力按下式计算：

$$[P]=\frac{0.9\varphi(f_{cd}A+f'_{sd}A'_s)}{\gamma_0} \tag{9-8}$$

式中 $[P]$——钢筋混凝土桩轴向容许承载力，MN；

A——构件毛截面面积，当纵向钢筋配筋率大于3%时，A 应改用 $A_n=A-A'_s$；

A'_s——全部纵向钢筋的截面面积；

γ_0——结构的重要系数；

φ——纵向挠曲系数，可从表9-10查得，一般对高桩承台中的桩需考虑，对低桩承台中的桩，可不考虑纵向挠曲，即取 $\varphi=1$，表中 $l_P=kl$，高承台桩的 l 可参照表9-11确定，k 根据基桩上下两端连接情况，参考表9-12决定；桩头嵌入承台深度符合规定时，可认为是刚性嵌固（固接），否则作为铰接，桩底一般视桩尖土的密实情况而定，b 为矩形截面短边尺寸，d 为圆截面直径，r 为截面最小回转半径，计算时不考虑钢筋截面积，$r=\sqrt{\frac{I}{A}}$，A 与 I 为桩的横断面面积与截面惯性矩；

f_{cd}——混凝土抗压设计强度，MPa，按混凝土强度等级查表9-13；

f'_{sd}——纵向钢筋抗压设计强度，MPa，按表9-14采用。

表9-10 系数 φ

l_P/b	≤8	10	12	14	16	18	20	22	24	26	28	30	32	34
l_P/d	≤7	8.5	10.5	12	14	15.5	17	19	21	22.5	24	26	28	29.5
l_P/r	≤28	35	42	48	55	62	69	76	83	90	97	104	111	118
φ	1.00	0.98	0.95	0.92	0.87	0.81	0.75	0.70	0.65	0.62	0.56	0.52	0.48	0.44

表 9-11　高承台桩的 l 值

土质	软土（$[\sigma_0]<100$ kPa）	中等土（100 kPa$\leqslant[\sigma_0]\leqslant$250 kPa）	好土（$[\sigma_0]>250$ kPa）
图式	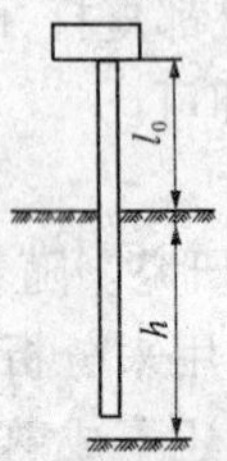	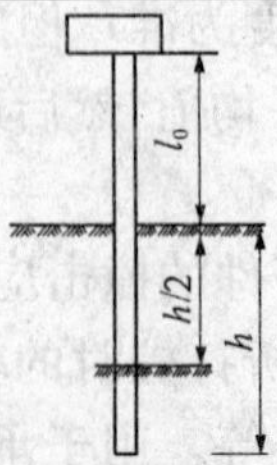	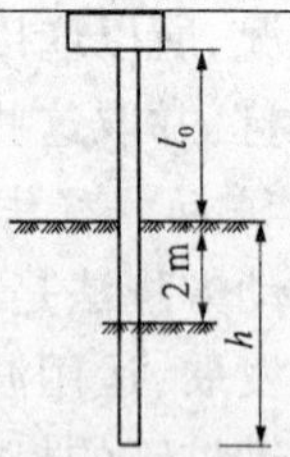
l	l_0+h	$l_0+\dfrac{h}{2}$	l_0+2

表 9-12　桩的计算长度 l_P

连接情况	两端铰接 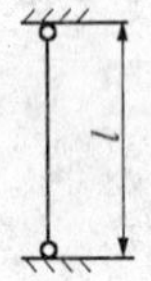	一端固接 一端铰接 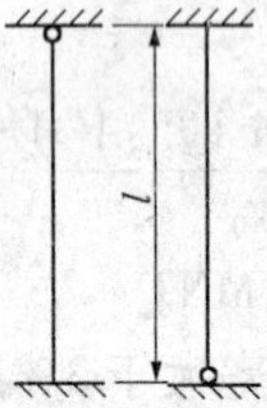	两端固接 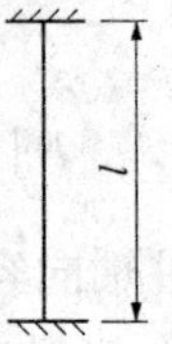	一端自由 一端固接 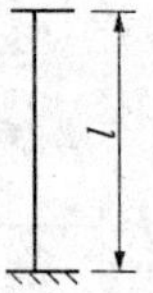
$l_P=kl$	1.0l	0.7l	0.5l	2l

表 9-13　混凝土抗压设计强度

混凝土强度等级 C	15	20	25	30	35	40	45	50	55	60	65	70	75	80
f_{cd}(MPa)	6.9	9.2	11.5	13.8	16.1	18.4	20.5	22.4	24.4	26.5	28.5	30.5	32.4	34.6

表 9-14　纵向钢筋抗压设计强度

钢筋种类	R235 （d=8～20 mm）	HRB335 （d=6～50 mm）	HRB400 （d=6～50 mm）	KL400 （d=8～40 mm）
f'_{sd}(MPa)	195	280	330	330

二、单桩横向容许承载力的确定

桩的横向承载力，是指桩在与桩轴线垂直方向受力时的承载力。桩在横向力（包括弯矩）作用下，桩身必产生横向位移或挠曲，并与桩侧土共同变形。桩与土共同作用，相互影响，其工作情况较轴向受力时要复杂些，但仍然是从保证桩身材料和地基的强度与稳定性，以及保证桩顶水平位移满足使用要求，限制位移大小在容许范围以内来分析和确定桩的容许承载力。

桩的横向承载力，按其工作性状分类通常有下列两种情况：

（1）当桩径较大、入土深度较小或周围土层较松软，即桩的刚度远大于土层刚度时，受横向力作用后桩身挠曲变形不明显,如同刚体一样围绕桩轴某一点而转动,如图9-43(a)所示。如果不断增大横向荷载,则可能由于桩侧土强度不够而失稳,使桩丧失承载能力或破坏。因此,基桩的横向容许承载力可能由桩侧土的强度决定。

(2)当桩径较小、入土深度较大或周围土层较坚实,即桩的相对刚度较小时,由于桩侧土有足够大的抗力,桩身发生挠曲变形,其侧向位移随着入土深度增大而逐渐减小,以致达到一定深度后几乎不受荷载影响,形成一端嵌固的地基梁,桩的变形呈图9-43(b)所示的波状曲线。如果不断增大横向荷载,可使桩身在较大弯矩处发生断裂或使桩发生过大的侧向位移超过了桩或结构物容许变形值。因此,基桩的横向容许承载力将由桩身材料的抗弯强度或侧向变形条件决定。

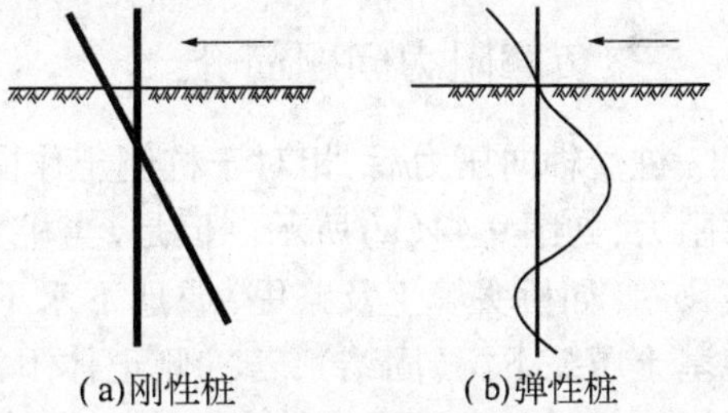

图9-43　桩在横向力作用下变形示意

以上是桩顶自由的情况,桩顶在承台中嵌固的条件,对桩在横向力作用下的抗弯及变形性状是有利的。

确定单桩横向容许承载力有横向静载试验和分析计算法两种途径。

对于单短桩的横向抗力多用桩周土达到极限平衡状态的条件求解,但现有的计算短桩的一些方法多属近似解。对于小型的不重要的工程,允许用查表法(表9-15、表9-16)来估算短桩的水平承载力。

表9-15　在水平荷载下桩的容许水平承载力(按地面水平位移 $\Delta h=1$ cm 计)

桩周土质	建议的嵌固深度		设计可用的水平抗力 P_h(kN)					
			木桩直径(cm)			RC 桩断面尺寸(cm)		
	木桩	RC 桩	28	30	32	30×30	35×35	40×40
砂土中除淤泥质粉砂外的中等密实的砂;硬塑黏土	4.5d	6d	26	28	28	60	70	80
松软、软塑黏土	5d	7d	14	15	16	25	30	35
淤泥质粉砂流塑黏土	6d	8d	5	5	6	10	15	20

表9-16　在水平荷载下桩的容许水平承载力(按地面水平位移 $\Delta h=7$ cm 计)

桩的种类	桩顶连接情况	桩周土质	容许荷载(kN)
木桩 $d=30$ cm	自由端	砂	0
	固端	中等坚硬黏土	0
		砂	20
		中等坚硬黏土	10
混凝土桩 $d=40$ cm	自由端	中砂	30
	固端	细砂	20
		中等坚硬黏土	20

注:摘自麦克纽帝(Mcnulty,1965),固端指桩头嵌入承台深度>60 cm。

对于单长桩，在水平力的作用下可视为一个下端嵌固的竖向线弹性地基上的梁，并用线弹性地基反力法求解。长桩水平承载力的大小主要是由桩身材料的抗弯强度所控制，而不是由地基土的抗力所控制。

三、负摩阻力问题简介

桩受轴向压力后，相对于桩侧土作向下位移，土对桩就产生向上作用的摩阻力，称正摩阻力，如图9-44(a)所示。但是，当桩穿过软弱可压缩土层时，由于地表面有较大的荷载作用(如桥头填土及路堤)或地下水下降，或土层属次固结状态等情况，均会引起桩侧地基土压缩下沉(固结)，若桩侧土体下沉量大于桩受荷后的沉降(包括桩身压缩和桩底下沉)，则桩侧土相对于桩产生向下位移，土对桩就产生向下作用的摩阻力，称负摩阻力，如图9-44(b)所示。

由于在桩身表面发生负摩阻力，使桩侧土的一部分重量传递给桩，因此负摩阻力不但不起承载力作用，反而变成施加在桩上的外荷载。这是在软弱黏土或湿陷性黄土等地基中确定单桩轴向容许承载力和设计桩基础时应该注意的。

要确定桩身负摩阻力的大小，就要先确定产生负摩阻力的深度和负摩阻力强度的大小。桩身负摩阻力并不一定发生于整个软弱压缩土层中，产生负摩阻力的深度就是桩侧土层对桩产生相应下沉的范围，它与桩侧土的压缩固结、桩身压缩及桩底下沉等直接有关。桩侧土的压缩与地表作用荷载及土的压缩性质有关，并随深度增加逐渐减小；而桩在外荷载作用下，桩底的下沉量为一定值，桩身压缩变形却随深度增加相应减小，因此当到达一定深度后，桩侧土下沉量有可能与桩身的位移量相等，土对桩无相对向下位移，即不产生负摩阻力；在此深度以下，桩的位移大于桩侧土的下沉，桩身上仍为向上作用的正摩阻力。正、负摩阻力变换处的位置，称为中性点(见图9-45)，显然中性点位置的确定与作用荷载和桩周土的性质有关。例如，当桩侧土压缩变形大，桩底土坚硬桩位移小时，中性点位置就会较低，乃至可位于压缩层底面；若桩底土较差，桩的位移较大，中性点位置就会上移。因此，中性点的位置即产生负摩阻力的深度随着条件的不同而变动，可按图9-45所示原则，在实践应用中应参考有关书籍和手册，通过计算确定。

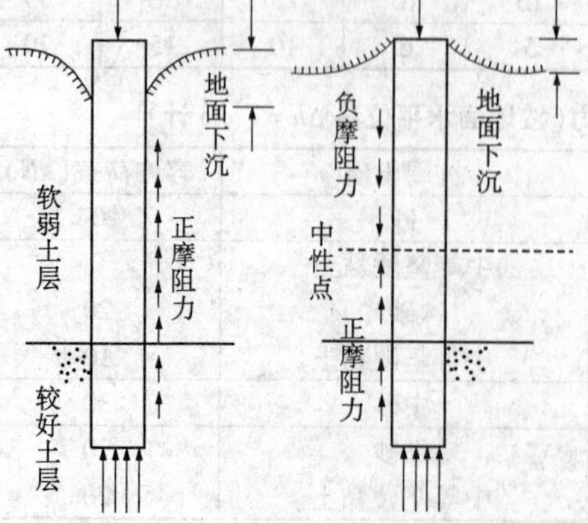

图9-44　桩的正负摩阻力

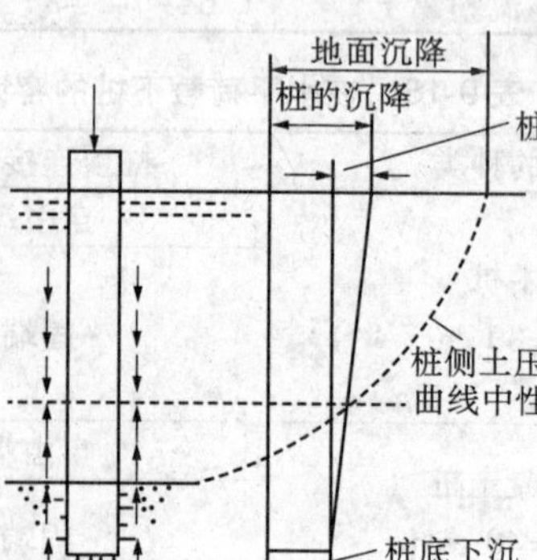

图9-45　中性点位置

桩基设计必须满足地基土的抗力和桩身强度两方面的要求，因此设计中对负摩擦力的考虑主要是看其对地基土抗力和桩身强度的影响，其主要影响如下：

(1)作用于桩侧表面的总负摩擦力有可能使桩的负荷过大，从而使桩基的沉降过大或桩身结构受到损坏。

(2)正如前面已指出过的，由于桩承担了一部分土体重量，即负摩擦力减少了桩端标高处的有效覆盖压力，这可能导致桩端阻力降低。

(3)当建筑物的部分基础或同一基础中部分桩发生负摩擦力，将出现桩群的不均匀沉降，致使上部结构损坏。

(4)负摩擦力对桩的作用可达到中性点的标高处。在挪威，认为如果把中性点以下桩的弹性压缩都考虑在内的话，可假设中性点是位于周围土沉降为 5 mm 的标高处；对打到基岩的桩，一般认为应假设中性点位于桩端处。

(5)桩群四角的桩分担到的负摩擦力比桩群内部的桩要大。

(6)在正常固结的软黏土中，如果桩长是 20 ~ 25 m，其负摩擦力常常与桩的容许荷载力值相等，在此情况下，应估计到端承桩会转变为摩擦桩。

工程实践证明，负摩阻力产生的后果主要反映在桩基下沉量的增加或发生基础不均匀沉降而影响结构物的使用。随着工程实践的不断发展，常常采取对桩身涂以处理后的沥青、油漆等措施，改变桩土接触表面摩阻性能从而减少负摩阻力值。

第五节　桩的内力和变位计算

桩基础在外荷载作用下各基桩桩身内力和变形以及桩基础变位的计算是桩基础设计计算中的主要内容之一。

桩基础上的作用荷载首先是通过承台传给桩，然后再由桩传给地基。承台传给基桩桩顶的作用力包括轴向力、横向力和弯矩。桩在受力后要发生变形，包括轴向变形和桩身挠曲所引起的横向变位。由于埋入土中的桩受到桩侧土的约束，所以桩在发生横向变位时，将受桩侧土横向抗力的作用，在计算时一般将作用于桩上的力分轴向受力和和横向受力(包括来自承台的横向力、弯矩和桩侧土的横向抗力)两部分，分别加以验算。在考虑横向受力问题时，首先要明确桩侧土的横向抗力的分布规律，这个问题比较复杂，目前一些计算方法如 k 法、c 法和 m 法，都对横向抗力的分布作了一些简化的假定。它们的共同点是运用了弹性地基上梁的计算原理，区别是对影响土的横向抗力分布的地基系数作了不同的假定。为了学习上的方便，下面先说明有关的基本概念，再介绍 m 法的具体计算。

一、基本概念

(一)土的横向抗力和地基系数

桩受横向力后将发生挠曲变形，如图 9-46 所示。随着桩的横向变位，桩侧土随之产生横向抗力作用于桩身，横向变位和土的抗力互有影响。运用弹性地基梁的原理，假定地基土是弹性体，土的横向抗力与桩侧土的变形（也即桩的横向位移 x）存在某种关系。按文克尔假设，两者成正比例，若已知深度 z 处桩的横向位移 x(m)，则该处土的横向抗力 σ_{zx}(kPa)应为

$$\sigma_{zx} = Cx \tag{9-9}$$

式中　C——地基系数，kN/m^3。

地基系数的物理意义是，使地基产生单位变形时所需施加的压力强度，也即桩侧某点发生单位横向位移时土对桩的横向抗力。所以，地基系数是反映地基土抗力性质的指标，当桩在某点的横向位移 x 一定时，C 值愈大土的横向抗力愈大。C 的大小与土的类别和物理力学性质有关。上面提到的三种方法中，k 法假定地基系数在地面处为零，自地面到桩的挠曲曲线第一个零点 A（见图 9-46，A 点离地面的深度为 l）处，地基系数随深度的增加而增大，到 A 点后不再增大而为常数 k，如图 9-47(a)所示。地基系数 m 法则假定在地面处为零，随深度成正比例增大，即 $C = mz$，如图 9-47(b)所示，其中 m 为地基系数随深度变化的比例系数，是 m 法中表示土抗力性质的一个指标。c 法则假定地基系数沿深度变化的图形为一个凸抛物线，即 $C = cz^{0.5}$，如图 9-47(c)所示。本书只介绍目前采用较多的 m 法。

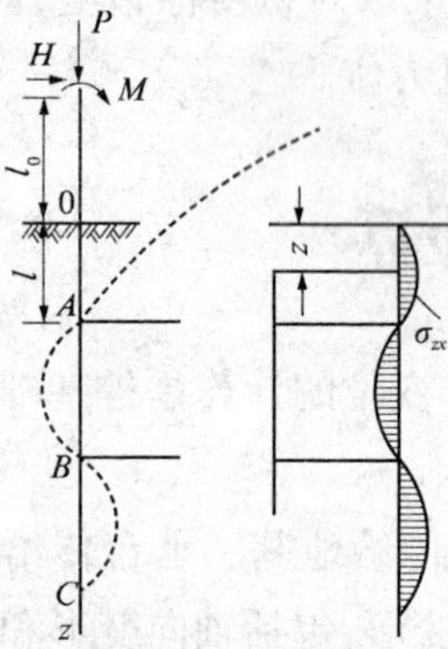

图 9-46　桩的挠曲与土的横向抗力

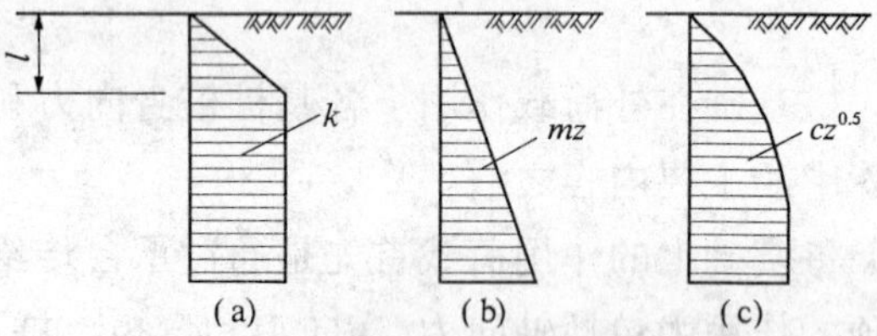

图 9-47　地基系数分布的几种假定

（二）单桩、单排桩和多排桩

计算基桩内力首先要根据作用在承台底面的外力，计算出作用于每根桩桩顶上的受力，这与桩基础总的桩数和桩的布置情况有关。桩基础按桩的布置方式可分为单桩、单排桩和多排桩 3 种情况。计算时按横向作用力与基桩布置方式之间的关系，分以下两种类型。

1. 单桩或与横向外力作用方向相垂直的单排桩

如图 9-48 所示，对于单桩即为作用于顶帽上的所有外荷载；对单排桩，当一般横向力作用在对称轴平面上时，各桩变形相同，受力也相等，可将作用于承台上的外力 N、H 和 M 平均分配给每根桩，即每根桩桩顶上受力均为

$$\left.\begin{aligned} P_i &= \frac{N}{n} \\ Q_i &= \frac{H}{n} \\ M_i &= \frac{M}{n} \end{aligned}\right\} \tag{9-10}$$

式中　n——桩数。

2. 多排桩或顺横向抗力作用方向的单排桩

如图9-49所示，由于承台刚度远比桩的刚度大，可视为刚体。当一般桩顶与承台连接的牢固程度符合桩头嵌入承台深度的规定时，可视为刚性连接。这类桩基础实际上是一个超静定的空间或平面刚架，其内力分析和变位计算需用超静定方法求解，一般用结构力学中的位移法计算各根桩桩顶的受力。

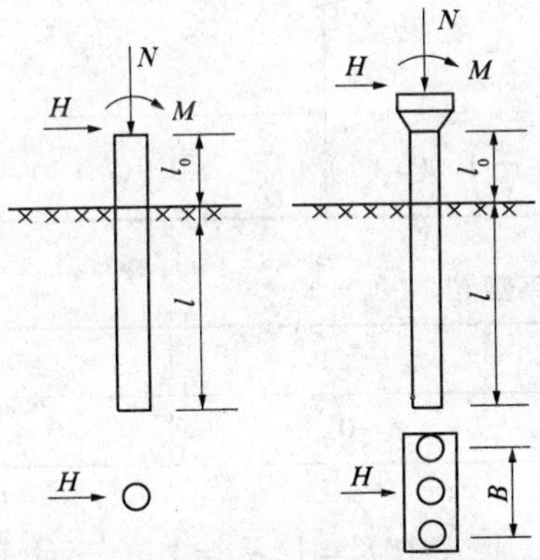

图9-48　单桩或与横向外力作用方向相垂直的单排桩

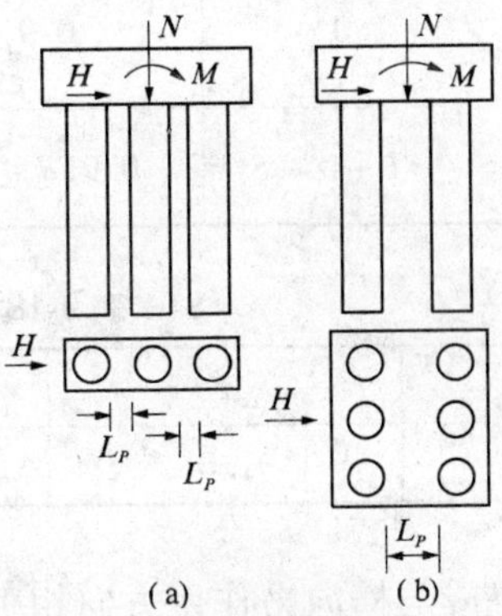

图9-49　多排桩或顺横向抗力作用方向的单排桩

桩侧土产生横向抗力的范围总要大于桩的侧向尺寸，且与桩的横截面形状、大小和相邻桩的间距等因素有关。为简化计算，又考虑到上述诸因素的影响，在计算中将各种不同情况下桩侧土抗力的实际作用范围用 b_1 表示，称为桩的计算宽度。假定在 b_1 范围内土的抗力均匀分布，对于多排桩或顺横向力作用方向的单排桩，每根桩的计算宽度为：

$$b_1 = K_\varphi K_0 K b \tag{9-11}$$

式中　b——桩垂直于横向力方向的宽度或直径，m；

K_φ——形状换算系数，见表9-17；

K_0——受力换算系数，桩受横向力后，除了宽度范围内土受挤压外，桩身宽度以外一定范围内的土也受挤压，计算时将土的受力宽度折算到桩身宽度中去，因此引入此系数，其值为$\left(1+\frac{1}{b}\right)$；

K——相互影响系数，与横向力作用方向上桩之间的净距 L_P（见图9-49）有关：$L_P \geq 0.6h_P$ 时，$K=1.0$，$L_P<0.6h_P$ 时，$K=b'+\frac{1-b'}{0.6}\times\frac{L_P}{h_P}$。

其中：h_P 为地面或局部冲刷线以下桩的计算深度，按 $h_P=3(b+1)$ 计算，但不得大于桩的实际埋入深度；b' 为与一排中的桩数 n 有关的系数，如图 9-49(a) 中 $n=3$，图 9-49(b) 中 $n=2$，b' 与 n 的关系见表 9-18。

表 9-17　基础形状换算系数 K_φ 和计算宽度 b_1

名称	符号	基础形状			
		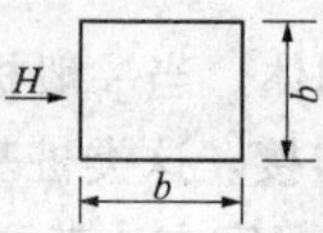	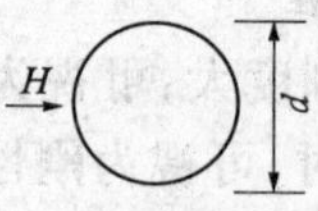	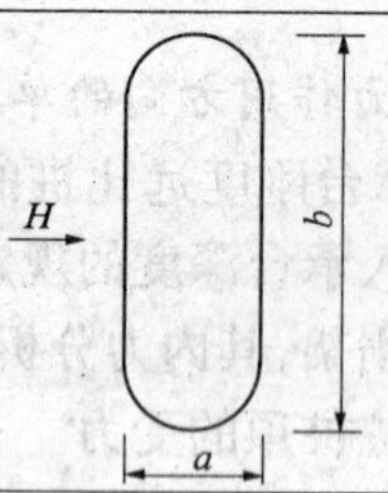	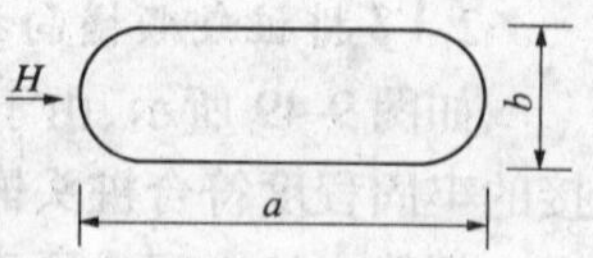
形状换算系数	K_φ	1.0	0.9	$\left(1-0.1\frac{a}{b}\right)$	0.9
计算宽度	b_1	$b+1$	$0.9(d+1)$	$\left(1-0.1\frac{a}{b}\right)\times(b+1)$	$0.9(b+1)$

表 9-18　与 n 有关的系数 b'

n	1	2	3	≥4
b'	1.0	0.6	0.5	0.45

对于单桩或与横向力作用方向相垂直的单排桩，上式中 $K=1$，$K_0=1+\frac{1}{b}$，于是 $b_1=K_\varphi\left(1+\frac{1}{b}\right)b=K_\varphi(1+b)$，故宽度可按下式计算：

$$\left.\begin{aligned}&\text{矩形截面柱桩}\quad b_1=b+1\\&\text{圆形截面柱桩}\quad b_1=0.9(b+1)\end{aligned}\right\}\tag{9-12}$$

n 根桩的计算宽度为 nb_1，但不得大于 $B+1$，大于 $B+1$ 时，按 $B+1$ 计算，B 为单排桩两侧桩的外缘之间的距离。

（三）刚性构件与弹性构件

m 法计算中常将置于土中的桩柱分成刚性结构件和弹性结构件两类。在横向力作用下，如果桩柱本身不发生挠曲变形，只发生转动和位移，那么这种桩柱属刚性结构；如果桩柱本身出现挠曲变形，则这种桩柱就属弹性结构。桩柱是否会出现挠曲变形，主要与桩柱的长度、截面形状、尺寸、桩柱的刚度及土的性质等因素有关。m 法计算中为了反映桩柱截面、刚度和土的性质等对桩柱变形的影响，引入基础变形系数 α(1/m)，如下式所示：

$$\alpha=\sqrt[5]{\frac{mb_1}{EI}}\tag{9-13}$$

式中　b_1——桩的计算宽度，m；

E、I——桩的弹性模量，MPa，以及截面惯矩，m^4；

m——土随深度变化的比例系数，称为地基系数，MN/m^4，按不同土质可参照表9-19选用（注意，还应验算桩在地面处的位移，以便按表注要求选用），当基础侧面为数种不同土层时，应将地面或局部冲刷线下 $h_m=2(d+1)m$ 深度内的各层土按下列公式换算成一个 m 值，作为整个深度的 m 值（对刚性基础 h_m 用整个深度 h）。

表 9-19　非岩石类土的比例系数 m 和 m_0

土的名称和状态	m 和 m_0 (MN/m^4)	土的名称和状态	m 和 m_0 (MN/m^4)
流塑($I_L\geqslant1$)黏性土，淤泥	3～5	坚硬、半坚硬($I_L<0$)黏性土，粗砂	20～30
软塑($I_L\geqslant0.5$)黏性土，粉砂	5～10	砂砾、角(圆)砂砾，卵石	30～80
硬塑($I_L\geqslant0$)黏性土，细砂，中砂	10～20	密实卵石类粗砂，密实漂卵石	80～120

注：①本表用于结构在地面处位移最大值不超过 6 mm，位移较大时，适当降低；

②当基础侧面设有斜坡或台阶，且其坡度或台阶总宽与深度之比超过 1∶20 时，表中 m 值应减少 50%；

③m_0 为土的竖向地基系数 $C_0(=m_0h)$ 随深度变化的比例系数，可按表 9-19 选用。当 $h\leqslant10$ m 时，$C_0=10$ m，因为据研究分析认为地面至 10 m 深处土的竖向抗力几乎没有什么变化，所有 $C_0=10$ m，当 $h>10$ m 时土的竖向抗力几乎与水平抗力相等，所有 10 m 以下取 $C_0=m_0h=mh$。

当深度 h_m 内存在两层不同土层时：

$$m=\frac{m_1h^2+m^2(2h_1+h_2)h_2}{h_m^2} \tag{9-14}$$

当 h_m 内存在三层不同土层时：

$$m=\frac{m_1h^2+m_2(2h_1+h_2)h_2+m_3(2h_1+2h_2+h_3)h_3}{h_m^2} \tag{9-15}$$

若桩柱底面置于地面或局部冲刷线以下的深度为 l，根据试验，当 $\alpha l\leqslant2.5$ 时，可将桩柱视为刚性结构，一般沉井、大直径管桩及其他实体深基础都属于这一类；当 $\alpha l>2.5$ 时，则应将桩柱视为弹性结构，一般沉桩与灌注桩多属这一类。根据不同结构，可采用不同公式计算变位和内力及土的横向抗力。本节主要研究使用较多的弹性构件。

二、单桩及单排桩计算

考虑到桩与主体共同承受外荷载的作用，为了方便计算，在基本理论中作了一些必要的假设：

(1)将土视作弹性变形介质，它具有随深度成正比例增长的地基系数（即 $C=mz$）。

(2)土的应力与应变关系符合文克尔假定。

(3)计算公式推导时，不考虑桩与土之间的摩擦力和黏结力。

(4) 桩与桩侧土在受力前后始终密贴接触。

(5) 桩作为一弹性构件。

(一)桩的挠曲微分方程及其内力和变位的计算公式

当一根计算宽度为 b_1 的弹性桩埋在土中，且地面处有水平荷载 Q_0 和力距 M_0 作用时，桩将发生挠曲，同时桩侧土也随之产生横向抗力 σ_{zx}，如图 9-50 所示。通常把图示单桩视为弹性地基梁，只是把梁的位置改为竖直方向。弹性地基梁挠曲时，梁轴挠度与梁上分布荷载 q 之间的关系，即梁的挠曲线微分方程为

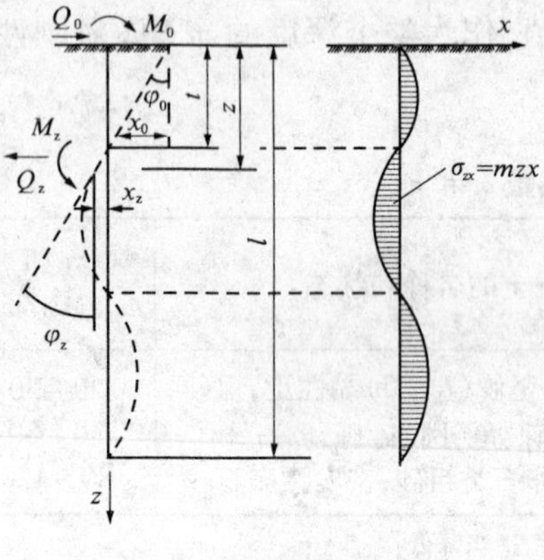

图 9-50　桩的挠曲和横向抗力

$$EI\frac{d^4x}{dz^4}=-q$$

式中　E、I——梁的弹性模量与截面惯性矩。

由于梁的挠度与相应点的分布荷载符号相反，所以公式等号右边为负号。

这样就可以得到图 9-50 中桩的挠曲微分方程：

$$EI\frac{d^4x}{dz^4}=-q=-\sigma_{zx}b_1=-mzxb_1$$

即
$$\frac{d^4x}{dz^4}+\frac{mb_1}{EI}zx=0$$

或
$$\frac{d^4x}{dz^4}+\alpha^5zx=0 \tag{9-16}$$

式中　α——桩的变形系数，1/m，$\alpha=\sqrt[5]{\frac{mb_1}{EI}}$。

桩的挠曲微分方程(9-16)，可以根据边界条件（如图 9-50 所示情况，当 $z=0$ 时，$x=x_0$，$\frac{dx}{dz}=\varphi_0$，$\frac{d^2x}{dz^2}=\frac{M_0}{EI}$及$\frac{d^3x}{dz^3}=\frac{Q_0}{EI}$）求解获得桩身横截面上的变位（水平位移 x_z 及转角 φ_z）和内力（弯矩 M_z 及剪力 Q_z）公式。若用无量纲系数形式表示，则为

$$x_z=\frac{Q_0}{\alpha^3EI}A_x+\frac{M_0}{\alpha^2EI}B_x \tag{9-17}$$

$$\varphi_z=\frac{Q_0}{\alpha^2EI}A_\varphi+\frac{M_0}{\alpha EI}B_\varphi \tag{9-18}$$

$$M_z=\frac{Q_0}{\alpha}A_M+M_0B_M \tag{9-19}$$

$$Q_z=Q_0A_Q+\alpha M_0B_Q \tag{9-20}$$

式中　A_x、B_x、A_φ、B_φ、A_M、B_M、A_Q、B_Q——无量纲系数，均为 $\bar{z}=\alpha z$、$\bar{l}=\alpha l$ 的函数。

由式(9-19)可求得桩在不同深度处的弯矩值，用来验算桩的强度或配置桩中钢筋。其中 A_M 和 B_M 值可从表 9-20 中查得，桩在地面或局部冲刷线处的横向荷载 Q_0 和 M_0 可按下式求得：

$$\left.\begin{aligned}Q_0&=Q_i\\M_0&=M_i+Q_il_0\end{aligned}\right\} \tag{9-21}$$

式中　Q_i、M_i——作用于桩顶上的横向荷载；

l_0——桩顶到地面或局部冲刷线的长度。

当桩顶露出地面或局部冲刷线的长度为 l_0（见图 9-46）时，可进一步导出桩顶的水平

位移 x_1 及转角 φ_1：

$$x_1 = \frac{Q}{\alpha^3 EI}A_{X1} + \frac{M}{\alpha^2 EI}B_{X1} \tag{9-22}$$

$$\varphi_1 = -\left(\frac{Q}{\alpha^2 EI}A_{\varphi1} + \frac{M}{\alpha EI}B_{\varphi1}\right) \tag{9-23}$$

式中　M、Q——作用于桩顶上的弯矩和剪力；

A_{X1}、$A_{\varphi1}$、B_{X1}、$B_{\varphi1}$——无量纲系数，$A_{\varphi1} = B_{X1}$，可按 $\bar{l} = \alpha l$ 和 $\bar{l}_0 = \alpha l_0$ 查表 9-21。

以上对桩的内力和位移正负号规定为：Q 和 x 以顺 x 轴的正方向为正，φ 以逆时针转为正，M 以使桩左侧纤维受拉时为正，反之则为负。

表 9-20　无量纲系数 A_M、B_M

$\bar{l}=\alpha l$	≥4.0		3.5		3.0		2.8		2.6		2.4	
系数 / $\bar{z}=\alpha z$	A_M	B_M	A_M	B_M	A_M	B_M	A_M	B_M	A_M	B_M	A_M	B_M
0	0	1.000	0	1.000	0	1.000	0	1.000	0	1.000	0	1.000
0.1	0.100	1.000	0.100	1.000	0.100	1.000	0.100	1.000	0.099	1.000	0.099	1.000
0.2	0.197	0.998	0.197	0.998	0.197	0.998	0.196	0.998	0.196	0.998	0.196	0.997
0.3	0.290	0.994	0.290	0.994	0.298	0.993	0.288	0.993	0.287	0.992	0.286	0.991
0.4	0.377	0.986	0.377	0.986	0.375	0.985	0.373	0.984	0.371	0.982	0.367	0.980
0.5	0.458	0.975	0.456	0.974	0.452	0.972	0.449	0.970	0.445	0.967	0.439	0.926
0.6	0.592	0.959	0.527	0.958	0.521	0.954	0.515	0.951	0.508	0.946	0.498	0.939
0.7	0.529	0.938	0.589	0.937	0.579	0.932	0.571	0.927	0.560	0.919	0.544	0.907
0.8	0.646	0.913	0.641	0.912	0.626	0.904	0.614	0.897	0.599	0.886	0.577	0.869
0.9	0.698	0.884	0.683	0.882	0.662	0.871	0.646	0.861	0.625	0.847	0.596	0.824
1.0	0.723	0.851	0.715	0.848	0.687	0.834	0.666	0.821	0.638	0.802	0.601	0.773
1.1	0.747	0.814	0.736	0.811	0.700	0.792	0.675	0.776	0.639	0.751	0.593	0.716
1.2	0.762	0.774	0.748	0.770	0.703	0.747	0.671	0.727	0.628	0.697	0.572	0.654
1.3	0.768	0.732	0.750	0.726	0.696	0.698	0.657	0.674	0.606	0.638	0.539	0.587
1.4	0.765	0.687	0.743	0.680	0.678	0.646	0.633	0.618	0.573	0.576	0.497	0.518
1.5	0.755	0.641	0.729	0.633	0.652	0.593	0.600	0.560	0.531	0.512	0.445	0.447
1.6	0.737	0.594	0.707	0.584	0.618	0.538	0.558	0.501	0.481	0.447	0.387	0.375
1.7	0.714	0.546	0.678	0.535	0.577	0.483	0.510	0.441	0.426	0.382	0.325	0.305
1.8	0.685	0.499	0.644	0.486	0.530	0.427	0.456	0.381	0.365	0.318	0.260	0.237
1.9	0.651	0.452	0.604	0.437	0.478	0.372	0.399	0.323	0.303	0.256	0.196	0.174
2.0	0.614	0.407	0.561	0.390	0.423	0.319	0.339	0.266	0.240	0.198	0.136	0.118
2.2	0.532	0.320	0.466	0.300	0.308	0.218	0.218	0.163	0.123	0.097	0.039	0.033
2.4	0.443	0.243	0.365	0.218	0.195	0.131	0.110	0.078	0.035	0.027	0	0
2.6	0.355	0.175	0.266	0.148	0.097	0.062	0.031	0.021	0	0		
2.8	0.270	0.120	0.174	0.090	0.027	0.016	0	0				
3.0	0.193	0.076	0.095	0.046	0	0						
3.5	0.051	0.014	0	0								
4.0	0	0										

表 9-21　无量纲系数 A_{X1}、$A_{\varphi1}$、B_{X1}、$B_{\varphi1}$

$\bar{l}=\alpha l$	≥4.0			3.5			3.0			2.8			2.6			2.4		
$\bar{l}_0=\alpha l_0$	A_{X1}	$A_{\varphi1}=B_{X1}$	$B_{\varphi1}$	A_{X1}	$A_{\varphi1}=B_{X1}$	$B_{\varphi1}$	A_{X1}	$A_{\varphi1}=B_{X1}$	$B_{\varphi1}$	A_{X1}	$A_{\varphi1}=B_{X1}$	$B_{\varphi1}$	A_{X1}	$A_{\varphi1}=B_{X1}$	$B_{\varphi1}$	A_{X1}	$A_{\varphi1}=B_{X1}$	$B_{\varphi1}$
0	2.44	1.62	1.75	2.50	1.64	1.76	2.73	1.76	1.82	2.91	1.87	1.89	3.16	2.05	2.01	3.53	2.33	2.23
0.2	3.16	1.99	1.95	3.23	2.01	1.96	3.51	2.14	2.02	3.73	2.27	2.09	4.07	2.47	2.21	4.55	2.79	2.43
0.4	4.04	2.40	2.15	4.12	2.42	2.16	4.44	2.56	2.22	4.72	2.70	2.29	5.14	2.93	2.41	5.76	3.30	2.63
0.6	5.09	2.85	2.35	5.18	2.88	2.36	5.56	3.03	2.42	5.90	3.18	2.49	6.42	3.44	2.61	7.19	3.84	2.83
0.8	6.33	3.34	2.55	6.42	3.37	2.56	6.87	3.53	2.62	7.28	3.70	2.69	7.90	3.98	2.81	8.84	4.43	3.03
1.0	7.77	3.87	2.75	7.87	3.90	2.76	8.39	4.08	2.82	8.97	4.26	2.89	9.61	4.56	3.01	10.74	5.05	3.23
1.2	9.43	4.44	2.95	9.55	4.47	2.96	10.14	4.66	3.02	10.69	4.86	3.09	11.55	5.18	3.21	12.89	5.72	3.43
1.4	11.32	5.05	3.15	11.45	5.08	3.16	12.13	5.28	3.22	12.76	5.49	3.29	13.76	5.85	3.41	15.32	6.42	3.63
1.6	13.47	5.70	3.35	13.62	5.73	3.36	14.37	5.95	3.42	15.09	6.17	3.49	16.24	6.55	3.61	18.04	7.17	3.83
1.8	15.89	6.39	3.55	16.05	6.42	3.56	16.89	6.65	3.62	17.70	6.89	3.69	19.00	7.29	3.81	21.06	7.96	4.03
2.0	18.59	7.12	3.75	18.76	7.16	3.76	19.70	7.39	3.82	20.60	7.65	3.89	22.07	8.07	4.01	24.41	8.78	4.23
2.2	21.60	7.89	3.95	21.78	7.93	3.96	22.81	8.18	4.02	23.82	8.44	4.09	25.47	8.90	4.21	28.09	9.65	4.43
2.4	24.91	8.70	4.15	25.11	8.74	4.16	26.25	9.00	4.22	27.36	9.28	4.29	29.20	9.76	4.41	32.13	10.55	4.63
2.6	28.56	9.55	4.35	28.77	9.59	4.36	30.02	9.87	4.42	31.25	10.16	4.49	33.28	10.66	4.61	36.54	11.50	4.83
2.8	32.56	10.44	4.55	32.78	10.48	4.56	34.14	10.77	4.62	35.50	11.08	4.69	37.73	11.60	4.81	41.33	12.48	5.03
3.0	36.92	11.37	4.75	37.16	11.41	4.76	38.64	11.71	4.82	40.12	12.04	4.89	42.57	12.59	5.01	46.53	13.51	5.23
3.2	41.66	12.34	4.95	41.92	12.38	7.96	43.52	12.70	5.02	45.13	3.03	5.09	47.81	13.61	5.21	52.14	14.57	5.43
3.4	46.80	13.35	5.15	47.07	13.40	5.16	48.80	13.72	5.22	50.55	14.07	5.29	53.46	14.67	5.41	58.19	15.68	5.63
3.6	52.35	14.40	5.35	52.64	14.45	5.36	54.50	14.78	5.42	56.39	15.15	5.49	59.55	15.77	5.61	64.49	16.82	5.83

续表 9-21

$\bar{l}=\alpha l$	≥4.0			3.5			3.0			2.8			2.6			2.4		
$\bar{l}_0=\alpha l_0$	A_{X1}	$A_{\varphi1}=B_{X1}$	$B_{\varphi1}$	A_{X1}	$A_{\varphi1}=B_{X1}$	$B_{\varphi1}$	A_{X1}	$A_{\varphi1}=B_{X1}$	$B_{\varphi1}$	A_{X1}	$A_{\varphi1}=B_{X1}$	$B_{\varphi1}$	A_{X1}	$A_{\varphi1}=B_{X1}$	$B_{\varphi1}$	A_{X1}	$A_{\varphi1}=B_{X1}$	$B_{\varphi1}$
3.8	58.33	15.49	5.55	58.64	15.54	5.56	60.63	15.89	5.62	62.67	16.27	5.69	66.06	16.92	5.81	71.66	18.01	6.03
4.0	64.57	16.62	5.75	65.08	16.67	5.76	67.22	17.03	5.82	69.41	17.42	5.89	73.09	18.10	6.01	79.10	19.23	6.23
4.2	7.63	17.79	5.95	71.98	17.84	5.96	74.26	18.22	6.09	76.62	18.62	6.09	80.57	19.32	6.21	87.05	20.50	6.43
4.4	78.99	19.00	6.15	79.36	19.05	6.16	81.79	19.44	6.29	84.31	19.86	6.29	88.55	20.58	6.41	95.51	21.81	6.63
4.6	86.84	20.25	6.35	87.23	20.30	6.36	89.82	20.70	6.49	92.51	21.14	6.49	97.04	21.89	6.61	104.50	23.15	6.83
4.8	95.20	21.54	6.55	95.60	21.60	6.56	98.36	22.0	6.69	101.23	22.45	6.69	106.07	23.23	6.81	114.03	24.54	7.03
5.0	104.08	22.87	6.75	104.51	22.93	6.76	107.43	23.35	6.89	110.48	23.81	6.89	115.63	24.61	7.01	124.13	25.96	7.23
5.2	113.50	24.24	6.95	113.95	24.30	6.96	117.05	24.73	7.09	120.28	25.21	7.09	125.76	26.04	7.21	134.81	27.43	7.43
5.4	123.48	25.65	7.15	123.95	25.71	7.16	127.22	26.16	7.29	130.65	26.65	7.29	136.47	27.50	7.41	146.08	28.93	7.63
5.6	134.03	27.10	7.35	134.53	27.16	7.36	137.98	27.62	7.49	141.61	28.13	7.49	147.77	29.00	7.61	157.96	30.48	7.83
5.8	145.17	28.59	7.55	145.69	28.65	7.56	149.33	29.12	7.69	153.16	29.64	7.69	159.67	30.54	7.81	170.47	32.06	8.03
6.0	156.91	30.12	7.75	157.45	30.18	7.76	161.28	30.67	7.89	165.33	31.20	7.89	172.20	32.13	8.01	183.62	33.69	8.23
6.4	182.27	30.30	8.15	182.86	33.37	8.16	187.09	33.88	8.29	191.57	34.44	8.29	199.21	35.41	8.41	211.90	37.06	8.63
6.8	210.24	36.64	8.55	210.88	36.71	8.56	215.53	37.24	8.69	220.47	37.83	8.69	228.90	38.86	8.81	242.95	40.59	9.03
7.2	240.95	40.15	8.95	241.64	40.21	8.96	246.72	40.77	9.09	252.14	41.39	9.09	261.42	42.46	9.21	276.89	44.28	9.43
7.6	274.52	43.81	9.35	275.27	43.88	9.36	280.80	44.46	9.49	286.73	45.10	9.49	296.88	46.23	9.61	313.84	48.13	9.83
8.0	311.08	47.63	9.75	311.89	47.70	9.76	317.90	48.31	9.89	324.35	48.98	9.89	335.43	50.15	10.01	353.94	52.14	10.23
8.5	361.19	52.63	10.25	362.07	52.70	10.26	368.70	53.41	10.39	375.84	54.05	10.39	388.12	55.28	10.51	408.68	57.38	10.73
9.0	416.42	57.88	10.75	417.38	57.96	10.76	424.66	58.62	10.89	432.53	59.37	10.89	446.07	60.66	11.01	468.79	62.87	11.23
9.5	477.02	63.78	11.25	478.06	63.46	11.26	486.03	64.16	11.39	494.66	64.94	11.39	509.53	66.30	11.51	534.51	68.61	11.73
10.0	543.25	69.13	11.75	544.38	69.21	11.76	553.06	69.94	11.89	562.48	70.75	11.89	578.75	72.18	12.01	606.09	74.60	12.23

（二）计算步骤

（1）求出每根桩桩顶受力 P_i、Q_i 和 M_i 及地面或局部冲刷线处横向荷载。这里必须注意，计算轴向荷载和横向荷载时应选用不同的最不利荷载组合，因为这两部分荷载对桩的作用是分别验算的。

（2）验算单桩的轴向承载力。要求单桩轴向受力（桩顶轴向力加桩重）不超过容许承载力。如桩的断面尺寸已定，需要选定的入土深度，则可以根据桩的轴向受力等于单桩轴向容许承载力原则，算出桩所需要的入土深度。

（3）计算桩的计算宽度 b_1 和桩的变形系数 α，并判别是否属弹性构件，如为弹性构件，则可继续以下步骤。

（4）计算桩在不同深度处的弯矩 M_z，绘出 M_z 的分布图，找出最大弯矩值及其截面位置，以便验算桩的截面强度或进行桩身配筋计算。

（5）计算墩（台）顶水平位移。若桥墩如图 9-48 所示，墩顶即桩顶，可直接用公式计算，墩顶位移 $\Delta = x_1$；若桩顶上有截面不同于桩身的墩（台）柱，如图 9-51 所示，则可按下式计算墩（台）顶的水平位移：

$$\Delta = x_1 - \varphi_1 l_1 + \Delta_0 \tag{9-24}$$

式中 x_1、φ_1——桩顶的水平位移和截面转角，要注意当 Q、M 均为正值时，按式(9-23)算得的 φ_1 为负值，应以负值代入；

l_1——墩（台）顶至桩顶的高度；

Δ_0——墩柱部分由弹性挠曲所引起的墩顶水平位移，一般按桩顶处为固定墩的悬臂梁计算。

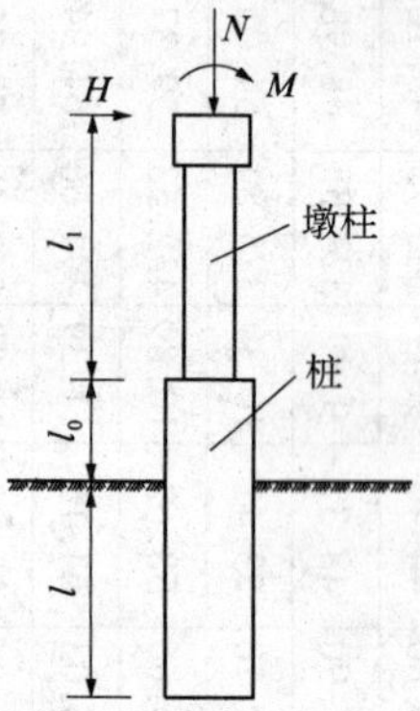

图 9-51 计算墩（台）顶水平位移

针对图 9-51 的受力情况，由材料力学计算挠度公式，Δ_0 为：

$$\Delta_0 = \frac{Hl_1^3}{3E_1I_1} + \frac{Ml_1^2}{2E_1I_1} \tag{9-25}$$

式中 E_1、I_1——墩柱的弹性模量和截面惯性矩。

【例 9-2】 桩基设计示例。

设计资料（参阅图 9-52）。

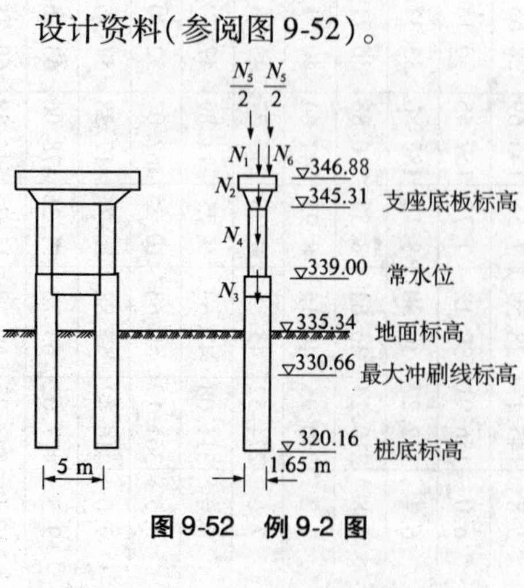

图 9-52 例 9-2 图

（1）地质与水文资料。地基土为密实细砂夹砾石，地基土比例系数 $m = 10\,000\ \text{kN/m}^4$；地基土的极限摩阻力 $\tau = 70$ kPa；内摩擦角 $\varphi = 40°$，黏聚力 $c = 0$；地基容许承载力 $[\sigma_0] = 400$ kPa；浮容重 $\gamma = 11.80\ \text{kN/m}^3$；地面标高为 335.34 m，常水位标高为 339.00 m，局部冲刷线标高为 330.66 m，一般冲刷线标高为 335.34m。

（2）桩、墩尺寸与材料。墩帽标高为 346.88 m，桩顶标高为 339.00 m，墩柱顶标高为 345.31 m，墩柱直径 1.50 m，桩直径1.65 m。

桩身混凝土为 C20，其受压弹性模量 $E_h = 2.6 \times 10^4$ MPa。

(3)荷载情况。桥墩为单排双柱式，桥面宽 7 m，设计荷载公路－Ⅱ级，人群荷载 3 kN/m^2，两侧人行道各宽 1.5 m。

上部为 20 m 预应力钢筋混凝土梁，每一根桩承受荷载为：

上部结构重力　　$N_1 = 1\ 376.00$ kN

盖梁重力　　$N_2 = 256.50$ kN

系梁重力　　$N_3 = 76.40$ kN

墩柱(直径 1.5 m)重力　$N_4 = \dfrac{\pi \times 1.5^2}{4} \times 25 \times (345.31 - 339.00) = 279.0(\text{kN})$

桩(直径 1.65 m)自重每延米　$q = \dfrac{\pi \times 1.65^2}{4} \times 15 = 32.10(\text{kN})$(已扣除浮力)

两跨车辆荷载与人群荷载反力　$N_5 = 558.00$ kN

一跨车辆荷载与人群荷载反力　$N_6 = 403.00$ kN

车辆荷载反力已按偏心受压原理考虑横向分布的分配影响。

N_6 在顺桥向引起的弯矩 $M = 120.90$ kN·m；制动力 $H = 30$ kN。

盖梁部分 $W_1 = 3.00$ kN，对桩顶力臂 7.06 m；

立柱部分 $W_2 = 2.70$ kN，对桩顶力臂 3.15 m。

桩基础采用冲抓锥钻孔灌注桩基础。

试确定桩的入土深度并进行验算。

解：(1)桩长的计算。由于地基土层单一，用确定单桩容许承载力的《公路桥涵地基与基础设计规范》经验公式初步反算桩长，该桩埋入最大冲刷线以下深度为 h，一般冲刷线以下深度为 h_3，则

$$N_h = [P] = \frac{1}{2} U \sum l_i \tau_i + \lambda m_0 A \{ [\sigma_0] + k_2 \gamma_2 (h_3 - 3) \}$$

式中　N_h——一根桩受到的全部的竖直荷载，kN，最大冲刷线以下(入土深度)的桩重的一半作外荷计算。

当在两跨车辆荷载与人群荷载作用下，有

$$\begin{aligned} N_h &= N_1 + N_2 + N_3 + N_4 + N_5 + l_0 q + \frac{1}{2} q h \\ &= 1\ 376.00 + 256.50 + 76.40 + 279.00 + 558.00 + (339.00 - \\ &\quad 330.66) \times 32.10 + \frac{1}{2} \times 32.0 \times h \\ &= 2\ 813.61 + 16.05h(\text{kN}) \end{aligned}$$

计算$[P]$时取以下数据：桩的设计桩径 1.65 m，冲抓锥成孔直径 1.80 m，桩周长 $U = \pi \times 1.80 = 5.65$ (m)，$A = \dfrac{\pi (1.65)^2}{4} = 2.14(\text{m}^2)$，$\lambda = 0.7$，$m_0 = 0.8$，$k_2 = 3$，$[\sigma_0] = 400.00$ kPa，$\gamma = 11.80$ kN/m^3(已扣除浮力)，$\tau = 70$ kPa，所以得：

$$[P] = \frac{1}{2}(\pi \times 1.8 \times h \times 70) + 0.7 \times 0.8 \times 2.14 \times [400 + 3 \times 11.8(h + 4.68 - 3)]$$

$= N_h = 2\ 813.61 + 16.05h$

所以 $h = 10.09(\text{m})$

现取 $h = 10.5$ m,桩底标高为 320.16 m;根据以上计算,桩的轴向承载力符合要求。

(2)桩的内力及位移计算。

①确定桩的计算宽度 b_1。

$$b_1 = K_f(d+1) = 0.9\times(1.65+1) = 2.385(\text{m})$$

②计算桩的变形系数 α。

$$\alpha = \sqrt[5]{\frac{mb_1}{EI}} = \sqrt[5]{\frac{10\ 000\times 2.385}{0.67\times 2.6\times 10^7\times 0.364}} = 0.327(\text{m}^{-1})$$

其中,$I = 0.049\ 087\times 1.65^4 = 0.364(\text{m}^4)$;$EI = 0.67E_hI$。

桩的换算深度 $\bar{h} = \alpha h = 0.327\times 10.5 = 3.4 > 2.5$,所以按弹性桩计算。

③计算墩柱顶上外力 P_i、Q_i、M_i 及最大冲刷线处桩截面受力 P_0、Q_0、M_0,按一列车辆荷载计算

$$P_i = 1\ 376.00 + 403.00 = 1\ 779.00(\text{kN})$$

$$Q_i = 30.00(\text{kN})$$

$$M_i = 120.90(\text{kN})$$

换算到最大冲刷线处,即

$$P_0 = 1\ 779.00 + 256.50 + 76.40 + 279.00 + 32.1\times 8.34 = 2\ 658.60(\text{kN})$$

$$Q_0 = 30.00 + 3.00 + 2.70 = 35.70(\text{kN})$$

$$M_0 = 120.90 + 30.00\times(346.88 - 330.66) + 3\times 15.4 + 2.7\times 11.49 = 684.70(\text{kN}\cdot\text{m})$$

④计算最大冲刷线以下深度 z 处桩截面上的弯矩 M_z。

$$M_z = \frac{Q_0}{\alpha}A_M + M_0B_M$$

无量纲系数 A_M 及 B_M 由表 9-20 查得,M_z 值列表计算,其结果见表 9-22。

(3)桩顶纵向水平位移验算。桩在局部冲刷线处水平位移 x_0 和转角 φ_0:

$$x_0 = \frac{Q_0}{\alpha^3EI}A_x + \frac{M_0}{\alpha^2EI}B_x$$

$$= \frac{35.70}{0.327^3\times 0.67\times 2.6\times 10^7\times 0.364}\times 2.614 + \frac{684.70}{0.327^2\times 0.67\times 2.6\times 10^7\times 0.364}\times 1.699$$

$$= 2.14\times 10^{-3}(\text{m}) = 2.14\ \text{mm} < 6\ \text{mm}(\text{符合规定要求})$$

$$\varphi_0 = \frac{Q_0}{\alpha^2EI}A_\varphi + \frac{M_0}{\alpha EI}B_\varphi$$

$$= \frac{35.70}{0.327^2\times 0.67\times 2.6\times 10^7\times 0.364}\times(-1.788)$$

$$= -9.4\times 10^{-5}(\text{rad})$$

表 9-22 列表计算 M_z 值

z	$\bar{z}=\alpha z$	$\bar{h}=\alpha h$	A_M	B_M	$\frac{Q_0}{\alpha}A_m$	M_0B_m	M_z (kN·m)
0	0	3.43	0	1.000 00	0	684.70	684.70
0.616	0.2	3.43	0.196 75	0.997 97	21.48	683.31	704.79
1.23	0.4	3.43	0.375 71	0.985 42	41.02	674.71	715.73
1.85	0.6	3.43	0.523 99	0.956 20	57.21	654.71	711.92
3.08	1.0	3.43	0.700 67	0.840 98	76.50	575.82	652.32
4.31	1.4	3.43	0.710 97	0.663 29	77.62	454.15	531.77
5.54	1.8	3.43	0.586 85	0.456 56	64.97	312.61	376.68
6.77	2.2	3.43	0.386 75	0.259 00	42.22	177.34	219.56
8.00	2.6	3.43	0.181 14	0.104 89	19.78	71.82	91.60
9.23	3	3.43	0.047 68	0.023 06	5.21	15.79	21.00

$$I_1=\pi\times\frac{1.5^4}{64}=0.248\ 5(\mathrm{m}^4),E_1=E$$

所以
$$n=\frac{E_1I_1}{EI}=\frac{1.5^4}{1.65^4}=0.683$$

$$\begin{aligned}x_Q&=\frac{Q}{2E_1I_1}\left[\frac{1}{3}(nh_2^3)+h_1^3+nh_1h_2(h_1+h_2)\right]\\&=\frac{30}{2\times0.67\times2.6\times10^7\times0.248\ 5}\times\left[\frac{1}{3}\times(0.683\times8.34^3)+6.31^3+0.683\times8.34\right.\\&\left.\quad\times6.31\times(8.34+6.31)\right]\\&=5.145\times10^{-3}(\mathrm{m})\end{aligned}$$

$$\begin{aligned}x_m&=\frac{M}{2E_1I_1}[h_1^2+nh_2(2h_1+h_2)]\\&=\frac{120.90}{2\times0.67\times2.6\times10^7\times0.248\ 5}\times[6.31^2+0.683\times8.34\times(2\times6.31+8.34)]\\&=2.224\times10^{-3}(\mathrm{m})\end{aligned}$$

墩顶纵向水平位移(以墩顶纵向水平位移计)为:

$$\begin{aligned}x_1&=(2.14+0.680\times14.65+5.145+2.224)\times10^{-3}\\&=19.47\times10^{-3}(\mathrm{m})=19.5\ \mathrm{mm}\end{aligned}$$

水平位移容许值$[\Delta]=0.5\sqrt{30}=2.74(\mathrm{cm})=27.4\ \mathrm{mm}$

符合要求。

第六节　桩基础整体承载力的验算

一、单桩与群桩的作用特点

桩基础由多根单桩通过承台连成一个整体，当单桩承载力确定以后，整个桩基础的承载力是否等于所有单桩承载力之和，试验证明并不一定。一般对单桩或相邻桩间距较大的摩擦桩（桩轴间距大于 5 ~ 8 倍的桩直径），整体桩基础的承载力与单桩承载力之和是相等的，但对于相邻桩轴间距小于 5 ~ 8 倍桩直径的摩擦桩来说，整体桩基础承载力却小于单桩承载力之和 。其原因主要是桩柱是通过桩直接将承受的压力传到桩尖处的坚硬土层（一般为岩层）中去，压力与桩尖处反力平衡，且桩下端承压面等于桩身横截面，其压应力不可能有叠加现象。但摩擦桩是通过桩侧与土之间的摩擦作用，将桩顶所承受的压力传到桩尖处面积较大的土层中去的 ，桩下端地基压应力分布面积大于桩身横截面，当群桩中桩轴间距较小时，桩尖处地基应力发生叠加现象，使它的最大应力超过单桩单独作用时的最大应力，这样群桩承载力就相对降低。如果桩间距较大，则桩尖处地基应力不发生叠加现象，如图 9-53 所示，故有上述不同结果。但目前只能做原理上的解释，由于群桩作用的复杂性，还不能获得用单桩承载力去推算整个桩基础的承载力的方法。所以，在桩基础的计算中，一方面要保证单桩的轴向受力不超过单桩轴向承载力，另一方面还要把桩基础作为整体，采用如下近似的计算方法验算其承载力，包括考虑地基的强度和必要时验算桩基础的沉降。

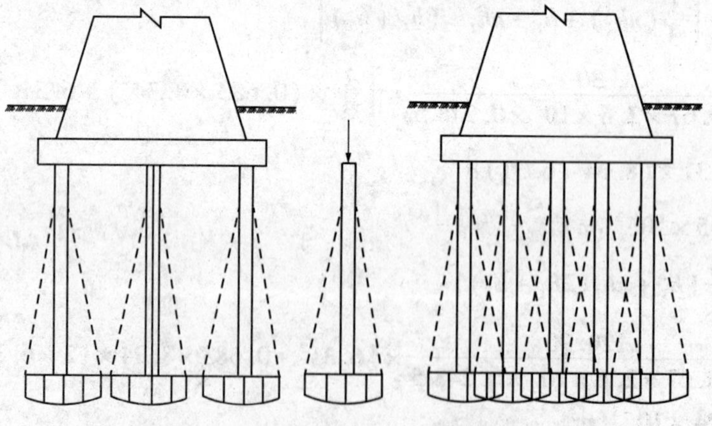

图 9-53　单桩与桩群的作用

二、桩基础承载力的验算

对于桩柱一般可不验算桩基础的承载力。对于摩擦桩，当在尖桩平面内桩间中心距小于 6 倍桩直径时,根据桩在传力时的扩散作用,可将桩基础视为如图 9-54 中宽为 b、长为 a 的包括 $cdef$ 范围的实体刚性基础(从最外侧桩的边缘按 $\varphi/4$ 向下扩散,φ 为桩侧土的内摩擦角),桩尖平面作为基底,从而验算其地基强度和计算其变形。

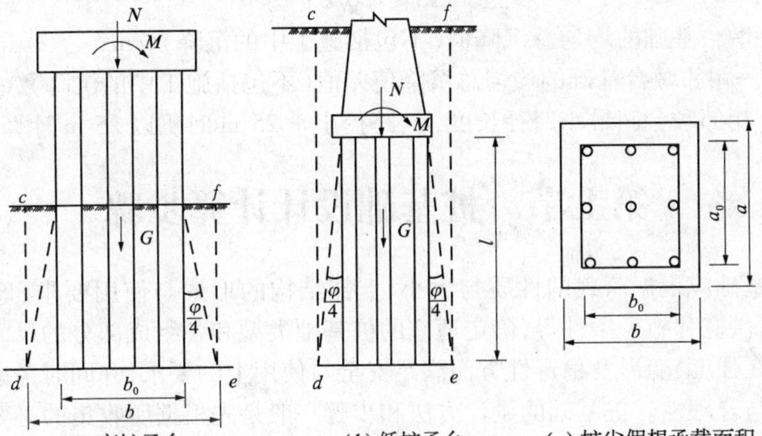

(a) 高桩承台　(b) 低桩承台　(c) 桩尖假想承载面积

图 9-54　桩基础作为整体基础

(一)地基强度验算

验算时不考虑水平力的影响。设 N、M 分别为作用于承台底面桩群形心点的竖向力和力矩,G 为所有桩和范围内土的总重,则桩尖处地基上的最大应力应符合下式:

$$\sigma_{\max}=\frac{N+G}{A}+\frac{M}{W}\leqslant k[\sigma] \tag{9-26}$$

式中　A——桩尖处假定的基础面积,$A=ab=\left(a_0+2l\tan\frac{\varphi}{4}\right)\left(b_0+2l\tan\frac{\varphi}{4}\right)$,其中 l 为桩埋入土中部分的长度,若 l 范围内由多层土组成,则 $\varphi=\frac{\sum\varphi_i l_i}{l}$,其中 φ_i、l_i 分别为桩穿过各土层的内摩擦角和厚度;

W——桩尖处假定的基础底面的截面抵抗矩,$W=\frac{ab^2}{6}$;

k——容许承载力提高系数,按荷载组合查表 5-8;

$[\sigma]$——桩尖处修正后的地基土允许承载力,确定方法同浅基础,用下式计算:

$$[\sigma]=[\sigma_0]+k_1\gamma_1(b-2)+k_2\gamma_2(h-3)+10h_W$$

其中,h 为桩尖的埋置深度(从地面或一般冲刷线算起),b 为桩尖处假定基底的宽度。如桩尖平面以下不深处有软弱下卧层,则还需验算其强度。

(二)沉降计算

规范规定,有单桩的静载试验资料时,符合下列情况之一者,桩基础总沉降量可采用单桩试验所得之沉降量,不必另行计算。

(1)柱桩。

(2)桩尖平面处桩间的中心距小于 6 倍桩直径或边长。

在其他情况下，对于超静定桥梁墩台，应将群桩视为实体基础，按分层总和法计算桩基础的沉降量。要求算得的沉降量，扣除施工期间的沉降量后，不超过规定的允许值：

$$\left.\begin{aligned} S &\leqslant 2.0\sqrt{L} \\ \Delta S &\leqslant 1.0\sqrt{L} \end{aligned}\right\} \tag{9-27}$$

式中 S——墩台基础的均匀总沉降值（不包括施工中的沉降），cm；

ΔS——相邻墩台基础的均匀总沉降值差值（不包括施工中的沉降），cm；

L——相邻墩台间最小跨径长度，m，跨径小于 25 m 时仍以 25 m 计算。

第七节 桩基础设计计算步骤

设计桩基础应根据荷载的性质与大小、上部结构的形式与使用要求、地质和水文资料，以及材料供应和施工条件等，确定适宜的桩基础类型和各组成部分的尺寸，保证承台、基桩和地基在强度、变形及稳定性方面满足安全与使用上的要求，并同时考虑技术和经济上的可能性与合理性。桩基础的设计方法和步骤一般是先根据所收集的必要设计资料拟定出设计方案（包括选择桩基础的类型、桩长、桩径、桩数及桩的布置、承台位置与尺寸等），然后进行基桩和承台强度、稳定性、变形验算，经过计算、比较、修改直至符合各项要求，最后确定较佳的设计方案。

桩基础设计应遵循下列设计原则：

（1）设计前进行必要的基础情况调查。

（2）认真选定适用、简便可行而又可靠的设计方法，认真测定和选用有代表性的而且可靠的原始参数。

（3）确定桩的设计承载力时应考虑不同结构物的容许沉降量。

（4）目前，混凝土结构设计规范已采用以概率理论为基础的极限状态设计法，在桩基设计工作中，采用可靠性“定值设计法”进行桩基设计时，理应在设计概念和方法上逐渐向概率极限状态设计过渡。

（5）设计桩基础时应遵循和执行有关技术规范的规定。当然，规范不是法律，在某些特殊情况下可以灵活对待和处理。

一、桩基础类型的选择

选择桩基础类型时应根据设计要求和现场的条件，同时要考虑到各种类型桩和桩基础所具有的不同特点，注意扬长避短，给予综合考虑选定。

（一）桩基础类型、承台位置和尺寸的选定

承台底面的标高应根据桩的受力情况，桩的刚度和地形、地质、水流、施工等条件确定。承台底稳定性较好，但水中施工难度较大，因此可用于季节性河流、冲刷小的河流或岸台上墩台及旱地上其他结构物基础。当承台埋于冻胀土层中时，为了避免由于土的冻胀引起桩基础的损坏，承台底面应位于冻结线以下不小于 0. 25 m。对于常年有流水、冲刷线较深或水位较高、施工排水困难的情况，在受力条件允许时应尽可能采用高桩承台。承台如在水中：在有流水的河道，承台底面应在最底冰层底面以下 0. 25 m；在有其他漂流物或通航的河道，承台底面也应适当放低，以保证基桩不会直接受到撞击，否则应设置防撞击装置。对于有冲刷的河流，还应考虑冲刷影响。采用木桩时，由于木材在湿度经常变化的环境容易腐朽，承台内木桩顶应位于最低水位以上 0.3 m。当作用于桩基础的水平力和弯矩较大，或桩侧土质较差时，为了减少桩身受到的弯矩、剪力，可适当降低承台底面。为节省墩台身圬工数量，则可适当提高承台底面。对于是否采用高桩承台，宜从以下四个方面比较选定：①受力情况；②变位情况；③稳定情况；④施工条件。

（二）柱桩桩基和摩擦桩桩基的选定

柱桩与摩擦桩的选择主要是根据地质和受力情况确定。柱桩桩基承载力大，沉降量小，较为安全可靠，因此当基岩埋深较浅时应考虑采用柱桩桩基。如适宜的岩层埋置较深或施工条件的限制不宜采用柱桩，则可采用摩擦桩。但在同一桩基础中不宜同时采用柱桩和摩擦桩，同时也不宜采用不同材料、不同直径和长度相差过大的桩，以避免桩基产生不均匀沉降或丧失稳定性，同时也可避免在施工中由此而产生的不便和困难。

当采用柱桩时，除桩底支承在基岩上（即柱承桩）外，如覆盖层较薄，或水平荷载较大，还需将桩底端嵌入基岩中一定深度成为嵌岩桩，以增加桩基的稳定性和承载能力。为保证嵌岩桩在横向荷载作用下的稳定性，需嵌入基岩的深度与桩嵌固处的内力及桩周的岩石强度有关，应分别考虑弯矩和轴向力需求，要求较大的控制设计深度。考虑弯距时，可用下述近似方法确定。

如图 9-55 所示，假设忽略嵌固处水平剪力的影响，桩在岩层表面处弯矩 M_H 作用下，绕嵌入深度 h 的 1/2 处转动，不计桩底与岩石的摩阻力，不考虑桩底抵抗弯矩，M_H 由桩侧岩层产生的水平抗力平衡。并考虑到桩侧为圆柱状曲面，其四周受力不均匀，假定最大应力为平均应力的 1.27 倍。

由以上假设，根据静力平衡条件（$\sum M=0$），便有：

$$M_H=\frac{1}{2}\cdot\frac{\sigma_{\max}}{1.27}\cdot\frac{h}{2}\cdot\frac{d}{2}h$$

因此

$$h=\sqrt{\frac{M_H}{\dfrac{\sigma_{\max}d}{6\times1.27}}} \qquad (9\text{-}28)$$

为了保证在岩层嵌固牢靠，对桩周岩层产生的最大侧向压应力 $\sigma_{\max}$ 不应超过岩石的侧向容许抗力 $[\sigma]=\frac{1}{K}\cdot\beta\cdot R_c$（$K$ 为安全系数，K 取 2），得出圆形截面柱桩嵌入岩层最小深度的计算公式如下：

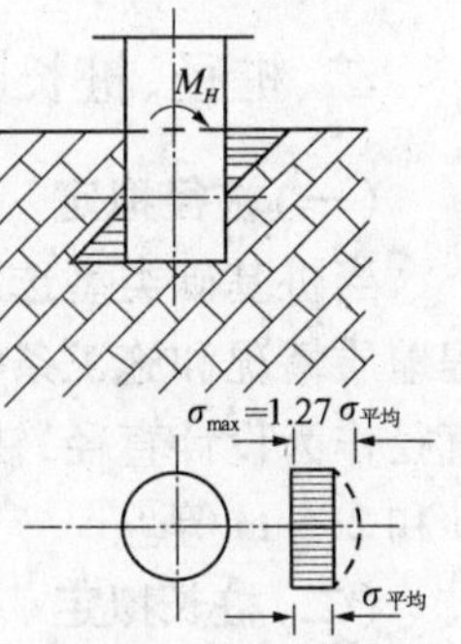

图 9-55　嵌入岩层最小深度计算图式

$$h=\sqrt{\frac{M_H}{0.066\cdot\beta\cdot R_c\cdot d}} \qquad (9\text{-}29)$$

式中　h——桩嵌入岩层的最小深度，m；

d——嵌岩桩嵌岩部分的设计直径，m；

M_H——在岩层顶面处的弯矩，kN · m；

β——岩石垂直极限抗压强度换算为水平极限抗压强度的折减系数，岩层侧面节理发达的取小值，节理不发达的取大值；

R_c——天然湿度的岩石单轴极限抗压强度，kPa。

由于式(9-29)中作了如上一些简化假设，且 R_c 值规定取法也偏安全，因此使用此式时，可综合具体情况考虑。为了保证嵌固牢靠，嵌入新鲜岩层最小深度不应小于0.5 m，若新鲜岩层埋藏较深，微风化层、弱风化层厚度较大，宜计算确定其嵌入深度。

（三）单排桩基础和多排桩基础的选定

单排桩基础和多排桩基础的确定主要是根据受力情况，并与桩长、桩数的确定密切相关。多排桩稳定性好，抗弯强度较大，能承受较大的水平荷载，水平位移较小，但多排桩的设置将会增大承台的尺寸，增加施工困难，有时还影响航道；单排桩与此相反，能较好地与柱式墩台结构形式配用，可节省圬工，减小作用在桩基上的竖向荷载，因此当桥梁跨径不大、桥高较矮时，或单桩承载力较大，需要桩数不多时常采用单排排架式基础，公路桥梁采用单排排架式基础。公路桥梁自采用了具有较大刚度的钻孔灌注桩后，选用盖梁式承台双柱或多柱式单排墩台桩柱基础也较广泛，对较高的桥台、拱桥桥台、制动墩和单向水平推力墩基础则常需用多排桩。在桩基受到较大水平作用时，无论是单排桩还是多排桩，一般还需选用斜桩或竖直桩配用斜桩的形式增加桩基抗水平力的能力和稳定性。

（四）施工方式的选择

至于设计时将桩基施工方式拟定为打入桩、振动下沉桩、钻（挖）孔灌注桩或采用管桩基础，则应根据地质情况、上部结构要求和施工技术设备条件等确定。

（五）承台尺寸的拟定

应根据受力情况，按照有关设计规范和施工规范，拟定承台平面尺寸和地面尺寸，承台厚度一般为1.0～2.5 m，承台地面尺寸的拟定，要求扩展角不超过刚性角。

二、桩径、桩长的拟定和单桩容许承载力的确定

（一）桩径拟定

当桩基础类型选定以后，桩的横截面尺寸可根据各类桩的特点及常用尺寸，并考虑工程地质情况和施工条件选择确定。预制桩的截面规格第二节已述，若用钻孔桩，则以钻头直径作为设计直径，钻头直径常用规格为0.8 m、1.0 m、1.2 m、1.5 m、1.8 m、2.0 m、2.2 m和2.5 m等。

（二）桩长拟定

可先根据地质条件选择适宜的桩底持力层，初步确定桩长，因为桩底持力层对于桩的承载力和沉降有着重要影响；此外还应考虑施工的可能性（如桩径的最大深度、孔径等）。

设计时一般总希望把桩底置于岩层或坚实的土层上以得到较大的承载能力和较小的沉降量。如在施工条件容许的深度内没有坚实土层存在，应尽可能选择压缩性较低、强度较高的土层作为持力层，要避免把桩底坐落在软土层上或离软弱下卧层的间距太近，以免桩基础发生过大沉降。

对于摩擦桩，有时桩底持力层可能有多种选择，此时确定桩长与桩数两者相互牵连，遇此情况，可通过试算比较，选用较合理的桩长。但摩擦桩的桩长不应拟定太短，因为桩长过短达不到设置桩基把荷载传递到深层或减小基础下沉量的目的，且需增加很多桩，扩

大了承台尺寸，这往往是不经济、不合理的。摩擦桩的入土深度应大于承台宽度的2～3倍，且不宜小于4 m。此外，为保证发挥摩擦桩桩底土层支承力，桩底端部应插入桩底持力层一定深度（插入深度与持力层土质、厚度及桩径等因素有关），一般不宜小于1 m。

（三）单桩容许承载力的确定

桩横截面尺寸和桩长确定后，应根据地质资料确定单桩容许承载力，进而估算桩数和进行桩基验算。单桩承载力的确定，对于一般性桥梁和结构物，或在各种工程的初步设计阶段，可按经验（规范）公式估算。而对于大型、重要桥梁或复杂地基条件，则还应通过试桩或其他方法，并做详细分析比较，较为准确合理地确定。

三、确定基桩的根数及其在平面上的布置

（一）桩的根数估算

一个桩基础所需桩的根数可根据承台底面上的竖向荷载和单桩的容许承载力按下式估算：

$$n=\mu\frac{N}{[P]} \tag{9-30}$$

式中 n——桩的根数；

N——作用在承台底面的竖向荷载，kN；

$[P]$——单桩容许承载力，kN；

μ——考虑偏心荷载时各桩受力不均匀而适当增加桩数的经验系数，一般可取$\mu=1.1\sim1.2$，估算的方式是否合适，尚待验算各桩的受力状况后确定。

（二）确定桩的平面布置

一般墩（台）基础，多以纵向荷载控制设计，控制方向上桩的布置应尽可能使各桩受力相近，且考虑施工的可能和方便。当荷载偏心较大时，承台底面的应力图呈梯形，若$\sigma_{max}/\sigma_{min}$值较大，宜用不等距排列：两侧密、中间疏；若$\sigma_{max}/\sigma_{min}$值不大，宜用等距排列；而非控制方向上一般采用等距排列。相邻桩之间的距离不宜太大，因为间距大，承台平面尺寸和重量将相应增大；但也不宜过小，因为间距太小，摩擦桩桩尖处的地基应力叠加现象严重，对桩群承载力不利，对打入桩也会增加沉桩时的困难。所以，摩擦桩桩轴间距a对于打入桩大于3倍桩的直径（或边长）d；对钻孔桩不小于成孔直径的2.5倍。对于柱桩规定：打入桩中距$a\leq2.5d$，钻孔桩中距a不小于成孔直径的2倍。另外规定：边桩外侧至承台边缘的距离，对$d<1$ m的桩不小于0.5 d或25 cm，对$d>1$ m的桩不得小于0.3 d或50 cm。但桩外侧与盖梁边缘的距离可不受以上限制。

完成以上步骤以后，即可进行桩基的验算。

四、桩基础设计方案检验

根据上述原则拟定的桩基础设计方案应进行检验，即对桩基础的强度、变形和稳定性进行必要的验算以验证所拟定的方案是否合理，需否修改，能否成为较佳的设计方案。为此，应计算基础及其组成部件（基桩与承台）在与验算项目相应的最不利荷载组合下所受到的作用力，以及相应产生的内力与位移（计算方法见本章第五节），现介绍如下。

（一）验算桩的受力

桩的受力计算按第五节介绍的方法进行。然后分别验算桩的轴向承载力和截面强度。

1. 桩的轴向受力要求

$$N_{max} + G \leqslant k[P] \tag{9-31}$$

式中 N_{max}——作用于桩顶上的最大轴向力；

G——桩重，当桩埋在透水土层中时，处于水下的桩应考虑浮力，对钻孔桩，当采用表 9-3 中 τ_i 值计算 $[P]$ 时，按规定对局部冲刷线以下的桩身应取其自重的 1/2 计，即 G 等于局部冲刷线以下桩重的一半，$[P]$ 为单桩轴向允许承载力，按土的阻力和材料强度算得结果中的较小值取用；

k——允许承载力提高系数，对荷载组合 I 取 $k=1$，对其他荷载组合取 $k=1.25$。

2. 验算桩身截面强度或考虑配筋

具体验算方法详见《桥梁工程》教材。

在单桩轴向力验算中，如果不能满足式(9-31)的要求，则应增加桩数 n 或调整桩的平面布置，以减小 N_{max} 值。也可加大桩的截面尺寸，重新确定桩数、桩长和布置，直到符合验算要求为止。

（二）承台强度的验算

承台强度验算包括桩顶处局部压应力、承台抗弯、抗剪强度及桩对承台的冲剪等，此方面内容可参阅《结构设计原理》教材及有关设计手册。

（三）验算桩基础整体承载力

有关桩基础整体承载力的验算请参见前面有关内容。

（四）计算墩台顶的水平位移

墩台顶的水平位移 Δ 按下式计算：

$$\Delta = x_1 - \varphi_1 l_1 + \Delta_0$$

式中 x_1——承台底面中心的水平位移；

φ_1——承台底面的转角；

l_1——墩台顶至承台底的距离；

Δ_0——由承台底到墩台顶面间的弹性挠曲所引起的墩台顶部的水平位移。

在荷载作用下，墩台顶水平位移 Δ 不应超过规定的容许值 $[\Delta]$，即 $\Delta \leqslant [\Delta] = 0.5\sqrt{L}$ cm，其中 L 为桥孔跨径（以 m 计）。

五、桩基础设计计算步骤与程序

综合上述，桩基础设计是一个系统工程，包括方案设计与施工图设计。为取得良好的技术与经济效果，有时（尤其对大桥或特大桥）应做几种方案进行比较或对已拟定方案进行修正，使施工图设计成为方案设计与实施的保证。为阐明桩基础设计与计算的整个过程，以图9-56来说明，也作为本章内容的扼要概括。

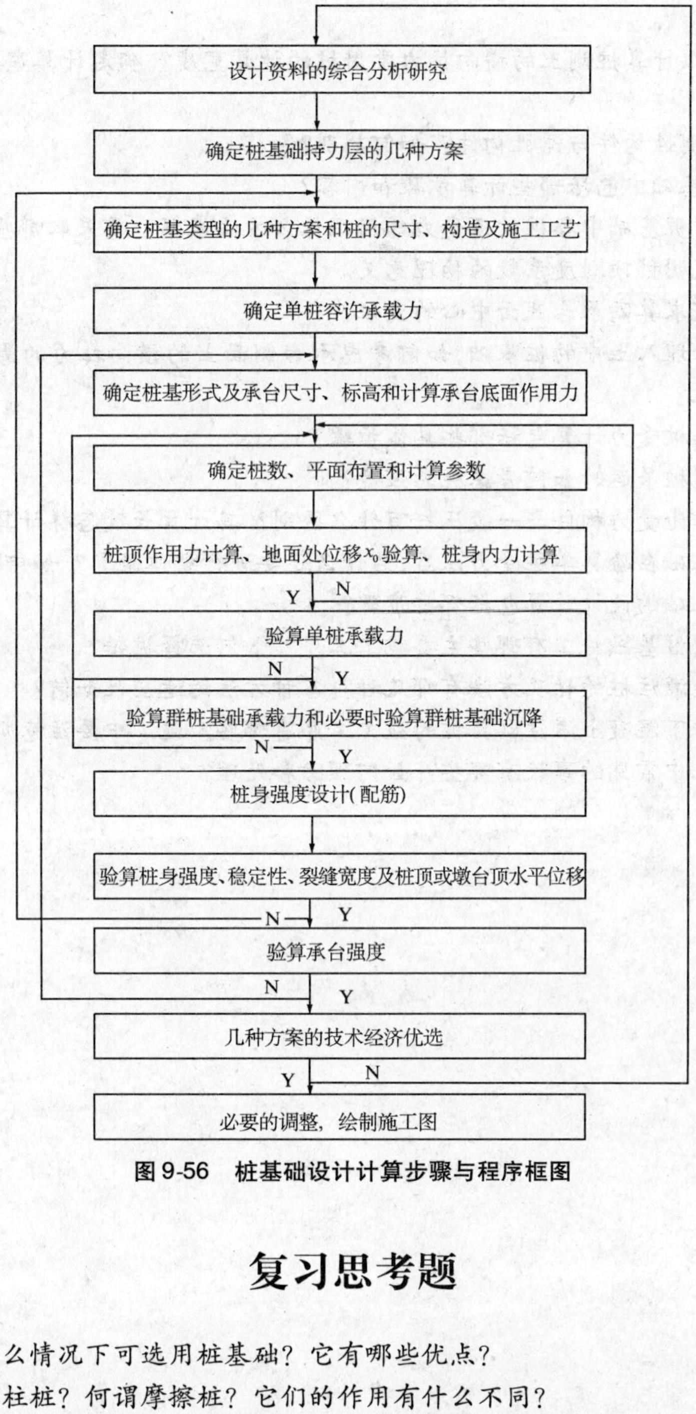

图 9-56　桩基础设计计算步骤与程序框图

复习思考题

9-1　在什么情况下可选用桩基础？它有哪些优点？

9-2　何谓柱桩？何谓摩擦桩？它们的作用有什么不同？

9-3　确定单桩轴向允许承载力应从哪两方面考虑？

9-4　按土对桩的阻力确定单桩轴向允许承载力的方法有哪几种？如何确定和计算？

9-5　何谓贯入度？动力公式中为什么要用复打时的贯入度值？

9-6　什么叫地基系数？目前有哪几种确定地基系数的方法？其假定的分布图形是

怎样的？

9-7　为什么计算桩侧土的横向抗力要用桩的计算宽度？确定计算宽度时，考虑了哪几方面的因素？

9-8　何谓刚性构件与弹性构件？如何判别？

9-9　单桩基础中包括哪些计算步骤和内容？

9-10　多排桩基础中各桩的顶受力作用用什么方法求解？要采取哪些主要步骤？

9-11　试说明桩顶刚度系数的物理意义。

9-12　如何求算高承台底面中心的变位？

9-13　承台埋入土中的桩基础，如何考虑承台侧面土的横向拉力的影响？如何求算其底面中的变位？

9-14　多排桩受力计算包括哪些具体步骤？

9-15　预制桩吊运时如何考虑桩的强度？

9-16　桩作为受力构件与一般压杆有什么区别？其计算长度怎样计算？

9-17　桩基础在验算单桩受力以后，为什么还要进行整体验算？如何验算？

9-18　桩基础的设计计算包括哪些步骤？

9-19　预制桩基础施工有哪些主要施工工序？如何选择桩锤？

9-20　就地灌注桩的钻孔方法有哪几种？各种方法的适应性如何？

9-21　用水下混凝土灌注钻孔桩的施工工序有哪些？施工中要注意哪些问题？

9-22　钻孔中常见的事故有哪些？如何预防和处理？

第十章　其他深基础简介

本章重点

(1)明确沉井的工作原理和沉井的类型及构造。
(2)掌握沉井的施工方法。
(3)认识地下连续墙的概念、特点及其应用与发展。
(4)掌握地下连续墙的类型及施工。
(5)了解静压法沉桩机理和静压桩施工方法以及树根桩的施工工艺。

第一节　沉井基础

一、沉井的工作原理

在深基础工程施工中,为了减少放坡大开挖的土方量,并保证陡坡开挖边坡的稳定性,人们开始利用沉井基础。沉井基础是一种竖向的筒形结构物,通常用砖、素混凝土或钢筋混凝土材料制成。沉井施工过程是先在地面制作一个井筒形结构,然后从井筒内挖土,使沉井失去支承靠自重作用而下沉,直至设计高程为止,最后封底,如图 10-1 所示。沉井的井筒在施工期间作为支撑四周土体的护壁,竣工后即为永久性的深基础。

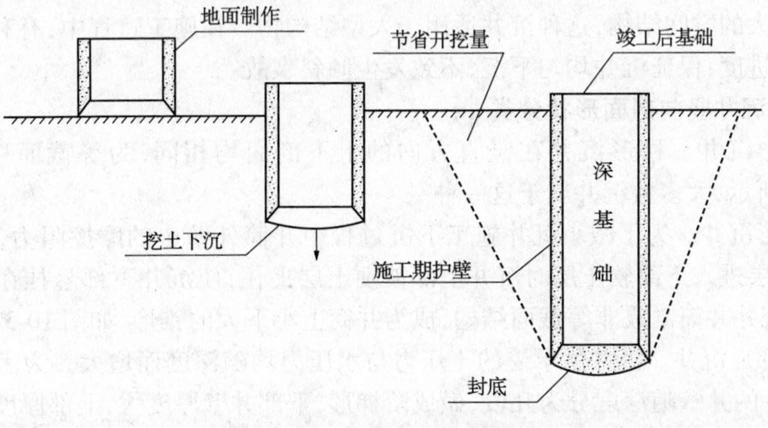

图 10-1　沉井的工作原理

二、沉井的类型

(一)按沉井断面形状分类

1. 单孔沉井

单孔沉井只有一个井孔,这是最常见的中小型沉井。沉井的平面形状有圆形、正方形、椭圆形和矩形等。沉井承受四周的土压力和水压力,从受力条件而言,圆形沉井较好,沉井井壁可薄些;方形或矩形沉井在水平向土压力和水压力的作用下,将产生较大的弯矩,井壁厚度要大些。但从应用角度来看,方形与矩形较好。为减小沉井下沉过程中方形和矩形沉井四角的应力集中,常将四角的直角做成圆角。如图 10-2(a)、(b)、(c)所示。

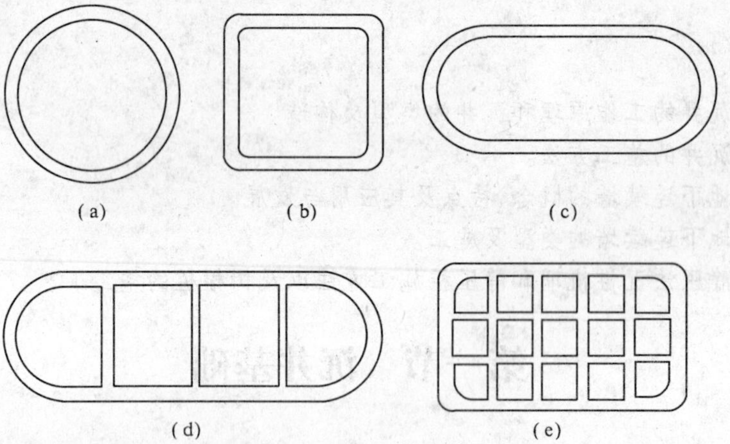

图 10-2　沉井按断面形状分类

2. 单排孔沉井

这种沉井具有一排井孔,适用于长度大的工程,如图 10-2(d)所示。根据工程的用途,沉井的平面形状有矩形、长圆形等。沉井各井孔之间用隔墙隔开,这样既增加了沉井的整体刚度,又便于挖土和下沉。

3. 多排孔沉井

整个沉井由多道纵向隔墙与横向隔墙隔成多排井孔,如图 10-2(e)所示。多排孔沉井是刚度很大的空间结构,这种沉井适用于大型结构物。在施工过程中,有利于控制各个井孔挖土的进度,保证沉井均匀下沉,不致发生倾斜事故。

(二)按沉井竖向剖面形状分类

(1)柱形沉井。柱形沉井在竖直方向的上下剖面均相同,为等截面柱的形状,如图 10-3(a)所示,大多数沉井属于这一种。

(2)锥形沉井。为了减小沉井施工下沉过程中井筒外壁土的摩擦阻力,或为了避免沉井由硬土层进入下部软土层时沉井上部被硬土层夹住,使沉井下部悬挂在软土中发生拉裂,可将沉井井筒制成非等截面结构,成为井筒上小下大的锥形,如图 10-3(b)所示。

(3)阶梯形沉井。沉井所承受的土压力与水压力均随深度而增大。为了合理利用材料,可将沉井的井壁随深度分为几段,做成阶梯形,下部井壁厚度大,上部厚度小。这种沉井外壁所受的摩擦阻力可以减小,有利于下沉,如图 10-3(c)所示。

(三)按沉井所用材料分类

(1)砖石沉井。这种沉井适用于深度浅的小型沉井或临时性沉井。例如,房屋纠倾工作井即用砖砌沉井,深度 4 ~ 5 m。

(2)素混凝土沉井。这种沉井适用于中小型永久工程,通常断面呈圆形。沉井底端的刃脚需配筋,便于下切土体,避免损伤井筒。

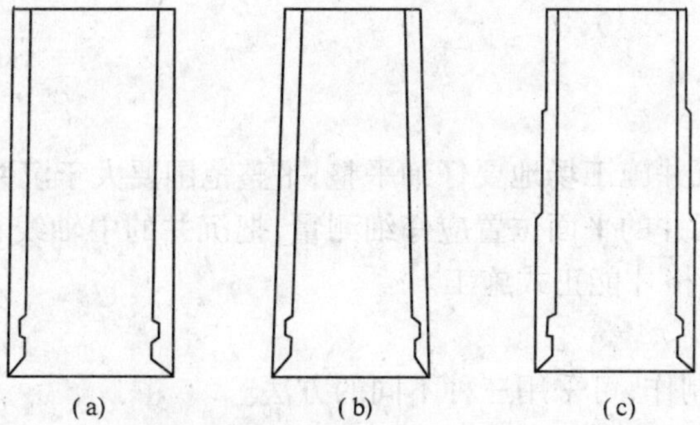

图 10-3　沉井按竖向剖面形状分类

(3)钢筋混凝土沉井。这种沉井适用于大中型工程。可根据工程需要做成各种形状、各种规格和深度较大的沉井,应用十分广泛。

三、沉井的结构

沉井的结构包括刃脚、井筒、内隔墙、底梁、封底与顶盖等部分,如图 10-4 所示。

(1)刃脚与踏面。刃脚位于沉井的最下端,形如刀刃,在沉井下沉过程中起切土下沉的作用。刃脚并非真正的尖刃,其最底部为一水平面,称为踏面。踏面的宽度通常不小于 150 mm。当土质坚硬时,刃脚踏面用钢板或角钢加以保护。刃脚内侧的倾斜面的水平倾角通常为 40°~60°。

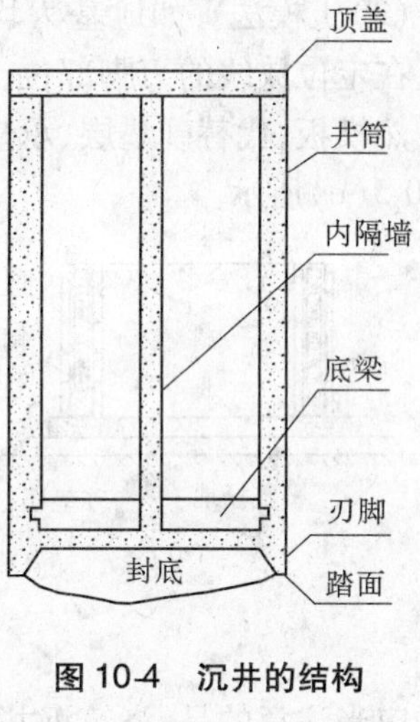

图 10-4　沉井的结构

(2)井筒。沉井的井筒为沉井的主体,在沉井下沉过程中,井筒是挡土的围壁,应有足够的强度承受四周的土压力和水压力。同时井筒又需要有足够的自重,以克服井筒外壁与土的摩擦阻力和刃脚踏面底部土的阻力,使沉井能在自重作用下徐徐下沉。另一方面,井筒内部的空间要容纳挖土工人或挖土机械在井内工作以及潜水员排除障碍的需要,因此井筒内径应不小于 0.9 m。

(3)内隔墙和底梁。大型沉井通常在沉井内部设置内隔墙,可减小受弯时的净跨度,以增加沉井的刚度。同时,内隔墙把整个沉井分成若干井孔,各井孔分别挖土,便于控制沉降和纠倾处理。有时在内隔墙下部设底梁,或单独做底梁。内隔墙与底梁的底面应高于刃脚踏面 0.5~1.0 m,以免妨碍沉井刃脚切土下沉。

(4)封底与沉井底板。当沉井下沉至设计标高后,需用混凝土封底,以阻止地下水和地基土进入井筒。为使封底的现浇混凝土底板与井筒联结牢固,在刃脚上方井筒的内壁应预先设置一圈凹槽。

(5)顶盖。当沉井作为水泵站等地下结构的空心沉井时,在沉井顶部需做钢筋混凝土顶盖。必要时,在水泵站等空心沉井顶面建造一间房屋作为工作室。

四、沉井的施工

（一）准备工作

（1）平整场地。沉井施工场地要仔细平整，平整范围要大于沉井外侧 1 ~3 m。

（2）放线定位。沉井的平面位置应仔细测量，把沉井的中轴线和外围轮廓线放好，定位要准确，并经验收合格才能正式施工。

（二）沉井制作

通常沉井在原位制作，可采用三种不同的方法。

（1）承垫木方法。承垫木方法为传统方法，即在经过平整、放线定位的场地上铺一层砂垫层，厚0.5 m左右；在砂垫层上，于沉井刃脚部位，对称、成对地安置适当的承垫木；再在各垫木之间填实砂土，然后按照设计的尺寸立模板、绑扎钢筋、浇筑第一节沉井。如图 10-5(a)所示。

（2）无垫木方法。在均匀土层上可采用无垫木方法即浇筑一层与沉井井壁等厚的混凝土，代替承垫木和砂垫层。浇筑的混凝土为圆环状，位于沉井刃脚的下方，其目的在于保证沉井制作过程中和沉井下沉开始时处于竖直方向。如图 10-5(b)所示。

（3）土模法。如地基为均匀的黏性土，呈可塑或硬塑状态，则可采用土模法制作沉井。在定位放线的刃脚部位，按照设计的尺寸，仔细开挖黏性土基槽。利用地基黏性土作为天然模板，代替砂垫层、承垫木及人工制作刃脚木模，这种方法可节省时间和费用。如图 10-5(c)所示。

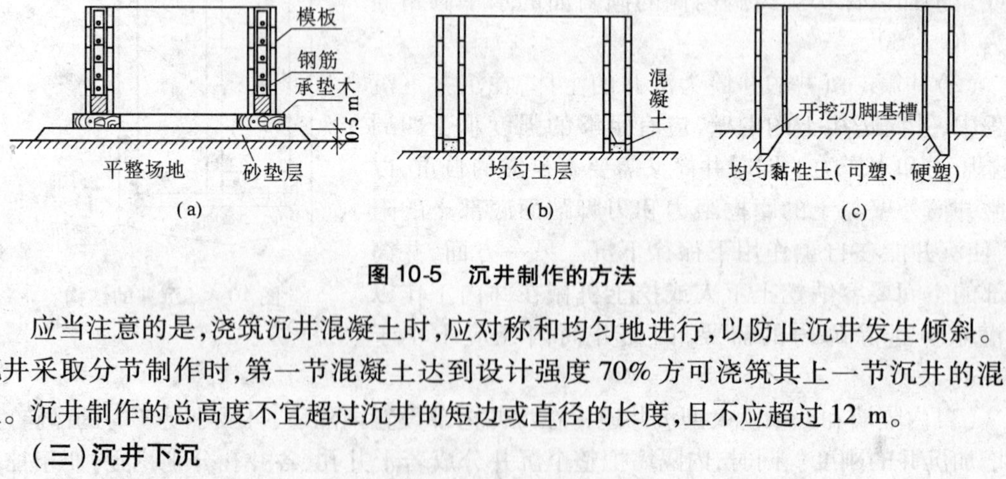

图 10-5　沉井制作的方法

应当注意的是，浇筑沉井混凝土时，应对称和均匀地进行，以防止沉井发生倾斜。当沉井采取分节制作时，第一节混凝土达到设计强度 70% 方可浇筑其上一节沉井的混凝土。沉井制作的总高度不宜超过沉井的短边或直径的长度，且不应超过 12 m。

（三）沉井下沉

1. 材料强度要求

待沉井第一节的混凝土或砌筑的砂浆达到设计强度，且其余各节混凝土或砂浆达到设计强度的 70% 后，方可下沉。

2. 抽出承垫木的要求

沉井刃脚下的承垫木不能由 1 人顺次抽出，而必须由 2 人对称、同步地抽出承垫木。在每次抽出承垫木以后，应立即用砂填实其空位。应严格防止由于抽承垫木不当而造成沉井倾斜。

3. 沉井下沉方法

通常沉井在天然地面下沉，若在水面下沉，还需预先填筑砂岛或搭支架下沉。沉井在地面下沉的方法可分为下列几种。

(1)人工挖土法。所在场地无地下水或地下水的水量不大的小型沉井，可用人工挖土法。挖土应分层、均匀、对称地进行，使沉井均匀竖直下沉，避免发生倾斜。通常不应从沉井刃脚踏面下直接挖土，以免造成局部沉井悬空。如土质较软，应先开挖沉井锅底中间部位，沿沉井刃脚周围保留土堤，使沉井挤土下沉。

(2)排水下沉法。先使用高压水枪，把沉井底部的泥土冲散(水枪的水压力通常为2.5～3.0 MPa)并稀释成泥浆，然后用水力吸泥机吸出井外。这种方法适用于地层土质稳定、不会产生流沙的情况。

(3)不排水下沉法。不排水下沉法要求将沉井内的水位始终保持高于井外水位1～2 m，采用机械抓斗进行水下出土。当地层土质不稳定、地下水涌水量较大时可用此法，以防止井内排水产生流沙。

大型多孔沉井挖土下沉时，要求各孔同步挖土，各井孔中的土面高差不应超过1 m，以利于沉井均匀下沉。

4. 测量监控

为了保证沉井均匀下沉，测量监控十分重要，尤其对于平面尺寸大或深度大的沉井更为关键。通常大中型沉井，要求每班至少测量2次。若发现沉井倾斜立刻通报，并迅速采取相应措施，及时进行纠倾。

(四)沉井封底

当沉井下沉至设计标高时，应进行沉降观测。8小时内沉井的下沉量不大于10 mm方可进行封底。沉井封底方法分为两种：

(1)干封法。干封法即在沉井底部无地下水的情况下浇筑底板混凝土，这种方法成本低、工期短、质量好，是最常用的封底方法，具体做法如下所述。

当沉井底部土层全部挖至设计标高后，清除虚土，并在底部挖深0.5～1.0 m的一个深坑作为集水井；用水泵在集水井抽水，使地下水位下降至沉井底面以下；将集水井以外的全部底板一次浇筑混凝土，可以掺入早强剂使底板混凝土尽快达到设计强度；最后快速封堵集水井。如图10-6(a)、(b)所示。

(2)水下封底法。若抽水时产生流沙，无法采用干封法，可采用水下封底法。具体方法如下。

在沉井开挖下沉至设计标高后，将井底的浮土清除干净，如为软土，则应铺碎石垫层厚200～300 mm，安装水下浇筑混凝土的钢导管，导管的直径为200～300 mm，要求具有足够的强度，且导管内壁表面光滑。各导管管段的接头应密封良好并便于装拆。导管浇筑混凝土的有效作用半径可取3～4 m。根据沉井底面尺寸，计算排列所需的导管。

应当注意的是，水下浇筑混凝土的强度等级应比设计强度提高10%～15%，水灰比不宜大于0.6，并有良好的和易性；初期坍落度宜为14～16 cm，以后应为16～22 cm，水泥用量一般为350～400 kg/m^3。

浇筑水下混凝土，要求导管插入混凝土的深度不小于1 m，水下混凝土面平均上升速度小于0.25 m/h,坡度不应大于1∶5,同时应在沉井全部底面积上连续浇筑、一次完成。如图10-6(c)所示。

待水下混凝土达到设计强度后,方可从井内抽水。

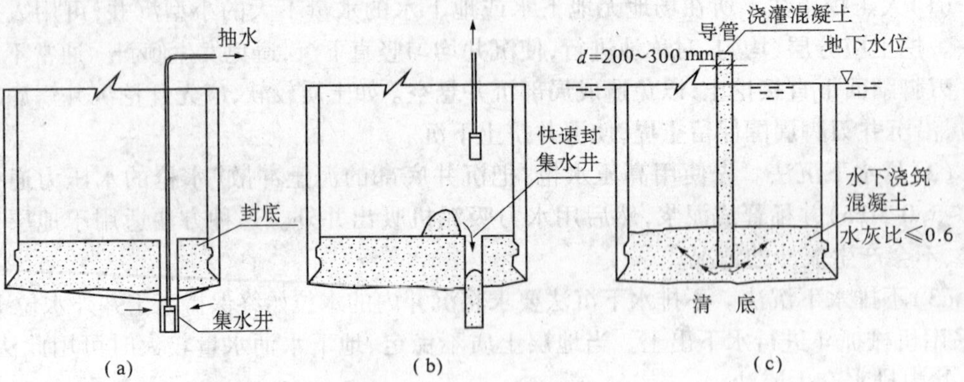

图10-6 沉井封底方法

(五)施工特殊问题处理

1. 沉井突然大幅度下沉

在软土地基沉井施工中,常发生沉井突然大幅度下沉的问题。如某工程的一个沉井,一次突沉达3 m之多,分析突沉的原因发现,由于沉井井筒外壁土的摩擦阻力很小,当刃脚附近的土体被挖除后,沉井失去支承而剧烈下沉。这种突沉容易使沉井发生倾斜或超沉,应予避免。因此,在软土地区设计与制作沉井时,可以加大刃脚踏面的宽度,并使刃脚斜面的水平倾角不大于60°。必要时采用加设底梁等措施。

2. 沉井倾斜

沉井倾斜是沉井下沉过程中经常发生的问题,需注意防止并及时纠正。沉井倾斜应以预防为主,加强测量监控。发现倾斜应及时通报并迅速采取措施,如在下沉较小的一侧加紧挖土,在沉井顶部加荷载等。例如,上海某研究所一个深达40 m的钢筋混凝土沉井,在沉井下沉只差几米时发生了较大倾斜而停工处理。纠倾的第一项措施:在沉井下沉少的一侧井内,用高压水枪冲击,使井筒刃脚失去支承,但无效;第二项措施:在沉井沉降小的一侧井外挖土,以卸除部分土的摩阻力,仍无效;第三项措施:在沉井沉降小的一侧挖土,同时向底部灌注膨润土泥浆,进一步减小沉井外壁土的摩擦力,还无效。常规的方法都没能解决问题,因为沉井深达40 m,纠倾需克服极大的反向被动土压力。后采取用特制粗钢缆套在沉井下沉多的一边的顶部,采用往下沉少的方向扳拉的方法,才使沉井逐渐恢复至竖直位置,花费了大量时间。如图10-7所示。

3. 沉井不下沉

有时在沉井井内挖土后不下沉,甚至将刃脚底掏空还不下沉。遇到这类情况,应先调查分析其原因,再采取相应的措施。如因沉井外壁摩擦阻力太大,可采用在井筒外挖土、冲水或灌膨润土泥浆等方法,以减小其摩擦阻力。若沉井刃脚遇到障碍物,则应让潜水员进行水下清理。

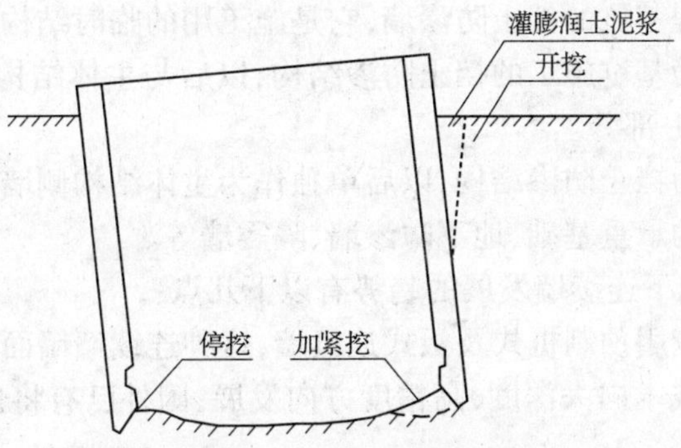

图 10-7　沉井倾斜处理

第二节　地下连续墙

一、地下连续墙的概念、特点及其应用与发展

地下连续墙是在地面上用抓斗式或回转式等成槽机械，沿着开挖工程的周边，在泥浆护壁的情况下开挖一条狭长的深槽，形成一个单元槽段后，在槽内放入预先在地面上制作好的钢筋笼，然后用导管法浇灌混凝土，完成一个单元的墙段，各单元墙段之间以特定的接头方式相互连接，形成一条地下连续墙壁（见图 10-8）。随着地下连续墙技术的发展，也可在挖好深槽后直接放置预制的钢筋混凝土或预应力混凝土墙板。

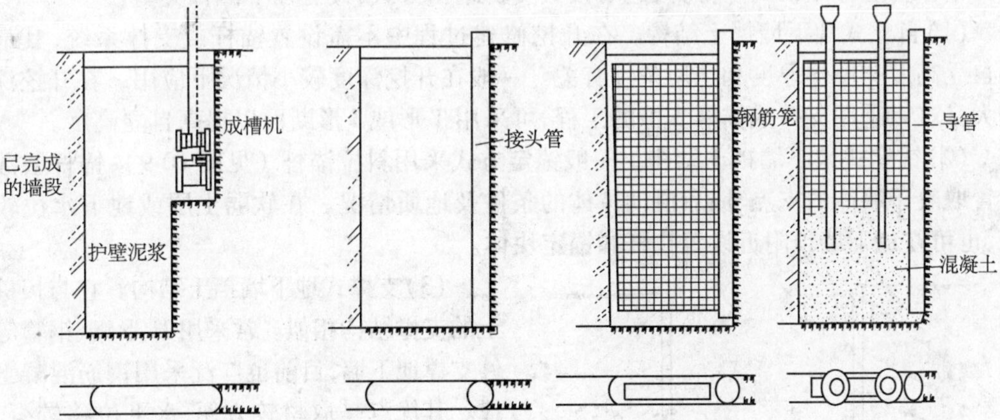

图 10-8　地下连续墙施工过程示意图

地下连续墙（简称地下墙）具有结构刚度大，整体性、防渗性和耐久性好，施工时基本上无噪声、无振动，施工速度快，建造深度大，能适应较复杂的地质条件，可以作为地下主体结构的一部分，节省挡土结构的造价等优点，因此地下连续墙被广泛应用于市政工程的各种地下工程、房屋基础、竖井、船坞船闸、码头堤坝等。近 20 年来，地下墙技术在我国有了较快的发展和应用。归纳起来，地下连续墙在工程应用中主要有以下四种类型：

（1）作为地下工程基坑的挡土防渗墙，它是施工用的临时结构。

（2）在开挖期作为基坑施工的挡土防渗结构，以后与主体结构侧墙以某种形式结合，作为主体结构侧墙的一部分。

（3）在开挖期作为挡土防渗结构，以后单独作为主体结构侧墙使用。

（4）作为建筑物的承重基础、地下防渗墙、隔震墙等。

近年来，国际上地下连续墙发展的趋势有以下几点：

（1）逐渐广泛地应用预制桩式及板式连续墙，这种连续墙墙面光滑、质量好、强度高。

（2）地下连续墙技术向大深度、高精度方向发展；国外已有将连续墙用于桥梁深基础施工的报道。

（3）聚合物泥浆已实用化，高分子聚合物泥浆已得到越来越多的应用，这种泥浆与传统的膨润土泥浆相比，可减少废浆量，增加泥浆重复使用次数。

（4）废泥浆处理技术得到广泛采用，有些国家达到全部处理后排放。

二、地下连续墙的类型与接头构造

（一）地下连续墙的类型

地下连续墙按其填筑材料分为土质墙、混凝土墙、钢筋混凝土墙（又有现浇和预制两种）和组合墙（预制和现浇混凝土墙的组合）等，按成墙方式可分为桩式、壁板式、桩壁组合式。

目前我国应用得较多的是现浇的钢筋混凝土壁板式地下连续墙，多用于防渗挡土结构并常作为主体结构的一部分，这时按其支护结构方式，又有以下四种类型：

（1）自立式地下墙挡土结构。在开挖修建过程中不需设置锚杆或支撑系统，其最大的自立高度与墙体厚度和土质条件有关。一般在开挖深度较小情况下应用。在开挖深度较大又难以采用支撑或锚杆支护的工程，可采用T形或I形断面以提高自立高度。

（2）锚定式地下墙挡土结构。一般锚定方式采用斜拉锚杆（见图10-9），锚杆层数及位置取决于墙体的支点、墙后滑动棱体的条件及地质情况。在软弱土层或地下水位较高处，也可在地下墙顶附近设置拉杆和锚定块体。

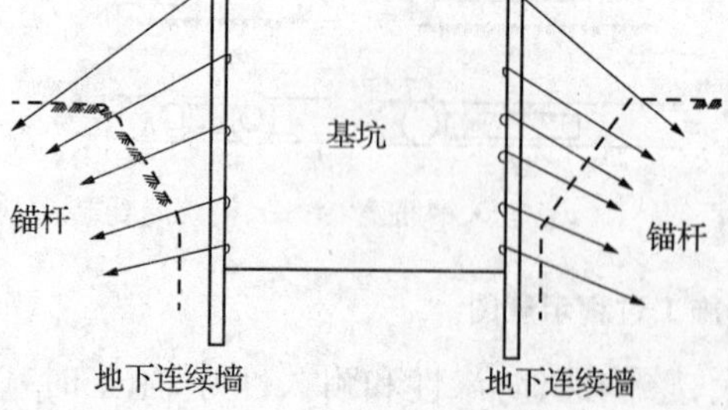

图10-9　斜拉式锚杆地下连续墙示意图

（3）支撑式地下墙挡土结构。它与板桩挡土的支撑结构相似。常采用H形钢、钢管等构件支撑地下墙，目前也广泛采用钢筋混凝土支撑。其优点是取材较方便，水平位移较少，稳定性好。缺点是拆除较困难，需待混凝土强度达到要求后才可进行开挖。有时也可采用主体结构的钢筋混凝土结构梁兼作施工支撑。若基坑开挖较深，则可采用多层支撑方式。

（4）逆筑法地下墙挡土结构。逆筑法是利用地下主体结构梁板体系作为挡土结构的支撑，逐层进行开挖，逐层进行梁板柱体系的施工，形成地下墙挡土结构的一种方法。其工艺原理是：先沿建筑物地下室轴线（地下连续墙也是结构承重墙）或周围（地下墙只作为支护结构)施工地下连续墙,同时在建筑内部的有关位置浇筑或打下中间支承柱,作为施工期间底板封底前承受上部结构自重和施工荷载的支撑,然后施工地面一层的梁板楼面结构,作为地下连续墙刚度很大的支撑,再逐渐向下开挖土方和浇筑各层地下结构,直至底板封底。

根据工程的具体情况,上述各种类型可灵活地组合应用。

(二)地下连续墙的接头构造

地下墙一般分段浇筑,墙段间需设接头,另外地下墙与内部结构也需要接头,后者又称墙面接头。

1. 墙段接头

墙段接头的要求随工程目的而异,作为基坑开挖时的防渗挡土结构,要求接头密合不夹泥;作为主体结构侧墙或结构一部分时,除了要求接头防渗挡土外,还要求有抗剪能力。

常用的墙段接头有以下几种:

(1)接头管接头(见图 10-10)。这是目前应用最普遍的墙段接头形式。

(2)接头箱接头。可以使地下墙形成整体接头,接头的刚度较好,具有抗剪能力。施工程序与构造见图 10-11,此外还有隔板式接头等。

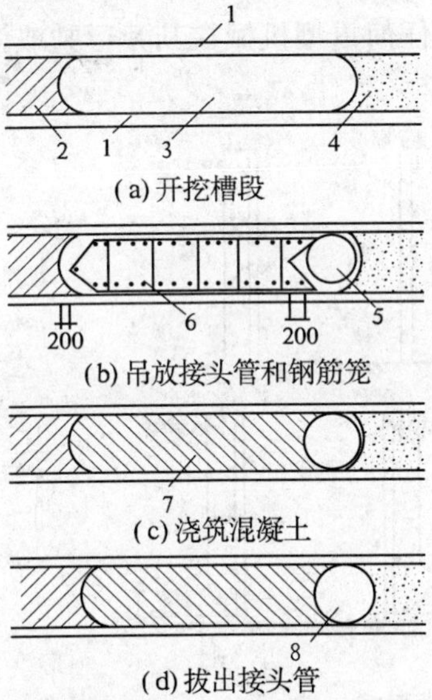

图 10-10 接头管接头的施工程序

1—导墙;2—已浇筑混凝土的单元槽段;3—开挖的槽段;
4—未开挖的槽段;5—接头管;6—钢筋笼;
7—正浇的单元槽段;8—接头管拔出后的孔洞

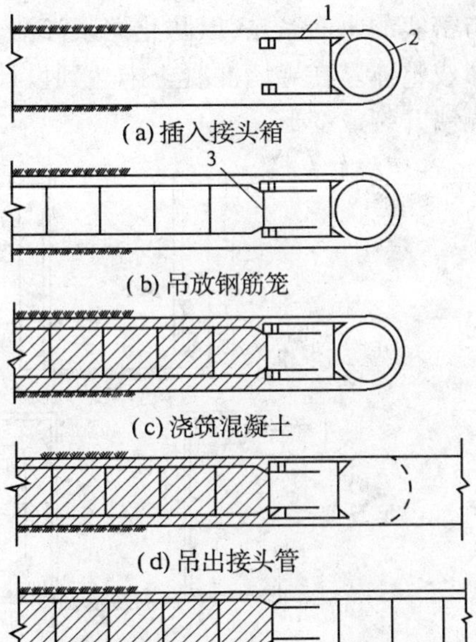

图 10-11 接头箱接头的施工程序

1—接头箱;2—接头管;
3—焊在钢筋笼上的钢板

2. 墙面接头

地下连续墙与内部结构的楼板、柱、梁、底板等连接的墙身接头，既要承受剪力或弯矩，又应考虑施工的局限性，目前常用的有预埋连接钢筋、预埋连接钢板、预埋剪力连接构件等方法，可根据接头受力条件选用，并参照《钢筋混凝土结构规范》对构件接头构造要求布设钢筋(钢板)。

三、地下连续墙的施工

现浇钢筋混凝土壁板式连续墙的主要施工程序有修筑导墙、泥浆制备与处理、深槽挖掘、钢筋笼制备与吊装，以及浇筑混凝土。

(一)修筑导墙

在地下连续墙施工以前，必须沿着地下墙的墙面线开挖导沟，修筑导墙。导墙是临时结构，主要起挡土作用，防止槽口塌陷，可作为连续墙施工的基准，也可作为重物的支承、存蓄泥浆等。

导墙常采用钢筋混凝土制筑(现浇或预制)，也有用钢的。常用的钢筋混凝土墙断面如图 10-12 所示。导墙埋深一般为 1 ~ 2 m，墙顶宜高出地面 0.1 ~ 0.2 m，导墙的内墙面应垂直并与地下连续墙的轴线平行，内外导墙间的净距应比连续墙厚度大 3 ~ 5 cm，墙底应与密实的土面紧贴，以防止泥浆渗漏。墙的配筋多为 Φ12@200，水平钢筋应连接，使导墙形成整体。在导墙混凝土未达到设计强度前，禁止任何重型机械在其旁行驶或停置，以防导墙开裂或变形。

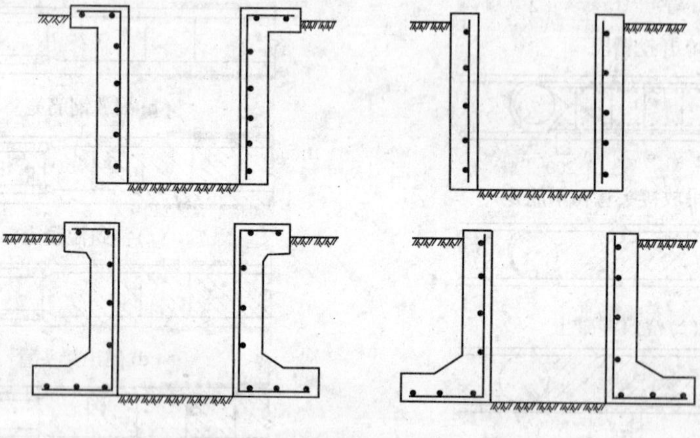

图 10-12 导墙的几种断面形式

(二)泥浆护壁

地下连续墙施工基本特点是利用泥浆护壁进行成槽。泥浆的主要作用除护壁外，还有挟渣、冷却钻具和润滑作用。

泥浆的质量对地下墙施工具有重要意义，控制泥浆性能的指标有比重、黏度、失水量、pH 值、稳定性、含砂量等。这些性能指标在泥浆使用前，在室内可用专用仪器测定。泥浆要与地下水、砂、土、混凝土接触，膨润土等掺合成分有所损耗，还会混入土渣等使泥浆质量恶化，要随时根据泥浆质量变化对泥浆加以处理或废弃。处理后的泥浆经检验合格后方可重复使用。

（三）挖掘深槽

挖深槽是地下连续墙施工中的关键工序，约占地下墙整个工期的一半。它是用专用的挖槽机来完成的。挖槽机械应按不同地质条件及现场情况来采用。目前国内外常用的挖槽机械按其工作原理分为抓斗式、冲击式和回转式三大类，我国当前应用最多的是吊索式蚌式抓斗、导杆式蚌式抓斗及回转式多头钻等。

挖槽是以单元槽段逐个进行挖掘的，单元槽段的长度除考虑设计要求和结构特点外，还应考虑地质、地面荷载、起重能力、混凝土供应能力及泥浆池容量等因素。施工时发生槽壁坍塌是严重的事故，当挖槽过程中出现明塌迹象时，如泥浆大量漏失、泥浆内有大量泡沫上冒或出现异常扰动、排土量超过设计断面的土方量、导墙及附近地面出现裂缝沉陷等，应首先将成槽机械提至地面，然后迅速查清槽壁明塌原因，采取抢救措施，以控制事态发展。

（四）混凝土墙体浇筑

槽段挖至设计标高进行清底后，应尽快进行槽段钢筋混凝土浇筑。包括下列内容：

（1）吊放接头管或其他接头构件。

（2）吊放钢筋笼。

（3）插入浇筑混凝土的导管，并将混凝土连续浇筑到要求的标高。

（4）拔出接头管。

对于长度超过 4 m 的槽段宜用双导管同时浇筑，其间距根据混凝土和易性及其浇筑有效半径确定，一般为 2 ~ 3.5 m，最大为 4.5 m。每个槽段混凝土浇筑速度一般为每小时上升 3 ~ 4 m。

四、地下连续墙设计计算简介

（一）地下连续墙的破坏类型

地下连续墙作为基坑开挖施工中的防渗挡土结构，是由墙体、支撑及墙前后土体组成的共同作用受力体系。它的受力变形状态与基坑形状、开挖深度、墙体刚度、支撑刚度、墙体入土深度、土体特性、施工程序等多种因素有关。地下连续墙的破坏可分为稳定性破坏和强度破坏两种类型。稳定性破坏有整体失稳（整体滑动、倾覆）、基坑底隆起、管涌或流沙现象；强度破坏则主要为支撑强度不足或压屈、墙体强度不足等。

（二）地下连续墙的设计计算

地下连续墙的设计首先应考虑地下墙的应用目的和施工方法，然后决定结构的类型和构造，使它具有足够的强度、刚度和稳定性。

1. 作用在地下墙上的荷载

作用在墙体上的荷载主要是土压力和水压力。当地下墙用做主体结构的一部分或结构物基础时，还必须考虑作用在墙体上的各种其他荷载。

1）土压力

地下连续墙设计计算中的一个重要问题是确定作用在墙体上的侧向土压力，它与墙体的刚度、支承情况、开挖方法、土质条件及墙高等有关。目前主要有下列三种计算方法：

(1)古典土压力理论。我国大多数设计单位采用朗金或库仑的主、被动土压力计算理论,即非开挖一侧均按主动土压力计算,而开挖一侧基坑底面以下部分则采用被动土压力。

(2)静止土压力理论。刚度较大且设有可靠支撑时,墙体位移很小,所以非开挖侧的土压力接近静止土压力。

(3)经验图式法。按各种土质条件下以土压力实测值为基础而提出的土压力分布图形计算。

2)水压力

作用在地下连续墙上的水压力与土压力不同,它与墙的刚度及位移无关,按静水压力计算。在一般情况下地下水位以下土层土压力包括水压力在内,这时采用饱和容重,也可采用与土压力分算的方法,视具体土质条件而定。

3)地下墙作为结构物基础或主体结构时的荷载

地下连续墙作为结构物基础或承重结构时,其荷载根据上部结构的种类不同而有差异。在一般情况下,它与作用在桩基础或沉井基础上的荷载大致相同。

2. 墙体内力计算

地下连续墙的设计必须使墙体具有足够的强度与刚度。地下墙作为挡土结构时的内力计算理论是从钢板桩计算理论发展起来的。目前一般的计算方法可归纳为表 10-1 。各方法的具体内容可参考有关专著。

表 10-1　地下墙内力计算理论和方法及适用条件

类别	计算理论及方法	方法的基本条件	方法名称举例
(一)	较古典的钢板桩计算理论	土压力已知 不考虑墙体变形 不考虑支撑变形	太沙基法
(二)	横撑轴力、墙体弯矩不变化的方法	土压力已知 考虑墙体变形 不考虑支撑变形	山肩邦男法
(三)	横撑轴力、墙体弯矩随之变化的方法	土压力已知 考虑墙体变形 考虑支撑变形	日本的《建筑基础结构设计规范》的弹塑性法 有限单元法
(四)	共同变形理论(弹性)	土压力随墙体变化而变化 考虑墙体变形 考虑支撑变形	森重龙马法 有限单元法(包括土体介质)
(五)	非线性变形理论	土压力为非线性介质 考虑施工分部开挖 考虑支撑变形	考虑分部开挖的非线性有限单元法

3. 地下连续墙挡土结构的稳定性验算

通过对地下连续墙挡土结构的墙体稳定、基坑稳定及抗渗稳定的验算，确定地下连续墙的插入土内深度，来保证挡土墙的稳定性。主要采用下列验算方法：

(1) 土压力平衡的验算。

(2) 基坑底面隆起的验算。

(3) 管涌的验算。

有时也进行控制隆起位移量的墙体插入深度的计算。

地下连续墙插入土的深度确定是非常重要的，若深度太浅将导致挡土结构物的失稳，而过深则不经济，也增加施工困难，应通过上述验算确定。

第三节　静压桩

一、静压法沉桩机理

静压法施工是通过静力压桩机以压桩机自重及桩架上的配重做反力将预制桩压入土中的一种沉桩工艺。静压预制桩主要应用于软土地基。在沉桩过程中，桩尖直接使土体产生冲切破坏，伴随或先发生沿桩身土体的直接剪切破坏。孔隙水受此冲剪挤压作用形成不均匀水头，产生超静孔隙水压力，扰动了土体结构，使桩周约 1 倍桩径的一部分土体抗剪强度降低，发生严重软化（黏性土）或稠化（粉土、砂土），出现土重塑现象，从而可容易地连续将静压桩送入很深的地基土层中。压桩过程中如发生停顿，一部分孔隙水压力会消失，桩周土会产生径向固结现象，使土体密实度增加，桩周的侧壁摩阻力也增长，尤其是扰动重塑的桩端土体强度得到恢复，致使桩端阻力增长较大，停顿时间越长扰动土体强度恢复增长越多。因此，静压沉桩不宜中途停顿，必须接桩停留时，宜考虑浅层接桩，还应尽量避开在好土层深度处停留接桩。静压桩是挤土桩，压入过程中会导致桩周围土的密度增加，其挤土效应取决于桩截面的几何形状、桩间距以及土层的性能。

二、静压法适用范围

静压法通常适用于高压缩性黏土层或砂性较轻的软黏土层，当桩须贯穿有一定厚度的砂性土夹层时，必须根据桩机的压桩力与终压力及土层的形状、厚度、密度、上下土层的力学指标、桩型、桩的构造、强度、桩截面规格大小与布桩形式、地下水位高低，以及终压前的稳压时间与稳压次数等综合考虑其适用性。

压桩力大于 4 000 kN 的压桩机，可穿越 5 ~ 6 m 厚的中密、密实砂层。中型压桩机（压桩力≤2 400 kN）穿越砂层的能力有限，所以需进行压桩可行性判断。

静压桩也适用于覆土层不厚的岩溶地区。在这些地区采用钻孔桩很难钻进；采用冲孔桩，容易卡锤；采用打入式桩，容易打碎。只有采用静压桩可缓慢压入，并能显示压桩阻力，但在溶洞、溶沟发育充分的岩溶地区，以及在土层中有较多孤石、障碍物的地区，静压桩宜慎用。小型压桩机（压桩力≤600 kN）用于压制预制小桩，适用于在 10 m 以内存在持力层的情况（如硬塑粉质黏土层、粉土层及中密粉细砂层等）。

三、静压桩施工

(一)桩的类型

用于静压桩施工的钢筋混凝土预制桩有 RC 方桩、PC 管桩、PHC 管桩和 PTC 管桩,还有的地区采用外方内圆空心式钢筋混凝土预制桩。

(二)桩的沉设

静压预制桩的施工一般采用分段压入、逐段接长的方法。其施工工艺为:测量定位—压桩机就位—吊装喂桩—桩身对中调直—压桩—接桩—再压桩—(送桩)—终止压桩—切割桩头。

1. 测量定位

通常在桩身中心打入一根短钢筋,若在较软的场地施工,由于桩机的行走而挤压预打入的短钢筋,故当桩机大体就位之后要重新测定桩位。

2. 压桩机就位

经选定的压桩机进行安装调试就位后,行至桩位处,使桩机夹持钳口中心(可挂中心线陀)与地面上的样桩基本对准,调平压桩机后,再次校核无误,将长步履(长船)落地受力。

3. 吊装喂桩

静压预制桩桩节长度一般在 12 m 以下,可直接用压桩机上的工作调机自行吊装喂桩,也可以配备专门调机进行吊装喂桩。第一节桩(底桩)应用带桩尖的桩,当桩被运到压桩机附近后,一般采用单点吊法起吊,采用双千斤(吊索)加小扁担(小横梁)的起吊法可使桩身竖直进入夹桩的钳口中。当接桩采用硫磺胶泥接桩法时,起吊前应检查浆锚孔的深度并将孔内的夹物和积水清理干净。

4. 桩身对中调直

当桩被吊入夹桩钳口后,由指挥员指挥司机将桩缓慢降到桩尖离地面 10 cm 左右为止,然后夹紧桩身,微调压桩机使桩尖对准桩位,并将桩压入土中 0.5 ~ 1.0 m,暂停下压,再从桩的两个正交侧面校正桩身垂直度,当桩身垂直度偏差小于 0.5% 时才可正式压桩。

5. 压桩

压桩是通过主机的压桩油缸行程的力将桩压入土中,压桩油缸的最大行程因不同型号的压桩机而有所不同,一般为 1.5 ~ 2.0 m,所以每一次下压,桩入土深度为 1.5 ~ 2.0 m,然后松夹具—上升—再夹紧—再压,如此反复进行,方可将一节桩压下去。当一节桩压到其桩顶离地面 80 ~ 100 cm 时,可进行接桩或放入送桩器将桩压至设计标高。

6. 接桩

静压预制桩常用接头形式有电焊焊接和硫磺胶泥锚固接头。电焊焊接施工时焊前须清理接口处砂浆、铁锈和油污等杂质,坡口表面要呈金属光泽,加上定位板。接头处如有孔隙,应用楔形铁片全部填实焊牢。焊接坡口槽应分 3 ~ 4 层焊接,每层焊渣应彻底清除,焊接采用人工对称堆焊,预防气泡和夹渣等焊接缺陷。焊缝应连续饱满,焊好接头自然冷却 15 min 后方可施压,禁止用水冷却或焊好即压。硫磺胶泥锚固接头,施工时要认真把好质量关。

7. 送桩

如果桩顶已接近设计标高，而桩压力尚未达到规定值，可以送桩。如果桩顶高出地面一段距离，而压桩力已达到规定值时则要截桩，以便压桩机移位。

静压桩的送桩作业可以利用现场的预制桩段作送桩器。施压预制桩最后一节桩的桩顶面达到施工地面以上 1.5 m 左右时，应再吊一节桩放在被压桩的顶面，不要将接头连接起来，一直下压直到桩顶面压至符合终压控制条件为止，然后将其上面的一节桩拔出来即可。此桩段仍可在以后的压桩中使用。但大吨位（≥4 000 kN）的压桩机，由于最后的压桩力和夹桩力都很大，有可能将桩身混凝土夹碎，所以不宜用预制桩作送桩器，而应制作专用的钢质送桩器。送桩器或作送桩器用的预制桩侧面应标出尺寸线，便于观察送桩深度。

8. 终止压桩

当桩被压入土层中一定深度或桩尖进入设计持力层一定深度，且压力表读数达到预先规定值时，便可终止压桩。

（三）压桩机的选择

静力压桩机的选择应综合考虑桩的规格（断面和长度）、被穿越土层的特性、桩端土的特性、单桩极限承载力及布桩密度等因素，可通过以下途径合理选用：

（1）按经验法选用。根据终压控制条件选择适用的静压桩机。一般情况下，压桩机的最大压桩力不宜小于桩的极限承载力，当遇上砂土层或砂隔层时，宜选取大一级甚至大两级的压桩机。

（2）经现场试压桩选用。特别是在厚软土层中用最大压桩力小于桩的极限承载力的压桩机施工时，更需作现场试桩。

（3）按当地选择压桩机的参考表选用。

（四）压桩施工注意事项

（1）压桩施工前应对现场的土场地质情况了解清楚，做到心中有数；同时应做好设备的检查工作，保证使用可靠。

（2）压桩过程中，应随时注意使桩保持轴心受压，若有偏移，要及时调整。

（3）接桩时应保证上、下节桩的轴线一致，并尽可能地缩短接桩时间。

（4）量测压力等仪表应注意保养，及时检修和定期标定，以减小量测误差。

（5）压桩机行驶道路的地基应有足够的承载力，必要时需作处理。

第四节　树根桩

一、简介

树根桩是一种小型钻孔灌注桩，直径为 13 ~ 30 cm，桩长 5 ~ 25 m。它是利用小型钻机按设计直径，钻进至设计深度，然后放入钢筋笼，同时放入灌浆管，注入水泥浆或水泥砂浆，结合碎石骨料成桩。树根桩可以根据需要做成垂直的，也可以是倾斜的；可以是单根的，也可以是成束的；可以是端承桩，也可以是摩擦桩。

树根桩于20世纪30年代初起源于意大利,近年来有很大发展,它很适于荷载小而分散的中小型工业与民用建筑。它不仅可用于新建工程的地基处理,也可用于现有工程的基础托换,特别是对于场地狭窄、净空低矮的工程现场,其优点尤为突出。树根桩不仅可以承受压力,也可用以承受拉力或拉压交替的荷载。一束不同方向的小桩便可称为树根桩。我国从20世纪80年代初开始研究应用树根桩于古建筑和现代建筑物的地基加固工程中,用该技术为苏州虎丘塔地基加固获得成功。

二、树根桩的应用范围

(1)建筑物需要加层(或上部增加荷载),地基和基础承载力不足。

(2)由于地质勘察、设计和施工原因,建筑物建成后,发生不均匀沉降。

(3)由于市政工程,如地铁或隧道通过建筑物下面地基土层时,为防止建筑物的不均匀沉降。

(4)古建筑的地基基础加固。

(5)对岩石和土体边坡稳定加固等。

三、树根桩托换的优点

(1)所需施工场地较小,一般平面尺寸 0.6 m×1.8 m,净空高度 2.2 m 就能施工。

(2)施工时噪音小,振动小,对已损坏需托换的建筑物比较安全。

(3)所有操作都可在地面上进行,比较方便。

(4)压力灌浆使树根桩与地基土紧密结合,桩和承台联结成一整体。

(5)桩径很小,因而施工对承台和地基土几乎不产生扰动。

(6)可在各种类型的土中制作树根桩。

四、树根桩的设计

(1)树根桩作为支承桩时,单桩承载力可采用下述方法确定:

单桩荷载试验;

参考同类工程资料;

按摩擦桩设计:

$$R_{kd} = \sum q_i l_i \cdot U_p / K$$

式中 R_{kd}——单桩容许承载力,kN;

U_p——桩周长,m;

q_i——第 i 层土的极限摩阻力,kPa;

l_i——第 i 层土中的桩长,m;

K——安全系数,一般可取2。

(2)设计树根桩桩身强度时,桩身混凝土轴心抗压强度应满足下式要求:

$$R_{kd} / U_p \leqslant 250 f_{cu,k}$$

式中 R_{kd}—— 单桩容许承载力,kN;

U_p——桩身截面积，m^2；

$f_{cu,k}$——边长为 15 cm 的桩身混凝土标准抗压强度，MPa，桩身混凝土标号应不小于 C15 级。

(3)树根桩采用的碎石骨料粒径宜在 10～25 mm 范围内，钢筋笼外径宜小于设计桩径 40～60 mm。对作为支承桩的树根桩，宜注水泥砂浆，配比为：水∶水泥∶砂＝0.5∶1.0∶0.3（重量比），砂粒粒径不宜大于 0.5 mm。树根桩成桩时可根据需要掺入适量的早强剂和减水剂。

五、树根桩的施工工艺

（一）成孔

树根桩的成孔，一般是采用小型钻机钻孔，采用水或泥浆作为循环冷却钻头和除渣手段。同时循环水在钻进过程中，水和泥土搅拌混合在一起亦变成泥浆状。有时为了提高树根桩的承载力，多采用正循环方法，当遇到较硬土层时，换上水力扩孔钻头，以达到扩孔目的。在饱和软土层钻进时，经常遇到流沙层，钻进时，进尺速度要慢，依靠岩心管在流沙层表面磨动旋转，加上孔内泥浆，使其孔壁表面形成泥皮，以达到护孔目的。表土层松散时，用套管护孔，套管口一般高出地面 10 cm。钻至设计标高时，进行清孔，到溢出较清的水为止。

（二）钢筋笼的制作

钢筋笼根据设计荷载确定其含钢量，每段钢筋笼的长度可以视现场条件和机具的吊放能力而定，一般每节长 5～6 m，钢筋笼的接头采用绑扎或焊接均可，其搭接长度应符合规范要求。由于树根桩的直径较小，故钢筋的混凝土保护层一般为 1.5～2.0 cm，对于特殊要求另作处理。

（三）灌浆管的制作

灌浆管的制作，当考虑拔出时，接头处采用外缩节，使外管壁光滑，容易从砂浆（或混凝土）中拔出。为防止泥浆进入管内，需在管底口用黑胶布或聚乙烯胶布封住，在管底口以上 1.0 m 范围做成花管形状，其孔眼直径 0.8 cm，纵向间距 10 cm，竖向四排，灌浆管一般放在钢筋笼内，然后一起放进钻孔。

（四）灌浆成孔

在钢筋笼和灌浆管沉入钻孔之后，压入水泥砂浆，灌浆管在灌注过程中，一般要埋入水泥浆中 2～3 m，以保证桩体的质量。灌浆后，立即投入碎石（粒径 5～25 cm），用钢筋插捣，使骨料均匀分布于桩身。

灌浆技术参数：

(1)水灰比 $W/C=0.4\sim0.5$。

(2)灌浆压力 $P=0.3\sim0.5$ MPa。

(3)减水剂掺量 0.4(3%)。

(4)中砂 30%。

(5)碎石。

六、工程实例

（一）珠海市政管理处拱北污水处理厂初沉池地基基础加固工程

该沉淀池于1985年进行沉管灌注桩（直径480 mm）桩基施工，单桩承载力450 kN，验桩4条，其中1条不合格，不能满足设计要求。根据场地地质情况，结合施工现场情况，经验证采用树根桩技术进行基础加固。根据设计院提供的加固荷载，每个桩基础增加承载力1/4，树根桩承载力按摩擦桩来考虑。通过计算，在原基础上补加140条树根桩，单桩承载力120 kN，桩径150 mm，桩身混凝土等级C23级，主筋选用4Φ12，箍筋为Φ6@250，桩身入残积土1.5 m，桩长平均13 m。

该工程于1992年7月至9月上旬进行施工。施工完成后，由中国建筑科学研究院珠海科研设计部进行单桩垂直静荷载试验，检测结果，极限承载力均大于240 kN，容许承载力取120 kN，安全系数大于2。另回弹系数为50%左右，表明桩身质量较好。

（二）广州一六层框架结构宿舍楼树根桩基础托换工程

该宿舍楼原设计为五层框架结构，基础采用打桩及独立柱基础。在施工过程中进行加层，结果发现建筑物出现不均匀沉降，沉降量达十几厘米。根据此情况，采用树根桩进行基础托换，每个桩基设4条树根桩，桩径150 mm，桩长8 m。该工程于1992年11～12月施工，施工后建筑物沉降稳定。

复习思考题

10-1　沉井基础有何特点？如何选择沉井基础类型？

10-2　沉井的基本组成及各部分的作用如何？沉井制作时分节高度应该考虑哪些因素？

10-3　试述沉井下沉的挖土方法及适用条件。

10-4　沉井封底方法有哪几种？沉井下沉会遇到哪些问题？如何解决？

10-5　地下连续墙有何优缺点？

10-6　地下连续墙施工中对泥浆有何要求？

10-7　地下连续墙计算分析时，如何计算土压力？

10-8　静压桩的适用范围如何？

10-9　静压桩沉没的步骤有哪些？

10-10　树根桩有哪些优点？

10-11　如何进行树根桩的施工？

第十一章　软弱地基处理

本章重点

(1)各种常见地基处理方法的原理、设计与施工要点、质量检验方法。

(2)地基处理和复合地基的基本概念。

第一节　概　述

我们常将不能满足建(构)筑物对地基要求的天然地基称为软弱地基或不良地基。软弱地基通常需要经过人工处理后才能修建建(构)筑物,这种地基加固方法称为地基处理。

地基处理方法很多,每种地基处理方法都有一定的适用范围、优缺点,在选择地基处理方法时应综合考虑。在软弱地基上修建桥涵时,选用地基处理方法的原则是:坚持技术先进、经济合理、安全适用、就地取材,确保质量。对某一具体工程来讲,应该从地基条件、处理要求、工程费用以及材料、机具来源等各方面进行综合考虑,因地制宜确定合适的地基处理方法。

自20世纪60年代国外首次开始使用"复合地基"概念以来,复合地基已成为众多地基处理方法理论分析及公式建立的基础。复合地基是指天然地基部分土体被增强或被置换,从而形成的由地基土和增强体共同承担荷载的人工地基。工程中常用的复合地基计算方法正在不断成熟、发展之中。我国地域辽阔,自然地理环境不同,土质各异,地基条件区域性较强,随着现代化建设步伐的加快,土木工程对地基要求越来越高,面临的地基问题日益复杂,地基处理领域已成为土木工程中最活跃的领域之一,地基处理新技术、新工艺、新方法、新材料不断涌现。

软土是指天然孔隙比大于或等于1.0,且天然含水量大于液限的细粒土,包括淤泥、淤泥质土、泥炭、泥炭质土,近代水下沉积、天然含水量大于其液限的黏土、粉质黏土。当其天然孔隙比大于1.5时,称为淤泥;而当其天然孔隙比小于1.5但大于1.0时则称其为淤泥质黏土或淤泥质粉质黏土,简称淤泥质土。

软土在我国沿海一带分布很广,如渤海湾、长江三角洲、浙江、珠江三角洲及福建省的沿海地区等,都分布有大面积的海相或湖相沉积的软土。此外,贵州、云南等我国内陆省份的某些地区也有零星的山地型软土分布。

软土一般具有以下主要工程特性:

(1)软土多属于中液限与高液限土,其液限值大部分在34% ~43%之间,塑性指数大部分在20左右。

(2)软土含水量较高,孔隙比较大。含水量ω为34% ~89%,个别地区的泥炭质软土含水更高达299%,多数大于土的液限,属于流动状态;天然孔隙比一般在1.0~2.45,最高达7.0。

(3)软土压缩性较高。压缩系数 $a_{1-2}=0.51\sim2.33\ \text{MPa}^{-1}$,属高压缩性土。

(4)软土抗剪强度低。无侧限抗压强度一般在5~48 kPa,最大不超过80 kPa,快剪的黏聚力一般在5~13 kPa,内摩擦角小于5°,固结快剪的内摩擦角一般为15°左右。

(5)软土渗透性小。渗透系数 $K=1\times10^{-6}\sim1\times10^{-8}\text{cm/s}$,所以直接在荷载作用下难以固结。但多数淤泥质粉质黏土具有薄层黏土与粉砂互层的微层理构造,具有这种构造的软土,其水平渗透系数远大于垂直渗透系数。

(6)具有较强的结构性。灵敏度一般为3~5,即完全扰动后其强度可降低60%~80%,属于高灵敏性土。因此,这类地基土场地施工时应尽量减小对基底土的扰动,以发挥土的天然强度。

(7)具有吸附力。软土对建筑物的吸附力由三部分组成:土与建筑物底面的黏聚力、基础侧面的摩阻力和真空吸力,其中真空吸力是主要吸附力。

(8)在剪应力的长期作用下,软土具有明显的流变特性。在一定的条件下,流变可导致地基土的破坏。经长期变形而破坏的土体,其强度仅为一般抗剪强度的40%~50%。

总之,软土具有强度低、压缩性高、渗透性小、高灵敏度和流变性等特点,因而软土地基上建筑物沉降量大,稳定性较差,需要对软土地基加固处理。

人工填土是指由于人类活动而堆填的土。这类土物质成分复杂,均匀性差。根据其组成和成因,可分为素填土、杂填土、冲填土和压实填土。

素填土为由碎石土、砂土、粉土、黏性土等组成的填土,不含杂质或含杂质很少。经分层压实或夯实的素填土称为压实填土。杂填土为含有建筑垃圾、工业废料、生活垃圾等杂物的填土。冲填土为由水力冲填泥沙形成的填土。人工填土一般不均匀,作为建筑地基往往需要进行处理。

第二节　砂砾垫层

一、砂砾垫层法的原理及适用范围

砂砾垫层法属于换土法的一种,当软弱土层地基的承载力和变形不能满足建筑物的要求,且软弱土层的厚度又不很大时,可将基础底面以下持力层范围内的软弱土层的部分或全部挖去,然后分层回填砂砾等材料经压实或夯实使之达到所要求的密实度,形成良好的人工地基。这种地基处理的方法也称为换填法。

其主要作用为:

(1)提高地基承载力。软弱土层被挖除,换以强度较高的砂砾,可提高地基承载力。

(2)减少沉降量。由于砂垫层或其他垫层对应力的扩散作用,使作用在下卧层土上的应力较小,这样也会相应减少下卧层土的沉降量,从而达到基础的总沉降量减少的目的。

(3)加速软弱土层的排水固结。垫层材料透水性大,软弱土层受压后,垫层作为良好的排水面，促进基础下面的孔隙水排出，孔隙水压力迅速消散，加速垫层下软弱土层的固结和强度的提高，避免地基土的塑性破坏。

适用范围：适用于一般饱和、非饱和的软弱土和水下黄土地基处理。

二、砂砾垫层设计

垫层的设计不但需要满足建筑物对地基变形及稳定的要求，而且也应该符合经济合理的原则，设计的主要内容是合理确定垫层厚度和平面尺寸。

（一）砂砾垫层厚度的确定

砂砾垫层厚度的计算实质上是软弱下卧层顶面承载力的验算，目前我国常用按应力扩散角进行计算的方法，即认为砂砾垫层以 φ 角向下扩散基底附加压力，如图 11-1 所示，要求砂砾垫层底面处的附加压力与土中的自重应力之和不超过下卧层顶面地基深度修正后的容许承载力，即

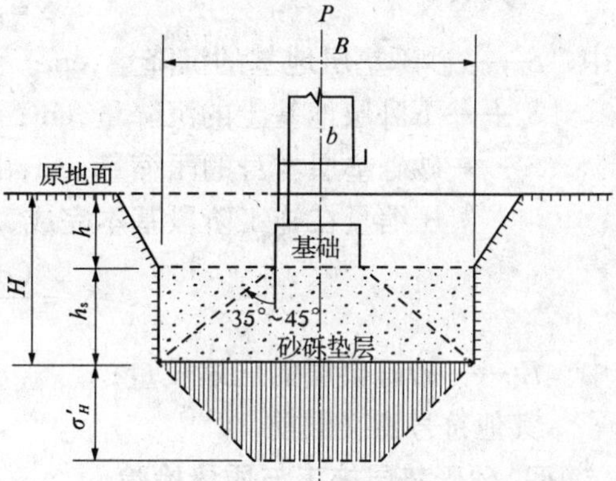

图 11-1 砂砾垫层应力分布图

$$\sigma'_H \leqslant [\sigma] \tag{11-1}$$

式中 $[\sigma]$——下卧层顶面地基深度修正后的容许承载力，kPa；

σ'_H——砂砾垫层底面处的附加压力与土中的自重应力之和，kPa，如果基础平面为矩形：

$$\sigma'_H = \frac{ab\sigma}{ab + \left(a + b + \frac{4}{3}h_s\tan\varphi\right)h_s\tan\varphi} + \gamma h + \gamma_s h_s$$

其中 a——基础的长度，m；

b——基础的宽度，m；

σ——由荷载引起的基础底面的平均压应力，kPa；

γ——原地面至砂砾垫层顶面之间的土层（回填土）容重，kN/m^3，水下取浮容重；

γ_s——砂砾垫层的容重，kN/m^3；

φ——垫层的压力扩散角，可取 35°~45°；

h_s——砂砾垫层的厚度，一般为 1~3 m；

h——回填土的厚度，m。

砂砾垫层的厚度超过 3 m 时，可根据具体情况与其他加固法（如砂桩等）结合使用。

（二）砂砾垫层平面尺寸的确定

砂砾垫层平面尺寸为：

$$A = a + 2h_s\tan\varphi \tag{11-2}$$

$$B = b + 2h_s\tan\varphi \tag{11-3}$$

式中 A——砂砾垫层的长度，m；

B——砂砾垫层的宽度,m;

其他符号意义同前。

(三)砂砾垫层地基的沉降量计算

砂砾垫层地基的沉降量 S(cm)可按下式计算:

$$S = S_s + S_c \tag{11-4}$$

式中 S——砂砾垫层地基的沉降量,cm;

S_c——下卧层地基土的沉降量,cm;

S_s——砂砾垫层本身的压缩量,cm,由于砂砾垫层压缩模量比软弱下卧层大得多,压缩量在施工阶段基本完成,实际可以忽略不计,需要时可按下式计算:

$$S_s = \frac{(\sigma + \sigma_H) h_s}{2E_s}$$

其中 E_s——砂砾垫层的压缩模量;

其他符号意义同前。

(四)砂砾垫层施工与质量检验

1. 材料要求

砂砾垫层材料应就地取材,同时又要符合强度要求。砂砾垫层材料以中、粗砂为主,其颗粒的不均匀系数不能小于 5,可掺入一定数量的碎石(碎石粒径不应超过 10 cm),这样既能提高强度,又易于夯实。黏土含量不应大于 3% ~5%,粉土含量不应大于 25%,因为含量过多不利于排水,也不利于夯实。

2. 施工要点

(1)砂砾垫层施工宜采用振动压实机具。

(2)砂砾料应分层填筑、分层压实,分层厚度一般为 15 ~20 cm。

(3)确定砂砾料的最优含水量。

(4)不要扰动下面的软土层,防止践踏、受冻、浸泡或暴晒过久。

(5)垫层底面应尽量水平,注意排水。

3. 质量检验

砂砾垫层的质量检验可选用环刀法或灌入法,采用干容重或贯入度作为控制指标,分层压实要求应达到设计的压实度(应在 90% 以上)。

第三节　砂桩与砂井

对于没有冲刷或冲刷深度不大的软弱地基,如果厚度较大,用砂砾垫层不经济,技术上也不合理,可以考虑采用砂桩,以提高地基强度,减小沉降。厚度较大的饱和软黏土地基,由于渗透性小,砂桩不易将土挤密实,可以考虑用砂井处理。

一、砂桩

(一)加固原理及适用范围

砂桩是指用振动、冲击、沉管或水冲等方式在软弱地基中成孔后,再将中、粗砂挤压入已成孔中，形成大直径（桩径可采用 30 ~ 40 cm）的砂所构成的密实桩体。

砂桩的加固作用主要有：

（1）挤密作用。当采用沉管法或干振法施工时，由于在成桩过程中桩管对周围土层产生很大的横向挤压力，桩管位的土挤向桩管周围的土层，使桩管周围的土层孔隙比减小，密实度增大，强度增加，与灰土挤密桩一样起到挤密作用。有效挤密范围可达 3 ~ 4 倍桩直径。

（2）排水作用。砂桩在地基中形成渗透性良好的人工竖向排水通道，有效地防止超静孔隙水压力的增高和砂土产生液化，并可加快地基的排水固结。

（3）置换作用。在黏性土地基（特别是饱和软黏土），以良好性能的砂来替换不良的地基土，以地基中密实度高的桩体与原黏性土构成复合地基而共同承载上部荷载。

砂桩适用于处理松散砂土、素填土、杂填土、粉土等地基。

（二）设计要点

1. 地基加固范围

地基加固范围应根据建筑物的重要性和场地条件及基础形式而定，加固范围平面面积：$A = B \times L$，以超出基础每边各 50 cm 计算。

2. 所需砂桩的总截面面积

所需砂桩的总截面面积与土的原始和挤密后的孔隙比有关，利用下式计算：

$$A_1 = \frac{e - e_1}{1 + e}A \tag{11-5}$$

式中 A_1——砂桩的总截面面积，m^2；

A——加固范围平面面积，m^2；

e——加固前土的原始孔隙比；

e_1——砂桩挤密后要求达到的土的孔隙比，参照规范确定。

3. 砂桩根数及排列

砂桩根数可以利用下式计算：

$$n = \frac{4A_1}{\pi d^2} \tag{11-6}$$

式中 n——砂桩根数；

d——砂桩直径，m；

A_1——砂桩的总截面面积，m^2。

砂桩可按等距离的梅花形、等边三角形或正方形布置，如图 11-2 所示，纵横两方向均不宜少于 3 排，桩顶间须铺砂砾连成一片。

砂桩的间距 L 按下面的公式确定：

若砂桩以三角形布置：
$$L = 0.952d\sqrt{\frac{1 + e}{e - e_1}} \tag{11-7}$$

若砂桩以正方形布置：
$$L = \sqrt{\frac{q(1 + e)}{e - e_1}} \tag{11-8}$$

若砂桩以梅花形布置：$$L=1.24\sqrt{\frac{q(1+e)}{e-e_1}} \tag{11-9}$$

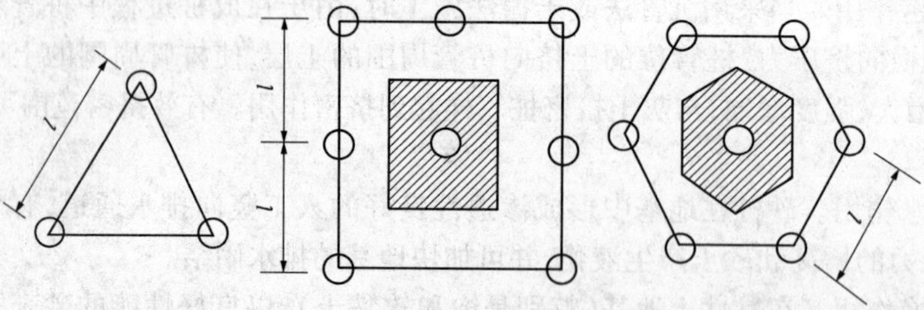

(a)三角形　　(b)正方形　　(c)梅花形

图 11-2　砂桩的布置及间距

式中　q——每根砂桩每米长的灌砂量；

其他符号意义同前。

只要确定加固后的孔隙比 e_1 和桩的直径或每延米桩的灌砂量，就可以计算出桩间距 L(m)。在工程实践中，除了理论计算外，常常通过现场试验确定砂桩的间距及加固的效果。

4. *砂桩长度的确定*

砂桩长度要穿透软土层或等于地基的压缩层厚度，当相对硬层的埋藏深度不大时，应按相对硬层埋藏深度确定；当相对硬层的埋藏深度较大时，按建筑物地基的变形允许值确定。在可液化的地基中，桩长应按要求的抗震处理深度确定。

5. *砂桩的灌砂量*

为了保证加固后地基达到设计要求的密实度，施工时必须控制每根砂桩灌入足够的砂量 Q(kN)，利用下式计算砂桩的灌砂量：

$$Q=A_1L\gamma=\frac{\gamma_\omega A_1LG_s}{1-e}(1+\omega) \tag{11-10}$$

式中　Q——砂桩的灌砂量，kN；

G_s——砂粒的相对密度；

ω——含水量，%；

γ——砂土的容重，kN/m³；

γ_ω——水的容重，kN/m³；

其他符号意义同前。

(三)施工要点及质量检验

砂桩施工要点：在施工过程中，表层土往往会上升或松动，所以在开挖基坑时，不要一次挖到桩顶设计标高，留 2 d(d 为砂桩直径)或 1 m 厚的土，待打好砂桩后再将其挖去。打桩顺序应先外围后中间，灌入砂桩孔内的材料，一般不得含有大于 5 ~6 cm 的卵石，粉粒不多于 5% 。

(1)施工宜采用振动打桩机或柴油打桩机等机具。

(2)填入孔内的砂料应分层填筑、分层夯实。

(3)确定砂的最优含水量。

(4)桩体在施工时应保持连续密实。

(5)实际灌砂量未达到设计用量时,应在原处复打或在旁边补桩。

对砂桩加固质量的检查,可通过钻孔取土样进行分析,最好通过荷载试验判定,试验位置可选在砂桩之间的地基上。单桩载荷试验,总数不得少于3根。

施工结束后,为了使桩周被扰动的土体强度得到恢复,除砂土地基外,均应间隔一定时间才能进行质量检验。黏性土地基,间隔时间为3~4周;粉土地基,间隔时间为2~3周。

二、砂井

在软土地基中利用各种打桩机具打钢管成孔,或用高压射水或爆破法成孔,随即在孔眼中灌以含泥量不超过3%的中砂或粗砂形成砂井。

软土地基在施打砂井后改变了地基土的排水条件,缩短了排水途径,因而在上部荷载作用下加速了地基的排水固结,地基土的强度得到迅速提高,从而增大了地基的承载能力,提高了建筑物的稳定性和安全度。

下面对砂井地基的设计作一介绍。

(一)砂垫层的厚度

砂井顶面必须设置厚度大于0.4 m的砂垫层(其宽度可采用砂井直径的2倍),一般厚度为0.5~1.0 m,构成地基的排水系统,以保证在附加荷载作用下能加速地基土的固结。

(二)砂井的直径

根据施工机具的具体情况,砂井直径可采用20~30 cm;水上施工时,砂井直径不宜小于30 cm。

(三)砂井的间距

砂井间距是指两相邻砂井中心的距离。理论与实践证明,井距越小,固结越快;井距越大,固结越慢。因此,当荷载较大、土的固结系数较小和施工期较短时,宜采用较小的井距;相反,当荷载较小、土的固结系数较大和施工期较长时,宜采用较大的井距。桥涵地基一般采用较密的砂井,其间距与井径比为6~8。

(四)砂井平面布置

砂井平面上的布置,有按等边三角形(梅花形)和正方形两种排列形式,如图11-3所示。其中以等边三角形排列较为紧凑和有效,在基础边缘外需增加一、二排砂井。

(五)砂井的深度

砂井的深度,一般应贯穿整个软土层,如软土层很厚,可根据地质情况、基底应力和沉降量决定,但最小需穿过压缩层深度的下限。同时需控制砂井地基的总沉降量不可太大,以免影响桥涵的正常使用。

(六)砂井地基的固结度

砂井地基的固结属于三向固结问题,求解时分为垂直向固结与辐射向固结两种情况来研究，分别确定在指定时间内的固结度，然后加以综合得出地基的总固结度。

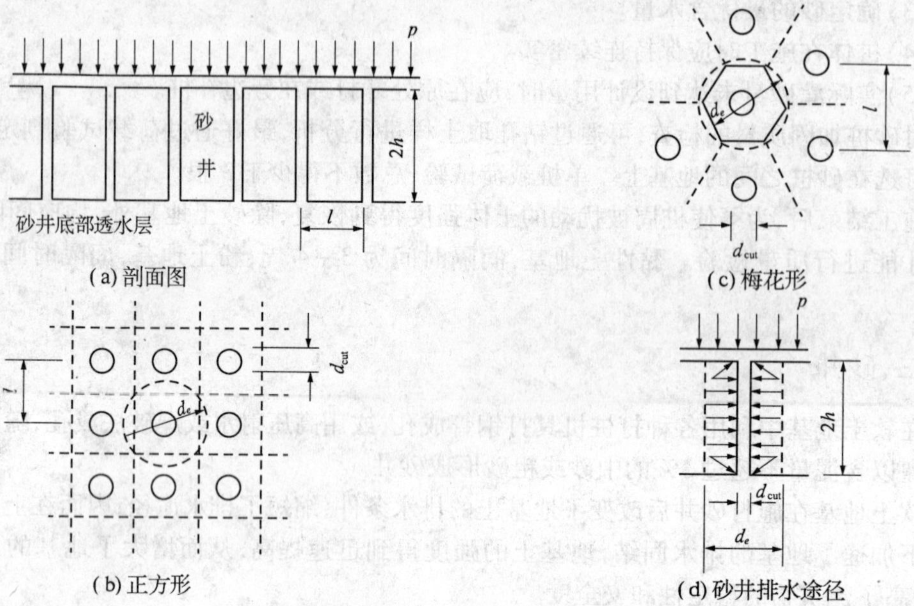

图 11-3　砂井布置

地基固结度的计算方法及公式可参照规范。

（七）施工要点

(1) 砂井施工工艺（如图 11-4 所示）。

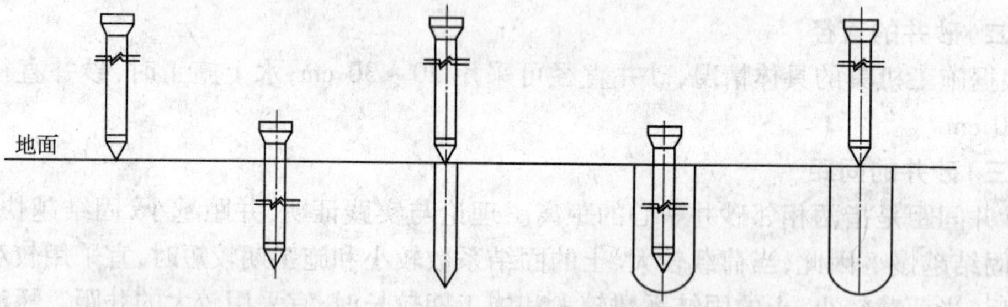

图 11-4　砂井施工工艺图

(2)砂料的选择。井的砂料应尽可能选用渗透性好的砂料，以减小砂井对水流的阻力。一般宜选用含泥量小于 3% 的中粗砂或矿渣，但渗透系数不得小于 1×10^{-2}cm/s。

砂垫层的砂料宜采用透水性好的中砂，其含泥量不得大于 4%，砂垫层的干密度宜大于 1.5 t/m^3，渗透系数不宜小于 1×10^{-2}cm/s。

(3)质量控制。应保证达到设计要求的灌砂密实度，自上而下保持连续，避免出现缩颈现象，且尽可能减小对砂井周围土结构的扰动；砂井的长度、直径和间距应满足设计要求;砂井位置的允许偏差为该井的直径,垂直度的允许偏差为 1.5%;其实际灌砂量不得小于计算的 95%。对灌砂量未达到设计要求的砂井,应在原位将砂井复打、复灌一次。

第四节　加固地基的其他方法

一、振冲法

振冲法以起重机吊起振冲器,启动潜水电动机后,带动偏心块,使振冲器产生高频振动,同时开动水泵,使高压水通过喷嘴喷射高压水流,在边振边冲的联合作用下,将振冲器沉到土中的设计深度。经过清孔后,就可以从地面向孔中逐段填入碎石,每段填料均在振动作用下被振挤密实,达到所要求的密实度后提升振冲器,如此重复填料和振密,直至地面,从而在地基中形成一根大直径的密实桩体。

振冲法适用于处理砂土、粉土、粉质黏土、素填土和杂填土等地基。对于处理不排水抗剪强度不小于 20 kPa 的饱和黏性土和饱和黄土地基,应在施工前通过现场试验确定其适用性。不加填料振冲加密适用于处理黏粒含量不大于 10% 的中砂、粗砂地基。

振冲挤密一般施工过程为(如图 11-5 所示):振冲器对准桩位;振冲成孔;将振冲器提出孔口,向桩孔内填料;将振冲器再放入孔内,将石料压入桩底振密;连续不断向孔内填料,边填边振,达到“密实电流”(桩体的松密程度不同反映出的电流不同)后,将振冲器缓慢上提,继续振冲,达到“密实电流”后,再上振。如此反复,直至整根桩完成。

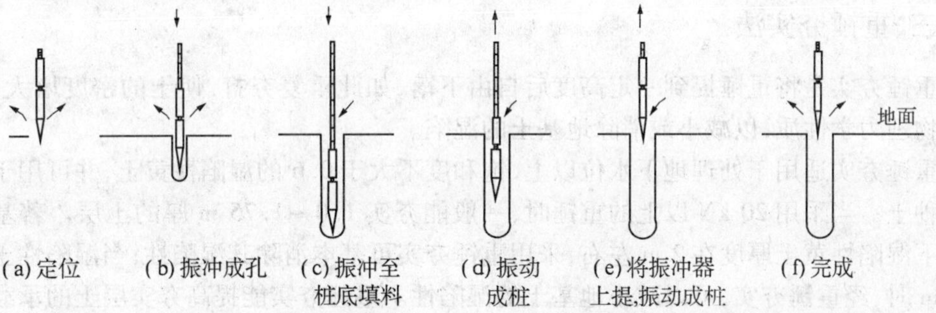

图 11-5　振冲法施工过程示意图

二、预压排水固结法

近年来在普通砂井的基础上,出现了以袋装砂井和塑料排水板代替普通砂井的方法,使下面的饱和软弱地层排水固结,提高了承载力,避免了普通砂井不连续的缺点,而且施工简便,在工程中得到日益广泛的应用。

(一)袋装砂井预压法

目前国内应用的袋装砂井直径一般为 70 ~ 120 mm,间距 1.0 ~ 2.0 m。砂袋应采用聚丙烯或聚乙烯等聚合物制成,应具有足够的抗拉强度、耐腐蚀、对人体无害等。灌入砂袋的砂为中、粗砂,振捣密实后扎紧袋口。砂袋总体长度要比砂井长度增加 50 cm,使砂袋放入孔内后能露出地面，埋入排水砂垫层中。

袋装砂井的设计理论、计算方法与普通砂井基本相同，它的施工已有相应的定型埋设机械。与普通砂井相比其优点为：施工工艺和机具简单，用砂量少，间距较小，进度快，排水固结效率高，井径小，成孔时对软土扰动小，有利于地基土的稳定。

（二）塑料排水板预压法

塑料排水板预压法是将塑料排水板用插板机插入加固的软土中，在地面加载预压，使土中的水沿塑料板的通道溢出，经砂垫层排出，从而使地基加速固结。

塑料板排水与砂井比较其优点为：

(1)塑料板质地均匀，排水效果稳定。

(2)塑料板质量轻，便于施工操作。

(3)施工机械轻便，可以在超软弱地基上施工，施工速度快，工程费用低。

塑料排水板所用材料、制造方法不同，结构也不同，有两类：一是用单一材料制成的多孔管道的板带，表面有许多微孔；二是两种材料组合而成，由带纵向排水通道的芯板外套挡泥的滤套组成，芯板采用硬质聚乙烯制成，透水挡泥的滤套由涤纶或丙纶类合成纤维制成。

塑料排水板成卷包装，每卷数百米，用专门的插板机插入软土地基。先在空心套管内装入塑料排水板，将其一端与预制的桩靴固定，将空心套管带同桩靴插入软土地基预定标高，拔出套管，塑料板留在软土中，在地面将塑料板切断，然后移动插板机进行下一个循环作业。

三、重锤夯实法

重锤夯实是将重锤提到一定高度后自由下落，如此重复夯打，使土的密度增大，改善土的物理力学性质，以减小或消除地基土的湿陷。

重锤夯实适用于处理地下水位以上、饱和度不大于0.6的湿陷性黄土，并可用于稍湿的各种土。当采用20 kN以上的重锤时，一般能夯实1.0~1.75 m厚的土层。若基础底面以下湿陷性黄土厚度在2 m左右，采用重锤夯实可基本消除其湿陷性；当湿陷性土层大于2 m时，经重锤夯实，可以减小地基土的湿陷性。重锤夯实能提高夯实层土的承载力和变形模量（其值由现场测试确定），降低该土层的压缩性和透水性。

在夯打地基以前，一般应先进行试夯，目的在于查明表层夯实效果，选定落锤高度，求出每夯打一遍后基坑底面的下沉量，到达极限下沉量时所需要的夯打遍数和总下沉量，以确定预留夯实土层的厚度。

试夯坑的位置和数量应按需要处理的地基土质确定。试夯时，应根据设计要求的夯实深度，选择锤重和锤的底面直径。当要求夯实深度为1.5 m时，锤重以21~27 kN、底面直径1.2~1.5 m为宜，锤提升高度以3.5~5.0 m为宜。条形基础的试坑，其宽度不大于1.5倍锤径，长度为锤径的4倍；方形试坑最好与需要处理的墩台基础尺寸相同。

试坑夯打前，在坑底旁侧挖一深井，其深度不小于2.5 m，然后沿垂直方向，每隔0.5 m取土样，测定含水量。当测定土的天然含水量低于最优含水量2%以上时，应加水均匀地渗入试坑内，待24小时后再进行夯打。

重锤夯实法的锤重一般为 15 ~ 28 kN,有效深度一般可以达到锤直径的 1 ~ 1.2 倍。

质量控制指标:重锤夯实要同时满足极限下沉量和 90% 的总下沉量两项指标。由于地基土含水量偏高或偏低,即使锤重、落距、遍数等均相同,夯实程度也会有很大的差别,例如当含水量低于最佳含水量的 2% 以上时,就会较早地达到极限下沉量,造成一种虚假现象,因此应满足试夯时的总下沉量指标。考虑施工时的实际情况,此项指标取总下沉量的 90%。

四、强夯法

(一)强夯法的原理及适用范围

强夯法又称动力固结法,是将重锤(一般 10 ~ 40 t)提升到一定高处使其自由落下(落距一般为 10 ~ 40 m),给地基以反复冲击和振动,从而提高地基的强度并降低其压缩性。它是在重锤夯实法的基础上发展起来的,但加固原理不同。

1. 强夯法加固原理

夯锤自由下落产生巨大的冲击能量,使土中产生很大的应力和冲击波,致使土中孔隙压缩,土体局部液化,夯击点周围产生放射性裂隙形成良好的排水通道,使土中的孔隙水(气)溢出,土体固结,从而降低土的压缩性,提高地基承载力,避免了重锤夯实产生“橡皮土”的情况。

强夯加固土体的主要作用有:

(1)冲击密实作用。一方面强夯产生的冲击波破坏了土体的原有结构,改变了土体中各类孔隙的分布状态以及相对含量,使土体更加密实。

(2)加速固结作用。强夯在地基中产生的超静孔隙水压力大于土粒间的侧向压力时,土粒间便会出现裂隙,形成排水通道,增大了土的渗透性,孔隙水得以顺利排出,加速了土的固结。

(3)触变恢复作用。经过一定时间后,由于土颗粒重新紧密接触,自由水又重新被土颗粒吸附而变成结合水,土体又恢复并达到更高的强度。

(4)置换作用。利用强夯的冲击力,强行将砂、碎石、石块等挤填到饱和软土层中,置换原饱和软土,形成桩柱或密实砂、石层,与此同时,该密实砂、石层还可作为下卧软弱土的良好排水通道,加速下卧层土的排水固结,从而提高地基承载力,降低压缩性。

2. 强夯法适用范围

强夯法适用于碎石土、砂土、低饱和度的粉土与黏性土、湿陷性黄土、杂填土和素填土等地基的处理。能够改善其抗振动液化的能力和消除土的湿陷性,所以还可用于处理可液化砂土地基和湿陷性黄土地基等。

经过强夯的黏性土,其承载力可增加 1 ~ 3 倍,粉砂可增加 4 倍,砂土可增加 2 ~ 4 倍。

(二)强夯法的设计要点

强夯法设计的主要参数为:有效加固深度、夯击能、夯击次数、夯击遍数、间隔时间、夯击点布置和处理范围等。

1. 有效加固深度

强夯法的有效加固深度应根据现场试夯或当地经验确定。也可用式(11-11)估算:

$$H = \alpha \sqrt{Mh} \tag{11-11}$$

式中 H——有效加固深度，m；

α——修正系数，查表 11-1；

M——锤重，kN；

h——落距，m。

表 11-1 修正系数 α

土的名称	黄土	一般黏性土、粉土	砂土	碎石土(不包括块石、漂石)	块石、矿渣	人工填土
α	0.45～0.60	0.55～0.65	0.65～0.75	0.60～0.75	0.49～0.50	0.55～0.75

2. 夯击能

单击夯击能是表示每击能量大小的参数，其值等于锤重和落距的乘积。目前我国采用的最大单击夯击能为 8 000 kN·m，国际上采用的最大单击夯击能为 50 000 kN·m，加固深度达 40 m。

单位夯击能指在单位面积上所施加的夯击能。根据我国的工程实践，一般情况下，对于粗颗粒土单位夯击能可取 1 000～3 000 kN·m/m^2，细颗粒土为 1 500～4 000 kN·m/m^2。实践证明，圆形夯锤底设置 250～300 mm 的纵向贯通孔的夯锤，地基处理的效果较好。

3. 夯击次数

不同地基土所采用的夯击次数也应不同，一般通过现场试夯确定，以夯坑的压缩量最大、夯坑周围土体隆起量最小为原则。可从现场试夯得到的锤击数和夯沉量关系曲线确定。但要满足最后两击的平均夯沉量不大于 50 mm，当单击夯击能量较大时不大于 100 mm，且夯坑周围地面不发生过大的隆起，不能因夯坑过深而发生起锤困难的情况。

4. 夯击遍数与间歇时间

夯击遍数与地基土的性质有关。由粗颗粒土组成的渗透性强的地基，夯击遍数可少些；由细颗粒土组成的渗透性低的地基，夯击遍数要求多些。一般做法是，夯击 2～3 遍，最后再以低能量满夯一遍。

两遍夯击之间应有一定的时间间隔，以利于土中超静孔隙水压力的消散，所以间隔时间取决于地基土的渗透性。当缺少实测资料时，对于渗透性较差的黏性土地基的间隔时间，一般不少于 3～4 周；对于渗透性特别好的地基则可连续夯击。

5. 夯击点布置形式及范围

夯击点布置可根据建筑结构及基础类型，采用等边三角形、等腰三角形或正方形布置。

夯击点的间距，一般根据地基土的性质和要求加固的深度确定。根据国内经验，第一遍夯击点间距一般为 5～9 m，第二遍在第一遍夯击点之间，以后各遍夯击点间距可与第一遍相同，也可适当减小。对要求加固深度较深或单击夯击能较大的工程，第一遍夯击点间距宜适当增大。

强夯处理的范围应大于建筑物基础范围，每边超出基础外缘的宽度宜为设计处理深度的 1/2 ~ 2/3，且不小于 3 m。

（三）强夯法的施工要点

强夯法施工应按规范的施工方案及试夯确定的技术参数进行。

1. 施工工艺步骤

（1）清理并平整施工场地，标出第一遍夯点位置并测量场地高度。

（2）起重机就位，使夯锤对准夯点位置，测量夯前锤顶高程。

（3）将夯锤起吊到预定的高度，待夯锤脱钩自由下落后，测量锤顶高程。若发现因坑底倾斜而造成夯锤歪斜，应及时将坑底整平。

（4）重复步骤（3），按设计规定的夯击次数及控制标准，完成一个夯点的夯击。

（5）重复步骤（2）~（4），完成第一遍全部夯点的夯击。

（6）用推土机将夯坑填平，并测量场地高度，停歇规定的间歇时间，等待土中超静孔隙水压力消散。

（7）按上述步骤完成全部夯击遍数。

（8）用低能量满夯，将场地表层松土夯实。

2. 强夯施工记录

（1）记录每个夯点的每击夯沉量、夯坑深度、开口大小、夯坑体积、填料量。

（2）记录场地隆起、下沉量。

（3）记录每遍夯后场地的夯沉量、填料量。

（4）监测附近建筑物的变形。

（5）监测孔隙水压力增长、消散，检测每遍或每批夯点的加固效果，为避免时效影响，最有效的方法是检验干密度，也可以使用静力触探的方法检测，以及时了解加固效果。

（6）满夯前应根据设计基底标高，考虑夯沉预留量并平整场地，使满夯后接近设计标高，以减小后期工作量。

（7）记录最后二击的夯沉量，检验是否满足设计要求值。

五、化学加固法

化学加固法是指利用黏土、水泥或化学浆液，通过灌注压入、高压喷射或机械搅拌的方法，使浆液与土颗粒胶结起来，改善土的物理、力学性质的一种地基处理方法。

（一）深层搅拌法

1. 深层搅拌法的加固机理及适用范围

深层搅拌法是通过特制的深层搅拌机械，沿深度将固化剂（水泥浆、水泥粉或石灰粉等，外加一定的掺合剂）与地基土强制搅拌，利用固化剂和软土之间所产生的一系列物理、化学反应，使软土硬结成具有整体性、稳定性和一定强度的地基。深层搅拌法适用于处理淤泥、淤泥质土、粉土和含水量较高且承载力特征值不大于 120 kPa 的黏性土地基。深层搅拌法施工速度快，无公害，施工过程无振动、无噪音、无地面隆起，不排污、不排土、不污染环境，具有较好的经济效益和社会效益。我国自 20 世纪 70 年代引进并开发深层搅拌法以来，在全国各地得到广泛应用。

深层搅拌法的固化剂主要是水泥浆或水泥粉，当水泥浆与软黏土拌和后，水泥颗粒表面的矿物很快与黏土中的水发生水解和水化反应,在颗粒间生成各种水化物。这些水化物有的继续硬化,形成水泥石骨料,有的则与周围具有一定活性的黏土颗粒发生反应。通过离子交换和团粒化作用,使较小的土颗粒形成较大的土团粒,通过凝硬反应,逐渐生成不溶于水的稳定的结晶化合物,从而使土的强度提高。水泥水化物中游离的氢氧化钙能够吸收水中和空气中的二氧化碳,发生碳酸化反应,生成不溶于水的碳酸钙,这种碳酸化反应也能使水泥土强度增加。土和水泥水化物之间的物理化学反应过程是比较缓慢的,水泥土硬化需要一定的时间。

2. 深层搅拌法的加固深度和加固范围

深层搅拌桩加固深度和加固范围取决于软土厚度及基础底面尺寸,当软土厚度不大时,桩体应穿透软土达到硬土层。

深层搅拌桩可采用正方形或梅花形(等边三角形)布置。

搅拌桩复合地基的变形包括复合土层的压缩变形和桩端以下未处理土层的压缩变形两部分。复合土层的压缩变形值可根据上部荷载、桩长、桩身强度等按经验取10～30 mm。桩端以下未处理土层的压缩变形可按规范规定的分层总和法计算确定。

3. 深层搅拌法施工机具

深层搅拌机械分为喷浆型和喷粉型两种类型,目前国内较为常用的有深层双轴搅拌机、深层单轴搅拌机等。

4. 深层搅拌法施工工艺

喷浆型和喷粉型的深层搅拌施工工艺不同。现简要介绍喷浆型深层搅拌的施工工艺,如图11-6所示。

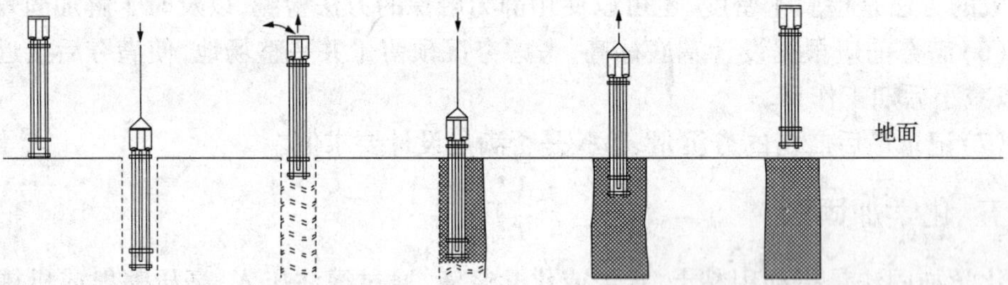

(a)定位 (b)预搅下沉 (c)喷浆搅拌上升 (d)重复搅拌下沉 (e)重复搅拌上升 (f)完毕

图11-6 喷浆深层搅拌法施工顺序

(1)定位。起重机(或塔架)悬吊深层搅拌机到达指定桩位,调整水平,使中心管(双搅拌机型)或钻头(单轴型)中心对准设计桩位。

(2)预搅下沉。待深层搅拌机的冷却水循环正常后,启动搅拌电动机,放松起重机钢丝绳,使搅拌机在自重作用下沿导向架搅拌切土下沉,下沉的速度可由电动机的电流监测表控制,工作电流不应大于70 A。如果下沉速度太慢,可从输浆系统补给清水以利于钻进。

(3)制备水泥浆。待深层搅拌机下沉到一定深度时,开始按设计确定的配合比拌制水泥浆,压浆前将水泥浆倒入集料斗中。

(4)提升喷浆搅拌。搅拌机下沉到设计深度后,开启灰浆泵将水泥浆压入搅拌疏松的地基中,并且边喷浆、边旋转搅拌钻头,同时按照设计确定的提升速度提升搅拌机。

(5)重复搅拌下沉、提升。搅拌机提升到设计加固的顶面标高时,集料斗中的水泥浆正好排空。为使软土和水泥浆搅拌均匀,可再次将搅拌机边旋转边沉入土中,至设计加固深度后再将搅拌机边旋转边提升出地面。

(6)清洗。向集料斗中注入适量的清水,开启灰浆泵,清洗全部管路中残余的水泥浆,直至干净,并将黏附在搅拌头上的软土清除干净。

(7)移位。深层搅拌机移位,重复上述步骤(1)~(6),进行下一根桩的施工。

5.深层搅拌法的施工质量控制和检验

施工质量控制:

(1)垂直度控制。搅拌桩的垂直度偏差不得超过1.5%。

(2)桩位偏差控制。桩位偏差不得大于50 mm。

(3)浆材控制。水泥应符合设计要求。

(4)成桩过程控制。施工时主要控制下沉速度、提升速度、水泥用量、喷浆(粉)的连续均匀性、搅拌施工的均匀性。

(5)施工记录。施工记录应详尽完整。

施工过程中应随时检查施工记录,并对每根桩进行质量评定。对于不合格的桩应根据其位置和数量等具体情况,分别采取补桩或加强邻桩等措施。搅拌桩应在成桩后7天内用触探器钻取桩身加固土样,观察搅拌均匀程度,同时根据触探击数用对比法判断桩身强度。检验桩的数量应不少于已完成桩数的2%。

对下列情况尚应进行取样、单桩载荷试验或开挖检验:①经触探检验对桩身强度有怀疑的桩应钻取桩身芯样,制成试块并测定桩身强度;②场地复杂或施工有问题的桩应进行单桩载荷试验,检验其承载力;③对相邻桩搭接要求严格的工程,应在桩养护到一定龄期时选取数根桩体进行开挖,检查桩体部分外观质量。

基槽开挖后,应检验桩位、桩数与桩顶质量,如不符合规定要求,应采取有效补救措施。

(二)高压喷射注浆法

高压喷射注浆法就是利用钻机把带有喷嘴的注浆管钻入(或置入)土层预定深度,以20~40 MPa的压力把浆液从喷嘴中喷射出来,形成高压喷射流冲击破坏土层,形成预定形状的空间。当能量大、速度快和脉动状的喷射流的动压力大于土层结构强度时,土颗粒便从土层中剥落下来,一部分细颗粒随浆液冒出地面,其余土颗粒在射流的冲击力和重力等作用下,与浆液搅拌混合,并按一定浆土比例和质量大小有规律地重新排列。这样注入的浆液将冲下的部分土混合凝结成加固体,从而达到加固土体的目的。它具有防止砂土液化、止水防渗、增大地基承载力、减少支挡结构物土压力等多种功能。

高压喷射注浆法适用于处理淤泥、淤泥质土、黏性土、粉土、黄土、砂土、人工填土和碎石土等地基。当土中含有较多的大粒径块石、坚硬黏性土、大量植物根茎或过多的有机质时,应根据现场试验结果确定其适用程度。工程实践中,可适用于已有建筑和新建建筑的地基处理、深基坑侧壁挡土或挡水、基坑底部加固、防止管涌与隆起,坝的加固与防水帷幕等工程，但对地下水流速过大和已涌水工程，应慎用。

高压喷射注浆法形成的固结体形状与喷射流移动方向有关。一般分为旋转喷射（简称旋喷）、定向喷射（简称定喷）和摆动喷射（简称摆喷）三种形式。

高压喷射注浆法的基本工艺类型有单管法、二重管法、三重管法、多重管法、多孔管法等多种方法。

（1）单管法。单管旋喷注浆法是利用钻机等设备，把安装在注浆管（单管）底部侧面的特殊喷嘴置入土层预定深度，用高压泥浆泵等装置，以 20～40 MPa 的压力把浆液从喷嘴中喷射出去冲击破坏土体，同时借助注浆管的旋转和提升运动，使浆液与从土体上落下来的土颗粒搅拌混合，经过一定时间的凝结固化，使在土中形成圆柱状的固结体。

（2）二重管法。使用双通道的二重注浆管。当二重注浆管钻进到土层的预定深度，通过在管底部侧面的一个同轴双重喷嘴，同时喷射出高压浆液和空气两种介质的喷射流冲击破坏土体。即从高压泥浆泵等高压发生装置喷射出 20～30 MPa 压力的浆液，从内喷嘴中高速喷出，并用 0.7 MPa 左右压力把压缩空气从外嘴喷出。在高压浆液和它外圈环绕气流的共同作用下，破坏土体的能量显著增大，最后土中形成较大的固结体。固结体的直径显然大于单管法直径。

（3）三重管法。分别使用输送水、气、浆三种介质的三重注浆管。在以高压泵等高压发生装置产生 20～40 MPa 的高压水喷射流的周围，环绕一股 0.5～0.7 MPa 的圆筒状气流，进行高压水喷射流和气流同轴喷射冲切的土体，形成较大的空隙，由泥浆泵注入压力为 0.5～5 MPa 的浆液填充，喷嘴作旋转和提升运动，最后使其在土中凝固为较大的固结体。

复习思考题

11-1　地基处理的意义和作用是什么？

11-2　何为复合地基？

11-3　地基处理有哪些主要的方法？

11-4　软土有哪些特性？

11-5　砂砾垫层的作用是什么？

11-6　重锤夯实法质量如何控制？

11-7　强夯法加固地基的机理是什么？它与重锤夯实法有何不同？

11-8　砂井与砂桩有何区别？

11-9　砂桩的加固作用有哪些？

11-10　砂砾垫层的设计有哪些方面？

11-11　砂桩的平面布置有哪些形式？间距如何确定？

11-12　预压排水固结法的两种形式有何不同？

11-13　深层搅拌法的加固机理是什么？如何施工？

11-14　高压喷射注浆法适用于何种地基？喷射方式有几种？

11-15　振冲法的加固原理是什么？

11-16　人工填土有哪些类型？

第十二章　区域性地基

本章重点

(1)膨胀土、湿陷性黄土、红黏土、冻土和山区土特点及工程措施。
(2)地震概念和地基基础抗震设计的基本原则及措施。
(3)各种特殊土地基评价。

我国地域宽广，地理环境、地形高差、气温、雨量、地质成因等千差万别，形成若干特殊性质的土，如膨胀土、湿陷性黄土、红黏土、多年冻土等。这些天然形成的特殊性土的地理环境分布有一定的规律性，表现出明显的区域性，又称为区域特殊性土。以这些土作为地基时，应注意其特殊性，采取必要的措施，防止出现工程事故。

第一节　膨胀土地基

膨胀土一般是指黏粒成分主要由亲水性矿物组成，同时具有显著的吸水膨胀和失水收缩两种变形特性的黏性土，它一般强度较高，压缩性低，易被误认为是建筑性能较好的地基土。在膨胀土地区进行建设，要通过勘察工作，对膨胀土做出必要的判断和评价，以便采取相应的设计和施工措施，从而保证建筑物的安全和正常使用。

一、膨胀土的特性

膨胀土的黏粒含量一般很高，其中粒径小于 0.002 mm 的胶体颗粒含量一般超过 20%。其液限 ω_L 大于 40%，塑性指数 I_p 大于 17，且多数在 22 ~ 25 之间。自由膨胀率一般超过 40%(红黏土除外)。膨胀土的天然含水量接近或略小于塑限，液性指数常小于零，土的压缩性小，多属低压缩性土。

膨胀土的胀缩变形受矿物成分、微观结构特征、黏粒的含量、土的密度、含水量、土的结构强度、气候条件以及地形地貌等因素的影响。

二、膨胀土地基的评价

(一)膨胀土的胀缩性指标

评价膨胀土胀缩性的常用指标及其测定方法如下。

1. 自由膨胀率 δ_{ef}

将干燥土样研磨成粉末浸泡于水中，经充分吸水膨胀后所增加的体积与原土体积的百分比称为自由膨胀率。试验时将烘干土样经无颈漏斗注入量土杯(容积 10 mL)，盛满刮平后，将试样倒入盛有蒸馏水的量筒(容积 50 mL)内。然后加入凝聚剂并用搅拌器上下均匀搅拌10次。土粒下沉后每隔一定时间读取土样体积数，直至认为膨胀到达稳定为止。自由膨胀率按下式计算：

$$\delta_{ef}=\frac{V_w-V_0}{V_0}\times100\% \quad (12\text{-}1)$$

式中 V_0——试样原有体积，mL；

V_w——膨胀稳定后测得的试样体积，mL。

2. 不同压力下的膨胀率 δ_{ep}

在不同压力作用下，处于侧限条件下的原状土样在浸水后，其单位体积的膨胀量（以百分数表示）称为不同压力下的膨胀率。试验时将原状土置于压缩仪中，按工程实际需要确定对试样施加的最大压力。对试样逐级加荷至最大压力，待下沉稳定后，浸水使其膨胀并测得膨胀稳定值，然后按加荷等级逐级卸荷至零，测定各级压力下膨胀稳定时的土样高度变化值。δ_{ep} 值按下式计算：

$$\delta_{ep}=\frac{h_w-h_0}{h_0}\times100\% \quad (12\text{-}2)$$

式中 h_0——试验开始时土样的原始高度；

h_w——在侧限条件下土样浸水在压力 p_i 膨胀稳定后的高度。

3. 线缩率 δ_0

土的垂直收缩变形与原始高度之百分比称线缩率。试验时把土样从环刀中推出后，置于20 ℃恒温条件下，或15～40 ℃自然条件下干缩，按规定时间测读试样高度，并同时测定其含水量 ω。用下式计算土的线缩率：

$$\delta_0=\frac{h_0-h}{h_0}\times100\% \quad (12\text{-}3)$$

式中 h_0——试验开始时的土样高度；

h——试验中某次测得的土样高度。

4. 膨胀力 P_0

原状土在体积不变时，由于浸水膨胀产生的最大内应力称为膨胀力。

（二）膨胀土地基的评价

膨胀土的判别是解决膨胀土地基勘察设计的首要问题。据我国大多数地区的膨胀土和非膨胀土试验指标的统计分析，认为土中黏粒成分主要由亲水性矿物组成。凡自由膨胀率 $\delta_{ef}\geqslant40\%$，一般具有上述膨胀土物理力学特征和建筑物开裂破坏特征，且为胀缩性能较大的黏性土，则应判别为膨胀土。

三、膨胀土地基的工程措施

（一）设计措施

建筑场地的选择：根据工程地质和水文地质条件，建筑物应尽量避免布置在地质条件不良的地段（如浅层滑坡和地裂发育区，以及地质条件不均匀的区域）。同时应利用和保护天然排水系统，并设置必要的排洪、截流和导流等排水措施，有组织地排除雨水、地表水、生活和生产废水，防止局部浸水和出现渗漏。

建筑措施:体型力求简单。

结构处理:在膨胀土地基上加强建筑物的整体刚度。

地基处理:基础埋置深度的选择应考虑膨胀土的胀缩性、膨胀土层埋藏深度和厚度,以及大气影响深度等因素。基础不宜设置在季节性干湿变化剧烈的土层内。一般基础的埋深宜超过大气影响深度。当膨胀土位于地表下 3 m 或地下水位较高时,基础可以浅埋。若膨胀土层不厚,则尽可能将基础埋置在非膨胀土上。膨胀土地区的基础设计,应充分利用地基土的承载力,并采用缩小基底面积、合理选择基础形式等措施,以便增大基底压力,减少地基膨胀变形量。膨胀土地基的承载力,可按《膨胀土地区建筑技术规范》(GBJ 112—87)有关规定选用。采用垫层时,须将地基中膨胀土全部或部分挖除,用砂、碎石、块石、煤渣、灰土等材料作垫层,而且必须有足够的厚度。当采用垫层作为主要设计措施时,垫层宽度应大于基础宽度,两侧回填相同的材料。如采用深基础,宜选用穿透膨胀土层的桩(墩)基。

(二)施工措施

膨胀土地区的建筑物,应根据设计要求、场地条件和施工季节,做好施工组织设计。在施工中应尽量减少地基中含水量的变化,以便减少土的胀缩变形。建筑场地施工前,应完成场地土方、挡土墙、护坡、防洪沟及排水沟等工程,使排水畅通、边坡稳定。施工用水应妥善管理,防止管网漏水。临时水池、洗料场、搅拌站与建筑物的距离不小于 5 m。应做好排水措施,防止施工用水流入基槽内。基槽施工宜采取分段快速作业,施工过程中,基槽不应暴晒或浸泡。被水浸湿后的软弱层必须清除。雨期施工应有防水措施。基础施工完毕后,应立即将基槽和室内回填土分层夯实。填土可用非膨胀土、弱膨胀土或掺有石灰的膨胀土。地坪面层施工时应尽量减少地基浸水,并宜用覆盖物湿润养护。

第二节　湿陷性黄土地基

一、湿陷性黄土的性质与分布

湿陷性黄土具有与一般粉土和黏性土不同的特征,具有大孔隙和湿陷性,在一定压力下浸水,则土的结构迅速破坏,并发生显著的沉陷。湿陷性黄土分布广泛,遍布我国甘肃、陕西、山西大部分地区以及河南、河北、山东、宁夏、辽宁、新疆等部分地区,一般呈黄色或褐黄色,粉土粒含量常占土重的60%以上,含有大量的碳酸盐、硫酸盐和氯化物等可溶盐类,天然孔隙比在 1.0 左右,一般能保持直立的天然边坡。

二、湿陷性黄土地基的评价

(一)湿陷系数

黄土的湿陷性按某一给定的压力作用下土体浸水后的湿陷系数 δ_s 值来衡量。湿陷系数由室内压缩试验测定。在压缩仪中将原状试样逐级加压到规定的压力 p,压缩稳定后测得试样高度 h_p,然后加水浸湿,测得下沉稳定后的高度 h_p'。设土样的原始高度为 h_0,则按下式计算土的湿陷系数 δ_s:

$$\delta_s = \frac{h_p - h_p'}{h_0} \tag{12-4}$$

《湿陷性黄土地区建筑规范》(GB 50025—2004)规定:自基础底面算起(初步勘察时,自地面下1.5 m算起)10 m内的土层,该压力应用200 kPa,10 m以下至非湿陷性土层顶面应用其上覆土的饱和自重压力(取≤300 kPa)。如基底压力大于300 kPa,宜用实际压力判别黄土的湿陷性。

当$\delta_s < 0.015$时,为非湿陷性黄土;$\delta_s \geq 0.015$时,为湿陷性黄土。

(二)湿陷类型和湿陷等级

1. 建筑场地湿陷类型的划分

自重湿陷性黄土在没有外荷载的作用下,浸水后也会迅速发生剧烈的湿陷,甚至一些很轻的建筑物也难免遭受其害。而在非自重湿陷性黄土地区,这种情况就很少见。所以,对于这两种类型的湿陷性黄土地基,所采取的设计和施工措施应有所区别。在黄土地区地基勘察中,应按实测自重湿陷量或计算自重湿陷量判定建筑场地的湿陷类型。实测自重湿陷量应根据现场试坑浸水试验确定。

当计算得到的自重湿陷量$\Delta_{zs} \leq 7$ cm时,应定为非自重湿陷性黄土场地;$\Delta_{zs} > 7$ cm时,应定为自重湿陷性黄土场地。

2. 黄土地基的湿陷等级

湿陷性黄土地基的湿陷等级,应根据基底下各土层累计的总湿陷量Δ_s和计算自重湿陷量Δ_{zs}的大小及场地湿陷类型,判别为四级,见表12-1。

表12-1　湿陷性黄土地基的湿陷等级

湿陷类型		非自重湿陷性场地	自重湿陷性场地	
计算自重湿陷量(cm)		$\Delta_{zs} \leq 7$	$7 < \Delta_{zs} \leq 35$	$\Delta_{zs} > 35$
总湿陷量Δ_s(cm)	$\Delta_s \leq 30$	Ⅰ(轻微)	Ⅱ(中等)	—
	$30 < \Delta_s \leq 60$	Ⅱ(中等)	Ⅱ或Ⅲ	Ⅱ(严重)
	$\Delta_s > 60$	—	Ⅱ(严重)	Ⅳ(很严重)

注:①当30 cm<Δ_s<50 cm,计算自重湿陷量7 cm<Δ_{zs}<30 cm时,可判为Ⅱ级;

②当$\Delta_s \geq 50$ cm,计算自重湿陷量$\Delta_{zs} \geq 30$ cm时,可判为Ⅲ级。

三、湿陷性黄土地基的工程措施

湿陷性黄土地基的设计和施工,除了必须遵循一般地基的设计和施工原则外,还应针对黄土湿陷性这个特点和工程要求,对不同的土质条件和建筑物的类别,因地制宜地进行综合处理,采取必要的工程措施。

(一)建筑工程的设计措施

1. 地基处理措施

采取消除地基的全部或部分湿陷量,或采用深基础、桩基础穿透全部湿陷性土层。

2. 防水措施

采取防水措施是为了防止地基土受水浸入而湿陷,根据防水要求不同,有三种措施。

(1)基本防水措施:在建筑物布置场地排水、地面防水、散水、排水沟、管道敷设、管道材料和接口等方面,应采取措施防止雨水或生产、生活用水的渗漏。

(2)检漏防水措施:在基本防水措施的基础上,对防护范围内的地下管道,应增设检漏管沟和检漏井。

(3)严格防水措施:在检漏防水措施的基础上,应提高防水地面、排水沟、检漏管沟和检漏井等设施的材料标准,如增设卷材防水层、采用钢筋混凝土排水沟等。

3. 结构措施

减小建筑物的不均匀沉降,或使结构适应地基的变形。

(二)各类建筑对地基处理的要求

1. 甲类建筑

应消除地基的全部湿陷量或采用桩基础穿透全部湿陷性土层,或将基础设置在非湿陷性黄土层上。处理厚度要求如下:

(1)非自重湿陷性黄土场地,应将基础下湿陷起始压力小于附加压力与上覆土的饱和自重压力之和的所有土层进行处理;或处理至基础下的压缩层下限为止。

(2)在自重湿陷性黄土场地,应处理基础以下的全部湿陷性土层。

2. 乙类建筑

应消除地基部分湿陷量。其最小处理厚度为:

(1)非自重湿陷性黄土场地,不应小于压缩层厚度的2/3,且下部未处理湿陷性黄土层的湿陷起始压力值不应小于100 kPa。

(2)自重湿陷性黄土场地,不应小于湿陷性土层厚度的2/3,并应控制未处理湿陷性土层的剩余湿陷量不大于20 cm。

(3)如基础的宽度大或湿陷性土层的厚度大,处理2/3压缩层或2/3湿陷性土层确有困难,在建筑物范围内应采用整片处理。

3. 丙类建筑

应消除地基的部分湿陷量。

(三)常用的处理湿陷性黄土地基的方法

1. 灰土或素土垫层

将基底以下湿陷性土层全部挖除或挖到预计深度,然后用灰土(三分石灰七分土)或素土(就地挖出的黏性土)分层夯实回填,垫层厚度及尺寸计算方法同砂砾垫层,压力扩散角 θ 对灰土用30°,对素土用22°。垫层厚度一般为1.0~3.0 m。它施工简易,效果显著,是一种常用的地基浅层湿陷性处理或部分处理的方法。

2. 重锤夯实及强夯法

重锤夯实法能消除浅层的湿陷性,如用15~40 kN的重锤,落高2.5~4.5 m,在最佳含水量情况下,可消除在1.0~1.5 m深度内土层的湿陷性。强夯法根据国内使用纪录,锤重100~200 kN,自由落下高度10~20 m锤击两遍,可消除4~6 m范围内土层的湿陷性。

两种方法均应事先在现场进行夯击试验，以确定为达到预期处理效果（一定深度内湿陷性的消除情况）所必需的夯点、锤击数、夯沉量等，以指导施工，保证质量。

3. *石灰土或二灰（石灰与粉煤灰）挤密桩*

用打入桩、冲钻或爆扩等方法在土中成孔，然后用石灰土或将石灰与粉煤灰混合分层夯填桩孔而成（少数也有用素土），用挤密的方法破坏黄土地基的松散、大孔结构，达到消除或减轻地基的湿陷性的目的。此方法适用于消除 5 ~ 10 m 深度内地基土的湿陷性。

4. *预浸水处理*

自重湿陷性黄土地基利用其自重湿陷的特性，可在建筑物修筑前，先将地基充分浸水，使其在自重作用下发生湿陷，然后再修筑。

除以上的地基处理方法外，对既有桥涵等建筑物地基的湿陷也可考虑采用硅化法等加固地基。

第三节　红黏土地基

一、红黏土的工程性质

红黏土是石灰岩、白云岩等碳酸盐类岩石，在亚热带高温潮湿气候条件下，经红土化作用形成的高塑性红色黏土，一般 $\omega_L > 50\%$。红黏土在我国西南地区云南、贵州省和广西壮族自治区分布广泛，广东、海南、福建、四川、湖北、湖南、安徽等省也有分布，一般在山区或丘陵地带居多。

（一）红黏土的主要特征

（1）颜色呈褐红、棕红、紫红及黄褐色。

（2）土层厚度一般厚 3 ~ 10 m，个别地带厚达 20 ~ 30 m。因受基岩起伏影响，往往在水平距离仅 1 m，厚度突变达 4 ~ 5 m，极不均匀。

（3）在一定深度范围内，上部硬，下部软。因胀缩交替变化，红黏土中网状裂隙发育，裂隙延伸至地下 3 ~ 4 m，破坏了土体的完整性。位于斜坡、陡坎上的竖向裂隙，可能引起滑坡。

（二）红黏土地基存在的问题

红黏土是建筑物较好的地基，但也存在一些问题，主要表现在：

（1）有些地区的红黏土受水浸泡后体积膨胀，干燥失水后体积收缩，具有胀缩性。

（2）红黏土的底层，接近下卧基岩面附近，尤其在基岩面低洼处，因地下水积聚，常呈软塑或流塑状态。该处红黏土强度较低，压缩性较高，为不良地基。

（3）岩溶地区的红黏土常有土洞，应查明土洞部位与大小，进行充填处理。

（4）红黏土由于下卧基岩面起伏不平并存在软弱土层，容易引起地基不均匀沉降。应注意查清岩面起伏状况，并进行必要的处理。

（5）红黏土具胀缩特性与网状裂隙，对土坡与基础有不良影响，基槽应防日晒雨淋。

二、红黏土地基的工程措施

红黏土的表层，通常呈坚硬、硬塑状态，强度高，压缩性低，为良好地基。可充分利用表层红黏土作为天然地基持力层。但是由于存在上述的缺陷，因此在红黏土地基的设计及施工过程中应采取以下工程措施。

(1)当红黏土层下部存在局部的软弱下卧层或岩层起伏过大时，应考虑地基不均匀沉降的影响，采取相应措施。

(2)红黏土地基，应按它的特殊性质采取相应的处理方法。地基具有不均匀的特性，应按照不均匀地基的处理方法进行处理。为消除红黏土地基中存在的石芽、土洞或土层不均匀等不利因素的影响，应对地基、基础或上部结构采取适当的措施，如换土、填洞、加强基础和上部结构的刚度或采取桩基础等。

(3)施工时，必须做好防水排水措施，避免水分渗透进地基中。基槽开挖后，不得长久暴露使地基干缩开裂或浸水软化，应迅速清理基槽修筑基础，并及时回填夯实。由于红黏土的不均匀性，对于重要建筑物，开挖基槽时，应注意做好施工验槽工作。

第四节　冻土地基

一、冻土的特点

(一)冻土的类别

1. 季节性冻土

季节性冻土又称融冻层，只在冬季气温降至 0 ℃以下才冻结，春季气温上升而融化，因此冻土的深度不大。我国华北、东北与西北大部分地区为此类冻土。在基础埋深设计中，应考虑当地冻结深度。

2. 多年冻土

多年冻土指含有固态水，且冻结状态持续两年或两年以上的土。这种冻土很厚，常年不融化，具有特殊的性质。当温度条件改变时，其物理力学性质随之改变，并产生冻胀、融陷等现象。

(二)多年冻土的分布

主要在我国的严寒地区，当地的年平均气温低于 -2 ℃，冻期长达 7 个月以上。主要集中在东北大、小兴安岭北部，青藏高原，以及天山、阿尔泰山等地区，约占我国国土面积的 22%。

(三)冻土的分区与形态

(1)按平面分布特征分区。①零星冻土区：冻土面积仅占 5% ~30%；②岛状冻土区：冻土面积占 40% ~60%；③断续冻土区：冻土面积占 70% ~80%；④整体冻土区：冻土面积 >90%，厚度达 30 m 以上。

(2)竖向形态。①衔接的冻土：季节性冻层深度达到多年冻土顶面，如青藏高原的多年冻土即属此类；②不衔接的冻土：季节性冻层深度较浅，达不到多年冻土层顶面。两者之间存在一层未冻结的融土层。东北地区的部分多年冻土属此类。

(四)多年冻土发展趋势

(1)发展的冻土:冻土层每年散热多于吸热,则多年冻土厚度逐渐增大。

(2)退化的冻土:冻土层每年吸热多于散热,则多年冻土层逐渐融化变薄,以致消失。如清除地表草皮等覆盖,可加速多年冻土退化。

二、冻土地基工程措施

(一)换填法

用粗砂、砾石等不冻胀材料填筑在基础底下,换填深度可达季节融化深度。

(二)物理化学法

(1)人工盐渍化改良土。加入 NaCl、$CaCl_2$ 和 KCl 等,以降低冰点的温度,减轻冻害。

(2)用憎水物质改良土。如加柴油等化学表面活性剂,以减少地基的含水量。

(3)使土颗粒聚集或分散改良土。如用顺丁烯聚合物使土粒聚集,降低冻胀。

(三)保温法

在建筑物基础底部或四周设隔热层,增大热阻,推迟土的冻结,提高土温,降低冻深。

(四)排水隔水法

建筑物周围设排水沟,防止雨水渗入地基,同时在基础的两侧与底部填砂石料,并设排水管将入渗之水排除。

(五)结构措施

(1)采用深基础:埋于当地冻深以下。

(2)锚固式基础:包括深桩基础与扩大基础。

(3)对融陷、强融陷土基宜采用轻型桥台,适当增大基底面积,减少压应力,或结合具体情况加大基础的埋置深度。

第五节　山区地基

一、土岩组合地基

在山区地基的主要受力层范围内,如遇下列情况之一者,属于土岩组合地基:

(1)下卧基岩表面坡度较大的地基。

(2)石芽密布并有出露的地基。

(3)大块孤石或个别石芽出露的地基。

局部为软弱土层的,可采用桩基、换土或其他方法进行处理。

对于石芽密布并有出露的地基,如果石芽间距小于 2 m,其间为硬塑或坚硬状态的红黏土,其基底压力小于 200 kPa 时,可以不作地基处理。如不能满足上述要求,可利用经检验稳定性可靠的石芽作支墩式基础,也可在石芽出露部位作褥垫,如图 12-1 所示。当石芽间有较厚的软弱土层时,可用碎石、土夹石等压缩性低的土料进行置换。

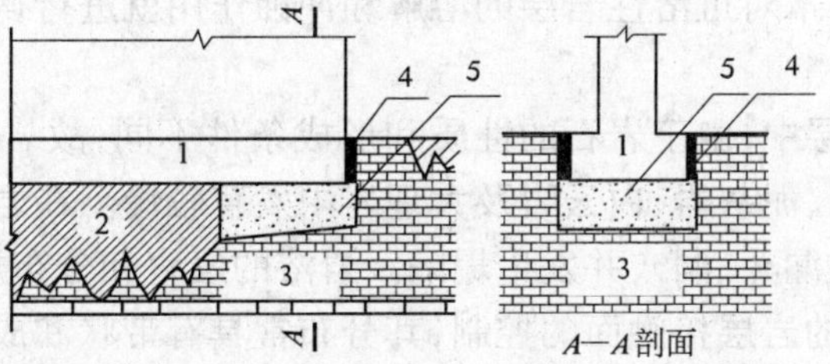

图 12-1　褥垫构造图

1—基础;2—土层;3—基岩;4—沥青;5—褥垫

对于大块孤石或个别石芽出露的地基,容易在软硬交界处产生不均匀沉降,导致建筑物开裂。因此,地基处理的目的,应使地基局部坚硬部位的变形与周围土的变形相适应。

二、岩溶

岩溶或称"喀斯特",它是石灰岩、泥灰岩、白云岩、大理岩、石膏、岩盐层等可溶性岩石受水的化学和机械作用而形成的溶洞、溶沟、裂隙、暗河、石芽、漏斗、钟乳石等奇特的地面及地下形态的总称,如图 12-2 所示。

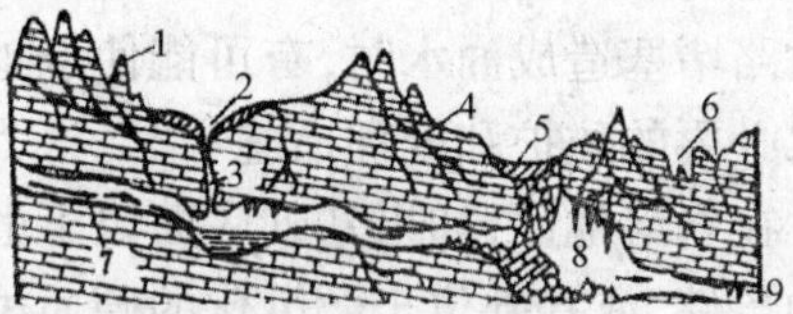

图 12-2　岩溶岩层剖面示意图

1—石芽、石林;2—漏斗;3—落水洞;4—溶蚀裂隙;5—塌陷洼地;6—溶沟、溶槽;7—暗河;8—溶洞;9—钟乳石

岩溶地区由于有溶洞、暗河及土洞等,可能造成地面变形和地基陷落,发生水的渗漏和涌水现象,使场地工程地质条件大为恶化。实践表明:土洞对建筑物的影响远大于溶洞,其主要原因是土洞埋藏浅,分布密,发育快,顶板强度低,因而危害也大。有时在建筑施工阶段还未出现土洞,却由于建筑后改变地表水和地下水的条件而产生新的土洞和地表塌陷。

在岩溶地区,红黏土层常覆盖在基岩表面,其中可能有土洞发育。实际上,红黏土与岩溶、土洞三者之间有不可分割的联系。红黏土由于其物理力学性质的特点以及厚度多变而具有特殊的工程性质。

我国岩溶地区分布很广,其中以黔、桂、川、滇等省(区)最为发育,其余如湘、粤、浙、苏、鲁、晋等省均有规模不同的岩溶。

(一)岩溶发育的条件

岩溶的发育与可溶性岩层、地下水活动、气候条件、地质构造及地形等因素有关,前两项是形成岩溶的必要条件。若可溶性岩层具有裂隙,能透水,且位于地下水的侵蚀基准面以上,而地下水又具有化学溶蚀能力,就可能出现岩溶现象。岩溶的形成必须有地下水的活动,因为当富含 CO_2 的大气降水和地表水渗入地下后,不断更新水质,就能保持地下水对可溶性岩层的化学溶解能力,从而加速岩溶的发展。在大气降水丰富及潮湿气候地区,地下水经常得到地表水的补给,因而岩溶发展也快。从地质构造来看,具有裂隙的背斜顶部和向斜轴部、断层破碎带、岩层接触面和构造断裂带等处,地下水流动快,因而也是岩溶发育的有利条件。地形的起伏直接影响着地下水的流速和流向,凡地势高差大的地区,地表水和地下水流速大，水对可溶性岩层的溶解和冲蚀作用就进行得强烈，从而加速了岩溶的发育。

在各种可溶性岩层中，由于岩石的性质和形成条件不同，故岩溶的发育速度也不同。在一般情况下，石灰岩、泥灰岩、白云岩及大理岩中发育较慢。在岩盐、石膏及石膏质岩层中发育很快，经常存在漏斗、洞穴并发生塌陷。岩溶的发育和分布规律主要受岩性、裂隙、断层以及可溶性不同的岩层接触面的控制，其分布常具有带状和成层性，当不同岩性的倾斜岩层相互成层时，岩溶在平面上呈带状分布。相应于地壳升降的次数，就会形成几级水平溶洞，两层水平溶洞之间一般都有垂直管状或脉状溶洞连通。

（二）岩溶地基稳定性评价和处理措施

在岩溶地区首先要了解岩溶的发育规律、分布情况和稳定程度，查明溶洞、暗河、坑穴的界限以及场地内有无出现涌水、淹没的可能性，以便在评价和选择建筑场地、布置方案时参考。下列地段属于工程地质条件不良或不稳定的地段：①地面石芽、溶沟、溶槽发育，基岩起伏剧烈，其间有软土分布；②有规模较大的浅层溶洞、暗河、漏斗、落水洞；③溶洞水流通路堵塞造成涌水时，有可能使场地暂时被淹没。如果利用这些地段作为建筑场地，应采取必要的防护和处理措施。

在岩溶地区，如果基础底面以下的土层厚度大于地基沉降计算深度，且不具备形成土洞的条件，或基础位于微风化的硬质岩表面，对于宽度小于 1 m 的竖向溶蚀裂隙和落水洞近旁地段，可以不考虑岩溶对地基稳定性的影响。当溶洞顶板与基础底面之间的土层厚度小于地基沉降计算深度时，应根据洞体大小、顶板形状、厚度、岩体结构及强度、洞内充填情况以及岩溶地下水活动等因素进行洞体稳定性分析。

如果在不稳定的岩溶地区进行建筑，应结合岩溶的发育情况、工程要求、施工条件、经济与安全的原则，考虑采取如下处理措施。

(1)对浅层洞体，若顶板不稳定，可进行清、爆、挖、填处理，即清除覆土，爆开顶板，挖去软土，用块石、碎石、黏土或毛石混凝土等分层填实。若溶洞的顶板已被破坏，又有沉积物充填，当沉积物为软土时，除了采用前述挖、填处理外，还可根据溶洞和软土的具体条件采用灌注桩、换土或沉井等办法处理。对深层洞体可采用桩基，将桩端置于洞底稳定的岩体中。

(2)溶洞大，顶板具有一定厚度，但稳定条件较差，如能进入洞内，为了增加顶板岩体的稳定性，可用石砌柱、拱或用钢筋混凝土柱支撑。采用此方法，应着重查明洞底的稳定性。

(3)地基岩体内的裂隙，可采用灌注水泥浆、沥青或黏土浆等方法处理。

(4)地下水宜疏不宜堵，在建筑物地基内宜用管道疏导。对建筑物附近排泄地表水的漏斗、落水洞以及建筑范围内的岩溶泉（包括季节性泉）应注意清理和疏导，防止水流通路堵塞，避免场地或地基被水淹没。

三、土洞

土洞是岩溶地区上覆土层在地表水或地下水作用下形成的洞穴，如图 12-3 所示。土洞的形成和发育与土层的性质、地质构造、水的活动、岩溶的发育等因素有关，其中以土层、岩溶的存在和水的活动等三因素最为重要。根据地表水或地下水的作用可把土洞分为：①地表水形成的土洞，由于地表水下渗，内部冲蚀淘空而逐渐形成土洞或导致地表塌陷；

②地下水形成的土洞，当地下水升降频繁或人工降低地下水位时，水对松软的土产生潜蚀作用，这样就在岩土交界面处形成土洞，当土洞逐渐扩大就会引起地表塌陷。

在土洞发育的地区进行工程建设时，应查明土洞的发育程度和分布规律，查明土洞和塌陷的形状、大小、深度和密度。

若地下水位高于基岩面，在建筑施工或建筑物使用期间，应注意由于人工降低地下水位或取水时形成土洞或发生地表塌陷的可能性。

在建筑物地基范围内有土洞和地表塌陷时，必须认真进行处理。常用的措施如下。

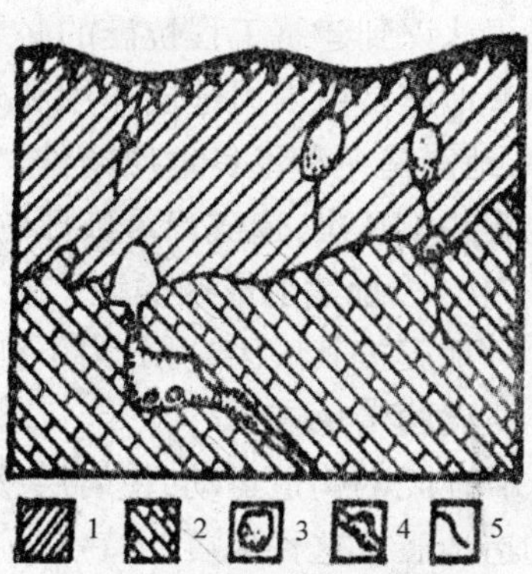

图 12-3　土洞剖面示意图

1—黏土；2—石灰岩；3—土洞；4—溶洞；5—裂隙

（一）处理地表水和地下水

在建筑场地范围内，做好地表水的截流、防渗、堵漏等工作，以杜绝地表水渗入土层内。这种措施对由地表水引起的土洞和地表塌陷，可起到根治的作用。对形成土洞的地下水，当地质条件许可时，可采用截流、改道的办法，防止土洞和地表塌陷的发展。

（二）挖填处理

挖填处理常用于浅层土洞。对地表水形成的土洞和塌陷，应先挖除软土，然后用块石或毛石混凝土回填。对地下水形成的土洞和塌陷，可挖除软土和抛填块石后做反滤层，面层用黏土夯实。

（三）灌砂处理

灌砂适用于埋藏深、洞径大的土洞。施工时在洞体范围的顶板上钻两个或多个钻孔，其中直径小的（50 mm）作为排气孔，直径大的（大于 100 mm）用来灌砂。灌砂时同时冲水，直到小孔冒砂为止。如果洞内有水，灌砂困难，可用压力灌注强度等级为 C15 的细石混凝土，也可灌注水泥或砾石。

（四）垫层处理

在基础底面下夯填黏性土夹碎石作垫层，以提高基底标高，减小土洞顶板的附加压力，这样以碎石为骨架可降低垫层的沉降量并增加垫层的强度，碎石之间用黏性土充填，可避免地表水下渗。

（五）采用桩基或沉井

对重要的建筑物，当土洞较深时，可用桩或沉井穿过覆盖土层，将建筑物的荷载传至稳定的岩层上。

第六节　地震区的地基基础问题

一、地震的概念

近 30 年来，我国发生了多次大地震，尤其是唐山地震造成极其严重的震害，促使人们真正认识到建筑工程抗震的必要性与重要性。

地震是由内力地质作用和外力地质作用引起的地壳振动现象的总称。对建筑工程而言,地震是一种不良地质条件。据统计,全世界每年约发生500万次地震,其中破坏性的地震约140次,造成严重破坏的地震平均每年约18次。

(一)地震的成因类型

地震按其成因,可分为下列4类。

1. 构造地震

地壳的构造运动,使岩层移动和断裂,积累的大量能量释放出来,引起地壳振动,称为构造地震。这种地震的特点是:震动强烈,时间长,具有突发性与灾害性,影响范围广,世界上有90%的地震属于此类地震。例如,我国1966年河北邢台地震、1976年河北唐山地震。

2. 火山地震

由火山活动引起的地震,称为火山地震。当高温的岩浆与炽热的气体从火山口喷发出来时,也能引起地壳的震动。这类地震占世界地震次数的7%左右,多发生在日本、意大利和印度尼西亚等国家。火山地震能量有限,强度不大,影响范围小。

3. 陷落地震

由地下溶洞塌陷、崩塌或大滑坡等冲击力引起的地震,称为陷落地震。这类地震次数少,只占世界地震次数的3%左右。陷落地震强度微弱,影响范围只有几千米。

4. 人工地震

由于人类活动破坏了地层原来的相对稳定性引起的地震,称为人工地震。例如,修大型水库蓄水(相当于库区地面大范围加水压力)、深井注水以及核爆炸等所引起的地震。

(二)地震的分布

全世界的地震分布很不均衡,主要集中在两个大地震带上:一是环太平洋地震带,位于太平洋沿岸,包括日本本州、琉球及我国台湾省等,这一环形区地震释放的能量占世界地震总能量的75%~80%;二是地中海南亚地震带,从印度尼西亚经缅甸、我国西南、帕米尔高原,直到地中海。这一带地震能量占15%~20%。我国位于上述两大地震带之间,是一个多地震的国家。地震在我国的主要活动区为东北地区(辽宁南部和部分山区)、华北地区(汾渭河谷、山西东北、河北平原、山东中部到渤海地区)、西北地区(甘肃河西走廊、宁夏、天山南北麓)、西南地区(云南中部和西部、四川西部、西藏东南部)、东南地区(台湾及其附近的海域,福建、广东的沿海地区)。

(三)震源、震中与地震波

1. 震源与震中

震源是指地壳内部发生地震处。震中是指震源在地表的垂直投影,这是地震影响最大的区域,又称为极震区。震源至震中的垂直距离为震源深度,根据震源深度地震分为深源地震(震源深度>3 000 km)、中源地震(震源深度300~60 km)、浅源地震(震源深度<60 km)。

2. 地震波

震源的震动以弹性波的形式传播。这种地震波由震源沿各个不同方向传播到地表各点，在传播过程中，震波的能量逐渐消耗，因而离震源越远，则震动越弱。地震波可分为体波和面波两类。

（四）地震震级

地震震级是表示地震本身强度大小的等级，作为衡量震源释放出能量大小的一种量度。每一次地震，具有一个震级。震级每增加一级，能量约增加32倍。世界上已知的最大震级为8.9级。

（五）地震烈度

地震烈度指受震地区地面影响和破坏的强烈程度。地震烈度与震级为两个不同的含义，不可混淆。地震烈度大小的因素取决于震源释放能量的大小，并与震源深度、距震中的远近、震波传播的介质性质以及场地岩土情况等因素有关。为确定各地区的地震烈度，各国均制定了“地震烈度表”，作为划分烈度的标准。

基本烈度是指一个地区今后一定时期（100年）内，一般场地条件下可能遭遇的最大地震烈度。这是以当地的地质、地形条件和历史地震情况及长期地震预报为依据的。我国地震的基本烈度根据国家地震局编制的《中国地震烈度区划图》确定。

抗震设防烈度指一个地区作为抗震设防依据的地震烈度，按国家规定权限审批、颁发的文件（图件）确定。

各类不同建筑的抗震设计所采用的烈度为设计烈度，根据建筑物的等级与重要性，在抗震设防烈度的基础上，调整与确定设计烈度。

二、地震震害与场地因素

基本烈度是一个较大范围内普遍遭遇到的平均地震烈度。在此范围内各建筑场地受到的地震影响尚有差别。建筑场地的地质条件（岩性及产状等）、水文地质条件（地下水埋藏深度等）及地形（起伏变化和陡峭程度等）对地震灾害的程度均有显著的影响。

对场地的地质、地形、地貌特点划分对建筑有利、不利和危险地段，提供建筑的场地类别及岩土地震稳定性（如滑坡、崩塌等）评价。由坚硬土或开阔平坦密实均匀的中硬土等组成的地段是有利的，软弱土，可液化土，条状突出的山嘴，高耸孤立的山丘，非岩质的陡坡、河岸和边坡边缘，平面分布上成因、岩性、状态明显不均匀的土层等属于不利地段。地震时可能发生滑坡、崩塌、地陷、地裂、泥石流等及发震断裂带上可能发生地表错位的部位则是危险地段。对不利地段，基本原则是避开，凡无法避开时，从工程勘察到结构设计都要认真对待。

三、地基基础抗震设计原则及措施

（一）一般原则

抗震设计应贯彻执行“以预防为主”的方针，使建筑物经抗震设防后，减轻建筑物的地震破坏，避免人员伤亡，减少经济损失。

抗震设防是以现有的科学水平和经济条件为前提，要求“小震不坏，中震可修，大震不倒”，从地基基础的角度出发，可考虑以下方面。

1. 选择有利的建筑场地

尽量选择对抗震有利的地段，避开不利的地段，禁止在危险地段建设。

（1）对建筑抗震有利的地段：稳定基岩，坚硬土，开阔、平坦、密实、均匀的中硬土等。

（2）对建筑抗震不利的地段：软弱土，液化土，条状突出的山嘴，高耸孤立的山丘，非岩质的陡坡、河岸和边坡边缘，平面分布上成因、岩性、状态明显不均匀的土层（如古河道、断层破碎带、暗埋的塘浜沟谷及半填半挖地基）等。

（3）对建筑抗震危险的地段：地震时可能发生滑坡、崩塌、地陷、地裂、泥石流等以及地震断裂带上可能发生地表错位的部位。

为保证建筑物的安全，还应考虑建筑物的基本周期，避开地层的活跃周期，以防止共振危害。

2. 加强基础的防震设计

在建筑物设计中，将基础埋在土中一定的深度，周围土体会对基础起约束的作用，因此地震时基础的振幅小、灾害轻。若地基良好，在 7 度与 8 度地震烈度区，基础本身的强度可不进行核算。做好基础设计，不仅为基础本身的抗震所需要，而且可以减轻上部结构的震害。在设计时可适当加大基础埋深、选择较好的基础类型等保持基础的稳定性。

3. 加强建筑物整体性

在设计中加强基础与上部结构的整体性，对建筑物抗震十分有利。

（二）基础工程的抗震措施

对建筑物及基础采取有针对性的抗震措施，在抗震工程中也是十分重要的，而且往往能取得“事半功倍”的效果。下面介绍基础工程中常用的抗震措施。

1. 对松软地基及可液化土地基

（1）改善土的物理力学性质，提高地基抗震性能。对松软可液化土、层位较浅、厚度不大的可采用挖除换土、用砂垫层等浅层处理的方法，此法较适用于小型建筑物；否则应考虑采用砂桩、碎石桩、振冲碎石桩、深层搅拌桩等将地基加固，地基加固范围应适当扩大到基础之外。

（2）采用桩基础、沉井基础等。采用各种型式深基础，穿越松软或可液化土层，基础伸入稳定土层足够的深度。

（3）减轻荷载、加大基础底面积。减轻建筑物重力，加大基础底面积以减少地基压力对松软地基抗震是有利的。增加基础及上部结构刚度常是防御震沉的有效措施。

2. 对地震时不稳定（可能滑动）的河岸地段

在此类地段修筑大、中桥墩台时应适当增加桥长，注重桥跨布置等，将基础置于稳定土层上并避开河岸的滑动影响。小桥可在两墩台基础间设置支撑梁或用片块石满床铺砌，以提高基础抗位移能力。挡墙也应将基础置于稳定地基上，并在计算中考虑失稳土体的侧压力。

3. 基础本身的抗震措施

地震区基础一般均应在结构上采取抗震措施，圬工墩台、挡墙与基础的联结部位，由于截面发生突变，容易震坏，应根据情况采取预埋抗剪钢筋等措施提高其抗剪能力。桩柱与承台、盖梁联结处也易遭震害，在基本烈度 8 度以上地区宜将基桩与承台联结处做成

2:1或3:1的喇叭渐变形，或在该处适当增加配筋；柱式墩台、排架式桩墩在与盖梁、承台(基础)联结处的配筋不应少于桩柱身的最大配筋；桩柱主筋应伸入盖梁并与梁主筋焊(搭)接；柱式墩台、排架式桩墩均应加密构件与基础联结处及构件本身的箍筋，提高其抗震能力，桩基础的箍筋加密区域应从地面或一般冲刷线以上1倍桩径处往下延伸到桩身最大弯矩以下3倍桩径处。

复习思考题

12-1　特殊土包括哪些土？为何称它们为特殊土？

12-2　膨胀土有何特征？如何判定膨胀土？

12-3　膨胀土地基处理的工程措施包括哪几种？

12-4　湿陷性黄土的主要工程性质是什么？

12-5　如何判别黄土是否有湿陷性？

12-6　黄土的湿陷性等级是如何划分的？

12-7　湿陷性黄土地基处理有哪些方法？

12-8　红黏土是怎样形成的？它具有何种特性？

12-9　什么条件下的红黏土为良好地基？什么样的红黏土为不良地基？

12-10　红黏土地基处理措施有哪些？

12-11　多年冻土与季节性冻土有何不同？

12-12　建筑物冻害防治措施有哪些？

12-13　岩溶发育需要哪些条件？

12-14　土洞是如何形成的？它有什么危害？

12-15　土洞地基处理措施有哪些？

12-16　地震按成因分为哪些类型？

12-17　地震烈度与震级有什么区别？

12-18　地震区地基基础抗震措施有哪些？

参考文献

[1] 公路土工试验规程,JTG E40—2007[S].北京:人民交通出版社,2007.

[2] 公路桥涵地基基础设计规范,JTJ024—85[S].北京:人民交通出版社,1985.

[3] 公路桥涵设计通用规范,JTG D60—2004[S].北京:人民交通出版社,2004.

[4] 公路工程技术标准,JTG B01—2003[S].北京:人民交通出版社,2003.

[5] 公路钢筋混凝土及预应力混凝土桥涵设计规范,JTG D62—2004[S].北京:人民交通出版社,2004.

[6] 建筑地基基础设计规范,GB50007—2002[S].北京:中国建筑工业出版社,2002.

[7] 王晓谋.基础工程.3版[M].北京:人民交通出版社,2003.

[8] 陈晏松.基础工程[M].北京:人民交通出版社,2003.

[9] 陈仲颐,等.基础工程学[M].北京:中国建筑工业出版社,1990.

[10] 华南理工大学,等.地基基础[M].北京:中国建筑工业出版社,1999.

[11] 唐业清.土力学基础工程[M].北京:中国铁道出版社,1989.

[12] 陈仲颐,等.基础工程手册[M].北京:中国建筑工业出版社,1990.

[13] 孙亦环.地基与基础[M].北京:中国铁道出版社,2003.

[14] 湿陷性黄土地区建筑规范,GB50025—2004[S].北京:中国建筑工业出版社,2004.

[15] 膨胀土地区建筑技术规范,GBJ112—87[S].北京:中国建筑工业出版社,1987.

[16] 周东久.土力学与地基基础[M].北京:人民交通出版社,2005.

[17] 何世玲.土力学与基础工程[M].北京:化学工业出版社,2005.

[18] 孟祥波.土质与土力学.2版[M].北京:人民交通出版社,2006.

[19] 陈书申,陈晓平.土力学与地基基础.3版[M].武汉:武汉理工大学出版社,2006.

[20] 冯忠居.基础工程[M].北京:人民交通出版社,2001.

[21] 凌治平,易经武.基础工程[M].北京:人民交通出版社,2002.

[22] 高大钊,袁聚云.土质与土力学.3版[M].北京:人民交通出版社,2001.

[23] 韩晓雷.地基与基础[M].北京:中国建筑工业出版社,2003.

[24] 陈希哲.土力学地基基础.3版[M].北京:清华大学出版社,1998.

[25] 洪毓康.土质与土力学.2版[M].北京:人民交通出版社,1993.

[26] 袁聚云.土工试验与原理[M].上海:同济大学出版社,2003.

[27] 张诚厚.高速公路软基处理[M].北京:中国建筑工业出版社,1997.

[28] 高大钊.土力学与基础工程[M].北京:中国建筑工业出版社,1998.

道路与桥梁专业“十一五”高职高专应用型规划教材

土力学与基础工程试验指导书

田国芝　主编

黄河水利出版社

目　录

第一章　试样的制备与饱和

第一节　试样的制备

试样的制备是获得一定条件下的试验结果的前提，为保证试验结果的可靠性以及试验数据的可比性，应具备统一的试样制备方法和程序。试样的制备可分为原状土试样的制备和扰动土试样的制备。

一、试样制备所需的主要仪器设备

(1)细筛：孔径0.5 mm、2 mm和5 mm。

(2)洗筛：孔径0.075 mm。

(3)台秤和天平：称量10 kg时最小分度值5 g，称量5 kg时最小分度值1 g，称量1 kg时最小分度值0.5 g，称量0.5 kg时最小分度值0.1 g，称量0.2 kg时最小分度值0.01 g。

(4)环刀：不锈钢材料制成，型号有内径61.8 mm高20 mm、内径79.8 mm高20 mm、内径61.8 mm高40 mm。

(5)击样器：如图1-1所示。

(6)压样器：如图1-2所示。

(7)其他：包括切土刀、钢丝锯、碎土工具、烘箱。

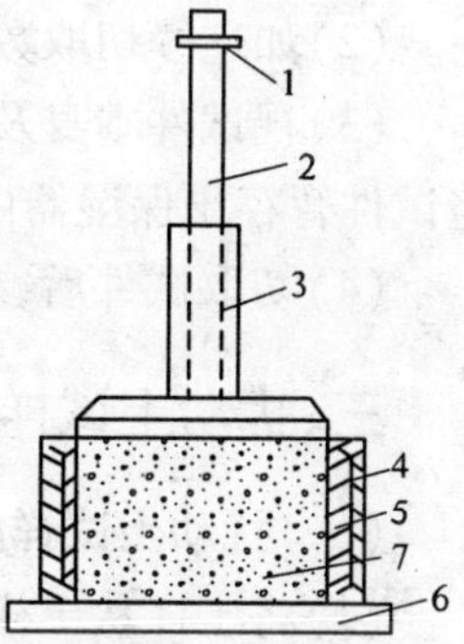

图1-1　击样器

1—定位环；2—导杆；3—击锤；4—击样筒；5—环刀；6—底座；7—试样

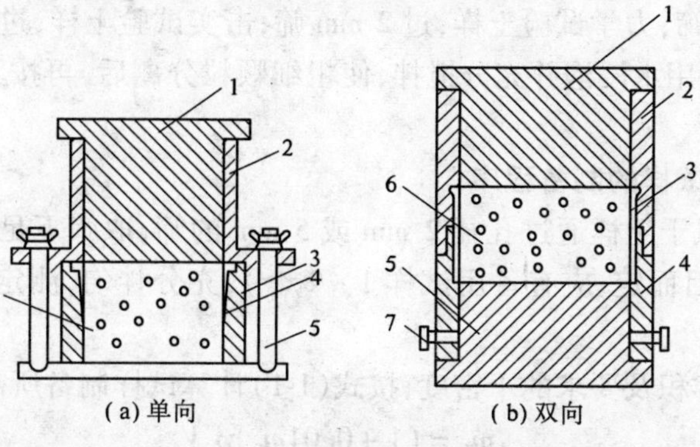

(a)单向　(b)双向

图1-2　压样器

1—上活塞；2—上导筒；3—环刀；4—下导筒；5—下活塞；6—试样；7—销钉

二、原状土试样的制备步骤

(1)按土样筒标明的上下方向放置，剥去蜡封和胶带，开启土样筒取出土样。检查土样结构，当确定土样已受扰动，不应制备力学性质试验的试样。

(2)根据试样要求用环刀切取土样时，在环刀内壁涂一薄层凡士林，刀口向下放在土样上，将环刀垂直向下压，同时用切土刀沿环刀外侧切削土样，边压边削直至土样高出环刀。

(3)根据试样的软硬采用钢丝锯或切土刀整平环刀两端土样，擦净环刀外壁，称刀和土样的总质量。

(4)从余土中取代表性试样，以测定含水量及比重、颗粒分析、界限含水量等试验之用。

切削过程中的注意事项如下：

(1)应细心观察并记录试件的层次、气味、颜色，有无杂质，土质是否均匀，有无裂缝等。同一组试样间密度的允许差值不得大于0.03 g/cm^3。

(2)如连续切取数个试件，应注意使含水量不发生变化。

(3)视试件本身及工程要求，决定试件是否进行饱和，如不立即进行试验或饱和，则将试件暂存于保湿器内。

(4)切取试件后，剩余的原状土样用蜡纸包好置于保湿器内，以备补做试验之用。

三、扰动土试样和试样制备

(一)扰动土试样的备样步骤

(1)将土样从土样筒或包装袋中取出，对土样的颜色、土类、气味及夹杂物等进行描述，如有需要，将土样切成碎块，拌和拌匀，取代表性土样进行含水量测定。

(2)将块状扰动土放在橡皮板上，用木碾或粉碎机碾散，但切勿压碎颗粒，如含水量较大不能碾散，应风干至可碾散时为止。

(3)根据试验所需土样数量，将碾散后的土样过筛，物理性试验如液限、塑限、缩限等试验，需过0.5 mm筛；力学试验土样，过2 mm筛；击实试验土样，过5 mm筛。对于含细粒土的砾质土，应先用水浸泡并充分搅拌，使粗细颗粒分离后，再按不同试验项目的要求进行过筛。

(二)扰动土样试样的制备程序

(1)将碾散的风干土样通过孔径2 mm或5 mm的筛，取筛下足够试样用的土样(试样的数量视试验项目而定，应有备用试样1~2个)，充分拌匀，测定风干含水量，装入保湿或塑料袋内备用。

(2)根据环刀容积及要求的干密度，按式(1-1)计算试样制备所需的风干土质量：

$$m_0 = (1 + 0.01\omega_0)\rho_d V \tag{1-1}$$

式中 m_0——制备试样所需的风干含水量时的土样质量，g；

ω_0——风干含水量，%；

ρ_d——试样所要求的干密度，g/cm^3；

V——试样体积，cm^3。

(3)根据试验所需的土量与含水量，制备试样所需的加水量应按下式计算：

$$m_w = \frac{m_0}{1 + 0.01\omega_0} \times 0.01(\omega_1 - \omega_0) \quad (1\text{-}2)$$

式中　m_w——制备试样所需要的加水量，g；

ω_1——试样所要求的含水量，%；

其他符号意义同式(1-1)。

(4)称取过筛的风干土样平铺于搪瓷盘内，根据式(1-2)计算得到的加水量，用量筒量取，并将水均匀喷洒于土样上，充分拌匀后装入盛土容器内，盖紧、润湿一昼夜。

(5)测定润湿土样不同位置处的含水量，不应少于两点，一组试样的含水量与要求的含水量之差不得超过 ±1%。

(6)扰动土试样的制备，可采用击样法、压样法和击实法。

击样法：根据环刀容积和要求干密度所需质量的湿土，倒入装有环刀的击样器内，击实到所需密度，然后取出环刀。

压样法：根据环刀容积和要求干密度所需质量的湿土，倒入装有环刀的压样器内，采用静压力通过活塞将土样压紧到所需密度，然后取出环刀。

击实法：采用击实仪，将土样击实到所需的密度，用推土器推出，然后将环刀内壁涂一薄层凡士林，刃口向下放在土样上，将环刀垂直向下压，边压边削，直至土样伸出环刀为止，削去两端余土并修平。

(7)擦净环刀外壁，称环刀和试样总质量，准确至 0.1 g，同一组试样的密度与要求的密度之差不得大于 ±0.01 g/cm^3。

(8)对不需要饱和且不立即进行试验的试样，应存放在保湿器内备用。

第二节　试样的饱和

土的孔隙逐渐被水填充的过程称为土的饱和，当土中孔隙全部被水充满时，该土被称为饱和土。

根据土样的透水性能，试样的饱和可分别采用浸水饱和法、毛细管饱和法和真空抽气饱和法三种方法。

(1)粗粒土：采用直接在仪器内对试样进行浸水饱和的方法。

(2)细粒土(渗透系数大于 10^{-4} cm/s)：采用毛细管饱和法。

(3)细粒土(渗透系数小于或等于 10^{-4} cm/s)：采用真空抽气饱和法。

一、毛细管饱和法

(1)选用框式饱和器，如图 1-3 所示，在装有试样的环刀上、下分别放滤纸和透水板，一起装入饱和器内，并通过框架两端的螺丝将透水板、环刀夹紧。

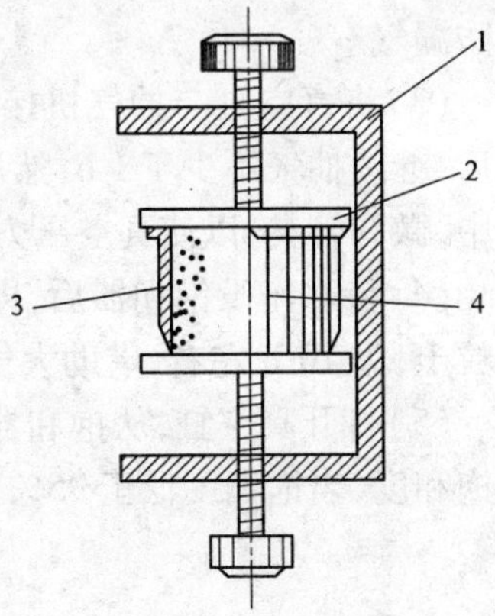

图 1-3　框式饱和器

1—框架；2—透水板；3—环刀；4—试样

(2)将装好试样的饱和器放入水箱内，注入清水，水面不宜将试样淹没，以使土中气体得以排出。

(3)关上箱盖，浸水时间不得少于两昼夜，以使试样充分饱和。

(4)试样饱和后，取出饱和器，松开螺母，取出环刀，擦干外壁，取下试样上、下的滤纸，称环刀和试样的总质量，准确至 0.1 g，并计算试样的饱和度，当饱和度低于 95% 时，应继续饱和。

二、真空抽气饱和法

(1)选用重叠式或框式饱和器和真空饱和装置，如图 1-4、图 1-5 所示。在重叠式饱和器下夹板的正中，依次放置透水板、滤纸、带试样的环刀、滤纸、透水板，如此顺序重复，由下向上重叠到拉杆高度，将饱和器上夹板盖好后，拧紧拉杆上端的螺母，将各个环刀在上、下夹板间夹紧。

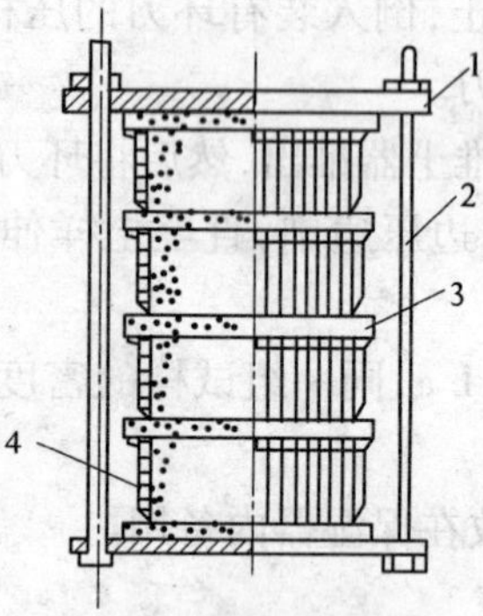

图 1-4　重叠式饱和器

1—夹板；2—拉杆；3—透水板；4—环刀

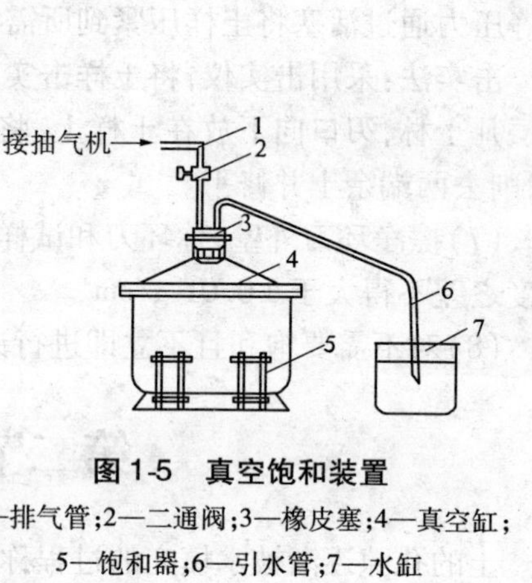

图 1-5　真空饱和装置

1—排气管；2—二通阀；3—橡皮塞；4—真空缸；5—饱和器；6—引水管；7—水缸

(2)将装有试样的饱和器放入真空缸内，真空缸和盖之间涂一薄层凡士林，并盖紧，以防漏气。

(3)将真空缸与抽气机接通，启动抽气机，当真空压力表计数接近当地一个大气压力值后，继续抽气不少于 1 h，然后微开管夹，使清水由引水管徐徐注入真空缸内。在注入过程中，微调管夹，以使真空压力表读数基本保持不变。

(4)待水淹没饱和器后，即停止抽气，开管夹使空气进入真空缸，静止一段时间，对于细粒土，为 10 h 左右，借助大气压力，从而使试样充分饱和。

(5)打开真空缸，从饱和器内取出带环刀的试样，称环刀和试样总质量，并计算试样的饱和度，当饱和度低于 95% 时，应继续抽气饱和。

第二章　土的物理性质试验

第一节　含水量试验

一、基本知识

土的含水量 ω 是指土在 105 ~ 110 ℃温度下烘到恒重时所失去的水质量与达到恒重后干土质量的比值，以百分数表示。

含水量是土的基本物理性质指标之一，它反映了土的干、湿状态。含水量的变化将使土物理力学性质发生一系列的变化，它可使土变成半固态、可塑状态或流动状态，可使土变成稍湿状态、很湿状态或饱和状态，也可造成土在压缩性和稳定性上的差异。含水量还是计算土的干密度、孔隙比、饱和度、液性指数等不可缺少的依据，也是建筑物地基、路堤、土坝等施工质量控制的重要指标。

含水量试验方法有烘干法、酒精燃烧法、比重法、碳化钙气压法、炒干法等，其中以烘干法为室内试验的标准方法。

二、烘干法

烘干法是将试样放在温度能保持 105 ~ 110 ℃的烘箱中烘至恒重的方法，是室内测定含水量的标准方法。

(一)仪器设备

(1)保持温度为 105 ~ 110 ℃的自动控制电热恒温烘箱或沸水烘箱、红外烘箱、微波炉等其他能源烘箱。

(2)称量 200 g、最小分度值 0.01 g 的天平。

(3)装有干燥剂的玻璃干燥缸。

(4)恒质量的铝制称量盒。

(二)操作步骤

(1)从土样中选取具有代表性的试样 15 ~ 30 g(有机质土、砂类土和整体状构造冻土为 50 g)，放入称量盒内，立即盖上盒盖，称盒加湿土质量，精确至 0.01 g。

(2)打开盒盖，将试样和盒一起放入烘箱内，在 105 ~ 110 ℃温度下烘至恒重。试样烘至恒重的时间，对于黏土和粉土宜烘 8 ~ 10 h，对于砂土宜烘 6 ~ 8 h。对于有机质超过干土质量 5% 的土，应将温度控制在 65 ~ 70 ℃的恒温下进行烘干。

(3)将烘干后的试样和盒从烘箱中取出，盖上盒盖，放入干燥器内冷却至室温(一般 0.5 ~ 1 h)。

(4)将试样和盒从干燥器内取出，称盒加干土质量，精确至 0.01 g。

（三）成果整理

按式(2-1)计算含水量：

$$\omega = \frac{m_1 - m_2}{m_2 - m_0} \times 100\% \tag{2-1}$$

式中　ω——含水量,%,精确至0.1%；

m_1——称量盒加湿土质量,g;

m_2——称量盒加干土质量,g;

m_0——称量盒质量,g。

烘干法试验应对两个试样进行平行测定,并取两个含水量测值的算术平均值。当含水量小于40%时,允许的平行测定差值为1%；当含水量等于或大于40% 时,允许的平行测定差值为2%。

（四）试验记录

烘干法测含水量的试验记录见表2-1。

表2-1　含水量试验记录表（烘干法或酒精燃烧法）

工程名称：＿＿＿＿＿＿　　试验者：＿＿＿＿＿＿

工程编号：＿＿＿＿＿＿　　计算者：＿＿＿＿＿＿

试验日期：＿＿＿＿＿＿　　校核者：＿＿＿＿＿＿

试样编号	土样说明	盒号	盒加湿土质量(g)	盒加干土质量(g)	盒质量(g)	水质量(g)	干土质量(g)	含水量(%)	平均含水量(%)	备注
			(1)	(2)	(3)	(4)	(5)	(6)	(7)	
						(1)－(2)	(2)－(3)	$\frac{(4)}{(5)} \times 100$		

三、酒精燃烧法

酒精燃烧法是将试样和酒精拌和,点燃酒精,随着酒精的燃烧使试样水分蒸发的方法。酒精燃烧法是快速、简易且较准确测定细粒土含水量的一种方法,适用于没有烘箱或土样较少的情况。

（一）仪器设备

(1)恒质量的铝制称量盒。

(2)称量 200 g、最小分度值 0.01 g 的天平。

(3)纯度 95% 的酒精。

(4)滴管、火柴和调土刀等。

(二)操作步骤

(1)从土样中选取具有代表性的试样(黏性土 5 ~ 10 g,砂性土 20 ~ 30 g),放入称量盒内,立即盖上盒盖,称盒加湿土质量,精确至 0.01 g。

(2)打开盒盖,用滴管将酒精注入放有试样的称量盒中,直至盒中出现自由液面为止,并使酒精在试样中充分混合均匀。

(3)将盒中酒精点燃,并烧至火焰自然熄灭。

(4)将试样冷却数分钟后,按上述方法再重复燃烧两次,当第三次火焰熄灭后,立即盖上盒盖,称盒加干土质量,精确至 0.01 g。

(三)成果整理

酒精燃烧法试验同样应对两个试样进行平行测定,其含水量计算见式(2-1),含水量允许平行差值与烘干法相同。

(四)试验记录

酒精燃烧法测含水量的试验记录与烘干法相同,见表 2-1 。

四、比重法

比重法适用于砂类土,是通过测定湿土体积,估计土粒比重,从而间接计算土的含水量的方法。

(一)仪器设备

(1)容积在 500 mL 以上的玻璃瓶。

(2)称量 1 000 g、最小分度值 0.5 g 的天平。

(3)漏斗、小勺、吸水球、玻璃片、土样盘及玻璃棒等。

(二)操作步骤

(1)选取具有代表性的砂类土试样 200 ~ 300 g,放入土样盘中。

(2)向玻璃瓶中注入清水至刻度的 1/3 左右,然后通过漏斗将土样盘中的试样全部倒入玻璃瓶内,并用玻璃棒搅拌 1 ~ 2 min,直到试样内所含气体完全排出为止。

(3)向玻璃瓶中加清水至瓶内容积全部充满,静置 1 min 后用吸水球吸去瓶中泡沫,然后再加清水至瓶内容积全部充满,盖上玻璃片,将瓶外壁擦干,称盛满混合液的玻璃瓶质量,精确至 0.5 g。

(4)将玻璃瓶中的混合液全部倒去,并将玻璃瓶洗干净,然后再向玻璃瓶中加清水至瓶内容积全部充满,盖上玻璃片,将瓶外壁擦干,称盛满清水的玻璃瓶质量,准确至 0.5 g。

(三)成果整理

按式(2-2)计算含水量:

$$\omega = \left[\frac{m(G_s - 1)}{G_s(m_1 - m_2)} - 1 \right] \times 100\% \tag{2-2}$$

式中　ω——含水量,%,精确至 0.1%;

m——湿土质量,g;

m_1——瓶、水、土、玻璃片质量,g;

m_2——瓶、水、玻璃片质量,g;

G_s——土的比重。

比重法试验应对两个试样进行平行测定,并取其算术平均值。

(四)试验记录

比重法测含水量的试验记录见表2-2。

表2-2 含水量试验记录表(比重法)

工程名称:________ 试验者:________

工程编号:________ 计算者:________

试验日期:________ 校核者:________

试样编号	土样说明	瓶号	湿土质量(g)	瓶、水、土、玻璃片质量(g)	瓶、水、玻璃片质量(g)	土粒比重	含水量(%)	平均含水量(%)	备注
			(1)	(2)	(3)	(4)	(5)	(6)	
							$\left\{\frac{(1)[(4)-1]}{(4)[(2)-(3)]}-1\right\}\times 100$		

五、碳化钙气压法

碳化钙气压法是公路上快速简易测定土的含水量的方法,适用于路基土和稳定土。

碳化钙气压法的试验原理是将试样中的水分与碳化钙吸水剂发生化学反应,产生乙炔气体,其化学方程式为:

$$CaC_2 + 2H_2O \longrightarrow Ca(OH)_2 + C_2H_2\uparrow$$

从以上的化学方程式可以看出,乙炔(C_2H_2)的数量与土中水分的数量有关,乙炔气体所产生的压力强度与土中水分的质量成正比,通过测定乙炔气体的压力强度,并与烘干法进行对比,从而可得出试样的含水量。

(一)仪器设备

(1)碳化钙气压含水量测定仪:如图2-1所示,由主体罐、紧固螺钉、弓形紧固架、罐盖、垫圈、过滤器和含水量指示表组成,其中含水量指示表是与烘干法进行对比标定试验由乙炔气体压力表转换而得的。仪器分大小两种型号,HKC-200型主要用于粒径小于400 mm砂砾含水量的测定,HKC-30型则主要用于路基土和稳定土含水量的测定。

(2)称量200 g、最小分度值0.1 g的天平。

(3)纯度80.66%的碳化钙吸水剂,粒度在3 mm以下,发气量为1 kg碳化钙产生300 L乙炔气。

(4)手动摇晃架、粉碎球、毛刷、小勺等。

(二)操作步骤

(1)选取具有代表性的试样,对于 HKC－200 型仪器,称取试样 200 g;对于 HKC－30 型仪器,称取试样 30 g。

(2)将试样倒入主体罐内,同时将两个粉碎球也放入罐内。

(3)将定量吸水剂放入仪器盖中,对于 HKC－200 型仪器,放 6 平勺吸水剂,对于 HKC－30 型仪器,放 2 平勺吸水剂。

(4)拧紧螺栓,双手紧握仪器摇动,使试样与粉碎剂沿罐的侧壁转动,砂砾土一般摇动 20 次,黏性土适当增加摇动次数,再使表盘向上再往下来回翻动数次,测读表中指针所指的即为含水量值,然后再使表盘向下,并静放 0.5～1 min,若表中指针不再转动,即可读数,若表中指针还未稳定,再按上述方法进行第二次、第三次混合,直到表中指针稳定为止。一般砂砾土 1～2 次即可,黏性土约需 3 次。

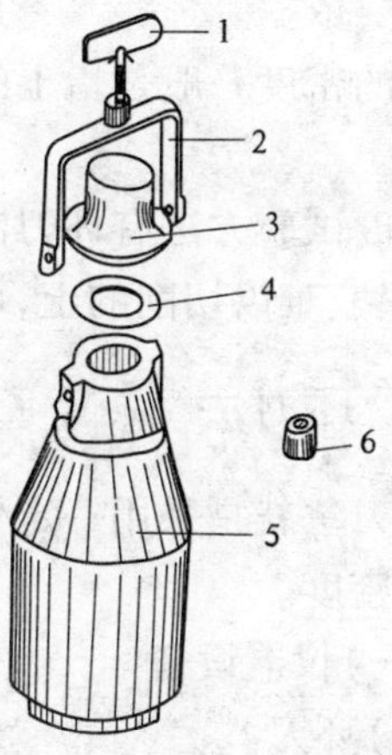

图 2-1　碳化钙气压含水量测定仪结构

1—紧固螺钉;2—弓形紧固架;3—罐盖;4—垫圈;5—主体罐;6—过滤器

(三)成果整理

在碳化钙气压法试验中,土的含水量由含水量指示表读得,该表盘是与烘干法进行对比标定试验后由乙炔气体压力表盘转换而得的。碳化钙气压法试验应对两个试样进行平行测定,并取其算术平均值。

(四)试验记录

碳化钙气压法测含水量的试验记录见表 2-3。

表 2-3　含水量试验记录表(碳化钙气压法)

工程名称:________________　　试验者:________________

工程编号:________________　　计算者:________________

试验日期:________________　　校核者:________________

试样编号	土样说明	仪器型号	吸水剂质量(g)	试样质量(g)	表盘读数	含水量(%)	平均含水量(%)	备注

第二节　密度试验

一、基本知识

土的密度 ρ 是指土的单位体积质量,是土的基本物理性质指标之一,其单位为 g/cm^3。

土的密度反映了土体结构的松紧程度，是计算土的自重应力、干密度、孔隙比、孔隙度等指标的重要依据。

土的密度一般是指土的湿密度 ρ，除此以外还有土的干密度 ρ_d、饱和密度 ρ_{sat} 和有效密度 ρ'。

密度试验方法有环刀法、蜡封法、灌水法和灌砂法等。对于细粒土，宜采用环刀法；对于易碎裂、难以切削的土，可用蜡封法；对于现场粗粒土，可用灌水法或灌砂法。

二、环刀法

环刀法就是采用一定体积环刀切取土样并称土的质量，土的质量与环刀体积之比即为土的密度。

（一）仪器设备

（1）环刀。

（2）称量 500 g、最小分度值 0.1 g 的天平。

（3）切土刀、钢丝锯、毛玻璃和圆玻璃片等。

（二）试验内容及步骤

（1）按工程需要取原状土或人工制备所需要求的扰动土样，其直径和高度应大于环刀的尺寸，整平两端放在玻璃板上。

（2）在环刀内壁涂一薄层凡士林，将环刀的刀刃向下放在土样上面，然后用手将环刀垂直下压，边压边削，至土样上端伸出环刀为止，根据试样的软硬程度，采用钢丝锯或修土刀将两端余土削去修平，并及时在两端盖上圆玻璃片，以免水分蒸发。

（3）擦净环刀外壁，拿去圆玻璃片，然后称取环刀加土质量，准确至 0.1 g。

（三）成果整理

按下式分别计算湿密度和干密度：

$$\rho = \frac{m}{V} = \frac{m_2 - m_1}{V} \tag{2-3}$$

$$\rho_d = \frac{\rho}{1 + 0.01\omega} \tag{2-4}$$

式中 ρ——湿密度，g/cm³，精确至 0.01 g/cm³；

ρ_d——干密度，g/cm³，精确至 0.01 g/cm³；

m——湿土质量，g；

V——环刀容积，cm³；

m_2——环刀加湿土质量，g；

m_1——环刀质量，g；

ω——含水量，%。

环刀法试验应进行两次平行测定，两次测定的密度差值不得大于 0.03 g/cm³，并取其两次测值的算术平均值。

（四）试验记录

试验记录见表 2-4。

表 2-4　密度试验记录表（环刀法）

试样编号	环刀号	环刀加湿土质量（g）	环刀质量（g）	湿土质量（g）	环刀容积（cm^3）	湿密度（g/cm^3）	含水量（%）	干密度（g/cm^3）	平均干密度（g/cm^3）
		(1)	(2)	(3)	(4)	(5)	(6)	(7)	
				(1) - (2)		$\frac{(3)}{(4)}$		$\frac{(5)}{1+(6)\times 0.01}$	

三、蜡封法

蜡封法又称浮称法，此法是将不规则的土样称其自然质量后，浸入熔化的石蜡中，使土样被石蜡所包裹，而后称其在空气中重与在水中重，并计算土样密度。此法所得密度值较其他方法大，这是因为在任何情况下都难以避免熔蜡浸入土内孔隙中。

（一）仪器设备

(1)熔蜡加热器。

(2)天平：称量 200 g，最小分度值 0.01 g。

(3)烧杯、细线、石蜡、针、削土刀等。

（二）试验步骤

(1)用削土刀切取体积大于 30 cm^3 的试件，削除试件表面的松、浮土以及尖锐棱角，在天平上称量，精确至 0.01 g。

(2)将石蜡加热至刚过熔点，用细线系住试件浸入石蜡中，使试件表面覆盖一薄层严密的石蜡，若试件蜡膜上有气泡，需用热针刺破气泡，再用石蜡填充针孔，涂平孔口。

(3)待冷却后，将蜡封试件在天平上称量，精确至 0.01 g 。

(4)用细线将蜡封试件置于天平一端，使其浸浮在盛有蒸馏水的烧杯中，注意试件不要接触烧杯壁，称蜡封试件的水下质量，精确至 0.01 g，并测量纯水的温度。

(5)将蜡封试件从水中取出，擦干石蜡表面水分，在空气中再称其质量，将其与步骤(3)中所称质量相比，若质量增加，表示水分进入试件中，应另取试样重做。

（三）结果整理

按式(2-5)计算湿密度：

$$\rho = \frac{m}{\dfrac{m_1 - m_2}{\rho_{\omega t}} - \dfrac{m_1 - m}{\rho_n}} \tag{2-5}$$

式中　ρ——土的湿密度，g/cm^3，精确至 0.01 g/cm^3；

m——试件质量，g；

m_1——蜡封试件质量，g；

m_2——蜡封试件在水中质量，g；

$\rho_{\omega t}$——蒸馏水在 t ℃时密度,g/cm^3,精确至0.001 g/cm^3;

ρ_n——石蜡密度,g/cm^3(应事先实测,精确至0.01 g/cm^3,一般可采用0.92 g/cm^3)。

四、现场密度测定

对含有碎砾石的土层或人工填土层无法用环刀取样,则可在现场测点挖一测坑。挖的同时测其挖出土石的质量和含水量,挖出土石的质量一般不少于300 kg 。对不规则的试坑体积测量,可用不透水的薄膜袋放在坑内,然后向袋中灌水并测所灌水的体积,按定义计算土的密度。也可按灌砂法测定体积。下面介绍灌砂法。

(一)仪器设备

(1)密度测定器:由容砂瓶、灌砂漏斗和底盘组成,如图2-2所示。

(2)称量10 kg、最小分度值5 g的台秤,称量500 g、最小分度值0.1 g的天平。

(3)铁镐、铁铲、水准尺等。

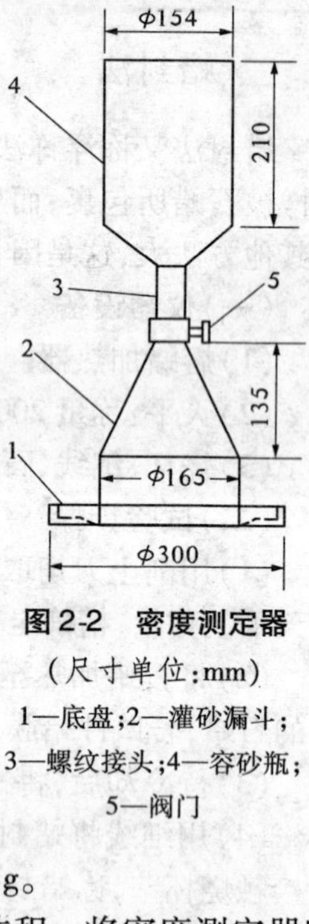

图2-2　密度测定器

(尺寸单位:mm)

1—底盘;2—灌砂漏斗;3—螺纹接头;4—容砂瓶;5—阀门

(二)操作步骤

1. 标准砂密度测定

(1)选用粒径为0.25~0.50 mm的标准砂,这是因为在此粒径范围内的标准砂,其密度变化较小。标准砂应清洗干净,并放置足够的时间,以使其与空气的湿度达到平衡。

(2)按图2-2组装容砂瓶和灌砂漏斗,容砂瓶与灌砂漏斗之间的螺纹接头应旋紧,然后称容砂瓶和灌砂漏斗的质量。

(3)将密度测定器竖立,并使灌砂漏斗口向上,关闭位于灌砂漏斗尾部的阀门,然后向灌砂漏斗内注满标准砂,再打开阀门,使灌砂漏斗内的标准砂流入容砂瓶内,继续向漏斗内灌注标准砂并使标准砂流入容砂瓶内,当砂停止流动时,迅速关闭阀门,倒去漏斗内多余的砂,称容砂瓶、灌砂漏斗和标准砂的总质量,准确至5 g。

(4)打开阀门,倒出容砂瓶内的全部标准砂,再测定容砂瓶的体积。将密度测定器竖立,并使灌砂漏斗口向上,通过漏斗向容砂瓶内注水至水面高出阀门,然后关闭阀门,并倒掉漏斗中多余的水,称容砂瓶、漏斗和水的总质量,准确至5 g,并测定水温,准确至0.5 ℃。容砂瓶体积的测定需重复三次,三次测值之间的差值不得大于3 mL,并取三次测值的平均值。

(5)标准砂密度的计算。容砂瓶容积用式(2-6)计算,标准砂密度按式(2-7)计算:

$$V_r = \frac{m_{r2} - m_{r1}}{\rho_{\omega r}} \tag{2-6}$$

$$\rho_s = \frac{m_{rs} - m_{r1}}{V_r} \tag{2-7}$$

式中　V_r——容砂瓶容积,mL;

m_{r2}——容砂瓶、漏斗和水的总质量,g;

m_{r1}——容砂瓶和漏斗的质量,g;

$\rho_{\omega r}$——不同水温时水的密度,g/cm^3;

ρ_s——标准砂的密度,g/cm^3;

m_{rs}——容砂瓶、漏斗和标准砂的总质量,g。

2. 密度测定

(1)根据试样的最大粒径确定试坑尺寸的大小,见表2-5。

表2-5　灌砂法试坑尺寸

试样最大粒径(mm)	试坑尺寸(mm)	
	直径	深度
5~20	150	200
40	200	250
60	250	300
200	800	1 000

(2)选定试坑位置,并将试坑位置处的地面整平,地表的浮土、石块、杂物等应予以清除,而凸凹不平处则用砂铺平,地面整平的范围应略大于试坑直径的范围,并用水准尺检查试坑处地表是否水平。

(3)按确定的试坑直径画出试坑口的轮廓线,在轮廓线内挖至要求的深度,边挖边将坑内的试样装入盛土容器内,称试样质量,精确到10 g,并从挖出的全部试样中取有代表性的样品,测定其含水量。

(4)通过灌砂漏斗向容砂瓶内注满标准砂,倒去漏斗内多余的砂,称容砂瓶、灌砂漏斗和标准砂的总质量,准确至5 g。

(5)将密度测定器容砂瓶向上、漏斗向下倒置于挖好的试坑口上,然后打开阀门,使砂注入到试坑内,注意在注砂过程中不能有震动。当砂注满试坑时,迅速关闭阀门,取走密度测定器,称容砂瓶、灌砂漏斗和余砂的总质量,准确至5 g。

(三)成果整理

按式(2-8)计算湿密度:

$$\rho = \frac{m_p}{m_s}\rho_s \tag{2-8}$$

式中　ρ——湿密度,g/cm^3,精确至0.01 g/cm^3;

m_p——试坑内取出的全部试样的质量,g;

m_s——注满试坑所用标准砂的质量,g;

ρ_s——标准砂密度,g/cm^3。

按式(2-9)计算干密度:

$$\rho_d = \frac{\rho}{1 + 0.01\omega} \tag{2-9}$$

式中　ρ_d——干密度,g/cm^3,精确至0.01 g/cm^3;

ω——含水量,%。

(四)试验记录

试验记录见表2-6。

表2-6 测密度的试验记录表(灌砂法)

工程名称:______ 试验者:______

工程编号:______ 计算者:______

试验日期:______ 校核者:______

试坑编号	量砂容器加原有量砂质量(g)	量砂容器加剩余量砂质量(g)	试坑用砂质量(g)	量砂密度(g/cm^3)	试坑体积(cm^3)	试样加容器质量(g)	容器质量(g)	试样质量(g)	湿密度(g/cm^3)	含水量(%)	试样干密度(g/cm^3)	试样容重(kN/m^3)
	(1)	(2)	(3)	(4)	(5)	(6)	(7)	(8)	(9)	(10)	(11)	(12)
			(1)-(2)		$\frac{(3)}{(4)}$			(6)-(7)	$\frac{(8)}{(5)}$		$\frac{(9)}{1+0.01\times(10)}$	9.81×(9)

第三节 比重试验

一、基本内容

土的比重是土在105~110 ℃温度下烘至恒重时的质量与同体积4 ℃蒸馏水质量的比值。在数值上,土的比重与土粒密度相同,但前者是没有单位的。

土的比重主要取决于土的矿物成分,不同土类的比重变化幅度不大。对于一般土,砂土的比重为2.65~2.69,砂质粉土比重约为2.70,黏质粉土比重约为2.71,粉质黏土的比重为2.72~2.73,黏土比重为2.74~2.76。

根据土粒粒径的不同,土的比重试验可分别采用比重瓶法、浮称法或虹吸筒法。

二、比重瓶法

比重瓶法是将称好质量的干土放入盛满水的比重瓶,根据前后质量差异,计算土粒的体积,从而进一步计算出土粒的比重。此方法适用于粒径小于5 mm的土。

(一)仪器设备

(1)比重瓶:容量100(或50)mL,有长颈和短颈两种形式。

(2)天平：称量 200 g，感量 0.001 g。

(3)恒温水槽：灵敏度 ±1 ℃。

(4)砂浴。

(5)真空抽气设备。

(6)温度计：刻度为 0～50 ℃，分度值为 0.5 ℃。

(7)其他：如烘箱、蒸馏水、中性液体(如煤油)、孔径 2 mm 及 5 mm 筛、漏斗、滴管等。

(二)操作步骤

1. 比重瓶校正

(1)将比重瓶洗净、烘干，称比重瓶质量，精确至 0.001 g。

(2)将煮沸经冷却的纯水注入比重瓶。对长颈比重瓶注水至刻度处，对短颈比重瓶应注满纯水，塞紧瓶塞，多余水分自瓶塞毛细管中溢出。

(3)调节恒温水槽至 5 ℃或 10 ℃，然后将比重瓶放入恒温水槽内，直至瓶内水温稳定。取出比重瓶，擦干外壁，称瓶、水总质量，精确至 0.001 g。

(4)以 5 ℃级差，调节恒温水槽的水温，逐级测定不同温度下的比重瓶、水总质量，至达到本地区最高自然气温为止。每个温度时均应进行两次平行测定，两次测定的差值不得大于 0.002 g，取两次测值的平均值。绘制温度与瓶、水总质量的关系曲线。

2. 比重测定

(1)将比重瓶烘干，将 15 g 烘干土装入 100 mL 比重瓶内(若用 50 mL 比重瓶，装烘干土约 10 g)，称量。

(2)向比重瓶内注纯水至瓶的一半处，摇动比重瓶，并将瓶在砂浴中煮沸，煮沸时间自悬液沸腾时算起，砂及砂质粉土应不少于 30 min，黏土及黏质粉土应不少于 1 h，使土粒分散。注意沸腾后调节砂浴温度，不使土液溢出瓶外。

(3)如系长颈比重瓶，用滴管调整液面恰至刻度(以弯液面下缘为准)，擦干瓶外及瓶内壁刻度以上部分的水，称瓶、水、土总质量。如系短颈比重瓶，将纯水注满，使多余水分自瓶塞毛细管中溢出，将瓶外水分擦干后，称瓶、水、土总质量，称量后立即测出瓶内水的温度，精确至 0.5 ℃。

(4)根据测得的温度，从已绘制的温度与瓶、水总质量关系曲线中查得瓶、水总质量。如比重瓶体积事先未经温度校正，则立即倾去悬液，洗净比重瓶，注入事先煮沸过且与试验时同温度的纯水至同一体积刻度处，短颈比重瓶则注水至满，按本试验步骤(3)调整液面后，将瓶外水分擦干，称瓶、水总质量。

(5)如系砂土，煮沸时砂粒易跳出，允许用真空抽气法代替煮沸法排出土中空气，其余步骤同步骤(3)、(4)。

(6)对含有某一定量的可溶盐、不亲水性胶体或有机质的土，必须用中性液体(如煤油)测定，并用真空抽气法排出土中气体。真空压力表读数宜为 100 kPa，抽气时间 1～2 h(直至悬液内无气泡为止)，其余步骤同步骤(3)、(4)。

3. 结果整理

(1)用纯水测定时，按下式计算比重：

$$G_s = \frac{m_{bs} - m_b}{m_{bw} + m_{bs} - m_b - m_{bws}} G_{wT} \tag{2-10}$$

式中 G_s——土的比重；

m_{bs}——比重瓶、试样总质量，g；

m_{bw}——比重瓶、水总质量，g；

m_{bws}——比重瓶、水、试样总质量，g；

m_b——比重瓶质量，g；

G_{wT}——T ℃时纯水的比重，精确至0.001。

(2)用中性液体测定时，按下式计算比重：

$$G_s = \frac{m_{bs} - m_b}{m_{by} + m_{bs} - m_b - m_{bys}} G_{yT} \tag{2-11}$$

式中 m_{by}——比重瓶、中性液体总质量，g；

m_{bys}——比重瓶、中性液体、试样总质量，g；

G_{yT}——T ℃时中性液体的比重，精确至0.001。

比重瓶法试验应进行两次平行测定，两次测定的平行差值不得大于0.02，并取其两次测值的算术平均值。

(3)本试验记录见表2-7。

表2-7 比重试验记录表(比重瓶法)

工程名称:________ 工程编号:________ 试验日期:________

试 验 者:________ 计 算 者:________ 校 核 者:________

试样编号	比重瓶编号	温度(℃)	液体比重	比重瓶质量(g)	瓶加干土质量(g)	干土质量(g)	瓶加液体质量(g)	瓶加液体、干土总质量(g)	与干土同体积液体质量(g)	比重	平均值
		(1)	(2)	(3)	(4)	(5)	(6)	(7)	(8)	(9)	(10)
			查表			(4)-(3)			(5)+(6)-(7)	$\frac{(5)}{(8)}\times(2)$	

三、浮称法

浮称法，其基本原理是阿基米德原理，即物体在水中失去的重量等于排开同体积水的重量，测出土粒的体积，从而进一步计算出土粒比重。该方法适用于粒径大于等于5 mm，且其中粒径大于20 mm颗粒小于10%的土。

(一)仪器设备

(1)孔径小于5 mm的金属网篮，其直径为10~15 cm，高为10~20 cm。

(2)适合金属网篮沉入用的盛水容器，其尺寸应大于金属网篮。

(3)称量2 000 g、最小分度值0.5 g的浮称天平。

(4)刻度 0 ~ 50 ℃、最小分度值 0.5 ℃的温度计。

(5)孔径 5 mm 及 20 mm 的筛。

(6)烘箱等。

(二)操作步骤

(1)取粒径大于 5 mm 的代表性试样 500 ~ 1 000 g,其中粒径大于 20 mm 的土质量应小于总质量的 10%。

(2)彻底冲洗试样,直至颗粒表面无尘土和其他污物。

(3)将试样浸入水中 24 h 后取出,立即放入金属网篮,然后缓慢地将金属网篮浸没于水中,并在水中摇晃,直至试样中无气泡逸出为止。

(4)称金属网篮和试样在水中的总质量,然后取出试样烘干,并称烘干试样质量。

(5)称金属网篮在水中的质量,并立即测定盛水容器内的水温,精确至 0.5 ℃。

(三)成果整理

按式(2-12)计算比重:

$$G_s = \frac{m_d}{m_d - (m'_{ls} - m'_l)} G_{wT} \tag{2-12}$$

式中 m_d——干土质量,g;

m'_l——金属网篮在水中的质量,g;

m'_{ls}——金属网篮和试样在水中的总质量,g;

其余符号意义同式 (2-10)。

浮称法试验应进行两次平行测定,两次测定的平行差值不得大于 0.02,并取其两次测值的算术平均值。

(四)试验记录

浮称法测比重的试验记录见表 2-8。

表 2-8 比重试验记录表(浮称法)

工程名称:＿＿＿＿＿＿＿＿ 试验者:＿＿＿＿＿＿＿＿

工程编号:＿＿＿＿＿＿＿＿ 计算者:＿＿＿＿＿＿＿＿

试验日期:＿＿＿＿＿＿＿＿ 校核者:＿＿＿＿＿＿＿＿

试样编号	金属网篮号	温度(℃)	水中比重	干土质量(g)	金属网篮加试样在水中质量(g)	金属网篮在水中质量(g)	试样在水中质量(g)	比重	平均值	备注
		(1)	(2)	(3)	(4)	(5)	(6)	(7)	(8)	

四、虹吸筒法

虹吸筒法的基本原理是通过测量土粒排开水的体积来测出土粒的体积,从而进一步计算出土粒比重。该方法适用粒径大于等于 5 mm,且其中粒径大于 20 mm 的颗粒不小于 10% 的土。

第四节　颗粒分析试验

一、基本内容

颗粒分析试验就是测定土中各种粒组所占该土总质量的百分数的试验方法,可分为筛分法和沉降分析法,其中沉降分析法又有密度计法(比重计法)和移液管法等。对于粒径大于 0.075 mm 的土粒可用筛分法来测定,而对于粒径小于 0.075 mm 的土粒则用沉降分析方法(密度计法或移液管法)来测定。

筛分法就是将土样通过各种不同孔径的筛子,并按筛子孔径的大小将颗粒加以分组,然后再称量并计算出各个粒组占总质量的百分数。筛分法是测定土的颗粒组成最简单的一种试验方法,适用于粒径小于等于 60 mm 且大于 0.075 mm 的土。

二、筛分法

(一)仪器设备

1. 分析筛

(1)圆孔粗筛,孔径为 60 mm、40 mm、20 mm、10 mm、5 mm 和 2 mm。

(2)圆孔细筛,孔径为 2 mm、1 mm、0.5 mm、0.25 mm、0.1 mm 和 0.075 mm。

2. 天平

称量 5 000 g、最小分度值 1 g 的天平;称量 1 000 g、最小分度值 0.1 g 的天平;称量 200 g、最小分度值 0.01 g 的天平。

3. 振筛机

筛析过程中应能上下振动、水平转动。

4. 其他

烘箱、量筒、漏斗、研钵、瓷盘、毛刷、匙子等。

(二)试验内容及步骤

先用风干法制样,然后从风干松散的土样中,按表 2-9 称取有代表性的试样,称量应精确至 0.1 g,当试样质量超过 500 g 时,称量应精确至 1 g。

表 2-9　筛分法取样质量

颗粒尺寸(mm)	取样质量(g)
<2	100 ~ 300
<10	300 ~ 1 000
<20	1 000 ~ 2 000
<40	2 000 ~ 4 000
<60	4 000 以上

1. 无黏性土

(1)将按表2-10称取的试样过孔径为2 mm的筛，分别称出留在筛子上和已通过筛子孔径的筛子下试样质量。当筛下的试样质量小于试样总质量的10%时，不作细筛分析；当筛上的试样质量小于试样总质量的10%时，不作粗筛分析。

(2)取2 mm筛上的试样倒入依次叠好的粗筛的最上层筛中，进行粗筛筛析，然后再取2 mm筛下的试样倒入依次叠好的细筛的最上层筛中，进行细筛筛析。细筛宜置于振筛机上进行振筛，振筛时间一般为10～15 min。

(3)按由最大孔径的筛开始，顺序将各筛取下，称留在各级筛上及底盘内试样的质量，精确至0.1 g。

(4)筛后各级筛上及底盘内试样质量的总和与筛前试样总质量的差值，不得大于试样总质量的1%。

2. 含有细粒土颗粒的砂土

(1)将按表2-10称取的代表性试样置于盛有清水的容器中，用搅棒充分搅拌，使试样的粗细颗粒完全分离。

(2)将容器中的试样悬液通过2 mm筛，取留在筛上的试样烘至恒重，并称烘干试样质量，精确至0.1 g。

(3)将粒径大于2 mm的烘干试样倒入依次叠好的粗筛的最上层筛中，进行粗筛筛析。按由最大孔径的筛开始，顺序将各筛取下，称留在各级筛上及底盘内试样的质量，精确至0.1 g。

(4)取通过2 mm筛下的试样悬液，用带橡皮头的研杆研磨，然后再过0.075 mm筛，并将留在0.075 mm筛上的试样烘至恒重，称烘干试样质量，精确至0.1 g。

(5)将粒径大于0.075 mm的烘干试样倒入依次叠好的细筛的最上层筛中，进行细筛筛析。细筛宜置于振筛机上进行振筛，振筛时间一般为10～15 min。

(6)当粒径小于0.075 mm的试样质量大于试样总质量的10%时，应采用密度计法或移液管法测定粒径小于0.075 mm的颗粒组成。

(三)成果整理

1. 计算

小于某粒径的试样质量占试样质量的百分比可按式(2-13)计算：

$$X=\frac{m_A}{m_B}d_x \tag{2-13}$$

式中 X——小于某粒径的试样质量占试样总质量的百分比，%；

m_A——小于某粒径的试样质量，g；

m_B——当细筛分析时或用密度计法分析时为所取的试样质量，当粗筛分析时为试样总质量，g；

d_x——粒径小于2 mm的试样质量占试样总质量的百分比，%。

2. 制图

以小于某粒径的试样质量占试样总质量的百分比为纵坐标，以颗粒粒径为对数横坐标,在单对数坐标上绘制颗粒大小分布曲线,见图 2-3。

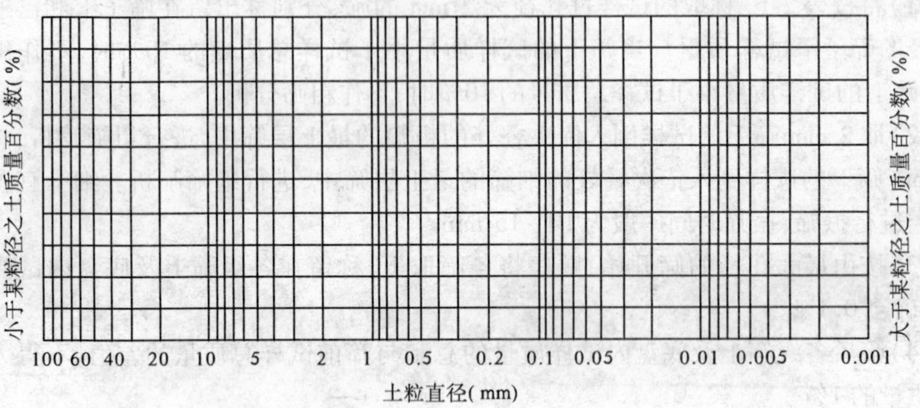

图 2-3 颗粒大小分布曲线

按下式计算不均匀系数:

$$C_u = \frac{d_{60}}{d_{10}} \tag{2-14}$$

式中 C_u——不均匀系数;

d_{60}——限制粒径,在颗粒大小分布曲线上小于该粒径的土含量占土总质量 60% 的粒径;

d_{10}——有效粒径,在颗粒大小分布曲线上小于该粒径的土含量占土总质量 10% 的粒径。

按下式计算曲率系数:

$$C_C = \frac{d_{30}^2}{d_{60} d_{10}} \tag{2-15}$$

式中 C_C——曲率系数;

d_{30}——在颗粒大小分布曲线上小于该粒径的土含量占土总质量 30% 的粒径。

3. 试验记录

筛分法颗粒分析试验记录见表 2-10。

三、密度计法(比重计法)

密度计法又称为比重计法,其原理是当土粒在液体中靠自重下沉时,较大的颗粒下沉较快,而较小的颗粒下沉则较慢。密度计法是沉降分析法的一种,只适用于粒径小于 0.075 mm 的试样。

密度计法的过程是将一定量的土样(粒径 <0.075 mm)放在量筒中,然后加纯水,经过搅拌,使土的大小颗粒在水中均匀分布,制成一定量的均匀浓度的土悬液(1 000 mL)。静止悬液,让土粒沉降,在土粒下沉过程中,用密度计测出在悬液中对应于不同时间的不同悬液密度,根据密度计读数和土粒的下沉时间,就可计算出粒径小于某一粒径 d(mm)

的颗粒占土样的百分数。

表 2-10　颗粒分析试验记录表(筛分法)

风干土质量 = ____________ g　　小于 0.075 mm 的土占总土质量百分数 = ____________ %

2 mm 筛上土质量 = ____________ g　　小于 2 mm 的土占总土质量百分数 = ____________ %

2 mm 筛下土质量 = ____________ g　　细筛分析时所取试样质量 = ____________ g

筛号	孔径(mm)	累计留筛土质量(g)	小于该孔径的土质量(g)	小于该孔径的土质量百分数(%)	小于该孔径的土总质量百分数(%)
底盘总计					

(一)仪器设备

(1)密度计。

甲种密度计:刻度单位以在 20 ℃时每 1 000 mL 悬液内所含土质量的克数来表示,刻度为 $-5° \sim 50°$,最小分度值为 0.5°。

乙种密度计(20 ℃/20 ℃),刻度单位以在 20 ℃时悬液的比重来表示,刻度为 0.995 ~ 1.020,最小分度值为 0.000 2。

(2)量筒:内径约 60 mm,高约 42 cm,刻度 0 ~ 1 000 mL,精确至 10 mL。

(3)孔径 2 mm、1 mm、0.5 mm、0.25 mm 和 0.1 mm 的细筛以及孔径 0.075 mm 的洗筛。

(4)洗筛漏斗:上口直径大于洗筛直径,下口直径略小于量筒内径。

(5)天平:称量 1 000 g、最小分度值 0.1 g 和称量 200 g、最小分度值 0.01 g。

(6)搅拌器:轮径 50 mm,孔径 3 mm,杆长约 450 mm,带螺旋叶。

(7)煮沸设备:电砂浴或电热板(附冷凝管装置)。

(8)温度计:0 ~ 50 ℃、最小分度值 0.5 ℃的温度计。

(9)其他:秒表、容积 500 mL 的锥形烧瓶、研钵、木件、电导率仪等。

(二)试剂

(1)分散剂:4% 六偏磷酸钠溶液,在 100 mL 水中溶解 4 g 六偏磷酸钠($NaPO_3$)。

(2)易溶盐检验试剂:5% 酸性硝酸银溶液,在 100 mL 的 10% 硝酸(HNO_3)溶液中溶解 5 g 硝酸银($AgNO_3$)。

(3)易溶盐检验试剂:5% 酸性氯化钡溶液,在 100 mL 的 10% 盐酸(HCl)溶液中溶解

5 g 氯化钡($BaCl_2$)。

（三）操作步骤

(1)称取具有代表性的风干试样 200 ~ 300 g，过 2 mm 筛，并求出留在筛上试样占试样总质量的百分比。

(2)测定通过 2 mm 筛试样的风干含水量。

(3)称取干土质量为 30 g 的风干试样。干土质量为 30 g 的风干试样质量可按式(2-16)或式(2-17)计算。

当易溶盐含量小于 1% 时：

$$m_0 = 30 \times (1 + 0.01\omega_0) \tag{2-16}$$

当易溶盐含量大于等于 1% 时：

$$m_0 = \frac{30 \times (1 + 0.01\omega_0)}{1 - 0.01W} \tag{2-17}$$

式中 m_0——风干土质量，g；

ω_0——风干土含水量，%；

W——易溶盐含量，%。

(4)当试样中易溶盐含量大于 0.5% 时，则说明试样中含有足以使悬液中土粒成团下降的易溶盐，应进行洗盐。易溶盐含量的检验方法可采用电导法或目测法。

①易溶盐含量检验。

电导法：采用电导率仪，测定 T ℃时试样溶液（土水比为 1:5）的电导率，并按下式计算 20 ℃时的电导率：

$$K_{20} = \frac{K_T}{1 + 0.02(T - 20)} \tag{2-18}$$

式中 K_{20}——20 ℃时悬液的电导率，μS/cm；

K_T——T ℃时悬液的电导率，μS/cm；

T——测定时悬液的温度，℃。

当 K_{20} 大于 1 000 μS/cm 时，应进行洗盐。

目测法：取风干试样 3 g，放入烧杯中，加 4 ~ 6 mL 纯水调成糊状，并用带橡皮头的玻璃棒研散，再加 25 mL 纯水，然后煮沸 10 min，冷却后经漏斗注入 30 mL 的试管中，静置过夜，若试管中悬液出现凝聚现象，应进行洗盐。

②洗盐方法：按式(2-16)或式(2-17)计算并称取干土质量为 30 g 的风干试样质量，精确至 0.01 g，倒入 500 mL 的锥形瓶中，加纯水 200 mL，搅拌后迅速倒入贴有滤纸的漏斗中，并注入纯水冲洗过滤，若发现滤液浑浊，则必须重新过滤，直到滤液的电导率 K_{20} 小于 1 000 μS/cm 或加入 5% 酸性硝酸银溶液和 5% 酸性氯化钡溶液无白色沉淀反应为止。

(5)将风干试样或洗盐后在滤纸上的试样倒入 500 mL 锥形瓶，注入 200 mL 纯水，然后浸泡过夜。

(6)将锥形瓶置于煮沸设备上煮沸，煮沸时间为 40 min ~ 1 h。

(7)将冷却后的悬液倒入烧杯中，静置 1 min，并将上部悬液通过 0.075 mm 筛，遗留杯底沉淀物用带橡皮头的碾杆碾散，再加适量水搅拌，静置 1 min，再将上部悬液通过 0.075 mm 筛，如此重复进行，直至静置 1 min 后上部悬液澄清为止，但是须注意的是，最后所得悬液不得超过 1 000 mL。

（8）将筛上和杯中砂粒合并洗入蒸发皿中，倒去清水，烘干，称量，然后进行筛孔径分别为 2 mm、1 mm、0.5 mm、0.25 mm 和 0.1 mm 的细筛分析，并计算大于 0.075 mm 的各级颗粒占试样总质量的百分比。

（9）将已通过 0.075 mm 筛的悬液倒入量筒内，加入 10 mL 的 4% 六偏磷酸钠分散剂，再注入纯水至 1 000 mL。

（10）用搅拌器在量筒内沿悬液深度上下搅拌 1 min，往复约 30 次，使悬液内土粒均匀分布，但在搅拌时注意不能使悬液溅出筒外。

（11）取出搅拌器，将密度计放入悬液中的同时，立即开动秒表，测记 0.5、1、2、5、15、30、60、120 min 和 1 440 min 时的密度计读数。每次读数前 10 ~ 20 s，均应将密度计放入悬液中，且保持密度计浮泡处在量筒中心，不得贴近量筒内壁。

（12）每次读数后，应取出密度计放入盛有纯水的量筒中，并测定相应的悬液温度，精确至 0.5 ℃，放入或取出密度计时，应小心轻放，不得扰动悬液。

（13）密度计读数均以弯液面上缘为准。甲种密度计应精确至 0.5，乙种密度计应精确至 0.000 2。

（四）成果整理

1. 甲种密度计

小于某粒径的试样质量百分比用式（2-19）计算：

$$X = \frac{100}{m_{\mathrm{d}}} C_{\mathrm{G}} (R + m_T + n) - c_{\mathrm{D}} \tag{2-19}$$

式中 X——小于某粒径的试样质量百分比，%；

m_{d}——试样干土质量，g；

m_T——悬液温度校正值，查《土工试验方法标准》中相应的表；

n——弯液面校正值；

C_{D}——分散剂校正值；

R——甲种密度计读数；

C_{G}——土粒比重校正值，可按式（2-20）计算，或查《土工试验方法标准》中的土粒比重校正值表；

$$C_{\mathrm{G}} = \frac{\rho_{\mathrm{s}}}{\rho_{\mathrm{s}} - \rho_{\mathrm{w20}}} \times \frac{2.65}{2.65 - \rho_{\mathrm{w20}}} \tag{2-20}$$

其中 ρ_{s}——土粒密度，g/cm^3；

ρ_{w20}——20 ℃时水的密度，g/cm^3。

2. 乙种密度计

$$X = \frac{100V_x}{m_{\mathrm{d}}} C'_{\mathrm{G}} [(R' - 1) + m'_T + n' - C'_{\mathrm{D}}] \rho_{\mathrm{w20}} \tag{2-21}$$

式中　C'_G——土粒比重校正值，可按式（2-22）计算，或查《土工试验标准》；

$$C'_G = \frac{\rho_s}{\rho_s - \rho_{w20}} \tag{2-22}$$

m'_T——悬液温度校正值，查《土工试验方法标准》；

n'——弯液面校正值；

C'_D——分散剂校正值；

R'——乙种密度计读数；

V_x——悬液体积（取 1 000 mL）；

ρ_{w20}——20 ℃时水的密度，g/cm³，ρ_{w20} = 0.998 232 g/cm³；

其他符号意义同前。

3. 制图

以小于某粒径的试样质量占试样总质量的百分比为纵坐标，以颗粒粒径为对数横坐标，在单对数坐标上绘制颗粒大小分布曲线，见图 2-3。

必须注意的是，当试样中既有小于 0.075 mm 的颗粒，又有大于 0.075 mm 的颗粒，需进行密度计法和筛析法联合分析时，应考虑小于 0.075 mm 的试样质量占试样总质量的百分比，即应将按式（2-19）或式（2-21）所得的计算结果，再乘以小于 0.075 mm 的试样质量占试样总质量的百分数，然后再分别绘制密度计法和筛析法所得的颗粒大小分布曲线，并将两段曲线连成一条平滑的曲线。

（五）试验记录

颗粒大小分析试验记录见表 2-11。

表 2-11　颗粒大小分析试验记录（密度计法）

工程名称：________　　　　试验者：________

工程编号：________　　　　计算者：________

试验日期：________　　　　校核者：________

小于 0.075 mm 颗粒土重百分数______%　　　　干土总质量______g

湿土质量______g　干土质量______g　含水量______%　含盐量______%

密度计号______　量筒号______　烧瓶号______　土粒比重______

比重较正值______　弯液面校正值______　风干土质量______

试验时间	下沉时间 t（min）	悬液温度 T（℃）	密度计读数					土粒有效沉降距离 L（cm）	粒径 d（mm）	小于某粒径的土质量百分数（%）	小于某粒径的总土质量百分数（%）
			密度计读数 R	温度校正值 m	分散剂校正值 C_D	$R_M = R + m + n - C_D$	$R_H = R_M C_G$				

第五节　砂的相对密度试验

一、基本内容

相对密度是砂紧密程度的指标，等于其最大孔隙比与天然孔隙比之差和最大孔隙比与最小孔隙比之差的比值。

本试验的目的是求无凝聚性土的最大与最小孔隙比，用于计算相对密度，借此了解该土在自然状态或经压实后的松紧情况和土粒结构的稳定性。

本试验适用于颗粒直径小于 5 mm 的土，且粒径 2 ~ 5 mm 的试样质量不大于试样总质量的 15%。

二、仪器设备

(1)量筒：容积为 500 mL 及 1 000 mL 两种，后者内径应大于 6 cm。

(2)长颈漏斗：颈管内径约 1.2 cm，颈口磨平(见图 2-4)。

(3)锥形塞：直径约 1.5 cm 的圆锥体焊于铁杆上。

(4)砂面拂平器(见图 2-4)。

(5)金属容器，有以下两种：

容积 250 mL，内径 5 cm，高度 12.7 cm。

容积 1 000 mL，内径 10 cm，高度 12.7 cm。

(6)振动叉(见图 2-5)。

(7)击锤：锤质量 1.25 kg，高度 150 mm，锤座直径 50 mm(见图 2-6)。

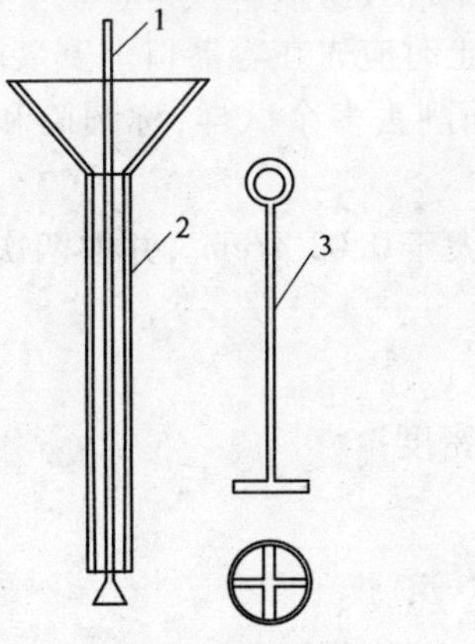

图 2-4　漏斗及拂平器

1—长颈漏斗；2—锥形塞；3—砂面拂平器

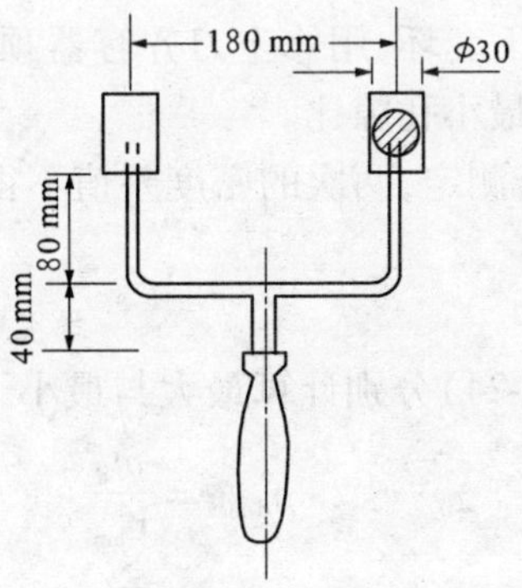

图 2-5　振动叉

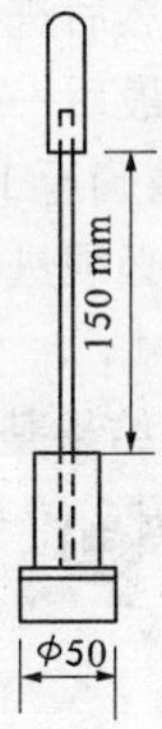

图 2-6　击锤

(8)台秤：感量 1 g。

三、试验步骤

(一)最大孔隙比的测定

砂的最大孔隙比试验又称砂的最小干密度试验，就是测定砂在最松散状态下的孔隙比及干密度试验，通常可用漏斗法和量筒法。

（1）取代表性试样约1.5 kg，充分风干（或烘干），用手搓揉或用圆木棍在橡皮板上碾散，并拌和均匀。

（2）将锥形塞杆自漏斗下口穿入，并向上提起，使锥体堵住漏斗管口，一并放入体积1 000 mL量筒中，使其下端与量筒底相接。

（3）称取试样700 g，精确至1 g，均匀倒入漏斗中，将漏斗与塞杆同时提高，移动塞杆使锥体略离开管口，管口应经常保持高出砂面1～2 cm，使试样缓缓且均匀地落入量筒中。

（4）试样全部落入量筒后取出漏斗与锥形塞，用砂面拂平器将砂面拂平，勿使量筒振动，然后测读砂样体积，估读至5 mL。

（5）以手掌或橡皮塞堵住量筒口，将量筒倒转，缓慢地转动量筒内的试样，并回到原来位置，如此重复几次，记下体积的最大值，估读至5 mL。

（6）取上述两种方法测得的较大体积值，计算最大孔隙比及最小干密度。

试验必须进行两次平行测定，两次的密度差值不得大于0.03 g/cm^3，并取两次测值的平均值。

（二）最小孔隙比的测定

砂的最小孔隙比试验又称为砂的最大干密度试验，就是测定砂在最紧密状态的孔隙比及干密度的试验，砂的最小孔隙比（最大干密度）试验是采用振动锤击法。

（1）取代表性试样2 000 g，分三次倒入容器，每层试样宜为圆筒容积的1/3，试样每次倒入圆筒后，用振动仪以150～200次/min的速度敲打容器两侧，并在同一时间内，用击锤于试样表面锤击30～60次/min，直至砂样体积不变为止（一般5～10 min）。

（2）然后进行后二次加土的振动和锤击，第三次加土时应先在容器口上安装套环。

（3）最后一次振毕，取下套环，用修土刀齐容器顶面削去多余试样，称圆筒和试样的总质量，精确至1 g，计算其最小孔隙比。

试验必须进行两次平行测定，两次的密度差值不得大于0.03 g/cm^3，并取两次测值的平均值。

（三）结果整理

（1）按式（2-23）和式（2-24）分别计算最大与最小干密度：

$$\rho_{d\,max} = \frac{m_d}{V_{min}} \tag{2-23}$$

$$\rho_{d\,min} = \frac{m_d}{V_{max}} \tag{2-24}$$

式中 $\rho_{d\,max}$——最大干密度，g/cm^3；

$\rho_{d\,min}$——最小干密度，g/cm^3；

m_d——试样干质量，g；

V_{max}——试样最大体积，cm^3；

V_{min}——试样最小体积，cm^3。

计算结果精确至0.01 g/cm^3。

(2)按式(2-25)和式(2-26)分别计算最大与最小孔隙比：

$$e_{\max} = \frac{\rho_w G_s}{\rho_{d\min}} \tag{2-25}$$

$$e_{\min} = \frac{\rho_w G_s}{\rho_{d\max}} \tag{2-26}$$

式中　$e_{\max}$——最大孔隙比；

$e_{\min}$——最小孔隙比；

G_s——土粒比重；

ρ_w——水的密度，g/cm^3；

其余符号意义同前。

(3)砂的相对密度按式(2-27)或式(2-28)计算：

$$D_r = \frac{e_{\max} - e_0}{e_{\max} - e_{\min}} \tag{2-27}$$

或

$$D_r = \frac{\rho_{d\max}(\rho_d - \rho_{d\min})}{\rho_d - (\rho_{d\max} - \rho_{d\min})} \tag{2-28}$$

式中　D_r——砂的相对密度；

e_0——砂的天然孔隙比；

ρ_d——天然干密度或要求的干密度。

(四)试验记录

砂石相对密度试验记录见表 2-12。

表 2-12　相对密度试验记录

工程名称：________________　　　　试验者：________________

工程编号：________________　　　　计算者：________________

试验日期：________________　　　　校核者：________________

试验项目				最大孔隙比(最小干密度)		最小孔隙比(最大干密度)	
试验方法				漏斗法		振击法	
试样加容器质量	g	(1)					
容器质量	g	(2)					
试样质量	g	(3)	(1)-(2)				
试样体积	cm^3	(4)					
干密度	g/cm^3	(5)	(3)/(4)				
平均干密度	g/cm^3	(6)					
土粒比重 G_s		(7)					
孔隙比 e		(8)					
天然干密度	g/cm^3	(9)					
天然孔隙比 e_0		(10)					
相对密度 D_r		(11)					

第六节　界限含水量试验

一、基本内容

黏性土的状态随着含水量的变化而变化，当含水量不同时，黏性土可分别处于固态、半固态、可塑状态及流动状态，黏性土从一种状态转到另一种状态的分界含水量称为界限含水量。土从流动状态转到可塑状态的界限含水量称为液限 ω_L，土从可塑状态转到半固体状态的界限含水量称为塑限 ω_P。土的塑性指数 I_P 是指液限与塑限的差值，由于塑性指数在一定程度上综合反映了影响黏性土特征的各种重要因素，因此黏性土常按塑性指数进行分类。土的液性指数 I_L 是指黏性土的天然含水量和塑限的差值与塑性指数之比，液性指数可被用来表示黏性土所处的软硬状态。所以，土的界限含水量是计算土的塑性指数和液性指数不可缺少的指标，土的界限含水量还是估算地基土承载力等的一个重要依据。

界限含水量试验适用于粒径小于 0.5 mm、有机质含量不大于试样总质量 5% 的土。

二、液、塑限联合测定法

（一）仪器设备

（1）LP－100 型液限塑限联合测定仪：锥质量为 100 g，锥角为 30°，读数显示形式宜采用光电式、游标式、百分表式。

（2）盛土杯：直径 5 cm，深度 4～5 cm。

（3）天平：称量 200 g，感量 0.01 g。

（4）其他：筛（孔径 5 mm）、调土刀、调土皿、称量盒、研钵（附带橡皮头的研杵或橡皮板、木棒）、干燥器、吸管、凡士林等。

（二）试验内容及步骤

（1）取样：当采用天然含水量土样时，取代表性试样 250 g；采用风干土样时，取 0.5 mm 筛下的代表性土样 200 g，分开放入三个盛土皿中，加不同数量的蒸馏水，土样的含水量分别控制在液限（a 点）、略大于塑限（c 点）和二者的中间状态（b 点）。用调土刀调匀，盖湿布，放置 18 h 以上。

（2）将制备的土样充分搅拌均匀，分层装入盛土杯，用力压密，使空气逸出。对于较干的土样，应先充分搓揉，用调土刀反复压实。试杯装满后，刮成与杯边齐平。

（3）调平仪器，提起锥杆（此时游标或百分表读数为零），锥头上涂少许凡士林。

（4）将装好土样的试杯放在联合测定仪的升降座上，转动升降旋钮，待锥尖与土样表面刚好接触时停止升降，扭动锥下降旋扭，同时开动秒表，经 5 s 后，松开旋钮，锥体停止下落，此时读数即为锥入深度。

（5）改变锥尖与土接触位置（锥尖两次锥入位置距离不小于 1 cm，重复步骤（3）、（4），得锥入深度 h_1、h_2，允许误差 0.5 mm，否则重做。取其平均值作为该点的锥入深度。

（6）去掉锥尖入土处的凡士林，取 10 g 以上的土样两个，分别装入称量盒内，称质量

(精确至0.01g),测定其含水量。

(7)重复步骤(2)~(6),对其他两个含水量土样进行试验,测其锥入深度和含水量,三次的锥入深度宜分别控制在3~4 mm、7~9 mm和15~17 mm。

(三)结果整理

(1)在双对数坐标纸上,以含水量 ω 为横坐标,锥入深度 h 为纵坐标,点绘 a、b、c 三点含水量的 h—ω 图,连此三点应在同一条直线上,如图中 A 线。若通过 a 点与 b、c 两点连成两条直线,在圆锥下沉深度为5 mm处查得相应的两个含水量,当两个含水量差值小于2%时,应以该两个含水量平均值的点(仍在圆锥下沉深度为5 mm处)与高含水量的点连成一直线,如图中 B 线,若两个含水量的差值大于、等于2%,应重做试验。

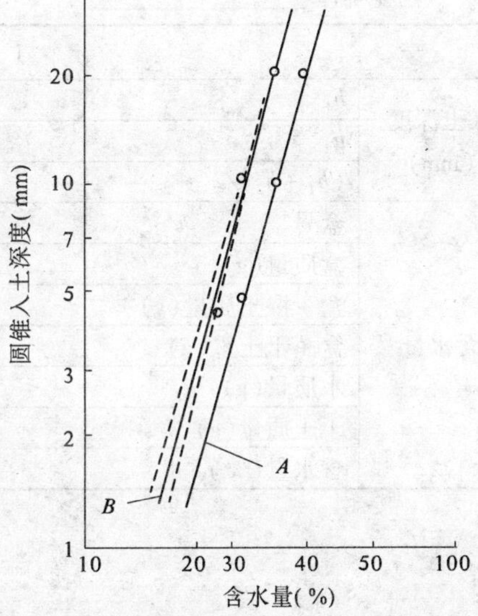

图2-10 圆锥入土深度与含水量关系曲线

在圆锥入土深度与含水量的关系图上(见图2-10)查得圆锥下沉深度为20 mm所对应的含水量为液限,2 mm所对应的下沉深度约为塑限。

(2)在 h—ω 图(见图2-11)上,查得纵坐标入土深度 $h=20$ mm所对应的横坐标的含水量 ω,即为土样的液限 ω_L。

(3)通过液限与塑限时入土深度 h_p 之间的关系曲线,查得 h_p,再由 h—ω 关系图求得 h_p 所对应的含水量,即为塑限。

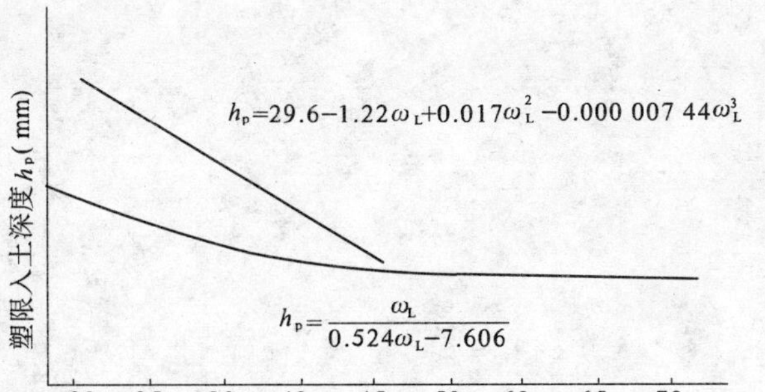

图2-11 ω_L—h_p 关系曲线

(4)液限、塑限联合试验记录见表2-13。

表 2-13　液限、塑限联合试验记录

工程名称________________　　　　　　　　　　试验者________________

土样编号________________　　　　　　　　　　计算者________________

取土深度________________　　　　　　　　　　校核者________________

土样制备________________　　　　　　　　　　试验日期______________

		1	2	3	
入土深度(mm)	h_1				
	h_2				
	$(h_1+h_2)/2$				液限 ω_L =
含水量	盒号				
	盒质量(g)				
	盒+湿土质量(g)				塑限 ω_P =
	盒+干土重(g)				
	水质量(g)				塑性指数 I_p =
	干土质量(g)				
	含水量(%)				

第三章　土的力学性质试验

第一节　击实试验

一、基本知识

土的压实程度与含水量、压实功能和压实方法有着密切的关系，当压实功能和压实方法不变时，土的干密度先是随着含水量的增加而增加，但当干密度达到某一最大值后，含水量的增加反而使干密度减小。能使土达到最大密度的含水量，称为最佳含水量 ω_{op}，其相应的干密度称为最大干密度 ρ_{dmax}。

击实试验分轻型击实试验和重型击实试验。轻型击实试验适用于粒径小于 5 mm 的黏性土，其单位体积击实功约为 592.2 kJ/m^3；重型击实试验适用于粒径不大于 20 mm 的土，其单位体积击实功约为 2 684.9 kJ/m^3。

二、仪器设备

(1)标准击实仪有轻型击实仪和重型击实仪两类，如图 3-1 所示，击锤与导筒见图 3-2。击实试验方法和相应设备的主要参数应符合表 3-1 的规定。

表 3-1　击实试验方法和相应设备的主要参数

试验方法	类别	锤底直径(cm)	锤重(kg)	落高(cm)	试筒尺寸 内径(cm)	试筒尺寸 高(cm)	试筒尺寸 容积(cm^3)	层数	每层击数	击实功(KJ/m^2)	最大粒径(mm)
轻型	Ⅰ.1	5	2.5	30	10	12.7	997	3	27	598.2	25
Ⅰ法	Ⅰ.2	5	2.5	30	15.2	12	2 177	3	59	598.2	38
重型	Ⅱ.1	5	4.5	45	10	12.7	997	5	27	2 687	25
Ⅱ法	Ⅱ.2	5	4.5	45	15.2	12	2 177	3	98	2 687	38

(2)称量 200 g 的天平，感量 0.01 g。

(3)称量 10 kg 的台秤，感量 1 g。

(4)孔径为 20 mm、40 mm 和 5 mm 的标准筛。

(5)试样推土器。

(6)其他，如喷雾器、盛土容器、修土刀及碎土设备等。

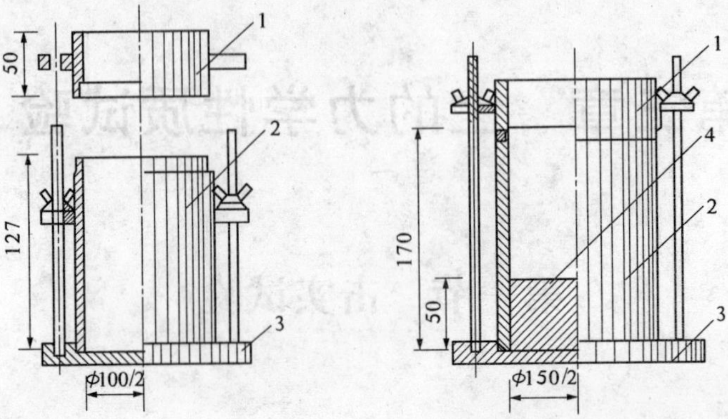

(a)轻型击实仪　　　　　　　　　(b)重型击实仪

图 3-1　击实筒(单位:mm)

1—套筒;2—击实筒;3—底板;4—垫块

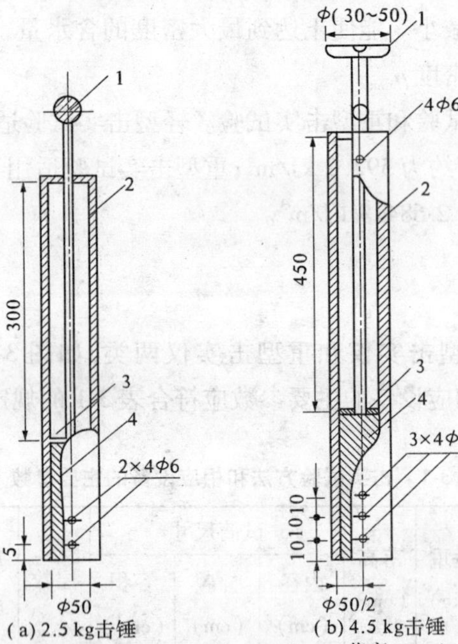

(a) 2.5 kg击锤
(落高30 cm)

(b) 4.5 kg击锤
(落高45 cm)

图 3-2　击锤与导筒(单位:mm)

1—提手;2—导筒;3—硬橡皮垫;4—击锤

三、试验内容及步骤

(1)取一定量的代表性风干土样,对于轻型击实试验为 20 kg, 对于重型击实试验为 50 kg。

(2)将风干土样碾碎后过 5 mm 的筛(轻型击实试验)或过 20 mm 的筛(重型击实试验),将筛下的土样拌匀,并测定土样的风干含水量。

(3)根据土的塑限预估最优含水量,加水湿润制备不少于5个含水量的试样,含水量依次相差为2%,且其中有两个含水量大于塑限,两个含水量小于塑限,一个含水量接近塑限。

按下式计算制备试样所需的加水量:

$$m_w = \frac{m_0}{1+0.01\omega_0} \times 0.01(\omega - \omega_0) \tag{3-1}$$

式中 m_w——所需的加水量,g;

ω_0——风干含水量,%;

m_0——风干含水量 ω_0 时土样的质量,g;

ω——要求达到的含水量,%。

(4)将试样2.5 kg(轻型击实试验)或6.5 kg(重型击实试验)平铺于不吸水的平板上,按预定含水量用喷雾器喷洒所需的加水量,充分搅和并分别装入塑料袋中静置24 h。

(5)测定击实筒的容积和质量(包括垫块),将击实筒固定在底座上,装好护筒,并在击实筒内壁涂一薄层润滑油,将搅和的试样2~5 kg分层装入击实筒内。对于轻型击实试验,分3层,每层27击;对于重型击实试验,分5层,每层27击,两层接触土面应刨毛,击实完成后,超出击实筒顶的试样高度应小于6 mm。

(6)取下导筒,用刀修平超出击实筒顶部和底部的试样,擦净击实筒外壁,称击实筒与试样的总质量,精确至1 g,并计算试样的湿密度。

(7)用推土器将试样从击实筒中推出,从试样中心处取两份一定量土料(轻型击实试验为15~30 g,重型击实试验为50~100 g)测定土的含水量,两份土样的含水量的差值应不大于1%。

四、试验报告要求

(一)成果整理

按下式计算干密度:

$$\rho_d = \frac{\rho}{1+0.01\,\omega} \tag{3-2}$$

式中 ρ_d——干密度,g/cm³,精确至0.01 g/cm³;

ρ——密度,g/cm³;

ω——含水量,%。

(二)试验记录

击实试验记录见表3-2。

表 3-2　击实试验记录表

土样类别:________　　　　每层击数:________

估计最佳含水量:________　　　　风干含水量:________

试验次数					1	2	3	4	5
干密度	加水量	g							
	筒加土重	g	(1)						
	筒重	g	(2)						
	湿土重	g	(3)	(1) - (2)					
	筒体积	cm^3	(4)						
	密度	g/cm^3	(5)	$\frac{(3)}{(4)}$					
	干密度	g/cm^3	(6)	$\frac{(5)}{1+0.01\omega}$					
含水量	盒号								
	盒加湿土质量	g	(1)						
	盒加干土质量	g	(2)						
	盒质量	g	(3)						
	水质量	g	(4)	(1) - (2)					
	干土质量	g	(5)	(2) - (3)					
	含水量	%	(6)	$\frac{(4)}{(5)}$					
	平均含水量	%							
最大干密度:					最佳含水量:				

第二节　固结试验

一、基本内容

固结试验(或称压缩试验)是研究土的压缩性的最基本方法。固结试验是将天然状态下的原状土或人工制备的扰动土,制备成一定规格的土样,然后置于固结仪内,在不同荷载和在完全侧限条件下测定土的压缩变形。通过固结试验,可以测定试样在侧限与轴向排水条件下的变形与压力的关系、孔隙比与压力的关系及变形与时间的关系,从而计算压缩系数 α、压缩模量 E_s、体积压缩系数 m_V、压缩指数 C_c、回弹指数 C_s、竖向固结系数 C_V

以及先期固结压力 p_c。

根据工程需要,固结试验可以分为三种类型:标准固结试验、快速固结试验和应变控制连续加荷固结试验。

(1)标准固结试验是指天然状态下的原状土或人工制备的扰动土,制备成一定规格的土样,然后在侧限与轴向排水条件下测定土在不同荷载下的压缩变形,且试样在每级压力下的固结稳定时间为 24 h。

(2)对于沉降计算精度要求不高,而渗透性又较大且不需要求固结系数的土,可采用快速固结试验方法。快速固结试验方法规定在各级压力下的固结时间为 1 h,仅最后一级压力延长至 24 h,并以等比例综合固结度进行修正。

(3)应变控制连续加荷固结试验是试样在侧限和轴向排水条件下,采用应变速率控制方法在试样上连续加荷,并测定试样的固结量和固结速率以及底部孔隙水压力。

二、仪器设备

(1)固结容器:由环刀、护环、透水板、加压上盖等组成,土样面积 30 cm^2 或 50 cm^2,高度 2 cm,如图 3-3 所示。

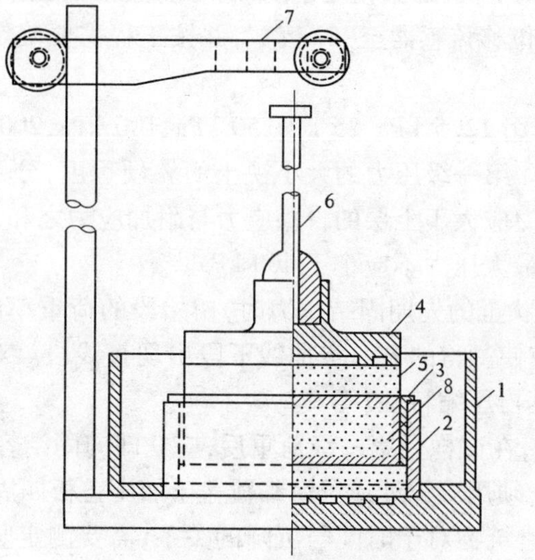

图 3-3 固结容器示意图

1—水槽;2—护环;3—环刀;4—加压上盖;

5—透水石;6—量表导杆;7—量表架;8—试样

(2)加荷设备:可采用量程为 5 ~ 10 kN 的杠杆式、磅秤式或气压式等加荷设备。

(3)变形量测设备:可采用最大量程 10 mm、最小分度值 0.01 mm 的百分表,也可采用精确度为全量程 0.2% 的位移传感器及数字显示仪表或计算机。

(4)毛玻璃板、圆玻璃片、滤纸、切土刀、钢丝锯和凡士林或硅油等。

三、试验步骤

(1)按工程需要选择面积为 30 cm^2 或 50 cm^2 的切土环刀,环刀内侧涂上一层薄薄的凡士林或硅油,刀口应向下放在原状土或人工制备的扰动土上,切取原状土样时应与天然状态下垂直方向一致。

(2)小心地边压边削,注意避免环刀偏心入土,应使整个土样进入环刀并凸出环刀为止,然后用钢丝锯(软土)或用修土刀(较硬的土或硬土),将环刀两端余土修平,擦净环刀外壁。

(3)测定土样密度,并在余土中取代表性土样测定其含水量,然后用圆玻璃片将环刀两端盖上,防止水分蒸发。

(4)在固结仪的固结容器内装上带有试样的切土环刀(刀口向下),在土样两端应贴上洁净而湿润的滤纸,再用提环螺丝将导环置于固结容器,然后放上透水石和传压活塞以及走向钢球。

(5)将装有土样的固结容器准确地放在加荷横梁的中心,如杠杆式固结仪,应调整杠杆平衡,为保证试样与容器上下各部件之间接触良好,应施加 1 kPa 预压荷载;如采用气压式压缩仪,可按规定调节气压力,使之平衡,同时使各部件之间密合。

(6)调整百分表或位移传感器至"0"读数,并按工程需要确定加压等级、测定项目及试验方法。

(7)加压等级可采用 12.5 kPa、25 kPa、50 kPa、100 kPa、200 kPa、400 kPa、800 kPa、1 600 kPa和 3 200 kPa。第一级压力的大小视土的软硬程度,分别采用 12.5 kPa、25 kPa 或 50 kPa,最后一级压力应大于土层的自重应力与附加应力之和,或大于上覆土层的计算压力 100 ~200 kPa,但最大压力不应小于 400 kPa。

(8)当需要确定原状土的先期固结压力时,初始段的荷重率应小于 1,可采用 0.5 或 0.25。最后一级压力应使测得的 e—lg$p$ 曲线下段出现直线段。对于超固结土,应采用卸压再加压方法来评价其再压缩特性。

(9)对于饱和试样,在试样受第一级荷重后,应立即向固结容器的水槽中注水浸没试样,而对于非饱和土样,须用湿棉纱或湿海绵覆盖于加压盖板四周,避免水分蒸发。

(10)当需要预估建筑物对于时间与沉降的关系,需要测定竖向固结系数 C_v,或对于层理构造明显的软土需测定水平向固结系数 C_H 时,应在某一级荷重下测定时间与试样高度变化的关系。读数时间为 6 s、15 s、2.25 min、4 min、6.25 min、9 min、12.25 min、16 min、20.25 min、25 min、30.25 min、36 min、42.25 min、49 min、64 min、100 min、200 min、400 min、23 h、24 h,直至稳定为止。当测定 C_H时,需具备水平向固结的径向多孔环,环的内壁与土样之间应贴有滤纸。

(11)如需要弹回,可在某级压力下固结稳定后逐级退荷,直至退到要求的压力;当不需要测定沉降速率时,则施加每级压力后 24 h 测定试样高度变化作为稳定标准,只需测定压缩系数的试样,施加每级压力后,每小时变形达 0.01 mm 时,测定试样高度变化作为稳定标准。

(12)当试验结束时,应先排除固结容器内水分,然后拆除容器内各部件,取出带环刀的土样,必要时,擦干试样两端和环刀外壁上的水分,测定试验后的密度和含水量。

四、成果整理

(一)计算

(1)按式(3-3)计算试样的初始孔隙比 e_0:

$$e_0=\frac{\rho_s(1+0.01\omega_0)}{\rho_0}-1 \tag{3-3}$$

(2)按式(3-4)计算单位沉降量:

$$S_i=\frac{\sum Vh_i}{h_0}\times 1\ 000 \tag{3-4}$$

(3)按式(3-5)计算各级荷载下变形稳定后的孔隙比 e_i:

$$e_i=e_0-(1+e_0)\times\frac{S_i}{1\ 000} \tag{3-5}$$

(4)按式(3-6)计算某一荷载范围的压缩系数 α_i:

$$\alpha_i=\frac{e_i-e_{i+1}}{p_{i+1}-p_i}=\frac{(S_{i+1}-S_i)(1+e_0)/1\ 000}{p_{i+1}-p_i} \tag{3-6}$$

(5)按式(3-7)和式(3-8)计算某一荷载范围内的压缩模量 E_s 和体积压缩系数 α_v:

$$E_s=\frac{p_{i+1}-p_i}{(S_{i+1}-S_i)/1\ 000}\times\frac{1+e_i}{1+e_0} \tag{3-7}$$

$$\alpha_v=\frac{1}{E_s}=\frac{\alpha}{1+e_i} \tag{3-8}$$

以上各式中 e_0——试样初始孔隙比;

ρ_s——土粒密度(数值上等于比重),g/cm^3;

ω_0——试样初始含水量;

ρ_0——试样初始密度, g/cm^3;

S_i——某一级荷载下的单位沉降量;

$\sum Vh_i$——某一级荷载下的总变形量,等于该荷载下百分表读数,即试样和仪器的变形量减去该荷载下的仪器变形量,mm;

h_0——试样起始高度;

e_i——某一级荷载下压缩稳定后的孔隙比;

p_i——某一荷载值,kPa。

(二)制图

以沉降量或孔隙比为纵坐标,以压力为横坐标,作单位沉降量或孔隙比与压力的关系曲线。

(三)试验记录

固结试验记录见表3-3 和表3-4。

表3-3　固结试验记录表(一)

工程名称:__________　　　　　　　　　　试验者:__________

工程编号:__________　　　　　　　　　　计算者:__________

试验日期:__________　　　　　　　　　　校核者:__________

经过时间(min)	压力(kPa)									
	50		100		200		300		400	
	时间	读数	时间	读数	时间	读数	时间	读数	时间	读数
0										
0. 1										
0. 25										
1										
4										
6. 25										
9										
12. 25										
16										
20. 25										
25										
30. 25										
36										
42. 25										
49										
64										
100										
200										
23 h										
24 h										
总变形量(mm)										
仪器变形量(mm)										
试样总变形量(mm)										

表 3-4　固结试验记录表(二)

工程名称:__________　　　　试验者:__________

工程编号:__________　　　　计算者:__________

试验日期:__________　　　　校核者:__________

密度:ρ = ________ g/cm^3　　比重:G_s = ________　　含水量:ω = ________%

试验前试样的高度:h_0 = ________　　试验前孔隙比:e_0 = ________　　颗粒净高:h_s = ________ cm

压力	计数时间	各级荷重压缩时间	量表计数	压缩量	孔隙比	压缩系数	压缩模量	排水距离	固结系数
P (kPa)	t (h 或 min)	Δt (h)	R_i (0.01 mm)	$\sum Vh_i$ (mm)	$e_i = \frac{\sum Vh_i}{h_s}$	$\alpha_i = \frac{e_i - e_{i+1}}{p_{i+1} - p_i}$ (MPa^{-1})	$E_s = \frac{1 + e_i}{\alpha_i}$ (MPa)	$\bar{h} = \frac{h_i + h_{i+1}}{4}$ (cm)	$C_v = \frac{T_v(\bar{h})^2}{t}$ (cm^2/s)
		0							
		24							
		24							
		24							
		24							
		24							
		24							
		24							
		24							
		24							

第三节　土的抗剪强度试验

一、基本知识

(一)概念

土的抗剪强度是指土体对于外荷载大气层产生的剪应力的极限抵抗能力。

土的剪切破坏是指土中某点由外力所产生的剪应力达到土的抗剪强度时,土就沿着剪应力作用方向产生相对滑动,该点便发生剪切破坏。

库仑定律是于18世纪70年代提出的,其表达式为:

$$\tau_f = c + \sigma \tan\varphi \tag{3-9}$$

式中　τ_f——土的抗剪强度,kPa;

σ——剪切滑动面上的法向应力,kPa;

c——土的黏聚力,kPa;

φ——土的内摩擦角,(°)。

(二)试验机理

按要求制备试样,每组试样不得少于4个,用环刀仔细切取试样,并测定土的密度与含水量,要求同组试样之间的密度差值不大于0.03 g/cm^3,含水量差值不大于2%。然后安装试样;测记初始读数;施加竖向压力;施加水平剪切荷载;同组试样竖向压力由第一个试样100 kPa,逐渐增加到第二个试样变为200 kPa,第三个试样为300 kPa,第四个试样为400 kPa,分别重复上述试验步骤。每组试验不得少于4个试验数据。如其中一个试样异常,则应补做一个试样。最后绘制抗剪强度与垂直压力的关系曲线即可得到抗剪强度指标。

(三)试验方法

直接剪切试验一般可分为慢剪、固结快剪和快剪三种试验方法。

直接剪切试验就是直接对试样进行剪切的试验,简称直剪试验,是测定土的抗剪强度的一种常用方法,通常采用4个试样,分别在不同的垂直压力 p 下,施加水平剪切力,测得试样破坏时的剪应力 τ,然后根据库仑定律确定土的抗剪强度参数内摩擦角 φ 和黏聚力 c。

二、直接剪切试验

(一)仪器设备

(1)直剪仪。采用应变控制式直接剪切仪,如图3-4所示,由剪切盒、垂直加压设备、剪切传动装置、测力计以及位移量测系统等组成。加压设备可采用杠杆传动,也可采用气压施加。

(2)测力计。采用应变圈,量表为百分表或位移传感器。

(3)环刀。内径6.18 cm,高2.0 cm。

(4)其他。切土刀、钢丝锯、滤纸、毛玻璃板、圆玻璃片以及润滑油等。

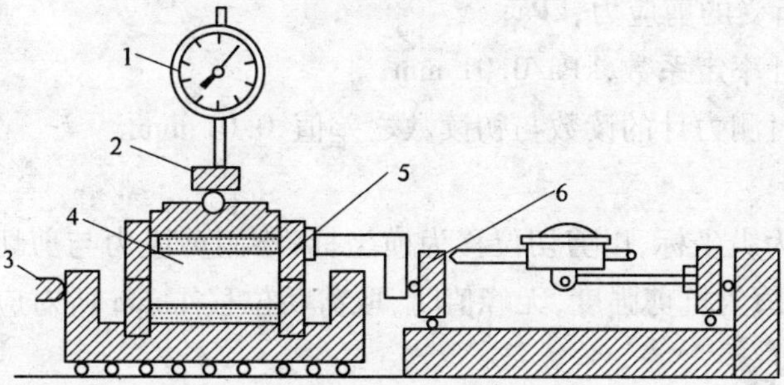

图 3-4　应变控制式直接剪切仪

1—垂直变形量表;2—垂直加荷框架;3—推动座;4—试样;
5—剪切容器;6—量力环

(二)试验内容及步骤

(1)对准剪切盒的上下盒,插入固定销钉,在下盒内放洁净透水石一块及湿润滤纸一张。

(2)将盛有试样的环刀平口向下、刀口向上,对准剪切盒的上盒,在试样面放湿润滤纸一张及透水石一块,然后将试样通过透水石徐徐压入剪切盒底,移去环刀,并顺次加上传压活塞及加压框架。

(3)取不少于4个试样,并分别施加不同的垂直压力,其压力大小根据工程实际和土的软硬程度而定,一般可按5 kPa、50 kPa、100 kPa、200 kPa、300 kPa、400 kPa、600 kPa…施加,加荷时应轻轻加上,但必须注意,如土质松软,为防止试样被挤出,应分级施加。

(4)若试样是饱和试样,则在施加垂直压力后,向剪切盒内注满水;若试样是非饱和试样,不必加水,但应在加压板周围包湿棉纱,以防止水分蒸发。

(5)当在试样上施加垂直压力后,若每小时垂直变形不大于0.005 mm,则认为试样已达到固结稳定。

(6)试样达到固结稳定后,安装测力计,徐徐转动手轮,使上盒前端的钢珠恰与测力计接触,测记测力计初读数。

(7)松开外面四只螺杆,拔去里面固定销钉,然后开动电动机,使应变圈受压,观察测力计的读数,它将随下盒位移的增大而增大,当测力计读数不再增加或开始倒退时,即出现峰值,认为试样已破坏,记下破坏值,并继续剪切至位移为4 mm停机;当剪切过程中测力计读数无峰值时,应剪切至剪切位移为6 mm时停机。

(8)剪切结束后,卸去剪切力和垂直压力,取出试样,并测定试样的含水量。

(三)试验报告要求

1. 成果整理

1)计算

计算每一试件的剪应力:

$$\tau = KR \tag{3-10}$$

式中 τ——试样所受的剪应力，kPa；

K——测力计率定系数，kPa/0.01 mm；

R——剪切时测力计的读数与初读数之差值，0.01 mm。

2）制图

（1）以剪应力为纵坐标，以剪切位移为横坐标，绘制剪应力与剪切位移关系曲线。取曲线上剪应力的峰值为抗剪强度，无峰值时，取剪切位移 4 mm 所对应的剪应力为抗剪强度（见图 3-5）。

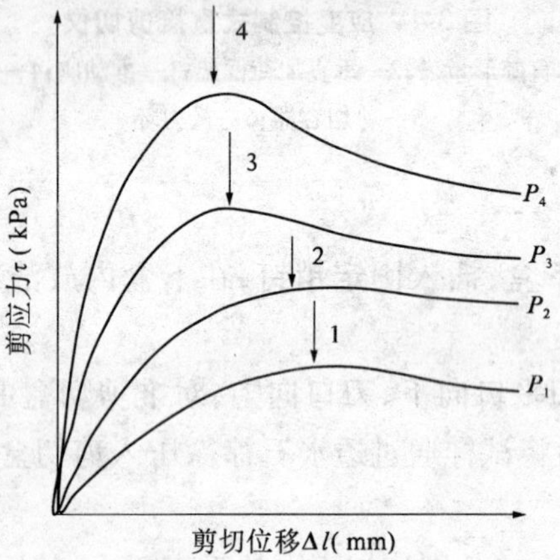

图 3-5　剪应力与剪切位移关系曲线

（2）以抗剪强度为纵坐标，以垂直压力为横坐标，绘制抗剪强度与垂直压力关系曲线，直线的倾角为土的内摩擦角 φ，直线在纵坐标上的截距为土的黏聚力 c（见图 3-6）。

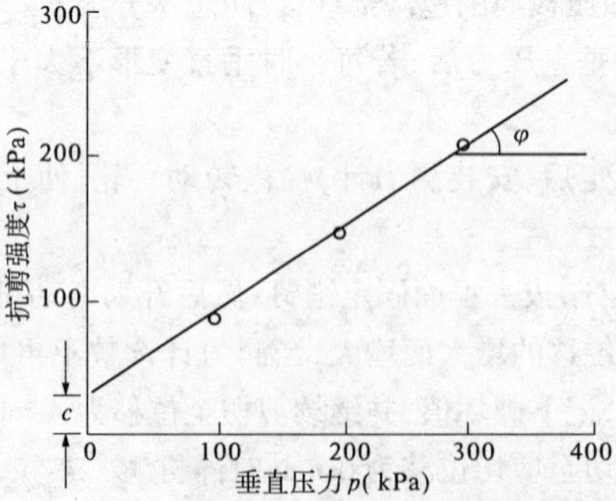

图 3-6　抗剪强度与垂直压力关系曲线

2. 试验记录

试验记录见表 3-5。

表 3-5　直接剪切试验记录

土样编号:＿＿＿＿＿＿　　　　试验者:＿＿＿＿＿＿

试验方法:＿＿＿＿＿＿　　　　计算者:＿＿＿＿＿＿

固结时间:＿＿＿＿＿＿　　　　校核者:＿＿＿＿＿＿

环刀面积:＿＿＿＿＿＿　　　　试验日期:＿＿＿＿＿＿

仪器编号						
测力计编号						
测力计系数 K(kPa/0.01 mm)						
垂直压力 p(kPa)						
测力计初计数 R_0(0.01 mm)						
测力计终读数 R_t(0.01 mm)						
测力计读数差(0.01 mm)						
抗剪强度 τ(kPa)						

三、三轴剪切试验

三轴剪切试验又称三轴压缩试验,是测定土的抗剪强度指标 c 和 φ 的精密方法,是试样在某一固定周围压力下,逐渐增大轴向压力,直至试样破坏的一种抗剪强度试验。

三轴仪依据施加轴向荷载方式的不同,可以分为应变控制式和应力控制式两种,目前室内三轴试验基本上采用的是应变控制式三轴仪,主要由三轴压力室、轴向加荷系统、轴向压力量测系统、周围压力稳压系统等组成(见图 3-7)。

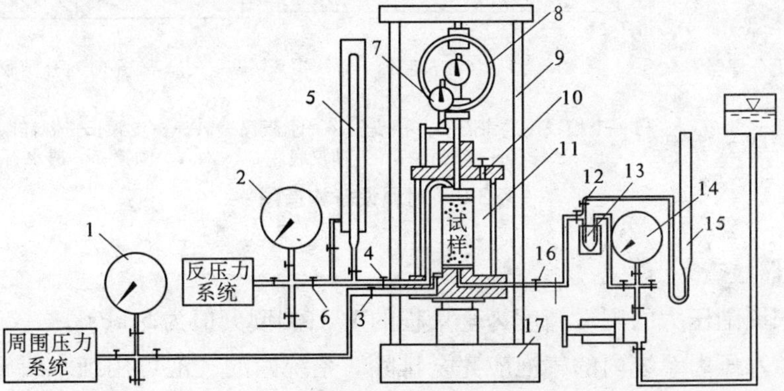

图 3-7　应变控制三轴压缩仪

1—周围压力表;2—反压力表;3—周围压力阀;4—排水阀;5—体变管;6—反压力阀;7—垂直变形百分表;8—量力环;9—轴向压力设备;10—排气孔;11—压力室;12—量管阀;13—零位指示器;14—孔隙压力表;15—量管;16—孔隙压力阀;17—离合器

(一)三轴仪

附属设备:包括击实器、饱和器、切土器、分样器、切土盘、承膜筒和对开圆膜(见图3-8)等。这些设备用来制备圆柱体试样和安装试样,并在试样外包橡皮膜。

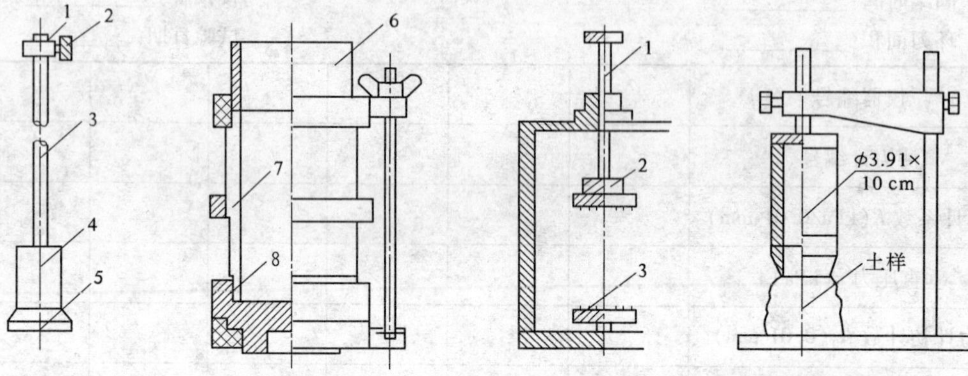

(a)击实筒　(b)切土盘　(c)切土器和切土架

1—套环;2—定位螺丝;3—导杆;4—击锤;5—底板;6—套筒;7—饱和器;8—底板

1—转轴;2—上盘;3—下盘

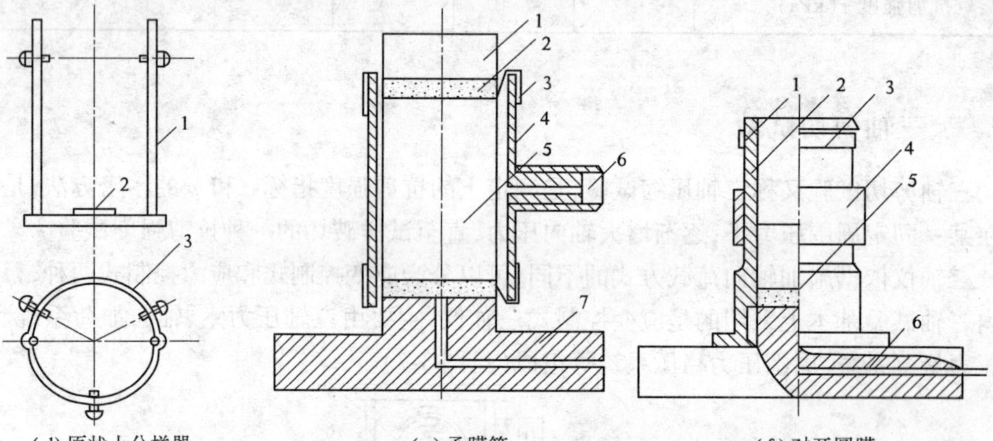

(d)原状土分样器　(e)承膜筒　(f)对开圆膜

1—滑杆;2—底座;3—钢丝架

1—上帽;2—透水石;3—橡皮膜;4—承膜筒;5—试样;6—吸气孔;7—三轴仪底座

1—橡皮膜;2—制样圆模;3—橡皮圈;4—圆箍;5—透水石;6—仪器底座

图3-8　附属设备构造图

(二)仪器检查

(1)要求周围压力的测量精度为全量程的1%,测读分值为5 kPa。

(2)孔隙水压力系统内的气泡应完全排除。系统内的气泡可用纯水或施加压力使气泡溶于水,并从试样底座溢出,测量系统的体积因数应小于$1.5\times10^{-5}\ cm^3/kPa$。

(3)管路应畅通,活塞应能滑动,各连接处应无漏气。

(4)橡胶膜在使用前应仔细检查有无漏气。其方法是在膜内充气后扎紧两端,再放进水下看是否有气泡产生。

（三）试样制备注意事项

1. 试样数量

同一种土每组试验需要 3 ~4 个试样，分别在不同周围压力下进行试验。

2. 试样尺寸

形状为圆柱体，最小直径为 35 mm，最大直径为 101 mm。对于有裂缝、软弱面和构造面的试样，其直径宜大于 60 mm；试样的高度宜为试样直径的 2.0 ~2.5 倍；试样的最大粒径 d_{max} 应符合下列规定：当试样直径小于 100 mm 时，d_{max} 为试样直径的 1/10；当试样直径大于或等于 100 mm 时，d_{max} 为试样直径的 1/5。

3. 试样制备

(1) 原状土试样制备：先用原状土分样器将圆筒形土样竖向分成 3 个扇形土样，再用切土盘将每个图样切成标准圆柱形试样。试样两端应平整，须垂直于试样轴。当试样表面有凹坑时，可用削下的余土补平，最后取其余土测定试样的含水量，整个试样制备过程应尽量避免试样的扰动。

(2) 扰动试样制备：根据预定的干密度和含水量，称取风干过筛的土样，平铺于搪瓷盘内，将计算所需加水量用小喷壶均匀喷洒于土样上，充分拌匀，装入容器盖紧，防止水分蒸发。润湿一昼夜后，在击石器内分层击实（粉质土宜为 3 ~5 层，黏质土宜为 5 ~8 层）。各层土料数量应相等，各层接触面应刨毛。

(3) 对于砂类土，应先在压力室底座上依次放上不透水板、橡皮膜和对开圆膜。将砂料填入对开圆膜内，分 3 层按预定干密度击实。当制备饱和试样时，在对开圆膜内注入纯水至 1/3 高度，将煮沸的砂料分 3 层填入，达到预定高度。放上不透水板、试样帽，扎紧橡皮膜。对试样内部施加 5 kPa 负压力，使试样能站立，拆除对开膜。

(4) 对制备好的试样，量测其直径和高度。试样的平均直径 D_0 按下式计算：

$$D_0 = \frac{D_1 + 2D_2 + D_3}{4} \tag{3-11}$$

式中　D_1、D_2、D_3——试样上、中、下部位的直径。

（四）试样饱和

对饱和试样，应在试样制备、安装在底座上以后排除试样中的气体，可选用抽气饱和（抽气饱和法装置见图 3-9）、水头饱和或反压饱和。

(1) 抽气饱和：如图 3-10 所示是一个重叠式饱和器，在其正中放置稍大于环刀直径的透水石和滤纸，将装有试件的环刀放在滤纸上，试件上面再放一张滤纸和一块透水石。如此顺序重复，由上向下重叠至适当高度，将饱和器上板放在最上部透水石上，旋紧拉杆上端的螺丝，将各个环刀在上下板间夹紧。然后将装好试件的饱和器放入真空缸内，盖口涂一薄层凡士林后盖紧，防止漏气。关管夹，开阀门，开动抽气机，抽出缸内及土中气体，当真空压力表达到一个负大气压力值后，稍微开启管夹，使清水同引水管徐徐注入真空缸内。在注水过程中，应调节管夹，使真空压力表上的数值基本保持不变。待饱和器完全淹没在水中后，即停止抽气，将引水管自水缸中提出，令空气进入真空缸内，静待一定时间，借大气压力使试件饱和。

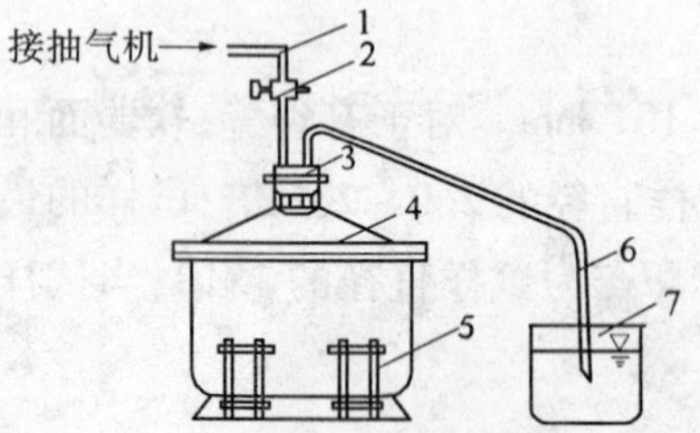

图 3-9　抽气饱和法装置

1—排气管;2—二通阀;3—橡皮塞;4—真空缸;
5—饱和器;6—引水管;7—水缸

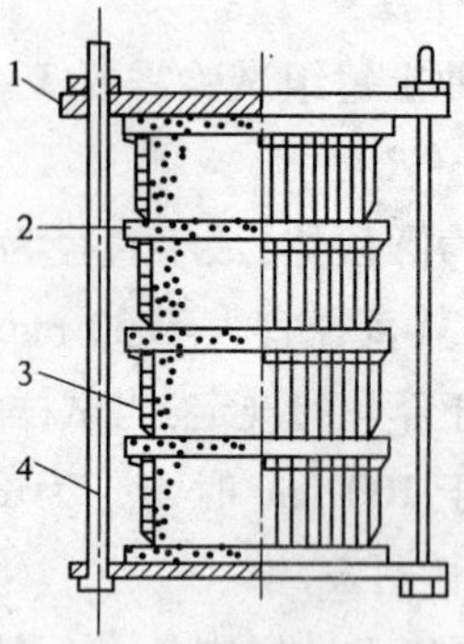

图 3-10　重叠式饱和器

1—夹板;2—透水石;3—环刀;4—拉杆

(2)水头饱和:将试样装于压力室内,施加 20 kPa 周围压力。水头高出试样顶部 1m,使纯水从底部进入试样,从试样顶部溢出,直至流入水量和溢出水量相等为止。当需要提高试样的饱和度时,宜在水头饱和前从底部将二氧化碳气体通入试样,置换孔隙中的空气,再进行水头饱和。

(3)反压力饱和:试样要求完全饱和时,应对试样施加反压力,但同时应在试样周围施加侧压力,反压力应低于侧压力 5 kPa,当试样底部孔隙压力达到稳定后关闭反压力阀,再施加侧压力,当增加的侧压力与增加的孔隙压力其比值 $\Delta u/\Delta\sigma > 0.98$ 时被认为是饱和的,否则再增加反压力和侧压力使土体气泡缩小,直至满足 $\Delta u/\Delta\sigma > 0.98$ 的条件。

(五)试验步骤

1. 安装试样

(1)在压力室底座上,依次放上不透水板、试样及试样帽,将橡皮膜套在试样外,并将橡皮膜上、下两端分别与试样帽和底座扎紧,不透水。

(2)装上压力室罩,向压力室内注满纯水,排除残留气泡后,关闭顶部排气阀,再将压力室顶部的活塞上端对准测力计,下端对准试样顶部。

2. 施加周围压力

(1)关闭反压力系统的排水阀。

(2)打开周围压力阀,由小型空气压缩机或高压氮气瓶对试样施加周围压力 σ_3。

(3)周围压力值 σ_3 由压力表控制,该值应与工程实际荷载相适应,最大一级周围压力应与最大实际荷载大致相等。

3. 施加竖直轴向压力剪切试样

(1)转动手轮,使试样帽与活塞及测力计接触。

(2)装上测量试样竖向变形用的百分表。

(3)将测力计和百分表的读数调至零位。

(4)启动电动机,接上离合器,开始剪切试样。剪切速率必须均匀等速。

4. 测记读数

(1)剪切应变速率宜控制在每分钟0.5% ~1.0%。

(2)试样每产生0.3% ~0.4%的轴向应变时,测记一次测力计读数和轴向变形值。

(3)当轴向应变大于3%后,每隔0.7% ~0.8%的应变值测记一次读数。

5. 停止剪切标准

(1)当测力计读数出现峰值时,即百分表指针后退,剪切应继续进行,直到超过5%的轴向应变为止。

(2)当测力计读数无峰值时,即百分表指针不走或极缓慢前走,剪切应进行到轴向应变为15% ~20%。

6. 测量破坏试样

(1)试验结束后,先关闭周围压力阀,关闭电动机,拨开离合器。

(2)倒转手轮,然后打开排气孔,排出压力室内的水。

(3)拆除试样,描述试样破坏形状。通常试样破坏形状分为两种:当试样为砂土或硬塑状态的粉性土,破坏面呈一斜向直线剪切面;若试样为饱和状态软土,则无明显剪切面,而在试样中段向外鼓起,直径变大。

(4)称试样的质量,并测定含水量。

7. 重复试验

(1)同组试样施加不同的周围压力:通常可取100 kPa、200 kPa、300 kPa和400 kPa。

(2)重复上述试验步骤,可得到一组试验数据。

(六)试验成果整理

1. 轴向应变的计算

轴向应变按式(3-12)计算:

$$\varepsilon_1 = \frac{\Delta h_1}{h_0} \tag{3-12}$$

式中 ε_1——轴向应变值,%;

Δh_1——剪切过程中的高度变化,mm;

h_0——试样起始高度,mm。

2. 试样面积的校正计算

试样面积的校正按式(3-13)计算:

$$A_a = \frac{A_0}{1 - \varepsilon_1} \tag{3-13}$$

式中 A_a——试样的校正断面积,cm^2;

A_0——试样的初始断面积,cm^2。

3. 大小主应力差计算

大小主应力差按式(3-14)计算:

$$\sigma_1 - \sigma_3 = \frac{CR}{A_a} \times 10 \tag{3-14}$$

式中 σ_1——最大主应力,作用在试样顶面的总压力,kPa;

σ_3——最小主应力,作用在试样周围的压力,kPa;

C——测力计校正系数,由仪器产品提供,N/0.01 mm;

R——测力计读数,0.01 mm;

A_a——试样校正断面积,cm^2。

4. 绘制轴向应变与主应力差的关系曲线

在直角坐标中,以轴向应变 ε_1 为横坐标,以大小主应力差($\sigma_1 - \sigma_3$)为纵坐标,绘制 ε_1—($\sigma_1 - \sigma_3$)关系曲线,如图 3-11 所示。

5. 绘制摩尔破损应力圆包线

取 ε_1—($\sigma_1 - \sigma_3$)曲线上的峰值为破坏点,无峰值时取 15% 轴向应变时的主应力差值作为破坏点。在直角坐标系上,以法向应力 σ 为横坐标,以剪应力 τ 为纵坐标,在横坐标上以 $\frac{\sigma_{1f} + \sigma_{3f}}{2}$ 为圆心,以 $\frac{\sigma_{1f} - \sigma_{3f}}{2}$ 为半径,在 τ—σ 坐标系上绘制破坏总应力圆,并绘制不同周围压力下诸破坏总应力圆的包线,如图 3-12 所示,包线的倾角为内摩擦角 φ,包线在纵轴上的截距为黏聚力 c。

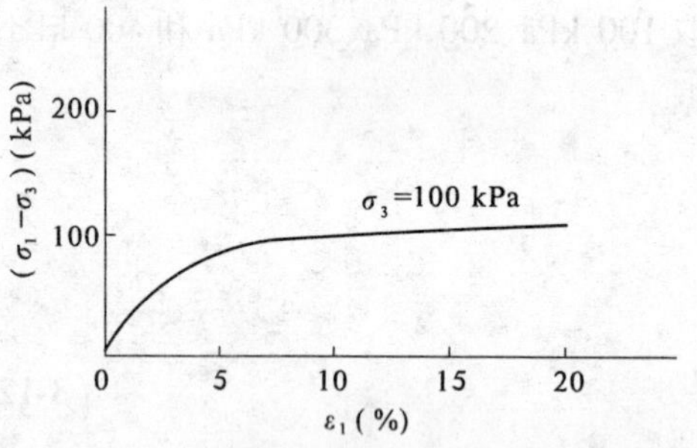

图 3-11 主应力差与轴向应变关系曲线

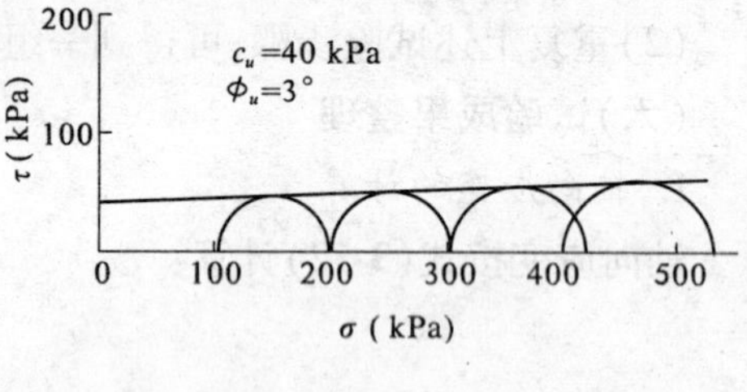

图 3-12 不固结不排水剪强度包线

(七)试验记录

三轴剪切试验记录见表 3-6。

四、三种试验方法

根据土样固结排水条件和剪切时的排水条件,三轴试验可分为不固结不排水试验(*UU*)、固结不排水试验(*CU*)、固结排水试验(*CD*)。

(一)不固结不排水试验(*UU*)

不固结不排水试验又称快剪试验。该试验是在试样施加周围压力之前,将试样的排

表 3-6　不固结不排水剪三轴试验记录表

工程名称:________　　试验者:________
工程编号:________　　计算者:________
试验日期:________　　校核者:________

试样直径 d_0 = ____ cm　试样高度 h_0 = ____　试样面积 A_0 = ____ cm^2　试样体积 V_0 = ____ cm^3
试样质量 m_0 = ____ g　试样密度 ρ_0 = ____　钢环系数 C = ____ N/0.01 mm　剪切速率 = ____ mm/min

周围压力 (kPa)	量力环读数 (0.01 mm)	轴向荷重 (N)	轴向变形 (0.01 mm)	轴向应变 (%)	应变减量	校正后试样面积 (cm^2)	主应力差 (kPa)	轴向应力 (kPa)
σ_3	R	$P = CR$	$\sum \Delta h$	$\varepsilon_1 = \frac{\sum Vh}{h_0}$	$1 - \varepsilon_1$	$A_a = \frac{A_0}{1 - \varepsilon_1}$	$\sigma_1 - \sigma_3 = \frac{P}{A_a} \times 10$	σ_1

水阀关闭,在不固结的情况下施加轴向力进行剪切,而在剪切过程中排水阀始终关闭,是不排水试验。土中的含水量始终保持不变,孔隙水压力也不可能消散,所以可测得总应力抗剪强度指标 c_u,φ_u。

(二)固结不排水试验(CU)

固结不排水试验又称固结快剪试验。该试验是在试样周围施加压力时,允许试样充分排水,待固结稳定后,再在不排水条件下施加轴向压力,直至试样剪切破坏,同时在受剪过程中测定土体的孔隙水压力,可以测得总应力抗剪强度 c'、φ'。

(三)固结排水试验(CD)

固结排水试验又称慢剪试验。该方法是使试样先在某一周围压力作用下排水固结,然后在允许试样充分排水的情况下增加轴向压力,直至破坏。这就要求整个试验过程中,自始至终打开排水阀,剪切速率要缓慢,使得在施加周围压力和施加轴向剪切压力过程中孔隙水能充分排除,从而孔隙水压力得到完全消散,可以测得有效应力抗剪强度指标 c_d、φ_d。

第四章　土质与土力学试验报告

试验一　土的含水量(率)试验

一、试验目的

二、基本原理

三、仪器设备

四、操作步骤

五、记录格式

土的含水量(率)试验记录

试样编号	土样说明	盒号	盒加湿土质量(g)	盒加干土质量(g)	盒质量(g)	水质量(g)	干土质量(g)	含水量(%)	平均含水量(%)	备注
			(1)	(2)	(3)	(4)	(5)	(6)	(7)	
						(1) − (2)	(2) − (3)	$\frac{(4)}{(5)}\times100$		

试验二　土的密度试验

一、试验目的

二、基本原理

三、仪器设备

四、操作步骤

五、记录格式

密度试验记录(蜡封法)

试验日期:__________　　试验者:__________　　计算者:__________　　校核者:__________

蜡的密度 $\rho_n=0.92\ g/cm^3$

试样编号	试样质量(g)	试样加蜡质量(g)	蜡封试样水中质量(g)	温度(℃)	水的密度(g/cm^3)	试样加蜡体积(cm^3)	蜡体积(cm^3)	试样体积(cm^3)	湿密度(g/cm^3)	含水量(%)	干密度(g/cm^3)	平均密度(g/cm^3)	备注
	(1)	(2)	(3)		(4)	(5)	(6)	(7)	(8)	(9)	(10)	(11)	
						$\frac{(2)-(3)}{(4)}$	$\frac{(2)-(1)}{\rho_n}$	(5) - (6)	$\frac{(1)}{(7)}$		$\frac{(8)}{1+0.01\times(9)}$		

密度试验记录(环刀法)

土样编号__________　　　　　　　　　　　　　　　　班组__________

试验日期__________　　　　　　　　　　　　　　　　姓名__________

环号	环加土质量(g)	环刀质量(g)	湿土质量(g)	环刀容积(cm^3)	湿密度(g/cm^3)	平均湿密度(g/cm^3)	备注
	(1)	(2)	(3)	(4)	(5)		
			(1)－(2)		(3)÷(4)		

试验三　土的比重试验

一、试验目的

二、基本原理

三、仪器设备

四、操作步骤

五、记录格式

比重试验记录(比重瓶法)

土样编号__________　　　　　　　　　　　　　　　　　　　　班组__________

试验日期__________　　　　　　　　　　　　　　　　　　　　姓名__________

试样编号	比重瓶号	温度(℃)	液体的比重 G_{wt}	瓶质量(g)	瓶、干土质量(g)	干土质量(g)	瓶、液总质量(g)	瓶、液、土总质量(g)	与干土同体积的液体质量(g)	比重 G_s	平均比重
		(1)	(2)	(3)	(4)	(5)	(6)	(7)	(8)	(9)	(10)
			查表			(4)-(3)			(5)+(6)-(7)	(5)÷(8)×(2)	

试验四　筛析法

一、试验目的

二、基本原理

三、仪器设备

四、操作步骤

五、记录格式

颗粒分析试验记录(筛析法)

风干土质量 =__________ g　　小于 0.075 mm 的土占总土质量百分数 =__________%

2 mm 筛上土质量 =__________ g　　小于 2 mm 的土占总土质量百分数 =__________%

2 mm 筛下土质量 =__________ g　　细筛分析时所取试样质量 =__________ g

筛号	孔径(mm)	累计留筛土质量(g)	小于该孔径的土质量(g)	小于该孔径的土质量百分数(%)	小于该孔径的总土质量百分数(%)
底盘总计					

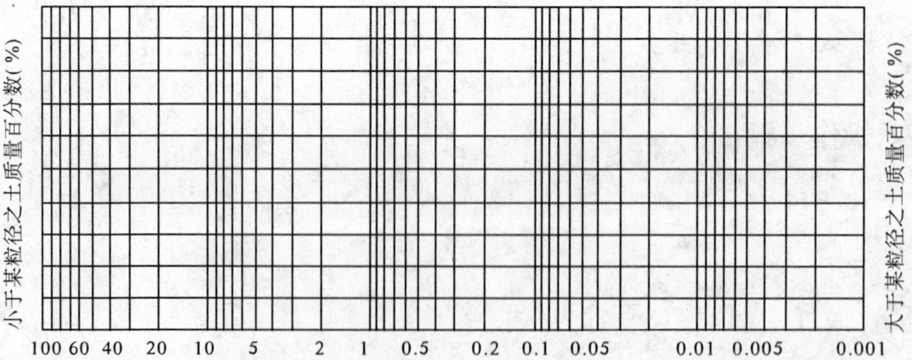

颗粒大小分布曲线

试验五　液塑限联合测定试验

一、试验目的

二、基本原理

三、仪器设备

四、操作步骤

五、记录格式

液限塑限联合试验记录

试验者________________　　　　　　　　　　　　校核者________________

计算者________________　　　　　　　　　　　　试验日期________________

<table>
<tr><th colspan="2"></th><th>1</th><th>2</th><th>3</th><th></th></tr>
<tr><td rowspan="3">入土深度
(mm)</td><td>h_1</td><td></td><td></td><td></td><td rowspan="10">液限 ω_L =

塑限 ω_P =

塑性指数 I_P =</td></tr>
<tr><td>h_2</td><td></td><td></td><td></td></tr>
<tr><td>$(h_1+h_2)/2$</td><td></td><td></td><td></td></tr>
<tr><td rowspan="7">含水量</td><td>盒号</td><td></td><td></td><td></td></tr>
<tr><td>盒质量(g)</td><td></td><td></td><td></td></tr>
<tr><td>盒+湿土质量(g)</td><td></td><td></td><td></td></tr>
<tr><td>盒+干土重(g)</td><td></td><td></td><td></td></tr>
<tr><td>水质量(g)</td><td></td><td></td><td></td></tr>
<tr><td>干土质量(g)</td><td></td><td></td><td></td></tr>
<tr><td>含水量(%)</td><td></td><td></td><td></td></tr>
</table>

试验六　击实试验

一、试验目的

二、基本原理

三、仪器设备

四、操作步骤

五、记录格式

击实试验记录

土样类别:__________　　　　　　　　　　　　　　　　每层击数:__________

估计最佳含水量:__________　　　　　　　　　　　　　风干含水量:__________

	试验次数				1	2	3	4	5
干密度	加水量	g							
	筒加土重	g	(1)						
	筒重	g	(2)						
	湿土重	g	(3)	(1)-(2)					
	筒体积	cm^3	(4)						
	密度	g/cm^3	(5)	$\frac{(3)}{(4)}$					
	干密度	g/cm^3	(6)	$\frac{(5)}{1+0.01\omega}$					
含水量	盒号								
	盒加湿土质量	g	(1)						
	盒加干土质量	g	(2)						
	盒质量	g	(3)						
	水质量	g	(4)	(1)-(2)					
	干土质量	g	(5)	(2)-(3)					
	含水量	%	(6)	$\frac{(4)}{(5)}$					
	平均含水量	%							

最大干密度:　　　　　　　　　　　　　　　　最佳含水量:

试验七　固结试验

一、试验目的

二、基本原理

三、仪器设备

四、操作步骤

五、记录格式

固结试验记录(一)

试验者:________　　　计算者:________　　　校核者:________

经过时间(min)	压力(kPa) 50		100		200		300		400	
	时间	读数	时间	读数	时间	读数	时间	读数	时间	读数
0										
0.1										
0.25										
1										
4										
6.25										
9										
12.25										
16										
20.25										
25										
30.25										
36										
42.25										
49										
64										
100										
200										
23 h										
24 h										
总变形量(mm)										
仪器变形量(mm)										
试样总变形量(mm)										

固结试验记录(二)

试验者:________　　　　　　　　　　　　　　计算者:________

试验日期:________　　　　　　　　　　　　　校核者:________

密度 ρ = ________ g/cm^3　　比重 G_s = ________　　含水量 ω = ________%

试验前试样的高度 h_0 = ________　　试验前孔隙比 e_0 = ________　　颗粒净高 h_s = ________ cm

压力	计数时间	各级荷重压缩时间	量表计数	压缩量	孔隙比	压缩系数	压缩模量	排水距离	固结系数
P (kPa)	t (h 或 min)	$\triangle t$ (h)	R_i (0.01 mm)	$\sum Vh_i$ (mm)	$e_i = \frac{\sum Vh_i}{h_s}$	$\alpha_i = \frac{e_i - e_{i+1}}{p_{i+1} - p_i}$ (MPa^{-1})	$E_s = \frac{1+e_i}{\alpha_i}$ (MPa)	$\bar{h} = \frac{h_i + h_{i+1}}{4}$ (cm)	$C_v = \frac{T_v(\bar{h})^2}{t}$ (cm^2/s)
		0							
		24							
		24							
		24							
		24							
		24							
		24							
		24							
		24							
		24							

试验八　直接剪切试验

一、试验目的

二、基本原理

三、仪器设备

四、操作步骤

五、记录格式

直接剪切试验记录

土样编号：__________　　　　试验者：__________

试验方法：__________　　　　计算者：__________

固结时间：__________　　　　校核者：__________

环刀面积：__________　　　　试验日期：__________

仪器编号						
测力计编号						
测力计系数 K(kPa/0.01 mm)						
垂直压力 p(kPa)						
测力计初计数 R_0(0.01 mm)						
测力计终读数 R_t(0.01 mm)						
测力计读数差(0.01 mm)						
抗剪强度 τ(kPa)						